大学计算机基础

——Windows 10+Office 2016环境

（微课版）

杨爱梅 肖乐 主编

王云侠 朱红莉 艾英山 张翼飞 副主编

清华大学出版社

北京

内 容 简 介

本书根据作者多年的教学经验编写而成，系统地介绍了大学生应具备的计算机基础知识，注重理论与实践操作的紧密结合，阐述清楚、内容全面、重点突出。

全书共分8章。第1章介绍计算机基础知识，包括计算机的发展、分类、特点和应用，数据在计算机内的存储与表示，计算机的系统结构，工作原理等；第2章介绍Windows 10操作系统管理，包括Windows 10操作系统的理论与操作方法，如何对计算机资源进行合理高效的配置；第3章介绍Word 2016文字处理软件的使用方法；第4章介绍Excel 2016表格处理软件的使用方法；第5章介绍PowerPoint 2016演示文稿的使用方法；第6章介绍计算机网络的基础知识、因特网相关理论及一些常用功能、应用方法和技巧；第7章介绍计算机信息安全与系统维护的相关知识；第8章介绍多媒体技术与数据库基础等。

为了便于自学，每章都配有小视频，部分章节还配有实训项目操作练习。本书适合作为高等学校非计算机专业、计算机基础课程的配套教材，也可作为计算机应用水平考试备考人员以及其他计算机爱好者的自学教材。

图书在版编目（CIP）数据

大学计算机基础：Windows 10＋Office 2016环境：微课版/杨爱梅，肖乐主编. —北京：清华大学出版社，2022.8

ISBN 978-7-302-60601-7

Ⅰ. ①大… Ⅱ. ①杨… ②肖… Ⅲ. ①Windows操作系统－高等学校－教材 ②办公自动化－应用软件－高等学校－教材 Ⅳ. ①TP316.7 ②TP317.1

中国版本图书馆CIP数据核字(2022)第064759号

责任编辑：汪汉友
封面设计：何凤霞
责任校对：焦丽丽
责任印制：刘海龙

出版发行：清华大学出版社
网　　址：http://www.tup.com.cn，http://www.wqbook.com
地　　址：北京清华大学学研大厦A座　　**邮　　编：**100084
社 总 机：010-83470000　　**邮　　购：**010-62786544
投稿与读者服务：010-62776969，c-service@tup.tsinghua.edu.cn
质量反馈：010-62772015，zhiliang@tup.tsinghua.edu.cn
课件下载：http://www.tup.com.cn，010-83470236
印 装 者：北京同文印刷有限责任公司
经　　销：全国新华书店
开　　本：185mm×260mm　　**印　　张：**23　　**字　　数：**560千字
版　　次：2022年8月第1版　　**印　　次：**2022年8月第1次印刷
定　　价：69.00元

产品编号：090384-01

前　言

随着计算机凭借处理数据的高速、准确与便捷的优点在生产、生活、工作中广泛应用，计算机技术已经成为人们最基本的职业技能。“大学计算机基础”课程是高等院校非计算机专业选修的基础课，通过对本课程的学习，可以了解计算机的基础知识和基本理论，掌握计算机的基本操作，为后续计算机课程的学习以及计算机实践能力的培养奠定基础。

本书是根据高校计算机公共基础教学的实际需要，参照教育部考试中心 2020 年颁发的《全国计算机等级考试大纲》编写而成，既注重计算机应用的层次性和实用性，又强化学生计算机技能的培养与训练。在讲授基础知识的基础上加强了实践训练。部分章节配有软件操作的视频和实训项目，读者通过反复观看、练习和实践，达到综合掌握的目的。此外，每章都有本章小结，便于读者回忆并复习。通过每章精心组织的习题，可使读者将理论和实践中容易出错和不容易掌握的内容进一步加强，为大学生走向工作岗位提供了有力保障。

全书共分 8 章，内容全面，重点突出。第 1 章主要介绍计算机的发展、分类、特点和应用，数据在计算机内的存储与表示，介绍计算机的系统结构、工作原理等；第 2 章介绍 Windows 10 操作系统的理论与操作方法，如何对计算机资源进行合理高效的配置；第 3 章介绍 Word 2016 文字处理软件的使用方法；第 4 章介绍 Excel 2016 表格处理软件的使用方法；第 5 章介绍 PowerPoint 2016 演示文稿的使用方法；第 6 章着重介绍计算机网络的基础知识、因特网的理论及一些常用功能应用方法和技巧；第 7 章介绍计算机信息安全与系统维护的相关知识；第 8 章介绍多媒体技术与数据库基础等。

本书由杨爱梅、肖乐主编，白丽媛、张浩军主审。第 1、7、8 章由杨爱梅编写，第 2 章由张翼飞编写，第 3 章由王云侠编写，第 4 章由朱红莉编写，第 5 章由艾英山编写，第 6 章由肖乐编写。

在本书的编写过程中得到了兄弟院校教师的大力支持，他们为本书提出了许多宝贵意见。本书的出版得到了清华大学出版社的大力支持和帮助，在此表示衷心的感谢。此外，对编写过程中参考文献资料的作者也表示由衷的谢意。

由于时间仓促，加之编者水平有限，书中难免有不足之处，恳请读者多提宝贵意见。

编　者

2022 年 7 月

目　　录

第1章　计算机基础知识

1.1　计算机的发展

1946年，世界上第一台计算机在美国宾夕法尼亚大学问世，取名为ENIAC（Electronic Numerical Integrator and Calculator）。ENIAC占地面积为170m^2，总质量为3×10^4kg，每秒可进行5000次加法运算。ENIAC的出现，标志着信息时代的开始。在此后的几十年里，计算机的发展突飞猛进。

1.1.1　计算机的发展历史

计算机系统由计算机硬件和计算机软件构成，计算机硬件是指构成计算机系统的所有物理器件（集成电路、电路板以及其他磁性元件和电子元件等）、部件和设备（控制器、运算器、存储器、输入输出设备等）的集合，计算机软件是指用程序设计语言编写的程序，以及运行程序所需的文档、数据的集合。因此，计算机的发展既表现在硬件方面，也伴随着软件的不断发展和完善，二者是相互促进的。下面先介绍计算机在硬件方面的发展过程。

1. 计算机硬件的发展历史

计算机硬件的发展由构建计算机硬件所用的主要元器件决定，而这些元器件的发展与电子技术的发展紧密相关。每当电子技术有了突破性进展，就会导致计算机硬件的重大变革。因此，按照所用主要器件的不同，可将计算机硬件的发展划分为以下几个阶段。

(1) 第一代计算机（1946—1958年）。第一代计算机以1946年ENIAC的研制成功为标志。这个时期的计算机都是建立在电子管基础上，笨重而且产生很多热量，容易损坏；存储设备比较落后，最初使用延迟线和静电存储器，容量很小，后来采用磁鼓（磁鼓在读写臂下旋转，当被访问的存储器单元旋转到读写臂下时，数据被写入这个单元或从这个单元中读出）；输入设备是读卡机，可以读取穿孔卡片上的孔，输出设备是穿孔卡片机和行式打印机，速度很慢。在这个时代将要结束时，出现了磁带驱动器，它比读卡机快得多。

1949年5月，英国剑桥大学莫里斯·威尔克斯（Maurice Wilkes）教授研制了世界上第一台存储程序式计算机EDSAC（Electronic Delay Storage Automatic Computer），它使用机器语言编程，可以存储程序和数据并自动处理数据，存储和处理信息的方法开始发生革命性变化。1951年问世的UNIVAC因准确预测了1952年的美国大选将由艾森豪威尔获胜，得到社会各阶层的认识和欢迎。1953年，IBM公司生产了世界上第一台商业化的计算机——IBM701，使计算机向商业化迈进。这个时期的计算机非常昂贵，而且不易操作，并要求机房温度可控。因此，只有一些大的机构，如政府和一些主要的银行才负担得起。

(2) 第二代计算机（1959—1964年）。第二代计算机以1959年美国菲尔克公司研制成功的第一台大型通用晶体管计算机为标志。与电子管相比，晶体管具有体积小、质量小、发热少、耗电省、速度快、价格低、寿命长等优点，这使计算机的结构与性能都发生了很大改变。

20世纪50年代末,美国麻省理工学院研制出了磁芯存储器,使得内存储器技术有了重大革新。磁芯存储器是一种微小的环形设备,每个磁芯可以存储一位信息,若干个磁芯排成一列,构成存储单元。磁芯存储器稳定而且可靠,成为这个时期存储器的工业标准。这个时期的辅助存储设备是磁盘,比磁带的存取速度快得多。

20世纪60年代初,出现了通道和中断装置,解决了主机和外部设备(简称外设)并行工作的问题。通道和中断的出现在硬件的发展史上是一个飞跃,使得处理器可以从繁忙的控制输入输出的工作中解脱出来。

这个时期的计算机已被广泛应用在科学研究、商业和工程应用等领域,典型的计算机有IBM公司生产的IBM7094和CDC公司生产的CDC1640等。此时的第二代计算机输入输出设备的输入输出速度仍然很慢,无法与主机的计算速度相匹配。这个问题在第三代计算机中得到了解决。

(3) 第三代计算机(1965—1970年)。第三代计算机以IBM公司研制成功的360系列计算机为标志。在第二代计算机中,晶体管和其他元件都是手工集成在印刷电路板上,第三代计算机的特征是集成电路。所谓集成电路是将大量的晶体管和电子线路组合在一块硅片上,故又称其为芯片。制造芯片的原材料相当便宜,因此计算机芯片可被批量生产。这个时期使用半导体存储器作为内存储器,淘汰了磁芯存储器,存储容量和存取速度有了大幅度的提高;同时,键盘和显示器问世了,使得人机交互便捷起来。

为了满足中小企业与政府机构日益增多的计算机应用,出现了小型计算机。1965年,DEC公司推出了第一台商业化的以集成电路为主要器件的小型计算机PDP-8。

(4) 第四代计算机(1971年至今)。第四代计算机以Intel公司研制的第一代微处理器Intel 4004为标志,这个时期的计算机最为显著的特征是使用了大规模或超大规模集成电路。所谓微处理器是将CPU集成在一块芯片上。微型计算机在这个时期诞生,这是应用超大规模集成电路的直接结果。微型计算机以微处理器为核心,体积小、质量小、功耗低、价格便宜。微处理器技术不断更新换代,信息的处理能力已从最初的4位发展到了今天的64位。

微型计算机发展的同时,大型计算机也得到了很大发展,运算速度更快、存储容量更大、处理能力更强,以适应大型事务处理系统的需要,在银行金融交易及数据处理、人口普查、企业资源规划等领域广泛使用。

20世纪80年代,计算机网络技术使计算机应用从单机走向网络,并逐渐从独立网络走向互联网络。

由于计算机仍然没有突破冯·诺依曼体系结构,所以还不能为这一代计算机划上休止符。随着生物计算机、量子计算机等新型计算机已经出现,相信第五代计算机的出现也不会太遥远。

(5) 未来新型计算机。

① 光子计算机。光子计算机是利用光信号进行数据运算、处理、传输和存储的新型计算机。在光子计算机中,以光子代替电子,用不同波长的光代表不同的数据,远胜于电子计算机中通过电子"0"与"1"的状态变化进行二进制运算。但目前尚难以进入实用阶段。

② 量子计算机。量子计算机是根据量子力学原理设计,基于原子的量子效应构建的完全以量子比特为基础的计算机。它利用原子的多能态特性表示不同的数据,从而进行运算。

③ 生物计算机。生物计算机即脱氧核糖核酸(DNA)分子计算机,主要由生物工程技术产生的蛋白质分子组成的生物芯片构成,通过控制 DNA 分子间的生化反应来完成运算。

2. 计算机的软件发展史

软件的发展必须依靠硬件技术的支持,硬件的发展不断促使软件方面的变革,因此软件发展阶段几乎同步于硬件的发展阶段。

(1) 第一代软件(1946—1953 年)。第一代软件是用机器语言编写的,机器语言是内置在计算机电路中的指令,由 0 和 1 组成。例如在某种计算机上,计算 2+6 的机器语言指令如下:

10110000 00000110

00000100 00000010

10100010 01010000

第一条指令表示将"6"送到寄存器 AL 中,第二条指令表示将"2"与寄存器 AL 中的内容相加,结果仍存储在寄存器 AL 中,第三条指令表示将 AL 中的内容送到地址为 5 的内存单元中。

不同的计算机使用不同的机器语言,程序员必须记住每条语言指令的二进制数字组合,因此只有少数专业人员能够为计算机编写程序,这就极大地限制了计算机的推广和使用。用机器语言进行程序设计不仅枯燥费时,而且容易出错。

在这个时代的末期出现了汇编语言,它使用助记符(一种辅助记忆方法,采用字母的缩写来表示指令)表示每条机器语言指令,例如 ADD 表示加,SUB 表示减,MOV 表示移动数据。相对于机器语言,用汇编语言编写程序就容易多了。例如计算 2+6 的汇编语言指令如下:

```
MOV  AL,6
ADD  AL,2
MOV  #5,AL
```

由于计算机只能识别机器语言,需要把用汇编语言编写的程序翻译成机器代码,这由一种称为汇编器的翻译程序完成。编写汇编器的程序员简化了他人的程序设计,是最初的系统程序员。

(2) 第二代软件(1954—1964 年)。第二代软件开始使用高级程序设计语言(简称高级语言,相应地,机器语言和汇编语言称为低级语言)编写,如 1954 年出现的 FORTRAN、1958 年出现的 LISP、1959 年出现的 COBOL,以及 1964 年出现的 BASIC。高级语言的指令形式类似于自然语言和数学语言(例如计算 2+6 的高级语言指令就是 2+6),容易学习,方便编程,也提高了程序的可读性。每种高级语言都有配套的翻译程序(称为编译器),负责把高级语言编写的语句翻译成机器指令。编写编译器的工作通常由系统程序员完成。应用程序员只需掌握高级语言,不需要懂得机器语言和汇编语言,这就降低了对应用程序员在硬件及机器指令方面的要求,使得更多的计算机应用领域的人员可以参与程序设计。

由于高级语言程序需要转换为机器语言程序来执行,因此高级语言对软硬件资源的消耗更多,运行效率也较低。由于汇编语言和机器语言可以利用计算机的硬件特性并直接控制硬件,运行效率较高,因此在实时控制、实时检测等领域仍有汇编语言和机器语言的用武之地。

在第一代和第二代软件时期，程序规模小，程序的编写者和使用者往往是同一个人。这种个体化的软件开发环境使得人们还没有形成明晰的软件设计概念。

(3) 第三代软件(1965—1970 年)。在这一时期，由于用集成电路取代了晶体管，处理器的运算速度得到了大幅度的提高，远快于输入输出设备。为了充分发挥处理器的性能，提高计算机的工作效率，需要一种程序统一管理并协调计算机的所有资源，操作系统就在此背景下应运而生。

与此同时，为解决多用户、多应用共享数据的需求，使数据能为尽可能多的应用程序服务，出现了数据库技术，以及统一管理数据的软件系统——数据库管理系统(DBMS)。

在程序设计方面，结构化程序设计理念逐渐确立起来。“软件工程”一词也于 1968 年被正式提出。这标志着软件的开发和维护开始走向规范化。

(4) 第四代软件(1971—1989 年)。20 世纪 70 年代出现了结构化程序设计技术，Pascal 语言和 Modula-2 语言都是采用结构化程序设计规则制定的，BASIC 这种为第三代计算机设计的语言也被升级为具有结构化的版本。此外，还出现了灵活且功能强大的 C 语言。

这一时期，出现了专为 IBM PC 开发的 PC-DOS 和为兼容机开发的 MS-DOS，二者都成了微型计算机的标准操作系统。Macintosh 机的操作系统引入了鼠标的概念和单击式的图形界面，改变了人机交互的方式。

20 世纪 80 年代，随着微电子和数字化声像技术的发展，在计算机应用程序中开始使用图像、声音等多媒体信息，出现了多媒体计算机。多媒体技术的发展使计算机的应用进入了一个新阶段。

这个时期出现了多用途的应用程序，这些应用程序面向没有任何计算机经验的用户。典型的应用程序是电子制表软件、文字处理软件和数据库管理软件。Lotus1-2-3 是第一个商用电子制表软件，WordPerfect 是第一个商用文字处理软件，dBase Ⅲ 是第一个实用的数据库管理软件。

(5) 第五代软件(1990 年至今)。第五代软件中有 3 个著名事件：在计算机软件业具有主导地位的美国微软(Microsoft)公司的崛起、面向对象的程序设计方法的出现以及万维网(World Wide Web，WWW)的普及。

在这一时期，Microsoft 公司的 Windows 操作系统在个人计算机(Personal Computer，PC)市场占有显著优势，尽管 WordPerfect 仍在继续改进，但 Microsoft 公司的 Word 成了最常用的文字处理软件。20 世纪 90 年代中期，Microsoft 公司将文字处理软件 Word、电子制表软件 Excel、数据库管理软件 Access 和其他应用程序绑定在一个程序包中，称为办公自动化软件。

面向对象的程序设计方法最早是在 20 世纪 70 年代开始使用的，当时主要是用在 Smalltalk 语言中。面向对象程序设计适用于规模较大、具有高度交互性、反映现实世界中动态内容的应用程序。Java、C++、C# 等都是面向对象程序设计语言。

1990 年，英国研究员蒂姆·伯纳斯-李(Tim Berners-Lee)创建了一个全球 Internet 文档中心，并创建了一套技术规则和创建格式化文档的 HTML 语言，以及能让用户访问全世界站点上信息的浏览器，此时的浏览器还很不成熟，只能显示文本。

软件体系结构从集中式的主机模式转变为分布式的客户-服务器模式或浏览器-服务器

模式，专家系统和人工智能软件有了实际应用，完善的系统软件、丰富的系统开发工具和商品化的应用程序的大量出现，以及通信技术和计算机网络的飞速发展，使得计算机进入了一个大发展的阶段。

1.1.2 计算机的特点

1. 运算速度快

运算速度是计算机的一个重要性能指标，通常用每秒执行定点加法的次数或平均每秒执行指令的条数来衡量。运算速度快是计算机的一个突出特点。计算机的运算速度已由早期的几千次每秒(如ENIAC机每秒仅可完成5000次定点加法)发展到现在的最高可达几千亿次每秒乃至万亿次每秒。计算机高速运算的能力极大地提高了工作效率，把人们从大量的脑力劳动中解放出来。过去人工用很多时间才能完成的计算，计算机瞬间即可完成。曾有许多数学问题，由于计算量太大，数学家们终其一生也无法完成，使用计算机则可轻易地解决。

2. 计算精度高

在科学研究和工程设计中，对计算的结果精度有很高的要求。一般的计算工具只能达到几位有效数字(如过去常用的4位数学用表、8位数学用表等)，而计算机对数据的结果精度可达到十几位、几十位有效数字，根据需要甚至可达到任意的精度。

3. 存储容量大

计算机的存储器可以存储大量数据，这使计算机具有了“记忆”功能。目前计算机的存储容量越来越大，已高达千兆数量级的容量。计算机具有“记忆”功能，是与传统计算工具的一个重要区别。

4. 具有逻辑判断功能

计算机的运算器除了能够完成基本的算术运算外，还具有进行比较、判断等逻辑运算的功能。这种能力使计算机能够处理逻辑推理问题。

5. 自动化程度高

计算机内部的操作运算是根据人们预先编制的程序自动控制执行的。只要把包含一连串指令的处理程序输入计算机，计算机便会依次取出指令，逐条执行，完成各种规定的操作，直到得出结果为止。一般无须人工干预，因而自动化程度高。

6. 通用性强

计算机能够应用于各种领域。任何复杂的任务都可以分解为大量的基本的算术运算和逻辑操作，计算机程序员可以把这些基本的运算和操作按照一定规则(算法)写成一系列操作指令，加上运算所需的数据，形成适当的程序就可以完成各种各样的任务。实际上，计算机的使用早已经遍及各行各业。

1.1.3 计算机的分类

根据计算机处理信息的类型、用途和规模，对计算机种类有不同的划分，下面介绍常用的分类方法。

按照处理信息的类型，可将计算机分为模拟计算机、数字计算机和混合计算机。

(1) 模拟计算机。模拟计算机是指专用于处理连续的电压、温度、速度等模拟数据的计算机，其特点是参与运算的数值是连续量，其运算过程是连续的，由于受元器件质量影响，其计算精度较低，应用范围较窄。模拟计算机目前已很少生产。

(2) 数字计算机。数字计算机是指用于处理数字数据的计算机，其特点是参与运算的数值用非连续的数字量表示。数字计算机是以近似人类大脑的“思维”方式进行工作的，所以俗称为“电脑”。

(3) 混合计算机。混合计算机是指模拟技术与数字计算灵活结合的电子计算机，输入和输出既可以是数字数据，也可以是模拟数据。

根据计算机的用途不同可分为专用计算机和通用计算机。

(1) 通用计算机。通用计算机适用于解决一般问题，如科学计算、数据处理和过程控制等。其适应性强，应用面广。

(2) 专用计算机。专用计算机用于解决某一特定方面的问题，配有专门的软件和硬件，应用于自动化控制、工业仪表、军事等领域。专用计算机针对某类问题能显示出最有效、最快速和最经济的特性。

计算机的规模由字长、运算速度、存储容量、外部设备、输入输出能力、配置的软件、价格等计算机的主要技术指标衡量。计算机根据其规模可分为巨型计算机、小巨型计算机、大型主机、小型计算机、微型计算机、图形工作站等。

(1) 巨型计算机。巨型计算机又称超级计算机，一般用于国防尖端技术和现代科学计算等领域。巨型机速度最快、容量最大、体积最大，造价也最高。目前巨型计算机的运算速度已达几千万亿次每秒，并且这个记录还在不断刷新。巨型计算机是计算机发展的一个重要方向，研制巨型计算机也是衡量一个国家经济实力和科学水平的重要标志。

(2) 小巨型计算机。小巨型计算机又称小超级计算机或桌上型超级计算机，典型产品有美国 Convex 公司的 C-1、C-3、C-3 等和 Alliant 公司的 FX 系列等。

(3) 大型主机。大型主机包括通常所说的大、中型计算机，这类计算机具有较高的运算速度和较大的存储容量，一般用于科学计算、数据处理或用作网络服务器，随着微型计算机与网络的迅速发展，正在被高档微型计算机所取代。

(4) 小型计算机。小型计算机一般用于工业自动控制、医疗设备中的数据采集等方面。例如 DEC 公司的 PDP-11 系列、VAXC-11 系列，HP 公司的 1000、3000 系列等。目前，小型计算机已受到高档微型计算机的挑战。

(5) 微型计算机。微型计算机简称微机，又称个人计算机(PC)，是目前发展最快、应用最广泛的一种计算机。微型计算机的中央处理器采用微处理芯片，体积小巧轻便。目前微型计算机使用的微处理芯片主要有 Intel 公司的 Pentium 和 Core 系列、AMD 公司的 Athlon 系列等。

(6) 图形工作站。图形工作站是以个人计算环境和分布式网络环境为前提的高性能计算机，通常配有高分辨率的大屏幕显示器及容量很大的内存储器和外部存储器，并且具有较强的信息处理功能和高性能的图形、图像处理功能以及联网功能。主要应用在专业的图形处理和影视创作等领域。

1.1.4 计算机的发展趋势

从第一台计算机产生至今，计算机的应用得到不断拓展，计算机类型不断分化，这就决定计算机的发展也朝着不同的方向延伸。当今计算机技术正朝着巨型化、微型化、网络化和智能化方向发展。

（1）巨型化。巨型化指计算机具有极高的运算速度、大容量的存储空间、更强大的功能，主要用于航空航天、军事、气象、人工智能、生物工程等领域。

（2）微型化。从第一块微处理器芯片问世以来，发展速度与日俱增。计算机芯片的集成度每18个月翻一番，而价格则减一半，这就是反映技术功能与价格比的摩尔定律。计算机芯片集成度越来越高，所完成的功能越来越强，使计算机微型化的进程越来越快。

（3）网络化。网络化是计算机技术和通信技术紧密结合的产物。计算机网络的应用早已渗透到各个领域。计算机网络的发展水平已成为衡量国家现代化程度的重要标志。计算机网络在社会发展中发挥着极其重要的作用。

（4）智能化。智能化是指让计算机能够模拟学习、感知、理解、判断、推理等人类的智力活动，具备理解自然语言、声音、文字和图像和说话的能力，使人机能够用自然语言直接对话。可以利用已有的和不断学习到的知识进行思维、联想、推理，得出结论，解决复杂问题。

由于电子电路的局限性，理论上电子计算机的发展也有一定的局限，因此人们正在研制不使用集成电路的计算机，如生物计算机、量子计算机、光子计算机、超导计算机等。

1.2 计算机的应用

计算机产业除了本身已成为新的支柱产业，即信息产业，其技术早已广泛而深入地渗透到生产制造、产品设计、办公室业务、家庭生活、医疗保健、教育、通信、交通、商业、科研、金融、气象、资源勘测、军事、大众传媒等各行各业。当今社会，如果全球的计算机都停止工作，后果将不堪设想。下面介绍计算机的一些应用。

1. 科学计算

科学计算是计算机最早的应用领域，与人工计算相比，计算机速度快、精度高，非常适合需要大量数值运算的领域，如天气预报。今天，科学计算在计算机应用中所占的比重虽不断下降，但是在天文、地质、生物、数学等基础科学研究以及空间技术、新材料研制、原子能研究等高新技术领域中，仍然占有重要的地位。

2. 信息处理

信息处理是对各种信息进行收集、存储、整理、分类、统计、加工、利用、传播等一系列活动的统称，目的是获得有用的知识，作为决策的依据。

现代社会是信息化社会。信息已经和物质、能量一起被列为人类社会活动的3个基本要素。随着生产的高度发展，导致信息量急剧膨胀。目前，计算机信息处理已经广泛应用于办公自动化、企业计算机辅助管理与决策、文字处理，文档管理、文献检索、激光照排、电影电视动画设计、会计电算化、图书管理、医疗诊断等各行各业。信息处理正在形成独立的产业。多媒体技术更是为信息产业插上了腾飞的翅膀。有了多媒体，展现在人们面前的就不再是枯燥的数字、文字，而是人们喜闻乐见、声情并茂的声音和图像信息了。据统计，世界上80%以上的计算机主要用于信息处理，这决定了计算机应用的主导方向。

3. 辅助技术

（1）计算机辅助设计与辅助制造（CAD/CAM）。计算机辅助设计（Computer Aided

Design,CAD)是指运用计算机软件制作并模拟实物设计,展现新开发商品的外形、结构、色彩、质感等特色的过程。随着技术的不断发展,CAD技术已在建筑设计、电子和电气、科学研究、机械设计、软件开发、机器人、服装、出版、工厂自动化、土木筑、地质、计算机艺术等各个领域都得到广泛的应用。目前,CAD已经不仅仅用于绘图和显示,通过融合领域知识,使设计过程更"智能"化。

计算机辅助制造(Computer Aided Manufacturing,CAM)是指在机械制造业中,利用计算机控制机床和设备,自动完成产品的加工、装配、检测和包装等制造过程。

应用CAD/CAM技术,可以缩短产品开发周期、提高设计质量,增加产品种类、增强产品在市场中的应变能力和竞争能力。在发达国家,飞机、汽车制造、集成电路企业全都采用CAD/CAM技术,约60%的机械工业、40%的建筑设计部门采用了CAD技术。据统计,采用CAD技术后,集成电路设计效益提高18倍,机械产品设计效益提高5倍,建筑设计效益提高3倍。CAD/CAM技术已成为新一代生产技术的核心。

(2) 计算机辅助教学与计算机管理教学(Computer Aided Instruction/Computer-Managed Instruction,CAI/CMI)。

① 计算机辅助教学是指用计算机帮助或代替教师执行部分教学任务,向学生传授知识和提供技能训练的教学方式。利用CAI技术,计算机不仅可以向人们传授知识、提供资料,还可以帮助学生做练习、复习、解题、辅导和测验等。与传统教学方式相比较,CAI最突出的特点是真正实现了以学生为中心的人格化教学方法,学生可以按照自己的实际情况来选择学习内容,控制学习进度,及时了解自己的学习效果。

② 计算机管理教学是指用计算机实现各种教学管理,例如教务管理、拟订教学计划、课程安排、计算机题库与计算机评分等,使教学管理更加规范、高效。

4. 过程控制

过程控制是利用计算机及时采集检测数据,按最优值迅速地对需要控制的对象进行自动调节或控制。采用计算机进行过程控制,不仅可以大大提高控制的自动化水平,而且可以提高控制的及时性和准确性,从而改善劳动条件、提高产品质量及合格率。目前,计算机过程控制已在机械、冶金、石油、化工、纺织、水电、航天等部门得到广泛的应用。例如,在汽车工业方面,利用计算机控制机床、控制整个装配流水线,不仅可以实现精度要求高、形状复杂的零件加工自动化,而且可以使整个车间或工厂实现自动化。

5. 人工智能

人工智能(Artificial Intelligence)是计算机模拟人类的智能活动,例如感知、判断、理解、学习、问题求解和图像识别等。现在人工智能的研究已取得不少成果,有些已开始走向实用阶段。例如,能模拟高水平医学专家进行疾病诊疗的专家系统、具有一定思维能力的智能机器人等。

6. 网络应用

计算机网络是指将地理位置不同的多台具有独立功能的计算机及其外部设备,通过通信线路连接起来,在网络操作系统、网络管理软件及网络通信协议的管理和协调下,实现资源共享和信息传递的计算机系统。最著名的网络就是互联网。互联网作为20世纪人类最伟大的发明之一,已成为信息时代人类社会发展的战略性基础设施,成为推动经济发展、社会进步和促进国际交流的重要手段。近年来,互联网产业向其他产业领域快速渗透发展,使得互联网已演变为社会生产的新工具、经济贸易的新载体、公共服务的新手段,带动了生产生活方式的深刻变革。

1.3 信息与数制系统

1.3.1 信息和数据

数据是对某一目标进行定性、定量描述的原始资料,包括数字、文字、符号、图形、图像以及它们能够转换成的数据等形式。数据是最原始的记录,未被加工解释,没有回答特定的问题。它与其他数据之间没有建立联系,是分散和孤立的。

信息是指现实世界事物的存在方式或运动状态的反映,是数据、消息中所包含的意义。

数据和信息这两个概念既有联系又有区别。数据是信息的符号表示,又称为载体;信息是数据的内涵,是数据的语义解释。数据是信息存在的一种形式,只有通过解释或处理才能成为有用的信息。数据可用不同的形式表示,而信息不会随数据不同的形式而改变。例如,某一时间的股票行情上涨就是一个信息,但它不会因为这个信息的描述形式是数据、图表或语言等形式而改变。

信息与数据是密切关联的。因此,在某些不需要严格区分的场合,也可以把两者不加区别地使用,例如信息处理也可以说成数据处理。

1.3.2 数制系统

1. 二进制及其表示

(1) 计算机中采用二进制的原因。计算机内部之所以采用二进制,其主要原因是二进制具有以下优点。

① 技术上容易实现。计算机使用的是二进制编码,而不是人们熟悉的十进制编码,最重要的原因是电子器件大多具有两种稳定状态,二进制在物理上更容易实现,例如晶体管的导通与否、电压的高低、磁性的有无等,而找到一个具有 10 个稳定状态的电子器件则很困难。

② 可靠性高。二进制中只使用 0 和 1 两个数码,传输和处理时不易出错,因而可以保障计算机具有很高的可靠性。

③ 运算规则简单。与十进制数相比,二进制数的运算规则要简单得多,这不仅可以使运算器的结构得到简化,而且有利于提高运算速度。

④ 与逻辑量相吻合。二进制数 1 和 0 与逻辑量“真”和“假”相对应,因此用二进制数更容易表示逻辑量。

⑤ 二进制数与十进制数之间的转换相当容易。人们使用计算机时仍然可以使用十进制数,计算机将其自动转换成二进制数存储和处理,输出处理结果时又将二进制数自动转换成十进制数,这给工作带来了极大的方便。

(2) 二进制数的运算方法。首先介绍基数的概念。基数是指该进制中允许使用的基本数码的个数。二进制的基数为 2,有两个记数符号“0”和“1”。进位规则是“逢二进一”,借位规则是“借一当二”。

(3) 二进制的四则运算。

加法：$0+0=0$

$0+1=1$

$1+0=1$

$1+1=0$(同时向高位进位 1)

减法：$0-0=0$

$0-1=1$(同时向高位借位 1)

$1-0=1$

$1-1=0$

乘法：$0\times0=0$

$1\times0=0$

$0\times1=0$

$1\times1=1$

除法：$0\div1=0$

$1\div1=1$

二进制的位权是 2 的幂。在计算机中，二进制数以代码序列的形式存储、运算、传送，其通式如下：

$$X_nX_{n-1}\cdots X_0.X_{-1}X_{-2}X_{-m}$$

其中，整数有 $n+1$ 位，X_0 的位权是 2^0，X_n 的位权为 2^n；小数有 m 位，X_{-1} 的位权是 2^{-1}，X_{-m} 的位权是 2^{-m}。

在计算某二进制数的数值或需要进行算法推导时，常将它展开为多项式。二进制数多项式的通式为

$$(S)_2=2^nX_n+2^{n-1}X_{n-1}+\cdots+2^0X_0.+2^{-1}X_{-1}+2^{-2}X_{-2}+\cdots+2^{-m}X_{-m}$$

例如：

$(101.01)_2=1\times2^2+0\times2^1+1\times2^0+0\times2^{-1}+1\times2^{-2}=(5.25)_{10}$

2. 八进制和十六进制

(1) 八进制。八进制的基数为 8，有 8 个不同的数码符号：0、1、2、3、4、5、6、7。进位规则是“逢八进一”，借位规则是“借一当八”。八进制数各个数位的位权是 8 的幂次方。将一个八进制数展开时，各个位上的数乘以相应的位权，再相加。例如：

$$(1261.11)_8=1\times8^3+2\times8^2+6\times8^1+1\times8^0+1\times8^{-1}+1\times8^{-2}$$

(2) 十六进制。十六进制的基数为 16，有 16 个不同的数码符号：0、1、2、3、4、5、6、7、8、9、A、B、C、D、E、F。其中，A～F 分别表示十进制数的 10～15。进位规则是“逢十六进一”，借位规则是“借一当十六”。将一个十六进制数展开时，各个位上的数乘以相应的位权，再相加。例如：

$$(2D5F.2A)_{16}=2\times16^3+13\times16^2+5\times16^1+15\times16^0+2\times16^{-1}+10\times16^{-2}$$

十进制数、二进制数、八进制数和十六进制数的对应关系如表 1-1 所示。从表中可以看出，一个八进制数码需要 3 位二进制数来表示，一个十六进制数码则需要 4 位二进制数来表示。

表 1-1 常用记数制数值对照表

十进制数	二进制数	八进制数	十六进制数
0	0	0	0
1	1	1	1
2	10	2	2

续表

十进制数	二进制数	八进制数	十六进制数
3	11	3	3
4	100	4	4
5	101	5	5
6	110	6	6
7	111	7	7
8	1000	10	8
9	1001	11	9
10	1010	12	A
11	1011	13	B
12	1100	14	C
13	1101	15	D
14	1110	16	E
15	1111	17	F
16	10000	20	10

在计算机中，通常用数字后面跟一个英文字母来表示该数的进位记数制。十进制数用D(Decimal)或 d，二进制数用 B(Binary)或 b，八进制数用 O(Octal)或 o，或者 Q 和 q，十六进制数用 H(Hexadicimal)或 h。由于十进制数是最常用的表示方式，故十进制数后的 D 或 d 可省略。

3. 二进制数、八进制数、十进制数、十六进制数之间的转换

这里主要介绍二进制数和十进制数之间的转换，八进制数和十进制数、十六进制数和十进制数之间的转换以此类推。

1）二进制数与十进制数之间的转换

（1）二进制数转换为十进制数。二进制数转换为十进制数的方法正是前面提到的二进制数展开为多项式的结果，即将二进制的各位分别乘以对应的权值再相加。

例 1-1 把二进制数 1101101 转换成十进制数。

解：$(1101101)_2=1\times2^6+1\times2^5+0\times2^4+1\times2^3+1\times2^2+0\times2^1+1\times2^0$

$=64+32+0+8+4+0+1=109$

例 1-2 把二进制数$(11110.11)_2$转换成十进制数。

解：$(11110.11)_2=1\times2^4+1\times2^3+1\times2^2+1\times2^1+0\times2^0+1\times2^{-1}+1\times2^{-2}$

$=16+8+4+2+0+0.5+0.25=30.75$

（2）十进制数转换为二进制数。十进制数的整数部分和小数部分向二进制转换时，规则不同，下面分别进行说明。

① 整数部分。十进制整数转换为二进制数的方法是“除 2 取余，逆序排列”法，即用 2 整除十进制整数，得到一个商和余数；再用 2 去除商，又得到一个商和余数，如此进行，直

到商为 0 时为止，然后把先得到的余数作为二进制数的低位，后得到的余数作为二进制数的高位，依次排列起来，就得到了最后的转换值。

例 1-3 将十进制数 215 转换为等值的二进制数。

解：

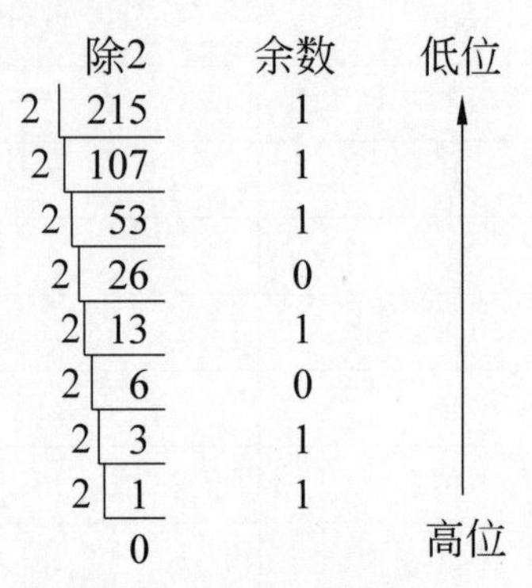

转换结果为$(215)_{10}=(11010111)_2$

十进制整数转换为二进制数的另一种方法是拆分法。

例 1-4 将十进制数 215 转换为等值的二进制数。

解： 因为 $215=2^7+2^6+2^4+2^2+2^1+2^0$

$$2^7=(10000000)_2$$

$$2^6=(1000000)_2$$

$$2^4=(10000)_2$$

$$2^2=(100)_2$$

$$2^1=(10)_2$$

$$2^0=(1)_2$$

所以，以上各项二进制数相加得 $(215)_{10}=(11010111)_2$

② 小数部分。十进制小数转换为二进制的方法是，“乘 2 取整，顺序排列”法。具体做法是：用 2 乘十进制小数，得到积，取出积的整数部分，再用 2 乘余下的小数部分，又得到一个积，再将积的整数部分取出，如此进行，直到积的小数部分为零或达到精度要求为止。最先得到的整数为小数部分的最高位(最靠近小数点)，最后得到的整数为最低位。

例 1-5 将十进制小数 0.3625 转换为等值的二进制小数。

解：

0.3625
× 2
0.7250……………整数0 高位
× 2
1.4500
0.4500……………整数1
× 2
0.9000……………整数0
× 2
1.8000……………整数1 低位

若保留 4 为小数，则转换结果为$(0.3625)_{10} \approx (0.0101)_2$

例 1-6　将十进制数 163.6875 转换为二进制数。

解：该十进制数中有整数和小数两部分，按照上面的方法，分别计算。

整数部分：除 2 取余。

	除2	余数	低位
2	163	1	↑
2	81	1	
2	40	0	
2	20	0	
2	10	0	
2	5	1	
2	2	0	
2	1	1	
	0		高位

小数部分：乘 2 取整。

```
0.6875
×    2
1.3750…………整数1    高位
0.3750                  │
×    2                  │
0.7500…………整数0       │
×    2                  │
 1.500…………整数1       │
 0.500                  │
×    2                  ↓
1.0000…………整数1    低位
```

转换结果为$(163.6875)_{10} = (10100011.1011)_2$。

2）二进制数、八进制数、十六进制数之间的相互转换

八进制有 0～7 这 8 个数码，而 3 个二进制位才能完全表达这 8 个数码。因此，八进制数和二进制数相互转换时，一个八进制位对应 3 个二进制位。对于十六进制数的 16 个数码，则需要 4 个二进制位才能完全表达。因此，十六进制数和二进制数相互转换时，1 个十六进制位对应 4 个二进制位。

（1）二进制数转换为八进制数。将一个二进制数转换成八进制数，从小数点开始分别向左、向右将每 3 位划分为一组，不足 3 位的组在左边或右边补 0，然后将每组 3 位二进制数转换为 1 位八进制数。

例 1-7　将二进制数$(11010100101.10011010)_2$转换成八进制数。

解：

```
011  010  100  101  .  100  110  100
 ↓    ↓    ↓    ↓       ↓    ↓    ↓
 3    2    4    5   .   4    6    4
```

转换结果为$(11010100101.10011010)_2 = (3245.464)_8$。

（2）八进制数转换为二进制数。八进制数转换成二进制数的方法，与二进制数转换成八进制数的过程相反。就是将每位八进制数展开为 3 位二进制数即可。

例 1-8　将八进制数$(537.621)_8$转换成二进制数。

解：

```
 5     3     7   .   6     2     1
 ↓     ↓     ↓       ↓     ↓     ↓
101   011   111  .  110   010   001
```

转换结果为$(573.621)_8=(101011111.110010001)_2$。

注意： 整数前的高位 0 和小数后的低位 0 可取消。

(3) 二进制数转换为十六进制数。类似于二进制数向八进制数的转换。将二进制数转换为十六进制数的方法是从小数点开始分别向左、向右将每 4 位划分一组，不足 4 位的组在左边或右边补 0，然后将每组4 位二进制数转换为 1 位十六进制数。

例 1-9　将二进制数$(10111010110.1110001)_2$转换成十六进制数。

解：

```
0101   1101   0110  .  1110   0010
 ↓      ↓      ↓        ↓      ↓
 5      D      6    .   E      2
```

转换结果为$(10111010110.1110001)_2=(5D6.E2)_{16}$。

(4) 十六进制数转换为二进制数。十六进制数转换成二进制数的方法，与二进制转换成十六进制数的过程相反，就是将每位十六进制数展开为 4 位二进制数即可。

例 1-10　将十六进制数$(A7D4.1E8)_{16}$转换成二进制数。

解：

```
 A      7      D      4    .   1      E      8
 ↓      ↓      ↓      ↓        ↓      ↓      ↓
1010   0111   1101   0100  .  0001   1110   1000
```

转换结果为$(A7D4.1E8)_{16}=(1010011111010100.000111101000)_2$。

注意： 整数前的高位 0 和小数后的低位 0 可取消。

3）十进制数与八进制数、十六进制数之间的转换

将十进制数转换为八进制数的方法类似于将十进制数转换为二进制数，即整数部分"除八取余"，小数部分"乘八取整"。十进制数转换为十六进制数，则采用"除十六取余""乘十六取整"的方法。这种方法比较麻烦。可以借助二进制作为中介，即将十进制数先转换为二进制数，再将二进制数转换为八进制数或十六进制数。

将八进制数转换为十进制数则很简单，按照多项式展开即可，即将每一位数乘以相应的位权，再求和。将十六进制数转换为十进制数的过程与此类似。

4）八进制数与十六进制数之间的转换

八进制数与十六进制数之间的转换方法是借助二进制数作为中介。

例 1-11　将十六进制数 0D4AH 转换成八进制数。

解： $(0D4A)_{16}=(110101001010)_2=(6512)_8$

$(0D4A)_{16}=(6512)_8$

例 1-12　将八进制数 2317Q 转换成十六进制数。

解： $(2317)_8=(10011001111)_2=(4CF)_{16}$

$(2317)_8=(4CF)_{16}$

1.3.3　计算机中的数据单位

在计算机内部，数据都是以二进制形式存储和运算的。

二进制数据中的一个位(bit,b),是计算机存储数据的最小单位。一个二进制位只能表示 0 或 1 两种状态,要表示更多的信息,就要把多个位组合成一个整体。

字节(Byte,B)是计算机数据处理的基本单位。1B 由 8 个二进制位组成,即 1B=8b。

字是计算机进行数据处理时,一次存取、加工或传送的二进制位数。字长决定了计算机处理数据的速度,是衡量计算机性能的一个重要指标,字长越长,性能越好。字长的位数通常是 8 的整数倍.即 8 位、16 位、32 位、64 位等。

另外,还有其他数据单位,如千字节(KB)、兆字节(MB)等。从字节开始往上按照千分位递进,分别是 KiloByte(KB)、MegaByte(MB)、GigaByte(GB)、TeraByte(TB)、PetaByte(PB)、ExaByte(EB)、ZettaByte(ZB)、YottaByte(YB)。例如,1KB=1024B,1MB=1024KB,1GB=1024MB。

1.3.4 二进制数的算术运算和逻辑运算

当二进制数码表示数量时,可以进行算术运算。这里只介绍无符号二进制数的算术运算,对带符号二进制数的运算不作要求。

1. 二进制数的算术运算

(1) 加法运算。运算规则如下:

$$0+0=0 \qquad 0+1=1$$

$$1+0=1 \qquad 1+1=0\ (\text{向高位进 1})$$

(2) 减法运算。运算规则如下:

$$0-0=0,\quad 1-1=0,\quad 1-0=1,\quad 0-1=1(\text{向高位借 1})$$

(3) 乘法运算。运算规则如下:

$$0\times 0=0 \qquad 0\times 1=0$$

$$1\times 0=0 \qquad 1\times 1=1$$

(4) 除法运算。运算规则如下:

$$0\div 1=0,\quad 1\div 1=1$$

例 1-13 计算 101110÷10 的商和余数。

解:

```
       10111
  10√101110
    -10
     011
    - 10
       11
     - 10
        10
      - 10
         0
```

得到结果为 101110÷10=10111。

做二进制除法时,需要判断每一步是否“够减”,再决定是上“1”,还是上“0”。在计算机中,由逻辑单元自动实现判断步骤。

2. 二进制数的逻辑运算

由于二进制的“0”和“1”正好和逻辑代数的“假”和“真”相对应。这样，就可以用一位二进制码来表示一个逻辑值，以进行逻辑运算。“与”“或”和“非”是计算机中最基本的 3 种逻辑运算，其他复杂的逻辑运算都可以由这 3 种运算组合而成。

(1) “与”运算。运算规则如下：

$$0\times0=0 \qquad 0\times1=0$$
$$1\times0=0 \qquad 1\times1=1$$

其中，“×”表示与运算，读作“与”。例如逻辑算式 $1\times0=0$ 的含义是，一个为“真”的逻辑值和一个为“假”的逻辑值进行“与”运算，结果为“假”。

(2) “或”运算。运算规则如下：

$$0+0=0 \qquad 0+1=1$$
$$1+0=1 \qquad 1+1=1$$

其中，“+”表示或运算，读作“或”。例如逻辑算式 $0+1=1$ 的含义是，一个为“假”的逻辑值和一个为“真”的逻辑值进行“或”运算，结果为“真”。

(3) “非”运算。运算规则如下：

$$\overline{1}=0 \qquad \overline{0}=1$$

其中，数字顶上的横线，表示“非”运算，读作“非”。例如逻辑算式 $\overline{0}=1$ 的含义是，一个为“假”的逻辑值做“非”运算，结果为“真”。

“与”“或”“非”的运算优先权为“非”最高、“与”次之、“或”的优先级别最低。

例 1-14 求 $1+0\times\overline{(0+1)}$ 的逻辑值。

解：$1+0\times\overline{(0+1)}=1+0\times\overline{1}=1+0\times0=1+0=1$

先进行括号内的“或”运算，再进行“非”运算，然后进行“与”运算和“或”运算，最后得到的结果为 1，即逻辑值“真”。

1.3.5 二进制数的表示形式

一个数在计算机内部的表示称为机器数。通常规定一个数的最高位为符号位。用“0”和“1”表示，“0”表示正数，“1”表示负数。对于定点带符号位机器数而言，常用的表示方式有 3 种：原码、反码和补码。

原码的最高位是符号位，其余部分表示数值的绝对值大小。正数的反码、补码与其原码相同。对于负数而言，反码是对其原码逐位取反，但符号位不变；补码是在反码上加 1。

设立补码有若干好处，一是为了能让计算机执行减法，减去一个正数等于加上一个负数，即 $[a-b]_{补}=a_{补}+(-b)_{补}$，将减法转为加法，对计算机运算的设计就简单了；二是使得符号位能与有效数值部分一起参加运算，从而简化运算规则；三是统一了 +0 和 −0 的表达，+0 和 −0 的原码和反码都不同，但 +0 和 −0 的补码相同。由于 0 带符号是没有意义的，显然用补码更能反映实际情况。

下面通过例子进一步理解原码、反码、补码的概念。

+1、−1 的原码分别如下：$[+1]_{原}=$ 0000 0001，$[-1]_{原}=$ 1000 0001。

+1、−1 的反码分别如下：$[+1]_{反}=$ 0000 0001，$[-1]_{反}=$ 1111 1110。

+1、−1 的补码分别如下：$[+1]_{补}$ = 0000 0001，$[-1]_{补}$ = 1111 1111。

1.3.6 计算机中的编码

字符是各种文字和符号的总称，包括各国文字、标点符号、图形符号、数字等。字符集是多个字符的集合，字符集种类较多，不同的字符集包含的字符个数不同。要让计算机能够识别和存储各种文字，需要进行字符编码。计算机中常用的字符编码方式有 BCD 码、ASCII 码、GB2312 码、Unicode 码等。

1. BCD 码

BCD(Binary-Coded Decimal)编码的方式很多，最常用的是 8421 码，它的编码方式是使用 4 个二进制位来表达一个十进制数码，用$(0000)_2$～$(1001)_2$ 分别代表十进制的 0～9。相对于一般的浮点式记数法，采用 BCD 码，既可保证数值的精确度，又可免去计算机作浮点运算时所耗费的时间。

2. ASCII 码

ASCII 码(American Standard Code for Information Interchange，美国信息互换标准代码)是基于罗马字母表的一套计算机编码系统，主要针对现代英语和其他西欧语言，是最通用的单字节编码系统，并等同于国际标准 ISO 646。标准 ASCII 码使用 7 个二进制位对 128 个字符进行编码，其中有 96 个可打印字符，包括常用的字母、数字、标点符号等，另外还有 32 个控制字符。由于计算机处理数据的基本单位为字节，所以仍以 1B 来存放一个 ASCII 字符，每字节中多余出来的一位(最高位)在计算机内部通常为 0。表 1-2 为基本 ASCII 字符集及其编码。

表 1-2　ASCII 字符集

$d_3d_2d_1d_0$ 位	$d_6d_5d_4$ 位							
	000	001	010	011	100	101	110	111
0000	NUL	DLE	SP	0	@	P	、	p
0001	SOH	DC1	!	1	A	Q	a	q
0010	STX	DC2	”	2	B	R	b	r
0011	ETX	DC3	#	3	C	S	c	s
0100	EOT	DC4	$	4	D	T	d	t
0101	ENQ	NAK	%	5	E	U	e	u
0110	ACK	SYN	&	6	F	V	f	v
0111	BEL	ETB	’	7	G	W	g	w
1000	BS	CAN	(	8	H	X	h	x
1001	HT	EM	)	9	I	Y	i	y
1010	LF	SUB	*	:	J	Z	j	z
1011	VT	ESC	+	;	K	[	k	{
1100	FF	FS	‘	<	L	\	l	|

续表

$d_3d_2d_1d_0$ 位	$d_6d_5d_4$ 位							
	000	001	010	011	100	101	110	111
1101	CR	GS	-	=	M	]	m	}
1110	SO	RS	.	>	N	↑	n	~
1111	SI	US	/	?	O	↓	o	DEL

3. GB2312 和 BIG5 和 Unicode

由于标准 ASCII 字符集只包括 128 个字符，在实际应用中往往无法满足要求。为了处理本国语言，不同的国家和地区制定了不同的标准，由此产生了 GB2312、BIG5 等编码标准。

(1) GB2312。GB2312 是一个简体中文字符集，由 6763 个常用汉字和 682 个全角的非汉字字符组成。GB2312 编码通行于我国内地；新加坡等地也采用此编码。几乎所有的中文系统和国际化的软件都支持 GB2312。GB2312 编码用双字节(8 位二进制)表示一个汉字，所以理论上最多可以表示 256×256=65536 个汉字。

(2) BIG5。BIG5 称为大五码。大五码是一种繁体中文汉字字符集，其中繁体汉字 13053 个，808 个标点符号、希腊字母及特殊符号。在中国台湾、中国香港与中国澳门地区使用。

(3) Unicode 码。Unicode 码是最新的国际标准编码，采用双字节(16 位)编码，收入了几乎所有国家的文字符号，适用于所有语言的作业平台，但与 ANSI 码不兼容，只应用于支援 Unicode 的程式。Unicode Little Endian 普遍用于 x86 系统，而 Unicode Big Endian 普遍用于 RISC 系统。

1.4 计算机系统组成

计算机系统由硬件系统和软件系统组成。硬件是指有形电子线路和机电装置所组成的物理设备的实体，是计算机系统的物质基础。软件是一系列按照特定顺序组织的计算机指令和数据的集合，可分为系统软件、应用软件和介于这两者之间的中间件。计算机系统必须要配备完善的软件系统才能正常工作，并充分发挥硬件的各种功能。随着计算机技术的发展，在许多情况下，计算机的某些功能既可以由硬件实现，也可以由软件来实现。

1.5 计算机的硬件系统

在介绍计算机的硬件系统之前，必须了解冯·诺依曼体系结构，它是现代计算机的基础，从计算机诞生那天起，冯·诺依曼体系结构一直占据着主导地位。

冯·诺依曼设计思想可以简要地概括为以下 3 点。

(1) 计算机应包括运算器、存储器、控制器、输入设备和输出设备五大基本部件。其中输入设备输入数据和程序，存储器记忆程序和数据，运算器对数据加工处理，控制器控制程序的执行,输出设备负责输出处理结果。

(2) 计算机内部应采用二进制数来表示指令和数据。每条指令一般具有一个操作码和一个地址码。其中操作码表示运算性质,地址码指出操作数在存储器中的地址。

(3) 采用存储程序方式。将编好的程序送入内存储器中,然后启动计算机工作,计算机能自动逐条取出指令和执行指令。

1.5.1 计算机的硬件系统组成

根据冯·诺依曼设计思想,计算机硬件必须具备的五大基本组成部件,如图 1-1 所示。

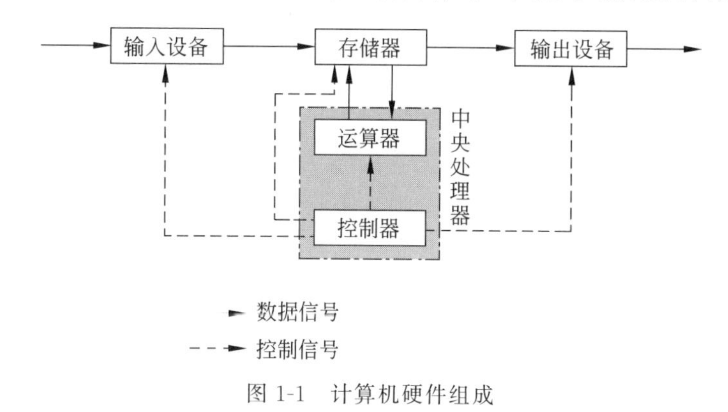

图 1-1 计算机硬件组成

1. 控制器

控制器是计算机的指挥中枢,主要作用是使计算机能够自动地执行命令。它按照主频的节拍产生各种控制信号,以指挥整个计算机工作,即决定在什么时间、根据什么条件执行什么动作,使整个计算机能够有条不紊地自动执行程序。

控制器从内存中按一定的顺序取出各条指令,每取出一条指令,就分析这条指令,然后根据指令的功能向各个部件发出控制命令,控制它们执行这条指令中规定的任务。该指令执行完毕,再自动取出下一条指令,重复上面的工作过程。

2. 运算器

运算器是执行算术运算和逻辑运算的部件,主要负责对信息进行加工处理。运算器由算术逻辑单元(ALU)、累加器、状态寄存器和通用寄存器组等组成。

运算器不断地从存储器中得到要加工的数据,对其进行加、减、乘、除以及各种逻辑运算,并将结果送回存储器中。整个过程在控制器的指挥下有条不紊地进行。

在采用大规模集成电路的微型计算机中,通常把控制器和运算器制作在一块芯片上,这个芯片被称为中央处理器(CPU)。

在计算机中,作为一个整体被传送和运算的一串二进制数码称为字(Word),字所包含的二进制位数称为字长。中央处理器的字长通常由运算器的算术逻辑单元、累加器和通用寄存器来决定。例如,在 32 位字长的中央处理器中,其算术逻辑单元、累加器和通用寄存器都是 32 位的。

3. 存储器

存储器是用来存储程序和数据的记忆装置,是计算机中各种信息的存储和交流中心。

存储器分为两大类：内存储器和辅助存储器。

(1) 内存储器(简称内存)。内存由主存储器和高速缓冲存储器(Cache)组成。计算机运算之前，程序和数据通过输入设备送入内存，运算开始后，内存不仅要为其他部件提供必需的信息，也要保存运算的中间结果及最后结果。为了提高计算机的运算速度，要求内存能快速读写。内存又分为只读存储器(Read Only Memory，ROM)和随机存储器(Random Access Memory，RAM)。ROM只支持读操作，断电后信息不丢失，用于存放特殊的系统数据，如计算机启动用的BIOS芯片。RAM则既支持读操作，又支持写操作。它需要电源的支持，一旦切断电源，其中的所有数据立即消失。

关于内存，还需要知道内存地址的概念。内存由许多存储单元组成，每一个存储单元可以存放若干位二进制数，该二进制数可以是指令，也可以是数据。为区分不同的存储单元，所有存储单元均按一定的顺序编号，称为地址码，简称地址。当计算机内部向内存进行读写操作时，需要提供内存地址，然后由存储器"查找"与该地址对应的存储单元，再进行读、写操作。

(2) 辅助存储器(简称外存)。由于价格和技术方面的原因，内存的存储容量受到限制。为了存储大量的信息，就需要采用价格便宜的辅助存储器。常用的外存有磁带存储器、磁盘存储器、光碟驱动器等。磁盘存储器又分为软磁盘存储器(简称软盘)和硬磁盘存储器(简称硬盘)。断电后外存上的内容并不消失。它的容量要比内存大得多，但存取信息的速度比内存慢。通常外存只和内存交换数据，不直接与计算机内其他装置交换数据。

4. 输入设备

输入设备是人或外部与计算机进行交互的一种装置，用于把原始数据和处理这些数据的程序输入到计算机中。计算机能够接收各种各样的数据，既可以是数值型的数据，也可以是各种非数值型的数据，例如图形、图像、声音等，这些都可以通过不同类型的输入设备输入到计算机中，进行处理。常见的输入设备有键盘、鼠标器、操纵杆、传声器(俗称麦克风)、光笔、摄像机、扫描仪、传真机、模数转换装置等。

5. 输出设备

输出设备的功能是将计算机处理后的信息以数字、字符、图像、声音等形式表示出来，以便于用户识别。常见的输出设备有显示器、打印机、绘图仪、影像输出系统、语音输出系统、磁记录设备、数模转换装置等。

1.5.2 计算机的基本工作原理

计算机的基本工作原理是存储程序和程序控制，按照程序编排的顺序，一步一步地取出指令，自动地完成指令规定的操作。指令是指计算机执行的一个基本操作。程序则是完成特定功能的指令的序列。一个程序规定计算机完成一个完整的任务。计算机所能识别的一组不同指令的集合，称为该种计算机的指令集合或指令系统。在微型计算机的指令系统中，主要使用了单地址和二地址指令。其中，第1字节是操作码，规定计算机要执行的基本操作，第2字节是操作数。对于一个特定任务，计算机的工作过程如下。

首先，将程序和数据通过输入设备送入存储器。

接下来，不断地取出指令、分析指令、执行指令。具体过程如下。

(1) 取出指令。从存储器某个地址中取出要执行的指令送到中央处理器内部的指令寄存器暂存。

(2) 分析指令。把保存在指令寄存器中的指令送到指令译码器,译出该指令对应的微操作。

(3) 执行指令。根据指令译码,向各个部件发出相应控制信号,完成指令规定的各种操作。

(4) 为执行下一条指令做好准备,即取出下一条指令地址。循环执行,直到遇到停止指令。

1.5.3 微型计算机的硬件组成

微型计算机是在微型计算机硬件系统的基础上配置必要的外部设备和软件构成的实体。微型计算机的硬件系统同样由控制器、运算器、存储器、输入设备和输出设备组成,控制器和运算器组合构成中央微处理器。

微型计算机体系结构的特点之一是采用总线结构,通过总线将微处理器、存储器、输入输出接口电路等连接起来,而输入输出设备则通过输入输出接口实现与微型计算机的信息交换,如图 1-2 所示。

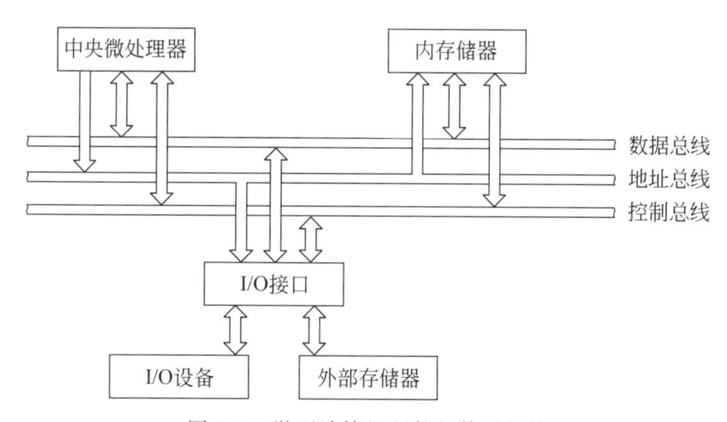

图 1-2 微型计算机硬件的体系结构

总线是计算机中各功能部件间传送信息的公共通道,是微型计算机的重要组成部分。它们可以是带状的扁平电缆线,也可以是印刷电路板上的一层极薄的金属连线。所有的信息都通过总线传送。根据所传送信息的内容与作用不同,总线可分为 3 类。

(1) 地址总线(Address Bus,AB)。在对存储器或 I/O 端口进行访问时,传送由中央处理器提供的要访问存储单元或 I/O 端口的地址信息,以便选中要访问的存储单元或 I/O 端口。地址总线是单向总线。

(2) 数据总线(Data Bus,DB)。从存储器取指令或读写操作数,对 I/O 端口进行读写操作时,指令码或数据信息通过数据总线送往中央处理器或由中央处理器送出。数据总线是双向总线。

(3) 控制总线(Control Bus,CB)各种控制或状态信息通过控制总线由中央处理器送往有关部件,或者从有关部件送往中央处理器。控制总线中每根线的传送方向是一定的。

采用总线结构时,系统中各部件均挂在总线上,可使微型计算机系统的结构简单,易于维护，并具有更好的可扩展性。一个部件（插件），只要符合总线标准就可以直接插入系统，为用户对系统功能的扩充或升级提供了很大的灵活性。

微型计算机系统的硬件主要由主机和输入输出设备组成。主机由中央处理器和内存储器两大部件组成，在主机系统中还有其他一些辅助设备，主要包括主板、硬盘、光碟驱动器（简称光驱）、显卡、网卡、声卡、机箱、电源、连线等。输入输出设备包括键盘、鼠标、扫描仪等为标准输入设备；显示器、打印机、音箱等为标准输出设备。下面分别介绍主要部件。

1. 主板

主板是计算机中最大的一块集成电路板，如图 1-3 所示。主板位于机箱的内部，是一块矩形的印刷电路板，由控制芯片组、BIOS（Basic Input Output System，基本输入输出系统）芯片、内存插槽组成，集成了硬盘接口、USB（Universal Serial Bus，通用串行总线）接口、PCI（Peripheral Component Interconnect，外设部件互连标准）局部总线扩展插槽、ISA（Industry Standard Architecture，工业标准架构）总线扩展插槽等。主板是整个计算机的中枢，所有部件及外设都是通过主板与处理器相连，并进行通信。

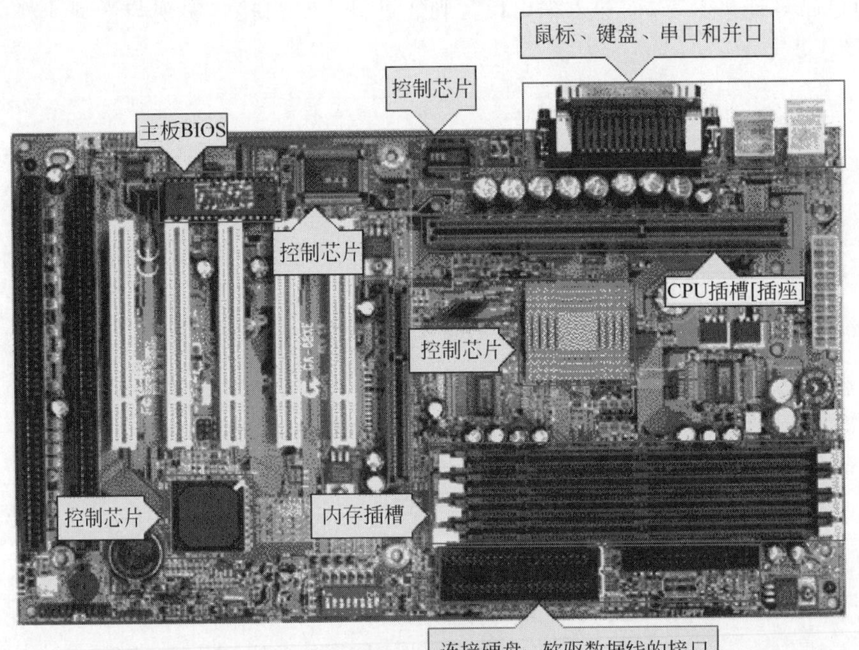

图 1-3　主板结构

主板的类型和档次决定微型计算机系统的类型和档次，衡量主板的指标有以下几点。

（1）主板上插槽的数量。

（2）高速缓冲存储器的数量。

（3）是否支持多种中央处理器。

2. 中央处理器

中央处理器可分为通用中央处理器和嵌入式中央处理器。其区别主要在于应用模式的不同。一般来说，通用中央处理器追求高性能，功能比较强，能运行复杂的操作系统和大型应用软件;嵌入式中央处理器则强调处理特定应用问题的高性能,主要用于运行面向特定领域的专用程序,配备轻量级操作系统,在功能和性能上有很大的变化范围。

微型计算机一般采用通用中央处理器,最具代表性的产品是美国 Intel 公司的微处理器系列。此外,AMD、IBM、Apple、Motorola、Cyrix 等也是生产微处理器产品的著名公司。

中央处理器性能是计算机的主要技术指标之一,基本决定了计算机的性能。衡量中央处理器性能的主要技术指标有以下几种。

(1) 字长。字长是指中央处理器内部各寄存器之间一次能够传递的数据位,即在单位时间内能一次处理的二进制数的位数。一般来说,字长越长,计算机处理数据的精度越高。

(2) 主频、外频和倍频。主频又称时钟频率,是中央处理器的核心工作频率。主频越高,中央处理器在一个时钟周期内能完成的指令数就越多,中央处理器的运算速度也就越快,常以吉赫兹(GHz)为度量单位。

① 外频是中央处理器与主板之间同步运行的速度,目前大部分计算机系统中外频也是内存与主板之间同步运行的速度。

② 倍频就是中央处理器的核心工作频率与外频之间的倍数。理论上而言,在相同的外频下,倍频越高,中央处理器的工作频率也越高。但是,倍频如果超出一定范围,系统中其他部件的速度会跟不上中央处理器的运算速度,从而浪费中央处理器资源。

主频、外频和倍频的关系如下:

$$主频=外频\times倍频$$

(3) 前端总线速度。前端总线速度指的是数据传输的速度。例如前端总线速度若为 100MHz,则意味着中央处理器每秒可接收的数据传输量是 $100\text{MHz}\times 64\text{b}/8\text{b}/1\text{B}=800\text{MB}$。前端总线比外频更具代表性。

(4) 内存总线速度。内存总线速度(Memory-Bus Speed)也就是系统总线速度,是中央处理器与内存之间通信的速度。计算机要处理信息,必须将程序和数据放入内存,然后再由中央处理器进行存取,所以内存总线的速度对整个系统的性能就显得尤为重要。

(5) 地址总线宽度。地址总线宽度决定了中央处理器所支持内存的最大容量。

(6) 缓存容量。当内存的速度远低于中央处理器的速度时,需要缓存以提高计算机的整体速度。缓存位于中央处理器与内存之间,它的容量比内存小得多,但是交换速度却比内存要快得多。缓存分为一级缓存(L1 Cache)和二级缓存(L2 Cache)。一级缓存的容量和结构对中央处理器的性能影响较大,由静态随机存取存储器组成,内置在中央处理器内部。二级缓存位于中央处理器和内存之间,与一级缓存相比,它的速度较慢,容量较大,主要用于一级缓存和内存之间数据的临时交换。

3. 存储器

存储器是计算机系统中的记忆设备,用来存放程序和数据。存储器可分为主存储器(简称内存)和辅助存储器(简称外存)。内存属于主机的组成部分;外存属于外部设备。中央处理器不能直接访问外存,外存要与中央处理器或输入输出设备进行数据传输,必须通过内存进行。

(1) 内存。内存是中央处理器能直接寻址的存储空间,由半导体器件制成,其特点是存取速率快。计算机中所有程序的运行都是在内存中进行的,因此内存的性能对计算机的影响非常大。内存主频习惯上被用来表示内存的速度,它代表着该内存所能达到的最高工作频率。内存主频是以吉赫兹(GHz)为单位来计量的。内存主频越高在一定程度上代表着内存所能达到的速度越快。

内存包括随机存储器、只读存储器以及高速缓存。

① 随机存储器(Radom Access Memory,RAM)。随机存储器既支持读操作,又支持写操作。它需要电源的支持,一旦关机断电,随机存储器中的信息将全部消失。随机存储器的随机性表现在,读取信息时所需要的时间与信息在随机存储器上的位置无关。通常所说的计算机内存容量均指随机存储器存储器容量。根据存储单元的工作原理不同,随机存储器分为静态随机存取存储器(Static Radom Access Memory,SRAM)和动态随机存取存储器(Dynamic Random Access Memory,DRAM)。静态随机存取存储器是在静态触发器的基础上附加门控管而构成的。因此,它是靠触发器的自保功能存储数据的。动态随机存取存储器的存储矩阵由动态 MOS 存储单元组成。动态 MOS 存储单元利用 MOS 管的栅极电容来存储信息,但由于栅极电容的容量很小,而漏电流又不可能绝对等于 0,所以电荷保存的时间有限。为了避免存储信息的丢失,必须定时地给电容补充漏掉的电荷。通常把这种操作称为刷新,因此动态随机存取存储器内部要有刷新控制电路,其操作也比静态随机存取存储器复杂。尽管如此,由于动态随机存取存储器的存储单元的结构比较简单,所用元件少,功耗低,已成为大容量随机存取存储器的主流产品。微型计算机上使用的动态随机存取存储器被制作成条状,插在系统主板的内存插槽上,俗称内存条。

② 只读存储器(Read Only Memory,ROM)。只读存储器只支持读操作,断电时信息不会丢失。因此,只读存储器中一般存放计算机系统管理程序。

③ 高速缓冲存储器(Cache,简称高速缓存)。高速缓存是介于中央处理器和内存之间的一种可高速存取信息的芯片,用于解决二者之间的速度冲突问题。一般采用静态随机存取存储器构成,按其功能通常分为两类中央处理器内部的高速缓存(一级 Cache)和中央处理器外部的高速缓存(二级 Cache)。中央处理器内部的高速缓存是中央处理器内核的一部分,负责中央处理器内部的寄存器与外部 Cache 之间的缓冲。中央处理器外部的高速缓存用于弥补中央处理器内部高速缓存容量的过小问题,负责中央处理器与内存之间的缓冲。

(2) 外存。外存通常是磁性介质或光碟,能长期保存信息,断电后数据不丢失。与内存相比,速度很慢,但容量很大。外存主要分为硬碟存储器、软盘存储器、光碟驱动器以及 USB 接口的闪速存储器(简称闪存,俗称优盘)。

① 硬盘存储器。硬盘由一个或者多个铝制或者玻璃制的盘片组成,盘片外覆盖有铁磁性材料。每个盘片有上下两个盘面。每个盘面各有一个读写磁头,将盘片逻辑地划分为若干个同心圆,每个同心圆成为一个磁道,又把磁道分为若干段,每段成为一个扇区。每个扇区可存放 512B 的数据。所有盘片上半径相同的磁道组合在一起,称为一个柱面。所以,硬盘容量的计算公式为

$$硬盘容量=磁头数\times柱面数\times扇区数\times每扇区的字节数$$

硬盘的容量大小是衡量一块硬盘最重要的技术指标。其他指标还包括转速、缓存容量、数据传输率等。这些指标共同决定了硬盘的整体性能。

② 光碟驱动器。光碟(Optical Disk)驱动器的存储介质不同于磁盘,主要利用激光原理存储和读取信息。光碟片用塑料制成,塑料中间夹入了一层薄而平整的铝膜,通过铝膜上极细微的凹坑记录信息。由于光碟的容量大、存取速度快、不易受干扰等特点,光碟的应用

越来越广泛。光碟中的信息由光碟驱动器(简称光驱)负责读取。根据结构,光碟主要分为CD、DVD、蓝光光碟等,这几种类型的光碟,在结构上有所区别,但主要原理是一致的。根据是否支持写操作,还可以把光碟分成两类,一类是只读型光碟,如CD-Audio、CD-Video、CD-ROM、DVD-Audio、DVD-Video、DVD-ROM等;另一类是可记录型光碟,包括CD-R、CD-RW、DVD-R、DVD+R、DVD+RW、DVD-RAM、Double layer DVD+R等类型。

衡量光碟的性能指标有数据传输率、平均寻道时间、CPU占用时间、缓冲存储器(Buffer)的大小等。数据传输率就是人们常说的倍速,1倍速=150KB/s。它是光驱最重要的性能指标,通常来说,速度越高越好。平均寻道时间是指激光头(光驱中用于读取数据的一个装置)从原来位置移到新位置并开始读取数据所花费的平均时间。显然,平均寻道时间越短,光驱的性能就越好。CPU占用时间是指光驱在维持一定的转速和数据传输率时所占用CPU的时间。CPU占用时间越少,其整体性能就越好。数据缓冲区是光驱内部的存储区。它能减少读盘次数,提高数据传输率。

③ 闪速存储器。这是一种使用USB接口的无需物理驱动器的微型高容量移动存储产品,通过USB接口与计算机连接,支持即插即用。它的优点是小巧便于携带、存储容量大、价格便宜、性能可靠。闪存盘的种类很多,有计算机上常用的优盘、数字照相机(俗称数码相机),MP3上用的CF(Compact Flash)卡、SM(Smart Media)卡、MMC(Multi Media Card)卡等。

4. 输入设备

计算机处理信息时,首先通过输入设备将数字、字符、图形、图像等信息转换成计算机能识别的信号,并将它们送入内存。常见的输入设备有键盘、鼠标、轨迹球、扫描仪、光笔、触摸屏、数字化仪、游戏操纵杆等。

(1) 键盘。键盘是最常用也是最主要的输入设备,通过键盘可以将英文字母、数字、标点符号等输入到计算机中,从而向计算机发出命令、输入数据等。键盘上的键通常有101个或107个。

根据不同键使用的频率和方便操作的原则,键盘划分为4个功能区:主键盘区、功能键区、控制键区和小键盘区,如图1-4所示。

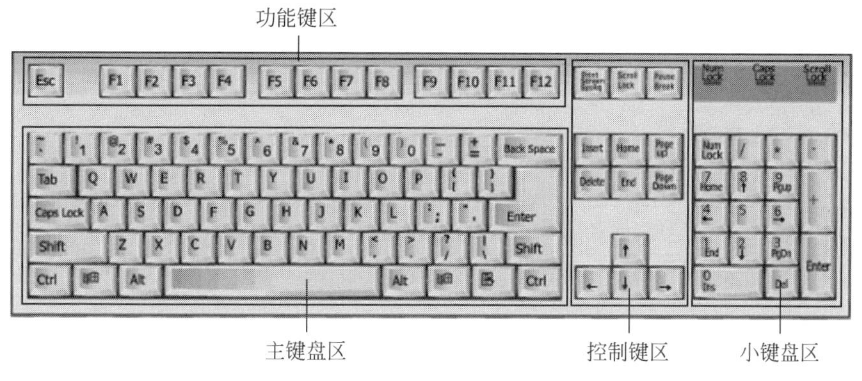

图1-4　键盘分区图

① 主键盘区。主键盘区在键盘左下部,包括两部分:一部分是英文26个字母(A~Z)、标点符号、数字和特殊符号键、Space键;另一部分是Tab键、Caps Lock键、Ctrl键、Alt键、

←键、Enter 键等功能键。这些键中有单符号键和双符号键之分。主键盘区中一些特殊键的功能如表 1-3 所示。

表 1-3 主键盘区特殊键及其功能

键 名	功 能
Caps Lock	大小写控制转换键。如果要输入大写英文字母,可以按 Caps Lock 键,当键盘右上角与之对应的指示灯变亮,再按键就可输入大写的英文字母
Tab	表格键,也称跳格键。这个键有两个功能:一是按下此键,光标可向右移动 8 个字符,方便光标的移位;二是填表时,填写完一栏后,按该键可将光标跳至下一个单元格的起始位置
Backspace	退格键,删除光标左边的一个字符
Enter	回车键,常用于执行命令、确认操作
Space	空格键,空一个字符位置,它是所有键中最长的一个
Ctrl	组合键,常与其他键组合使用
Shift	换挡键,用于输入上挡字符,也用于组合键。输入上挡符号时,要按住 Shift 不放,然后输入的就是对应键的上挡字符
Alt	组合键,常与其他键组合使用

② 功能键区。功能键区包括 F1～F12 和 Esc 键,共 13 个。它们在不同的应用软件中具有不同的功能定义。例如,Esc 键通常定义为“退出”“结束”“返回”之类的功能键。107 键键盘则还有 Power、Sleep、Wake Up 这 3 个功能键,共 16 个。Power、Sleep、Wake Up 这 3 个功能键可对计算机进行关机、休眠、唤醒的操作。

③ 控制键区。控制键区共有 13 个键。↑、↓、←、→键控制光标上下左右移动。其他 9 个键供编辑操作使用。部分控制键及其功能如表 1-4 所示。

表 1-4 部分控制键及其功能

键 名	功 能
Insert	插入/改写状态转换键。输入时默认是“插入”状态,输入的字符将直接插入光标所在处。按该键后,进入“改写”状态,这时输入的字符将覆盖光标所在处后边的字符。如想返回插入状态,再按该键即可
Delete	删除键。在文字编辑状态下删除当前光标的一个字符;在窗口状态下,可删除被选中的文件
End	移动光标至行尾
Home	移动光标至行首
Page Up	前翻页键。按此键可使屏幕显示内容向前翻一页
Page Down	后翻页键。按此键可使屏幕显示内容向后翻一页
Print Screen	复制屏幕键。按此键可将当前屏幕中的内容复制到 Windows 的剪贴板中,或直接将内容打印出来
Scroll Lock	锁定屏幕键。此键的功能是停止显示长文件的屏幕滚动
Pause Break	暂停键。在程序或者命令正在执行的情况下,按此键可暂停执行。若要继续执行,按任意键即可

④ 小键盘区。键盘最右边是小键盘区，也称辅助键区。共有 17 个键。它主要是为了方便输入数字和进行数学运算。位于键盘右上角的是 3 个状态指示灯。在这个区，除了数字和运算符号外，还有回车键(Enter)和数字锁定键(Num Lock)。Num Lock 是数字锁定键，按该键后，指示灯变亮，可以使用右边小键盘区的数字键输入数字。再按一下该键，指示灯灭，这时小键盘区的数字键可以作为控制键使用。小键盘在数字、财务等专门运算中比较常用。

用键盘输入时，应根据输入内容确定使用何种输入法。常用的汉字拼音输入法有“搜狗输入法”“谷歌拼音输入法”“紫光输入法”等，Windows 操作系统也自带了“智能 ABC”和“微软拼音输入法”。当需要中英文切换时，可以使用快捷键快速切换。以搜狗输入法为例，按 Ctrl+空格键即可。当系统有多个输入法时，可以使用 Shift+Ctrl 键依次切换。

另外，还需要区分全角输入和半角输入。全角状态下，每个字符占 2B 空间，例如汉字、字母、标点。在半角状态下，每个字符占 1B 空间内存。如果使用英文输入法，则对应于半角输入。如果使用中文输入法，则可按 Shift+空格键进行全角和半角的切换。在输入标点符号时，尤其要注意输入上下文选择全角输入或半角输入。在编写程序时，一律用半角输入。

(2) 鼠标。鼠标的全称是“显示系统纵横位置指示器”，是一种很常用的输入设备，它能对当前屏幕上的游标进行定位，并通过按键和滚轮装置对游标所经过位置的屏幕元素进行操作。

按工作原理及其内部结构的不同可以将鼠标分为机械式、光机式和光电式。

① 机械鼠标主要由滚球、辊柱和光栅信号传感器组成，通过电脉冲信号进行定位。当拖动鼠标时，带动滚球转动，滚球又带动辊柱转动，装在辊柱端部的光栅信号传感器产生的光电脉冲信号反映出鼠标器在垂直和水平方向的位移变化，再通过计算机程序来处理光标的移动。机械鼠标的精度受到了桌面光洁度、采样精度等多方面因素的制约，因此并不适合在高速移动或者大型游戏中使用。

② 光机式鼠标器是一种光电和机械相结合的鼠标，目前市场上最常见。它在机械鼠标的基础上，将磨损最厉害的接触式电刷和译码轮改为非接触式的 LED 对射光路元件。由于采用了非接触部件，降低了磨损率，从而大大提高了鼠标的寿命并使鼠标的精度有所增加。光机鼠标的外形与机械鼠标没有区别，不打开鼠标的外壳很难分辨。

③ 光电鼠标通常由光学感应器、光学透镜、发光二极管、接口微处理器、轻触式按键、滚轮、连线、PS/2 或 USB 接口、外壳等组成。它的工作原理是通过该发光二极管发出的光线，照亮光电鼠标底部表面，然后将光电鼠标底部表面反射回的一部分光线，经过一组光学透镜，传输到一个光感应器件内成像。这样，当光电鼠标移动时，其移动轨迹便会被记录为一组高速拍摄的连贯图像。最后利用光电鼠标内部的一块专用图像分析芯片对移动轨迹上摄取的一系列图像进行分析处理，通过对这些图像上特征点位置的变化进行分析，来判断鼠标的移动方向和移动距离，从而完成光标的定位。

(3) 扫描仪。扫描仪是利用光电技术和数字处理技术，以扫描方式将图形或图像信息转换为数字信号的装置。图片、照片、胶片以及各类文稿资料都可用扫描仪输入到计算机中，进而实现对图像信息的处理，配合光学字符识别(OCR)软件还能将扫描的文稿转换成文本形式。扫描仪可分为两类：CCD 扫描仪和 PMT 扫描仪。CCD 扫描仪是由电荷耦合器件阵列组成的电子扫描仪,可分为平板式(台式)扫描仪和手持式扫描仪两类,平板式扫描仪的性能要优于手持式扫描仪。PMT 扫描仪是用光电倍增管构成的电子式扫描仪。它比 CCD 扫描仪的动态范围大、线性度好、灵敏度高、扫描质量高。

扫描仪的主要技术参数是分辨率,用每英寸的检测点数(DPI)表示。

5. 输出设备

输出设备将计算机处理的结果转换成人们能够识别的数字、字符、图像、声音等形式显示、打印或播放出来。常用的有显示器、打印机、绘图仪等。

(1) 显示器。显示器的作用是将计算机中的信息转换为可以被人类理解的格式并进行输出。按照工作原理,显示器可分为 CRT(Cathode Ray Tube,阴极射线管)显示器、LCD 显示器、LED 显示器、PDP 显示器。CRT 显示器的优点是可视角度大、无坏点、色彩还原度高、色度均匀、具有可调节的多分辨率模式、响应时间极短;缺点是体积大、质量大、功耗较大、辐射较大。LCD 显示器即液晶显示器,与 CRT 显示器相比,优点是机身薄,占地小,辐射小。LED 显示器通过控制半导体发光二极管的显示方式,以显示内容。这种显示器色彩鲜艳、动态范围广、亮度高、寿命长、工作稳定可靠。PDP 显示器,即等离子显示器,是采用了等离子平面屏幕技术的显示设备。它的优点是厚度薄、分辨率高、占用空间少,代表了未来计算机显示器的发展趋势。

衡量显示器性能的主要指标是分辨率,是指像素点之间的距离,像素数越多,其分辨率就越高。

(2) 打印机。打印机可以将计算机内储存的数据按照文字或图形的方式输出到纸张或者透明胶片上。按打印原理分类,可以把打印机分为针式打印机、喷墨打印机、激光打印机和热敏打印机等。

① 针式打印机通过打印头中的 24 根金属针击打复写纸,从而形成字体,在使用中,用户可以根据需求来选择多联纸张。一般被用于打印单据。

② 喷墨打印机的基本原理是带电的喷墨雾点经过电极偏转后,直接在纸上形成所需图案。其优点是组成字符和图像的印点比针式点阵打印机小得多,因而字符点的分辨率高,印字质量高且清晰。

③ 激光打印机的基本工作原理是把要打印的信息,通过视频控制器转换成视频信号,再由视频接口和控制系统把视频信号转换为激光驱动信号,然后由激光扫描系统产生载有字符信息的激光束,最后由电子照相系统使激光束成像并转印到纸上。与其他类型的打印机相比,激光打印机打印速度快、成像质量高。

④ 热敏打印机利用透明的染料进行打印,而不使用油墨,可以用于打印条码标签。打印机的主要性能指标有分辨率、打印速度及打印幅面宽度。

6. 其他设备

(1) 网卡。网卡又称为网络适配器,是局域网中连接计算机和传输介质的接口。网卡的工作需要有网卡驱动程序的支持。每块网卡都有一个唯一的网络结点地址,即 MAC 地址,也称为物理地址,它由网卡生产厂家在生产时烧入 ROM 中。

(2) 声卡。声卡是实现声波/数字信号相互转换的一种硬件。作用是将声音模拟信号通过模数转换器,转换为计算机能够识别的数字信号,也可以将数字信号通过数模转换器,还原为模拟信号。

（3）显卡。显卡又称为显示适配器，作用是将计算机中的信息进行转换驱动，控制显示器的显示。显卡可分为核心显卡、集成显卡和独立显卡。核心显卡将图形核心与处理核心整合在同一块基板上，缩小了核心组件的尺寸。集成显卡是将显示芯片、显存及其相关电路都集成在主板上，显示效果与处理性能相对较弱，不能对显卡进行硬件升级。独立显卡是指将显示芯片、显存及其相关电路单独做在一块电路板上，自成一体。由于本身具有显存，一般不占用系统内存，比集成显卡能够得到更好的显示效果和性能，容易进行硬件升级。

1.6 计算机组装

1.5 节介绍了计算机系统所包括的主要硬件设备，各个设备的分类及工作原理。具备了这些硬件知识后，还不足以确保能够自行组装一台理想的计算机，还需要做些准备工作，并了解组装计算机的流程。本节详细介绍如何组装一台理想的台式计算机。

1.6.1 准备工作

在组装计算机前，首先要明白计算机的主要用途，如办公、设计、编程开发等。用途明确后，计算机的配置需求就基本确定了，再结合自己的预算，在购买硬件时就能够有的放矢。

其次，根据配置需求，确定各个硬件设备的品牌、型号及参数，分析硬件之间的兼容性，列出详细的配置单。根据配置单，了解硬件设备的市面价格。在不超预算的情况下，就可以购进硬件。如果超出预算，则要重新修改配置单。虽然 CPU、主板、内存等计算机核心部件的性能十分重要，但是机箱和电源的选择也不能马虎，原因是机箱承载着各个部件并起到散热作用；而电源质量的好坏，直接影响计算机部件的寿命及性能。

另外，要准备多口电源插座，计算机的插座应该是独立的，不要与其他家用电器设备共用一个插座，以防止这些设备干扰计算机。并准备好十字旋具（俗称螺丝刀）、尖嘴钳、镊子、电工刀、试电笔、万用表、散热硅脂等。

1.6.2 组装过程

组装过程中的注意事项如下。

（1）对所有的板卡及配件都要轻拿轻放。在紧固螺钉时，用力应适中，不可用力过猛，以防止损坏板卡上的元件。

（2）在接触计算机的元件时，应先释放掉身上的静电，这是因为 CPU、内存以及板卡上的元件一般都是 COMS 器件，很容易被静电击穿，若有条件，可以在手腕上带上防静电腕带。

下面具体介绍组装步骤。

1. 在主板上安装 CPU、风扇、内存

将主板放在一个平整的桌面上，下面垫上塑料垫子。

安装 CPU 的步骤如下。

（1）将处理器插座连杆向上拉到 90°的位置。

（2）将处理器的第一引脚（有金色三角记号处）对准插座上的缺角记号，将处理器插入。

（3）确定处理器插入后，一手按住 CPU，另一手将连杆向下按至原位。

（4）安装 CPU 风扇，并用专用的卡子固定好。

(5) 连接 CPU 风扇的电源接头于主板上。

在安装内存条时，一定要使其和主板内存插槽口的位置相对应。具体安装步骤如下。

(1) 首先掰开内存插槽两边的两个固定卡子。

(2) 将内存条的凹口对准插槽的凸起的部分，均匀用力插到底，同时插槽两边的固定卡子会自动卡住内存条，这时可以听见插槽两侧的固定卡子复位时发出“咔”的一声，表明内存条已经完全安装到位了。在安装时注意不要太用力，以免损坏内存和插槽。

2. 安装机箱电源

机箱中电源通常放置在机箱尾部的上端。电源末端的 4 个角上各有一个孔，安装时先将电源放置在电源托架上，并将其与 4 个孔对齐，然后再拧上螺钉。

3. 安装主板

在用于固定主板的机箱侧板上有不少圆孔，而在主板上也有一些安装孔，这些孔和侧板上圆孔是相互对应的，主要用来固定主机板。安装主板的时候，先将机箱卧倒，接着在机箱侧板上的圆孔上装上定位螺钉，并安装好后挡板。后挡板一般附在主板的盒子里，主板上的键盘口、鼠标口、串口、并口、USB 接口等都要通过这个后挡板上的孔与外设连接。最后小心地把主板放上去，要注意主板外设接口与后挡板的孔位对齐，再把所有的螺钉对准主板的固定孔，依次把每个螺钉安装好，并拧紧螺钉。

主板安好后，要给主板插上供电插座。从机箱电源的输出线中找到主板的电源线接头，插在主板上相应的电源插座上。

在机箱的前面板上有电源开关(PWR SW)、复位开关(RESET SW)、电源指示灯(POWER LED)、硬盘指示灯(HDD LED)和一个蜂鸣器(SPEAKER)，需要通过信号线接在主板相应的接口上，在连接主板的接头的一端，会有相应的标示。对这些信号线的连接，在主板的说明书上都会有详细的说明。

4. 安装光驱和硬盘

光驱的安装过程如下。

首先，从机箱的前面板上，取下一个塑料挡板，用来安装光驱，出于散热方面的考虑，应该尽量把光驱安装在最上面的位置。把光驱从前面放进去后，在光驱的每一侧用两颗螺钉初步固定，先不要拧紧，这样可以对光驱的位置进行细致的调整，等光驱面板与机箱面板平齐后，然后再上紧螺钉。最后，为光驱接上电源接头和数据线。

安装硬盘的方法同安装光驱相同。不同品牌和型号的硬盘，它的跳线指示信息可能也有所不同，一般在硬盘的表面或侧面会有跳线指示信息。完成跳线设置后，便可将硬盘安装到机箱内，并连接数据线和电源线了。

5. 安装显卡

现在的显卡一般都是 AGP 卡，所以只要插到相应的 AGP 插槽就行了。先将机箱后面 AGP 插槽对应的挡板取下。将显卡插入主板 AGP 插槽中。显卡插入插槽中后，用螺钉固定好。

6. 连接外设，并首次通电试验

主机安装完成以后，再把显示器、键盘、鼠标同主机连接起来。最后连接主机和显示器的电源线。

检查一下，如果没有发现问题，就可以通电了。如果能够正常启动，说明安装无误。接下来，整理机箱内部的连线，如果机箱内部的线路不加整理，会影响空气流动与散热。最后把机箱盖盖好。

新机器装完后，要“烤机”24小时。所谓的“烤机”就是让机器一直开着，如果硬件有问题，一般会在24小时内出现。如发生“死机”现象，则说明系统的硬件有问题。

注意：计算机硬件系统组装之后，还必须配备软件才能使用。首先根据硬件配置安装合适的操作系统，并为各个外部设备安装驱动程序，再结合应用的需要安装对应的应用软件。许多软件都会提供安装说明和步骤提示，即使对于初学者也并不困难。1.7节会详细介绍计算机软件系统。

1.6.3 常见故障处理

当计算机出现异常时，首先应检查出现故障的原因是硬件还是软件。如果是硬件原因，则结合故障出现的时间和应用环境分析是什么部件导致了异常。如果是软件方面造成的异常，则应分析软件的兼容问题、软件的环境配置，以及是否感染了病毒等。通常情况下，先判断是否为软件故障，在排除了软件原因后，再分析硬件原因。下面列出了常见故障及处理办法。

1. 应用程序不能正常使用

这类异常一般是出于软件方面的原因。解决的办法是，首先应检查是否由于误操作引起的，例如操作顺序不当、文件类型不支持等；如果异常依然存在，再检查计算机是否感染了病毒、软件是否不兼容、硬盘空间是否太小等。如果是上述某类原因导致的异常，则采取对应的措施进行处理。

2. 出现蓝屏或死机现象

软件或硬件方面都可能造成这类故障。

软件方面的原因可能是以下几种：对计算机的不当操作，例如非正常关闭计算机、非法卸载软件或修改了BIOS设置；应用程序版本不兼容，例如与操作系统版本不兼容或程序属于测试版本；系统文件丢失、感染病毒等；对操作系统进行了某项不合理的设置；系统的初始化文件遭到人为或意外破坏等。

硬件方面的原因可能是硬盘故障，例如硬盘严重老化、在运行中受到震动、磁盘出现逻辑或物理坏道或坏扇区；内存条松动、虚焊或内存芯片本身损坏或不稳定导致的内存条故障；硬件的散热不良，此时应检查计算机中各风扇的工作状态；超频致使系统稳定性变差；灰尘过多，影响散热效果等。

当出现蓝屏或死机时，首先应分析当时的系统操作、系统状态，并观察故障的出现是否存在规律，进而分析导致蓝屏或死机的原因。

3. 硬盘故障

当出现硬盘故障时，首先检查电源是否有问题、数据线是否连接正确、BIOS中对IDE通道的传输模式设置是否正确。当确定不是这方面的原因时，再考虑硬盘本身的故障，检查磁盘上的分区是否正常、是否格式化，是否有坏磁道或坏扇区；硬盘电路板上的元器件是否有变形、变色，及断裂缺损等现象；主板的技术规格是否支持所用硬盘的技术规格等。

4. 显示故障

这类故障不仅会由显示设备导致,也会由其他方面原因导致。要排除此类故障,可以从以下方面着手。

(1) 调整显示器的配置参数,并合理设置显示属性,如刷新频率、分辨率、颜色深度等。

(2) 调整 BIOS 配置,以匹配显卡类型。

(3) 检查显卡驱动是否存在问题,若存在问题,则重新安装匹配的显卡驱动程序。

(4) 检查操作系统中的相关配置是否恰当。

计算机的故障还可能表现在其他方面,要根据实际问题具体分析。在平时的应用中,应尽量防患于未然,养成良好的使用习惯,并做好日常维护工作,如定期进行磁盘碎片整理;配备杀毒软件和防火墙,不要随意打开未知文件;及时安装操作系统补丁程序;备份重要文件;不要频繁地开机关机;定期清洁机箱内表面的积尘、清洁插槽、风扇、内存条等。

1.7 计算机软件系统

软件是指程序、程序运行所需要的数据以及开发、使用和维护这些程序所需要的文档资料的集合。计算机必须配备完善的软件系统才能工作,离开软件,计算机就成为无法工作的“裸机”。计算机软件极为丰富,通常可分为系统软件和应用软件两大类。

1.7.1 系统软件

系统软件用来控制计算机运行,管理计算机的各种资源,并为应用软件提供支持和服务。通常包括操作系统、语言处理程序、数据库管理系统、网络系统、常用服务程序等。下面对主要的系统软件分别作介绍。

1. 操作系统

操作系统(Operating System,OS)是直接运行在“裸机”上的最基本的系统软件,任何其他软件必须在操作系统的支持下才能运行。操作系统的作用是管理计算机系统的全部硬件资源、软件资源及数据资源,目标是提高各类资源的利用率,为其他软件的开发与使用提供必要的支持,使计算机系统所有资源最大限度地发挥作用,并能为用户提供方便的、有效的、友善的服务界面。操作系统在整个计算机系统中所处的位置如图 1-5 所示。

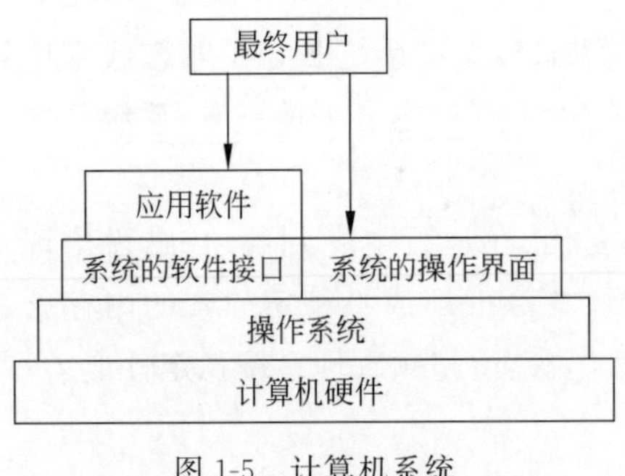

图 1-5　计算机系统

操作系统包括 5 个管理功能：处理机管理、存储管理、设备管理、文件管理和作业管理。根据侧重面不同和设计思想不同,不同操作系统的结构和内容存在很大差别,只有 Linux 与 BSD 可以在几乎所有的硬件架构上运行。

对操作系统的分类没有单一标准,下面介绍几个常见的分类。

根据工作方式,操作系统可分为批处理操作系统、分时操作系统、实时操作系统。批处理操作系统的特点是批量处理作业,用户向操作系统提交一批作业后,期间不再参与,由操作系统控制执行过程。由于没有用户干预，批处理操作系统可以充分提高系统资源的利用率。分时操作系统是多用户操作系统，为了增加系统资源的利用率，将处理器时间与内存空间按一定的时间间隔，轮流地切换给各终端用户的程序使用。由于时间间隔很短，每个用户均感觉在独占计算机。实时操作系统的特点就是“实时”，当一个任务到达时，操作系统马上执行，不会有较长延迟。具体的实时操作系统有 VxWorks、RT-Linux 等。

根据应用领域，操作系统可分为桌面操作系统、服务器操作系统、嵌入式操作系统。桌面操作系统主要用于个人计算机，目前可分为两类：微软公司推出的 Windows 操作系统，如 Windows 98、Windows XP、Windows Vista、Windows 7、Windows 8、Windows 10，以及 UNIX 和类 UNIX 操作系统，如苹果公司的 Mac OS X、Linux 的各种发行版。服务器操作系统一般指的是安装在大型计算机上的操作系统，如 Web 服务器、应用服务器和数据库服务器等。服务器操作系统主要表现为 3 大类：UNIX 系列（如 SUN Solaris、IBM-AIX、HP-UX、FreeBSD、OS X Server 等）；Linux 系列（如 Red Hat Linux、CentOS、Debian、Ubuntu Server 等）；Windows 系列（Windows NT Server、Windows Server 2003、Windows Server 2008、Windows Server 2012 等）。在嵌入式系统领域，常用的操作系统有嵌入式 Linux、Windows Embedded、VxWorks 等，以及广泛使用在智能手机或平板计算机等电子产品上的操作系统，如 Android、iOS、Symbian、Windows Phone 和 BlackBerry OS 等。

根据存储器寻址宽度，操作系统可分为 8 位、16 位、32 位及 64 位的操作系统。如果存储器的寻址宽度是 16 位，则每一个存储器地址可以用 16 位二进制数来表示，系统可以在 2^{16} 64KB（即 64K）范围内寻址。例如，64 位版本的 Windows 7 操作系统的寻址宽度是 2^{64}。

2. 设备驱动程序

设备驱动程序是操作系统内核和硬件之间的接口，目的是屏蔽具体物理设备的操作细节，实现设备无关性，应用程序就可以像操作普通文件一样对硬件设备进行操作。常用的设备驱动程序有主板驱动、显卡驱动、声卡驱动、网卡驱动、打印机驱动等。CPU 和内存条不需要驱动程序。

3. 程序设计语言

由前面的介绍可知，计算机的工作是用程序来控制的，离开了程序，计算机将无法工作。程序是用程序设计语言根据需要解决的问题进行编写的。从发展历程来看，程序设计语言可分为 4 类。

（1）机器语言。机器语言是以二进制代码表示的指令集合，是计算机能直接识别和执行的语言。机器语言的优点是占用内存少、执行速度快。缺点是不易移植，不同的 CPU 具有不同的指令系统，不易学习和修改，不易阅读和记忆，编程工作量大，难以维护。

（2）汇编语言。汇编语言是用助记符来表示机器指令的符号语言。汇编语言比机器语言易学易记，同时保留了占用内存少、执行速度快的优点。缺点是通用性差。由于计算机只能执行用机器语言编写的程序，因而必须用汇编程序将汇编语言编写的源程序翻译成计算机能执行的目标程序，这一翻译过程称为汇编。

（3）高级语言。高级语言在形式上接近于自然语言和数学公式，与计算机的硬件结构及指令系统无关，通用性强。与汇编语言相比，高级语言有更强的表达能力，可方便地表示数据的运算和程序的控制结构，能更好地描述各种算法，而且容易学习掌握。但高级语言编译生成的程序代码一般比用汇编语言设计的程序代码要长，执行的速度也慢，同时不能用于编写直接访问硬件资源的程序。所以汇编语言仍然适合编写一些对速度和代码长度要求高的程序和直接控制硬件的程序。

高级语言又可以分为面向过程的语言(如 C、Pascal)和面向对象的语言(如 Java、Visual Basic、C++ 等)。

(4) 第四代语言(4GL)。第四代语言具有"面向问题""非过程化程度高"等特点,只需告知计算机"做什么",而不必告知计算机"怎么做",因此简单易学。查询语言(如 SQL 语言)和应用程序生成器(如 FOCUS、LINC)就是 4GL 的具体应用。在今后相当一段时期内,4GL 仍然是应用开发的主流工具。

除了上面介绍的四代编程语言,随着计算机硬件的加速发展,程序的开发时间逐渐变得紧迫,作为高级语言的补充,出现了脚本语言。脚本语言本身并不能直接执行,而是嵌入某个应用程序中。很多的系统都允许使用脚本语言,像文字处理软件和电子制表软件等。使用脚本语言 JavaScript 或 VBScript 可以制作动态网页。脚本语言支持快速开发、容易部署、易集成现有技术、易学易用。

4. 语言处理程序

对于高级语言编写的程序,计算机无法识别,必须将程序通过语言处理程序翻译成计算机能识别和执行的二进制机器指令。通常将用高级语言或汇编语言编写的程序称为"源程序",而把已翻译成机器语言的程序称为"目标程序"。不同的高级语言编写的源程序必须通过相应的语言处理程序进行翻译。

将源程序翻译成机器指令时,通常有"编译"和"解释"两种翻译方式。"编译"方式是用编译程序将源程序的每一条语句都编译成机器语言,再经过连接程序的连接,最终处理成可直接执行的程序。程序以后要运行的话就不用重新编译,因此效率较高。"解释"方式是在程序执行时才翻译,翻译一句执行一句,不产生目标程序。由于每执行一次就要翻译一次,其效率相对较低。

1.7.2 应用软件

应用软件是为完成某一特定任务或特殊目的而开发的软件,可以是一个特定的程序,也可以是一组软件集合体,或由众多独立软件组成的庞大软件系统。应用软件是基于系统软件工作的,因此不面向硬件底层,只根据系统软件提供的各种资源进行运作。

应用软件包括专用软件和通用软件两大类。

专用软件是指专门为某一个指定的任务设计或开发的软件,例如超市的销售管理和市场预测系统、汽车制造厂的集成制造系统、大学教务管理系统、医院挂号计费系统、酒店客房管理系统等。这类软件专用性强,设计和开发成本相对较高,只有特定用户购买,价格一般比通用软件贵得多。

通用软件是指适用于许多工作场合的软件,通用软件分若干类,例如文字处理软件、信息检索软件、游戏软件、媒体播放软件、网络通信软件、个人信息管理软件、演示软件、绘图软件、电子表格软件等。这些软件设计得很精巧,易学易用,用户几乎不经培训就能使用。在普及计算机应用的进程中,它们起到了很大的作用。

1.8 计算机程序和算法

1.8.1 计算机程序

计算机程序(Computer Program),简称程序,是指示计算机工作的一组指令,以利用计算机解决实际问题。通常用某种程序设计语言编写,然后用编译器或者解释器翻译成机器语言。翻译前的程序称为源程序,源程序在形式上接近人类的自然语言和数学语言,易学易用。源程序一般是文本形式,编写时既可以使用文本编辑器(如记事本工具、Emacs、Vim),又可以使用程序设计语言对应的集成开发环境。以 C 语言为例,支持的集成开发环境有 Visual C++ 6.0,Visual Studio 2010、Eclipse 等。

一个程序在计算机上运行时所消耗的时间取决于下列因素。

(1) 选取何种算法。

(2) 问题规模的大小。

(3) 书写程序所用的语言。

(4) 编译程序所产生的机器代码的质量。

(5) 机器执行指令的速度。

对于一个特定问题,使用不同语言所编写的程序执行效率不尽相同。一般而言,高级语言编写的程序,执行效率比低级语言低;但是使用高级语言可以大大加快程序开发的速度。目前,许多程序主要使用高级语言来开发,对于执行效率要求高的部分则使用低级语言编写,以达到开发效率与运行效率的折中。

无论使用哪种语言编写程序,都离不开算法设计。这是接下来要介绍的内容。

1.8.2 算法

1. 算法的特征

算法是为解决某一特定问题而设计的一组有穷规则的集合。按照算法设计的先驱者 Donald Knuth 对算法的认识,可将算法的特征归纳如下。

(1) 输入。一个算法有 0 个或多个输入,它是由外部提供的,作为算法开始执行前的初始值,或初始状态。

(2) 输出。一个算法有一个或多个输出,可以将输出视为输入的函数。不同的输入,产生不同的输出结果。

(3) 有限性。算法在执行有限步之后就终止。

(4) 确定性。算法的每一个步骤都有精确的含义,要执行的每一个动作都是无歧义的。

(5) 可行性。算法中的有限多个步骤应该在一个合理的范围内进行,而且必须是计算机可以理解和执行的。

2. 算法的 3 种基本控制结构

基本控制结构为顺序结构、选择结构、循环结构。任何复杂的算法都可以由这 3 种基本结构组合而成。这 3 种基本结构的共同特点是,只有一个入口、一个出口,并都能在有限步骤内结束。

(1) 顺序结构是按照语句出现的先后顺序依次执行。

(2) 选择结构是依据判断条件,决定执行哪个程序分支。由于条件要么成立,要么不成立,因此选择结构对应两个分支。

(3) 循环结构用于重复执行一类动作。为了避免无限循环,循环结构必须提供循环条件。依据循环条件和循环动作的相对位置,可将循环分为"当型循环"和"直到型循环"。"当型循环"先判断条件,条件成立则执行循环体;"直到型循环"先执行循环体,再判断循环条件是否成立。可见,"直到型循环"至少执行一次循环体。

3. 算法描述形式

常用的对算法描述的形式有自然语言方式、流程图方式、N-S图方式、伪代码方式、PAD图方式。

(1) 自然语言表示法。该方法是用自然语言描述算法,特点是通俗易懂,但容易产生歧义,对算法流程的描述不太直观。

(2) 流程图表示法。该方法是采用数学中的一些几何符号,为其赋予特定的含义,将算法的具体步骤写在这些几何符号内,并用流程线连接。由于流程线指向具有单一性,自然就克服了自然语言的歧义性。

美国国家标准化协会(American National Standard Institute,ANSI)规定了一些常用的流程图符号,如表1-5所示。

表1-5　流程图的常用符号

几何符号	名　称	含　义
(圆角矩形)	起止框	其中填写"开始"或"结束"二字,表示算法开始或结束
(平行四边形)	输入输出框	表示输入数据或输出数据
(矩形)	处理框	表示基本处理功能的描述
(菱形)	条件判断框	其中填写判断条件,表示根据条件决定算法的执行方向
(箭头)	流程线	指明算法的执行方向。必须单向
ⓐ	连接点	不同位置的两个点内填写同一符号,表示在算法中属于同一点

算法的3种基本控制结构(顺序结构、选择结构、循环结构)的流程图如图1-6所示。

(3) N-S图表示法。N-S图是1973年由美国学者Nassi和Shneideman提出的一种结构化的流程图形式,以二者名字的首字母命名。在N-S流程图中,只有表示算法3种基本结构(顺序结构、选择结构、循环结构)的几何符号,并且去掉了流程线,所以也称N-S结构化流程图。3种基本结构对应的N-S图如图1-7所示。

(4) 伪代码表示法。这种表示方法借用某种高级语言中的语句表示算法的步骤,但又不拘泥于高级语言的语法细节,专业的程序员比较倾向于这种形式。

4. 算法的复杂性

算法的效率通常用算法的复杂性来表示。对于算法而言,效率的核心取决于算法的执

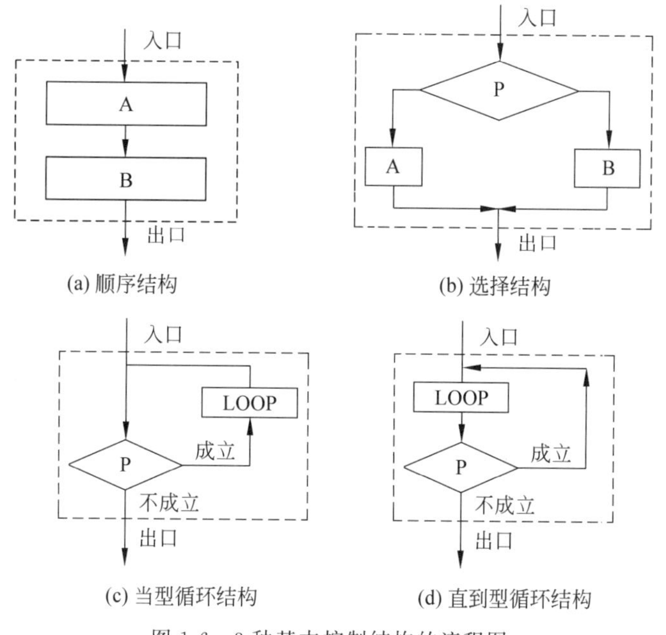

图 1-6　3 种基本控制结构的流程图

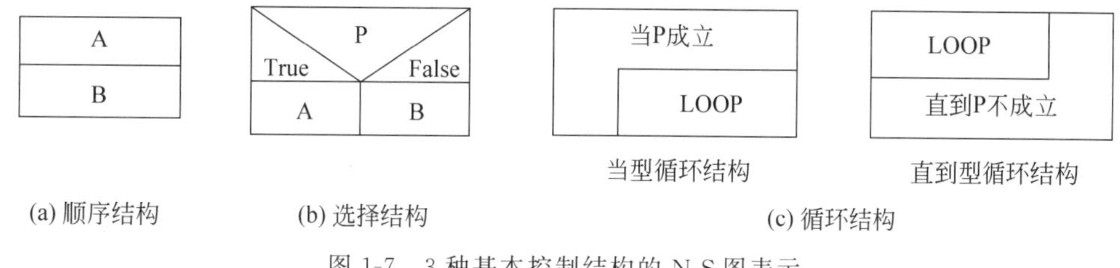

图 1-7　3 种基本控制结构的 N-S 图表示

行时间和所占用的存储空间，因此算法复杂性包括时间复杂性和空间复杂性。

时间复杂性是指与问题规模、算法输入及算法本身相关的操作次数的总和，常记为 $T(n)$。一般来说，计算机算法是问题规模 n 的函数 $f(n)$，算法的时间复杂度也因此记作 $T(n)=O(f(n))$。例如，存在一个常数 $C>0$，一个算法如果能够在 Cn^2 的时间内处理完规模大小为 n 的输入，则该算法的时间复杂性记为 $O(n^2)$。时间复杂性越高，算法的执行时间越长。

算法的空间复杂度是指算法需要消耗的空间资源。其计算和表示方法与时间复杂度类似。空间复杂性越高，算法所需的存储空间越多。

总体而言，一个“好”的算法应具备以下几个条件。

（1）正确性。正确性是设计和评价一个算法的首要条件，如果一个算法不正确，其他方面就无从谈起。一个正确的算法是指在合理的数据输入下，能在有限的运行时间内得出正确的结果。

（2）易读性。一个清晰的算法有助于人们对程序的理解；晦涩难懂的程序易于隐藏较多错误，难以调试和修改。

（3）健壮性。当输入数据非法时，算法能做出反应或进行处理。

(4) 高效率与低存储量需求。对于一个问题,当有多个算法存在时,应选择时间复杂度和空间复杂度最小的算法。

1.8.3 程序设计方法概述

程序设计方法决定着程序质量。根据逻辑思维方式和设计风格,可以把程序设计方法划分为3类:面向过程的方法、面向对象的方法、面向问题的方法。

1. 面向过程的程序设计

这种方法的思路是将问题的解决过程划分为若干模块,每个模块对应一个特定功能,在程序中对应一个函数。当需要一个功能时,调用对应的函数即可。模块化的思路使得代码可以重复使用。

用这种方法设计的程序结构清晰、可读性强。这种方法的缺点是,模块化设计使得功能模块和数据分离,导致数据可能被多个模块使用和修改,难以保持数据的一致性,当程序规模很大时,这种缺点比较明显。

支持面向过程的程序设计语言有C、Pascal等。

2. 面向对象的程序设计

面向对象的方法以实体为核心,进行问题的分解和抽象,不再将问题分解为过程,而是将问题分解为对象。对象是由数据及对数据的操作方法集合而成的一个整体。对同类型对象抽象出其共性,形成类。外界对数据的操作通过类所提供的接口来完成,具体操作方法由类进行封装,外界无须了解。这种方法比较符合认识客观世界的习惯。

支持面向对象的程序设计语言有C++、Java、Visual Basic、Python等。

3. 面向问题的程序设计

这种方法只需关注"做什么",不必关注"怎么做",即不必关心问题的求解细节。支持这种方法的语言称为第四代语言,典型的应用是数据库系统语言。

1.9 本章小结

本章概括介绍了计算机的发展情况及应用领域、计算机中所用的二进制等数制系统以及不同数制的相互转换;介绍了计算机的硬件系统和软件系统的构成,示范了如何组装一台理想的微型台式机;简要描述了程序和算法的概念,可以为后续的相关课程做一个铺垫。本章的重点是计算机系统的组成、二进制数的运算,难点是不同数制系统的数如何相互转换。

习题 1

一、选择题

1. 电子计算机主要是以(　　)为标志来划分发展阶段的。

A. 电子元件　　B. 电子管　　C. 晶体管　　D. 集成电路

2. 目前,制造计算机所使用的电子元件是(　　)。

A. 大规模集成电路　　B. 晶体管

C. 集成电路　　D. 大规模或超大规模集成电路

3. 按照字符 ASCII 码的大小顺序，以下正确的是(　　)。

A. "b"＞"B"＞"6"　　　　B. "b"＜"B"＜"6"

C. "y"＜"A"＜"B"　　　　D. "D"＜"d"＜" "

4. ASCII 编码的基本和扩展字符集中共有(　　)个字符。

A. 128　　B. 1024　　C. 512　　D. 256

5. 数字字符"8"的 ASCII 码的十进制表示为 56，那么数字字符"4"的 ASCII 码的十进制表示为(　　)。

A. 51　　B. 52　　C. 53　　D. 60

6. 下列数中最小的数是(　　)。

A. $(11011001)_2$　　B. 75　　C. $(75)_8$　　D. $(2A7)_{16}$

7. 计算机中数据的表示形式是(　　)。

A. 八进制　　B. 十进制　　C. 二进制　　D. 十六进制

8. 在微型计算机中，对字符和汉字的编码分别采用(　　)。

A. 阶码和尾码　　　　B. ASCII 码和国标码

C. BCD 码和汉字码　　　　D. 原码和补码

9. 将十进制数 25 转换成对应的二进制数，正确的结果是(　　)。

A. 11001　　B. 11010　　C. 11011　　D. 11110

10. 二进制数 101110 转换为等值的八进制数是(　　)。

A. 45　　B. 56　　C. 67　　D. 78

11. 将二进制数 111B 转换成对应的十进制数，正确的结果是(　　)。

A. 5　　B. 4　　C. 7　　D. 6

12. 8 位无符号二进制整数的最大值对应的十进制数为(　　)。

A. 255　　B. 256　　C. 511　　D. 512

13. 在一个非零二进制整数右边加两个 0，则新数的值是原数的(　　)。

A. 4 倍　　B. 2 倍　　C. 1/4　　D. 1/2

14. 二进制数 1110111.11 转换成十进制数是(　　)。

A. 119.375　　B. 119.75　　C. 127.0625　　D. 127.125

15. 计算机系统由(　　)组成。

A. 硬件系统和软件系统　　　　B. 运算器和控制器

C. 中央处理器和内存储器　　　　D. 主机部分和外部设备

16. 微型计算机工作时，如果突然断电将会使(　　)中保存的数据丢失，从而不可恢复。

A. ROM　　B. RAM　　C. 软盘、硬盘　　D. 光盘

17. 在计算机显示器参数中，参数 800×600、1024×768、2024×1024 等表示(　　)。

A. 显示器的分辨率　　　　B. 显示器显示字符的最大列数和行数

C. 显示器屏幕的大小　　　　D. 显示器的刷新率

18. 计算机软件系统包括(　　)。

A. 程序、数据和相应的文档　　　　B. 系统软件和应用软件

C. 数据库管理系统和数据库　　　　D. 编译系统和办公软件

19. 计算机操作系统通常具有的五大功能是（　　）。

A. CPU 管理、显示器管理、键盘管理、打印机管理和鼠标器管理

B. 硬盘管理、软盘驱动器管理、CPU 的管理、显示器管理和键盘管理

C. 处理器(CPU)管理、存储管理、文件管理、设备管理和作业管理

D. 启动、打印、显示、文件存取和关机

20. 算法的 3 种基本结构是(　　)。

A. 顺序结构　　B. 选择结构　　C. 循环结构

D. 递归结构　　E. 递推结构

二、简答题

1. 计算机发展经历了哪几个阶段？各个阶段的主要特征是什么？
2. 在计算机中用二进制数表示数据的优点是什么？
3. 计算机硬件系统由哪几个部分组成？各部分的主要功能是什么？
4. 简述计算机的基本工作原理。
5. 内存和外存的区别有哪些？
6. 操作系统在计算机系统中的地位如何？其主要目标是什么？
7. 试述 3 种基本控制结构及其特点。

第2章　Windows 10 操作系统管理

Windows 10 是由美国微软公司开发的一款目前广泛应用的新一代桌面操作系统。Windows 10 操作系统在易用性和安全性方面有了极大的提升，除了针对云服务、智能移动设备、自然人机交互等新技术进行融合外，还对固态硬盘、生物识别、高分辨率屏幕等硬件进行了优化完善与支持。Windows 10 系统根据不同的领域有多个版本，分别为 Windows 10 Home（家庭版）、Windows 10 Professional（专业版）、Windows 10 Enterprise（企业版）、Windows 10 Education（教育版）、Windows 10 Pro for Workstations（专业工作站版）以及 Windows 10 IoT Core（物联网核心版版）。本书以 Windows 10 专业版为学习平台向用户介绍新一代 Windows 10 操作系统的常用功能及其使用方法，如 Windows 10 桌面、文件和文件夹的基本操作、Windows 10 资源管理器、Windows 的库、任务管理器、Windows 设置等。通过本章的学习，为用户快速地了解并掌握 Windows 10 操作系统，灵活地操控计算机提供了有力的保障。

2.1　Windows 10 系统的运行环境

Windows 10 系统要发挥其强大的功能及优势至少应满足官方推荐的最低配置要求，如表 2-1 所示。从 Windows 10 系统的最低配置要求来看，目前绝大多数计算机都可以很容易地安装 Windows 10 系统。当然，由于 Windows 10 系统版本的差异，在日常使用 Windows 10 系统过程中可能会出现部分功能无法实现的情况，这可以通过改善硬件和安装相应版本文件来解决。

表 2-1　Windows 10 系统配置要求

处理器	1GHz 或更快的处理器或 SoC
内存	1GB(32 位)或 2GB(64 位)
显卡	DirectX 9 或更高版本(包含 WDDM 1.0 驱动程序)
硬盘空间	16GB(32 位操作系统)或 20GB(64 位操作系统)
显示器	分辨率在 1024×768 像素及以上(低于该分辨率则无法正常显示部分功能)，或可支持触摸技术的显示设备

2.2　Windows 10 系统的桌面

当用户开始使用已安装好 Windows 10 操作系统的计算机时，首先展现在用户面前的是 Windows 10 个性化的界面，称为 Windows 10 系统的“桌面”，如图 2-1 所示。由上往下的视角用户可以明显地看到，Windows 10 系统桌面依次由以下几部分组成，分别是桌面图标、桌面背景、“开始”按钮、任务栏、通知区域、“显示桌面”按钮等，由于目前用户没有打开其他应用程序，此时任务栏没有显示任何快捷图标，如果打开所需要的应用程序后，任务栏就会及时地显示相应程序的快捷图标。后面通过相关示图,用户可以很容易地掌握 Windows 10 系统桌面的简单应用。

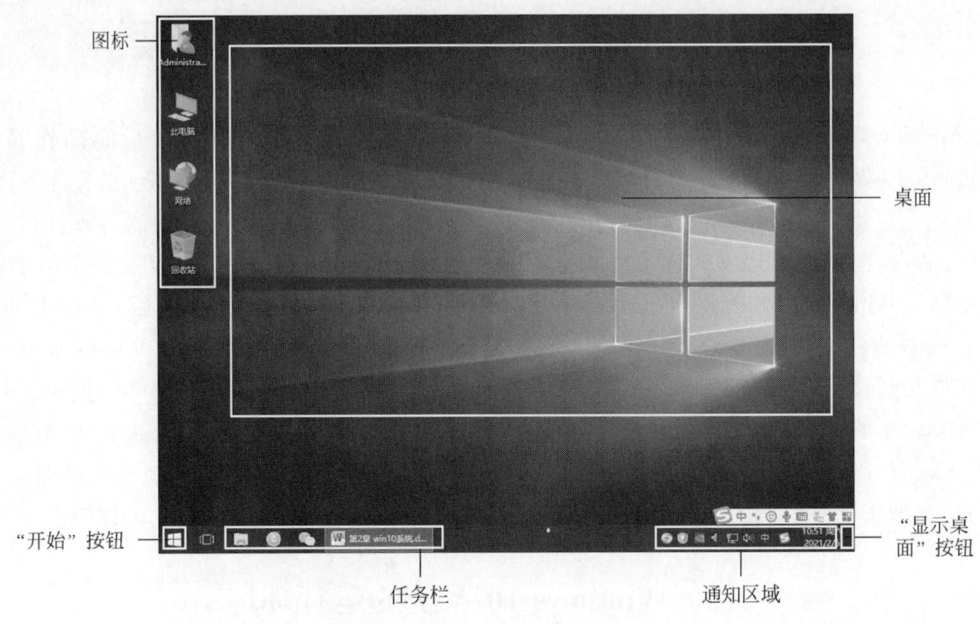

图 2-1　Windows 10 系统桌面

2.2.1　桌面图标

当用户开始使用仅安装好 Windows 10 操作系统,并没有安装其他应用程序的计算机时,桌面上系统自带的图标不需要用户来创建。但是只安装操作系统的计算机远远不能满足用户日常工作、学习、生活中的需求,用户必定会安装自身所需要的应用程序。如常用的微软办公套件 Office 以及计算机必备的杀毒软件等。一旦用户安装好所需要的应用程序后,就可以为常用的应用程序在桌面上创建快捷图标,便于以后快速地启动相应的应用程序了。

桌面上的图标一般分为系统自带的图标和用户创建的可以快速启动应用程序的快捷图标,这两种图标从外观上比较容易区分,有偏右上方指向的箭头标志代表用户创建应用程序的快捷图标,而没有该箭头标志的图标就是系统自带的图标,如图 2-2 所示。当然,还会包含一类图标,那就是用户保存到桌面的文件图标,这类文件图标也是没有箭头指向的,但用户可以根据文件名快速地辨别及应用。

图 2-2　系统自带图标与用户创建的图标

1. 桌面图标的创建

当用户安装自身所需要的应用程序时,一般在该程序安装过程中系统会提示"是否添加快捷方式到桌面"类似的信息,如果用户选择"是",则桌面上会出现用户创建的应用程序的快捷图标；如果用户选择“否”，则需要用户进行创建。此时，用户可以通过利用“开始”菜单来创建。例如用户需要为 Microsoft Word 2016 应用程序创建快捷图标到桌面。

首先，单击“开始”按钮，在程序列表中单击 Microsoft Office 选项，如图 2-3 所示。单击 Microsoft Office 选项后，将会出现一组级联菜单项，此时找到 Microsoft Word 2016 后单击右键（简称右击），在弹出的快捷菜单中选中“更多”|“打开文件所在位置”选项，如图 2-4 所示。

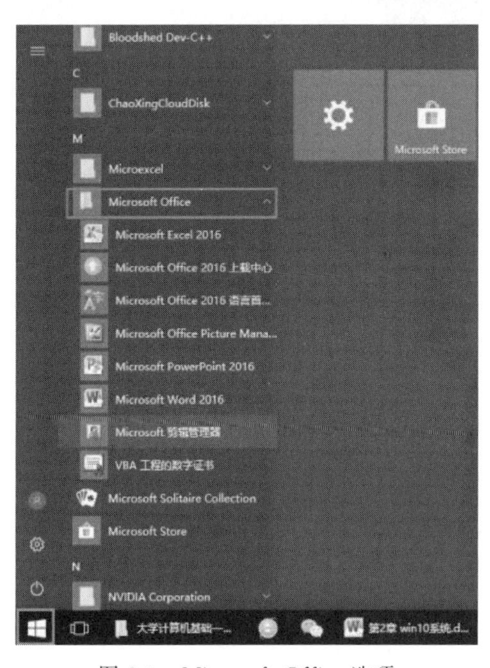

图 2-3　Microsoft Office 选项

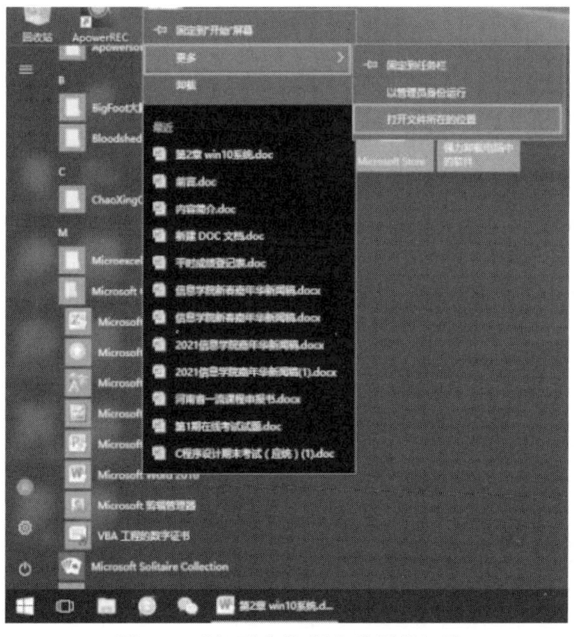

图 2-4　“打开文件所在位置”选项

在打开的窗口中右击 Microsoft Word 2016,在弹出的快捷菜单中选中“发送到”|“桌面快捷方式”选项,如图 2-5 所示,这样就完成了桌面快捷图标的创建。单击“显示桌面”按钮,切换到桌面并查看到目前桌面上已创建好的 Microsoft Word 2016 应用程序快捷图标以及用同样的方式创建的其他快捷图标,如图 2-6 所示。

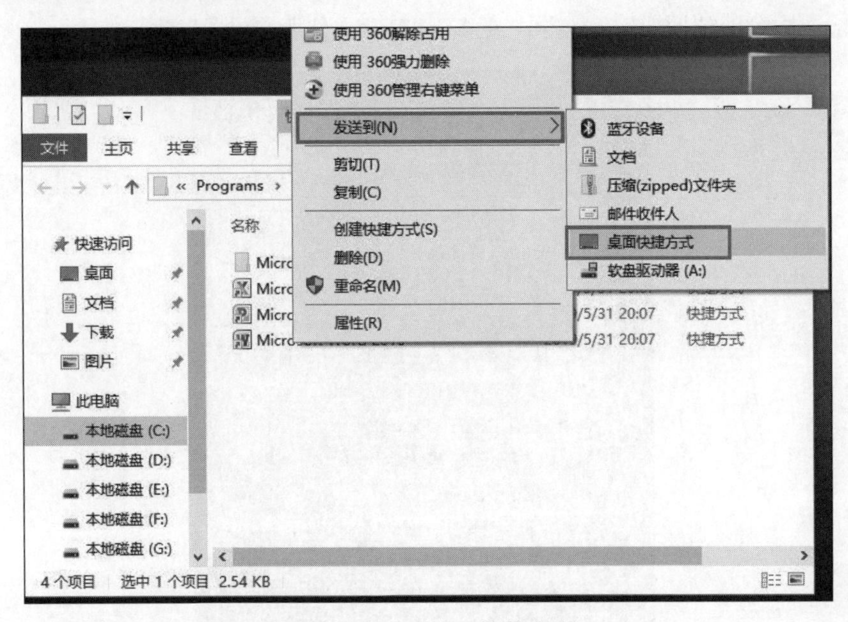

图 2-5　发送到桌面快捷方式

2. 桌面图标的设置

可以根据自己的喜好对桌面上的图标进行相关的设置。例如,用户需要设置图标的大小,则可以在桌面上右击,在弹出的快捷菜单中选中“个性化”选项,如图 2-7 所示。单击“个性化”选项后,在弹出的窗口中选中“主题”,单击“桌面图标设置”选项,如图 2-8 所示。

图 2-6　桌面上的快捷图标

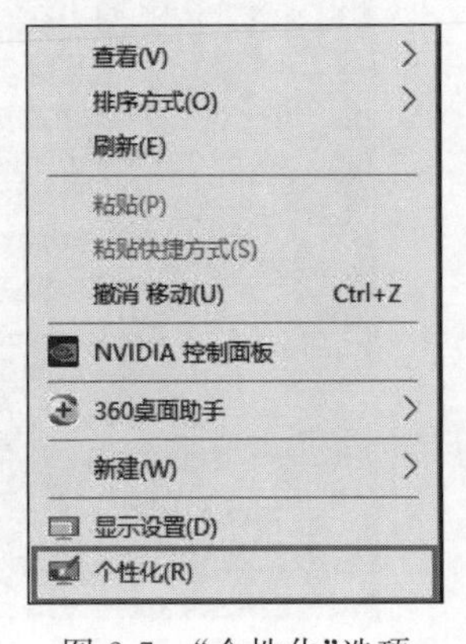

图 2-7　“个性化”选项

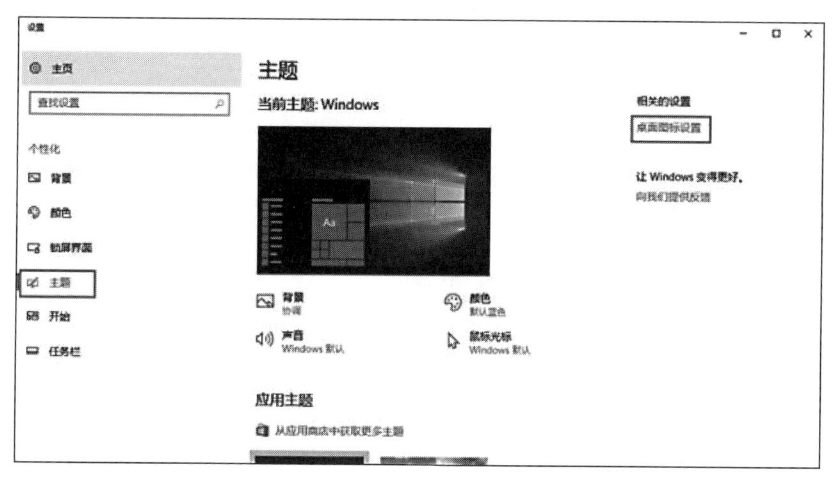

图 2-8　更改桌面图标

单击“桌面图标设置”后，在弹出的对话框中可以设置桌面图标。例如，用户需要将“控制面板”的快捷图标放到桌面上，此时就可以在“桌面图标设置”对话框中的桌面图标下选定“控制面板”选项，则该图标就会出现在桌面上；反之，如果要删除桌面图标下的某些图标选项，只要选中该图标旁边的复选框即可，如图 2-9 所示。

如果用户想要改变桌面图标的外观，则可以在“桌面图标设置”对话框中先选定需要改变外观的图标选项，再单击“更改图标”按钮，如图 2-10 所示。

图 2-9　设置桌面图标

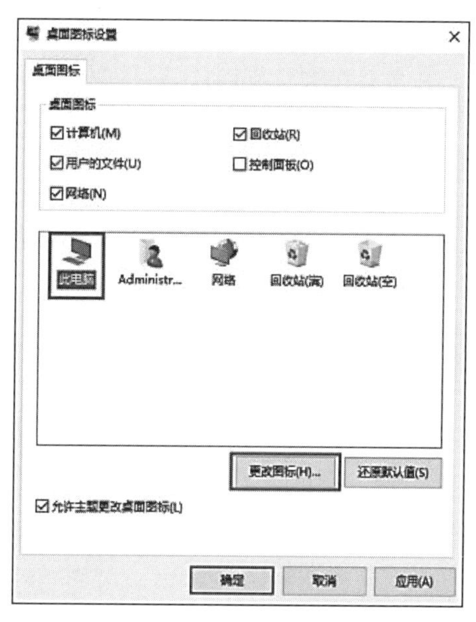

图 2-10　更改图标

在弹出的如图 2-11 所示的对话框中，从图标列表中选定用户喜欢的图标，单击“确定”按钮，即可完成对图标外观的更改，“此电脑”图标的外观发生了变化，如图 2-12 所示。当然如果图标列表中的图标外观选项还是不能满足用户的需要，也可以通过单击“浏览”按钮，找到用户需要的其他图标文件。

图 2-11　更改“此电脑”图标外观图

图 2-12　已改变的“此电脑”图标外观

2.2.2　桌面主题

Windows 10 操作系统的桌面呈现的透明玻璃的质感得到了广大用户的认可。用户登录刚刚安装好 Windows 10 操作系统的计算机后，会出现如图 2-1 所示的系统默认的个性化桌面。当然，如果用户对默认的桌面不满意，同样可以通过简单的设置来更改桌面的相关设置。主题是桌面背景图片、窗口颜色、声音和屏幕保护程序的组合。用户可以根据自身的使用习惯进行相关设置。用户只需要单击任何一个主题效果，有关桌面的背景图片、窗口颜色、声音和屏幕保护程序都会随之变化。

1. 桌面主题的设置

在桌面上右击，在弹出的快捷菜单中选中“个性化”选项，在弹出的窗口中选中“主题”选项，如图 2-13 所示，可以选择需要的主题效果。在“主题”设置窗口中，用户可以看到一些系

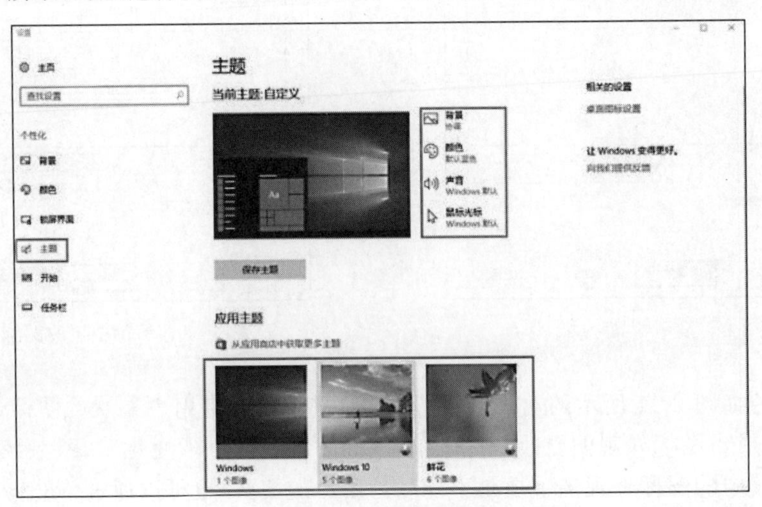

图 2-13　设置主题

统自带的 Windows 主题、桌面背景、窗口颜色、声音和屏幕保护程序。用户可以根据个人喜好,选择相应的主题应用在系统中。

2. 从应用商店中获取更多主题

如果系统提供的主题还是不满足用户的要求,则可以通过单击“从应用商店中获取更多主题”按钮,如图 2-14 所示,在链接到的网页上下载用户喜欢的主题文件,例如选定 Beauty of China PREMIUM,如图 2-15 所示,单击该主题,在打开的页面中单击“获取”按钮,即可将该主题文件下载到计算机中。在“主题”设置窗口中即可看到下载的新主题,单击该主题即可将新主题应用到系统中。

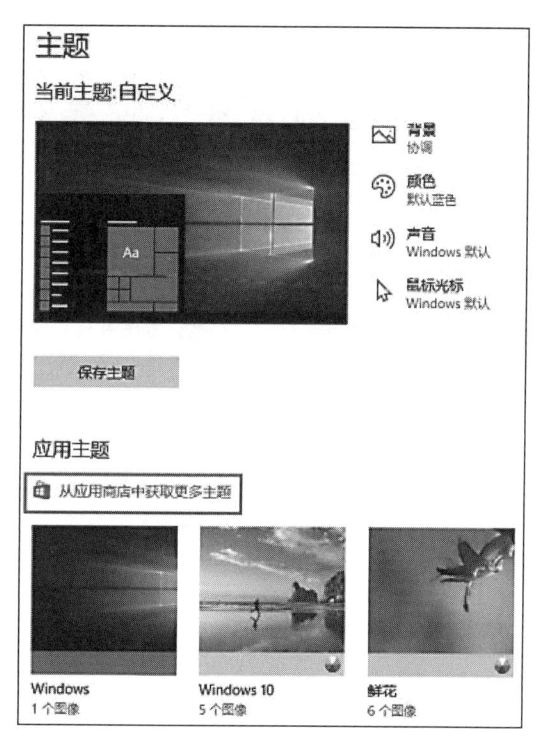

图 2-14　从应用商店获取更多主题

如果用户打开“主题”设置对话框以后,找不到刚才下载的主题文件,则可以双击桌面上的“此电脑”图标,进入 C:盘之后,双击“用户”文件夹,注意“用户”文件夹的名称为用户名,可能是“用户”或者“User”,如图 2-16 所示,然后打开“×××(当前账户用户名) - AppPDate - Local - Microsoft - Windows - Themes”文件夹,可以看到当前文件夹下一些主题文件夹,双击需要应用的主题文件夹,在弹出的窗口中双击“主题名称.theme”(主题名称为刚才所下载的主题的名字,如 Beauty of.theme)文件后即会弹出“主题”设置窗口,此时,用户就会惊喜地发现“应用主题”中出现了刚刚下载的主题缩略图,选定该主题,同时桌面背景也会发生新的变化,如图 2-17 所示。

3. 桌面背景图片的设置

用户下载的主题文件常常含有多张桌面背景图片,如果用户想在桌面上浏览该主题文件包含的其他桌面背景图片,在桌面上右击,在弹出的快捷菜单中选中“下一个桌面背景”选项,如图 2-18 所示。接下来就可以坐下来欣赏绚丽多变的图片了,如图 2-19 所示。

图 2-15　下载 Beauty of China PREMIUM 主题

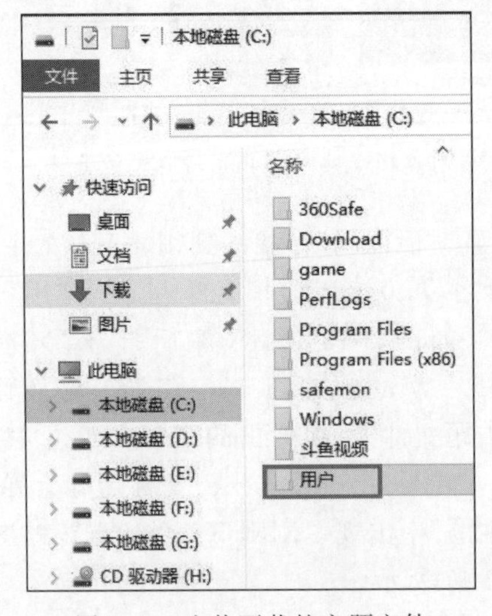

图 2-16　查找下载的主题文件

图 2-17　已改变的桌面背景

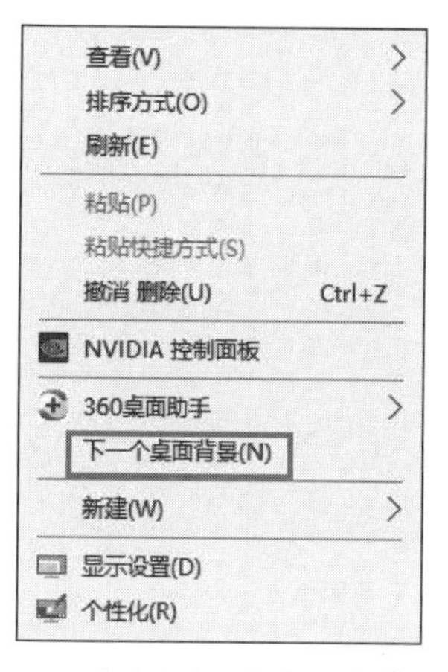

图 2-18　选中“下一个桌面背景”选项

图 2-19　新选定的桌面背景

另外,如果用户还需要对桌面背景图片的相关属性进行设置,例如选定需要的背景图片作为桌面的背景(不一定全选),设置选定图片的位置以及图片变换时间间隔等。用户需要切换到桌面,首先在桌面上右击,在弹出的快捷菜单中选中“个性化”选项,在弹出的“背景”设置窗口中,可以根据用户需要来设置桌面背景的有关属性,如图 2-20 所示。

4. 桌面主题的其他设置

在弹出的“个性化”设置对话框中,图标选项中的窗口颜色、声音以及锁屏界面的设置方法与桌面背景的设置方法类似。用户可以先选定需要更改的图标选项,然后进入该图标选

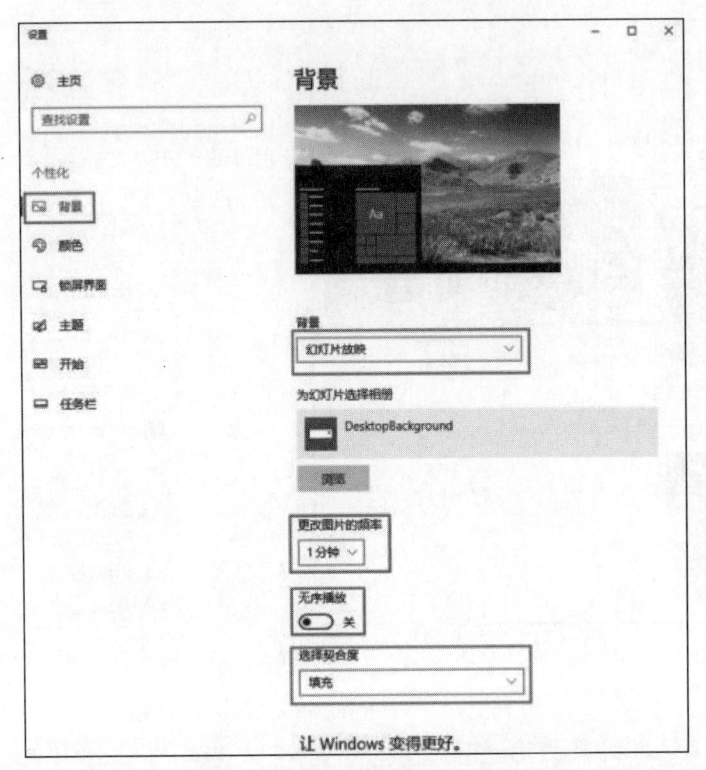

图 2-20 “桌面背景”窗口

项对应的设置窗口中进行更改。桌面主题的其他设置如图 2-21 所示。

2.2.3 窗口的基本操作

在 Windows 10 系统中用户所有的程序都是运行在一个框内,这个集成不同功能的诸多元素的方框称为窗口。窗口是 Windows 10 系统最基本的用户界面,同时也是用户管理计算机中的文件的重要工具。尤其是 Windows 10 系统提供的任意窗口都支持搜索功能以及文件管理功能等新特点,使得用户可以更方便地管理资源,提高工作效率。本节简要介绍 Windows 10 窗口的组成以及窗口的基本操作方法。

1. 窗口的组成

每当用户启动一个应用程序时,该应用程序所对应的窗口就会出现在桌面上。窗口具有通用性,大多数窗口的基本元素都是相同的。用户对窗口操作之前需要了解窗口的组成。下面以“此电脑”窗口为例来介绍 Windows 10 系统中窗口的组成。此时,用户可以双击桌面上的“此电脑”图标,就会立刻打开“此电脑”窗口,如图 2-22 所示。

(1) “前进”与“后退”按钮。单击“前进”与“后退”按钮,则会列出用户已浏览的历史记录或前进方向。

(2) 地址栏。单击地址栏中的路径下拉列表按钮,会显示当前目录的位置,通过单击相应的其他选项,可以直接定位到相应的位置。

(3) 搜索栏。在搜索栏中输入想要查询的信息,可查找当前文件夹或库中的文件。

(4) 菜单栏。可以使用菜单栏中的功能按钮对工作区的内容进行设置。

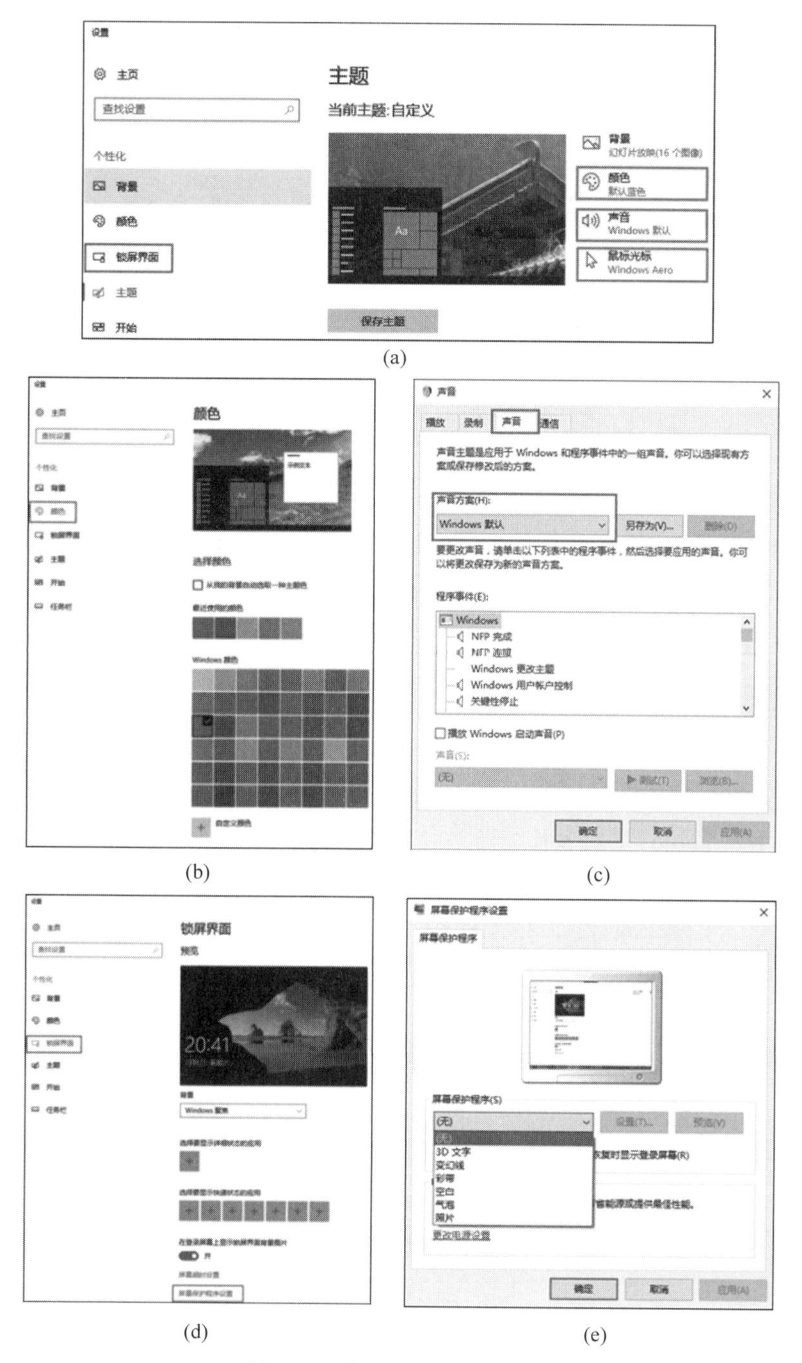

图 2-21　桌面主题的其他设置

(5) 导航窗格。利用导航窗格可以快速地访问库、文件夹、保存的搜索结果。

(6) 工作区。主要用于接收用户的输入，显示相关内容。

(7) 状态栏。位于窗口的最底部，主要用于显示窗口当前的状态信息，随着用户的操作，状态栏显示的内容会随之变化。

(8) “最小化”按钮。当单击窗口顶端右上角出现的“最小化”按钮后，窗口会被缩小到

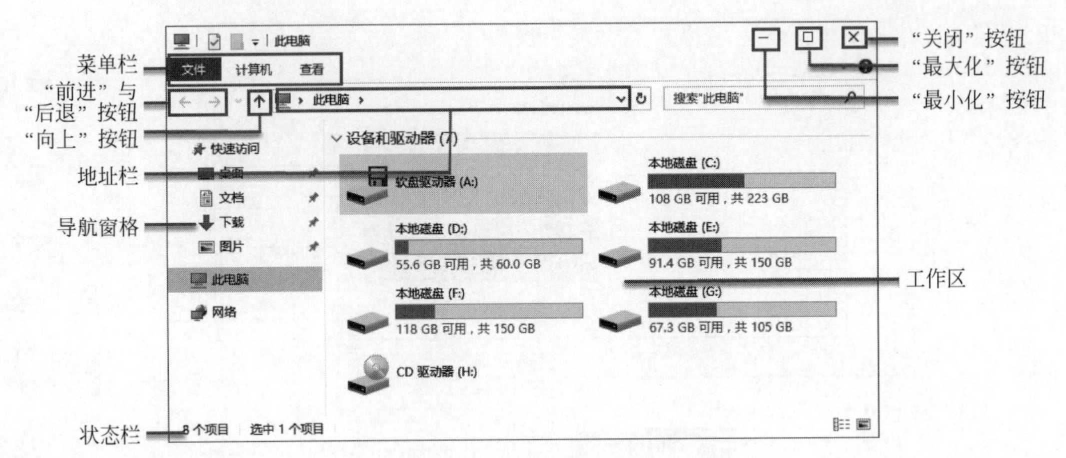

图 2-22 "此电脑"窗口

任务栏中的窗口显示区。

(9)"最大化"按钮。当单击窗口顶端右上角出现的"最大化"按钮后，窗口就会占据整个屏幕。反复单击该按钮可以使窗口在最大化与原始大小之间进行切换。

(10)关闭。当单击窗口最右边的"关闭"按钮，窗口就会被关闭。

2. 窗口的类型

窗口一般分为文件夹窗口和应用程序窗口两类。文件夹窗口主要是用于显示文件夹和文件，应用程序窗口主要是用户打开的各种应用程序的界面。例如，用户打开常用的"记事本"程序，应用程序的窗口主要包括标题栏、工作区、菜单栏等，如图 2-23 所示。

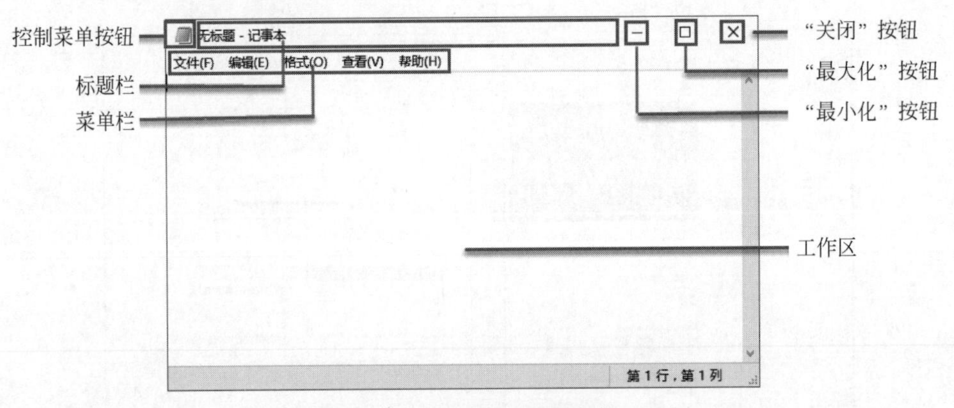

图 2-23 "记事本"应用程序窗口

(1)控制菜单按钮。在窗口的左上角，不同应用程序会显示不同的图标，主要用来显示控制菜单，用户通过单击控制菜单按钮可以执行窗口的基本操作，如窗口大小的改变，窗口的移动等。

(2)标题栏。在窗口的第一行，用于显示用户打开的应用程序名或文件名等。

(3)菜单栏。在标题栏的下方，包括用户所有可以选择进行的操作。

(4)工作区。主要用于接收用户的输入，显示相关内容。

(5)"最小化"按钮。当单击窗口顶端右上角出现的"最小化"按钮后，窗口会被缩小到任务栏中的窗口显示区。

(6)"最大化"按钮。当单击窗口顶端右上角出现的"最大化"按钮后,窗口就会占据整个屏幕。反复单击该按钮可以使窗口在最大化与原始大小之间进行切换。

(7)"关闭"按钮。当单击窗口最右边的"关闭"按钮后,窗口就会被关闭。

3. 窗口的操作

(1)窗口基本操作。当用户单击窗口的控制菜单按钮时,可以看到以下几种有关窗口的基本操作菜单,如图2-24所示。

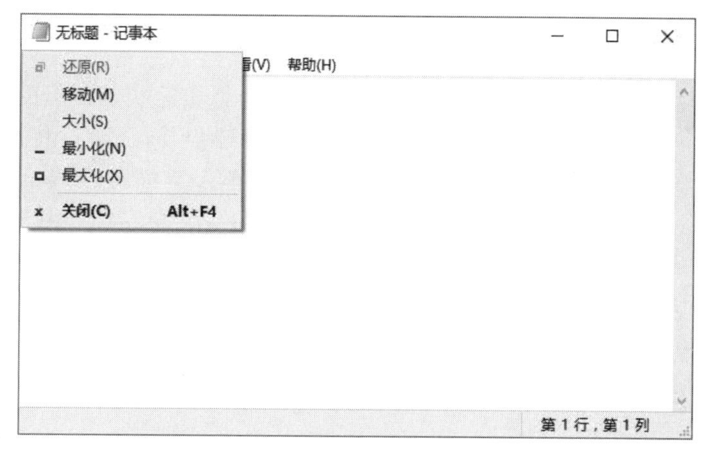

图2-24　单击记事本窗口的控制菜单按钮

① 移动。将鼠标移动到窗口标题栏,然后按下鼠标左键直接拖曳,当移动到合适的位置时放开鼠标即可(注意,窗口最大化状态不可移动)。或者单击窗口左上角的控制菜单按钮,在打开的菜单中选中"移动"选项,使用键盘上的方向键将窗口移动到合适的位置再按Enter键即可。此外,还可以利用键盘实现窗口的移动。按Alt+Space键快速打开窗口的控制菜单,再利用键盘上的方向键进行移动后,按Enter键确定即可。

② 还原。当窗口被最大化后,当单击窗口顶端右上角出现的叠放的"还原"按钮后窗口会恢复为原来大小,或者直接利用控制菜单中的"还原"命令即可。

③ 大小。将鼠标移动到窗口的4个角上,当鼠标变成双向箭头后,按住鼠标左键进行移动,当调整到满意状态后放开鼠标,那么窗口就变成调整时的大小了。

④ 关闭。直接利用控制菜单中的"最大化"命令,窗口就会被关闭。

(2)窗口切换。用户如果同时打开多个窗口时,每个窗口在任务栏上会对应一个任务按钮。其中有且仅有一个窗口是活动窗口,单击任务栏上的任务按钮可以切换活动窗口。或者先按Alt键,再按Tab键也可以在打开的窗口之间进行循环切换,当切换到所需窗口时,释放Alt键也可以实现切换活动窗口。

另外,三维窗口的切换,也是Windows 10操作系统新增的功能。操作方法是,按住Windows键不放,再按Tab键,进入窗口切换界面,再使用方向键就可以切换窗口了。

(3)窗口的排列。窗口的排列设置方法是,将鼠标移动到任务栏的程序按钮区的空白处并右击,弹出快捷菜单,从层叠窗口、堆叠显示窗口和并排显示窗口3种排列窗口的方法中选择需要的选项，如图 2-25 所示。

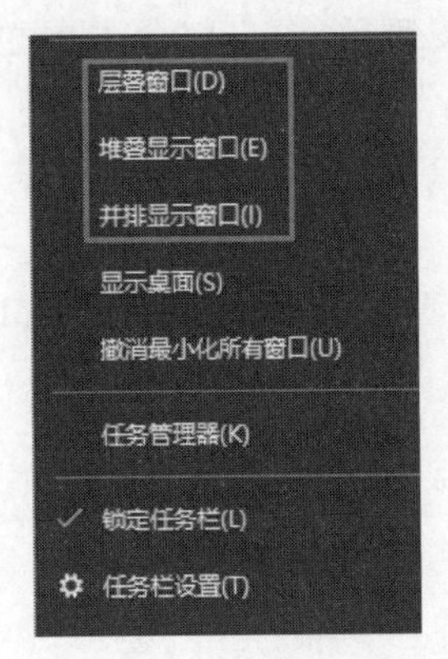

图 2-25　窗口的排列方式

(4) 特色窗口操作。Windows 10 操作系统的窗口还有许多实用的功能，用户在实际操作中会体会到它们的便捷性，具体如下。

① 窗口对对碰。用户需要同时校对多个文档或浏览多个网页时，不用不停地切换窗口，只需要将鼠标移动到窗口的标题栏上，然后拖动窗口向桌面左侧或右侧边界处移动，则窗口就立刻会在左侧或右侧半屏显示。如果想还原原来的窗口大小，再向相反方向轻拖窗口即可。

② 窗口向上碰。如果用户想快速实现窗口的最大化操作，除了利用控制按钮中的"最大化"选项外，还可以将鼠标移动到窗口的标题栏上，然后将窗口拖到整个桌面的顶端，窗口立刻就最大化了。如果想还原原来的窗口大小，再向相反方向拖曳窗口即可。

③ 窗口摇一摇。如果用户打开的窗口过多，桌面显得凌乱，此时用户可以将鼠标拖住一个目前最需要编辑的活动窗口的标题栏，然后轻轻一晃，其他窗口立刻最小化，桌面只保留一个用户需要的活动窗口，如果想让隐藏的窗口恢复到原来的位置，只需要再晃一下即可。

2.2.4 "开始"菜单

如果需要打开计算机中已安装的应用程序或者系统程序，除了双击桌面上的快捷图标外，用户一般最常用的就是 Windows 10 桌面上的"开始"按钮⊞了，当然也可以按键盘上的 Windows 键。

1. "开始"菜单的组成

当用户单击"开始"按钮时，"开始"菜单的组成如图 2-26 所示，此时的"开始"菜单列表由"常用程序"列表、"所有程序"列表、"启动"列表、"开始"屏幕以及"电源"和"设置"按钮组成。

2. "开始"菜单的应用

(1) "启动"列表。可以将较为常用的文件夹显示在"开始"菜单中，例如文件资源管理器、设置、文档、下载、音乐等。设置方法为，在"个性化"设置窗口中单击"开始"按钮，在"开始"窗口中单击"选择哪些文件夹显示在'开始'菜单上"，如图 2-27 所示。在打开的窗口中单击"开关"按钮即可将相应文件夹显示在"启动"列表中，如图 2-28 所示。

(2) "常用程序"列表。"常用程序"列表中系统一般根据用户的使用情况可以存放 10 个最常用的应用程序，当然用户也可以随时进行调整。

打开或关闭常用"常用程序"列表的方法为，在"个性化"设置的"开始"窗口中单击"显示最常用应用"的开关按钮，如图 2-29 所示。

另外，如果用户想把某个程序从"常用程序"列表中删除，则可以在单击"开始"菜单后，在"常用程序"列表中右击相应程序图标，在弹出的快捷菜单中单击"更多"级联菜单中的"不要在此列表中显示"即可，如图 2-30 所示。

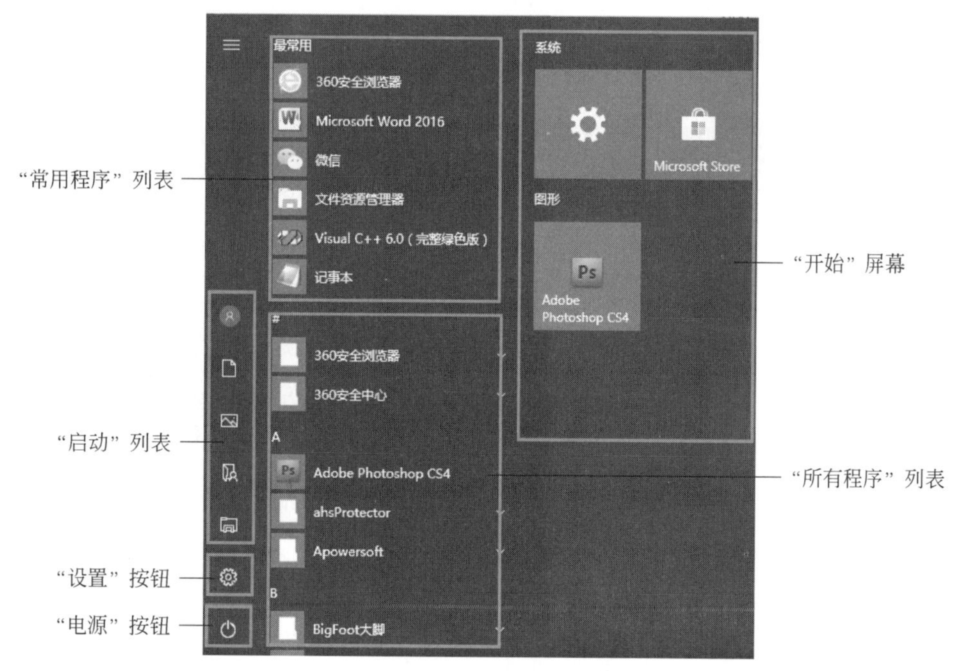

图 2-26 “开始”菜单的组成

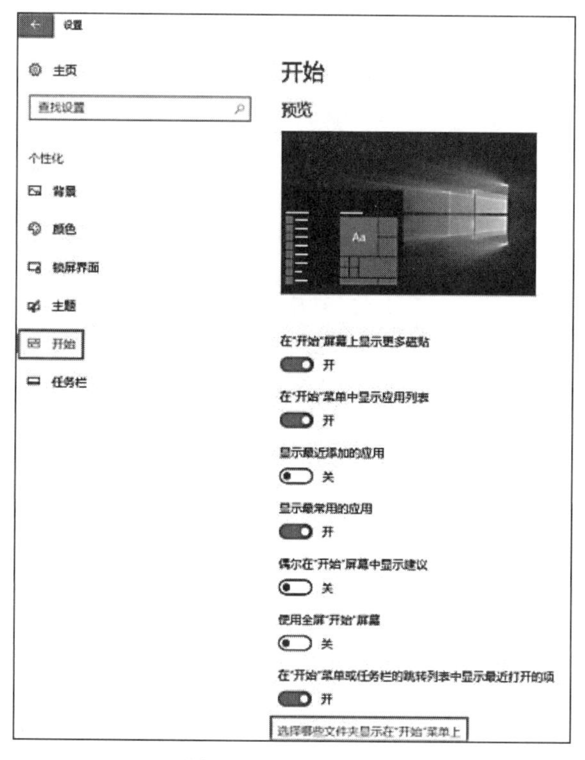

图 2-27 “开始”窗口

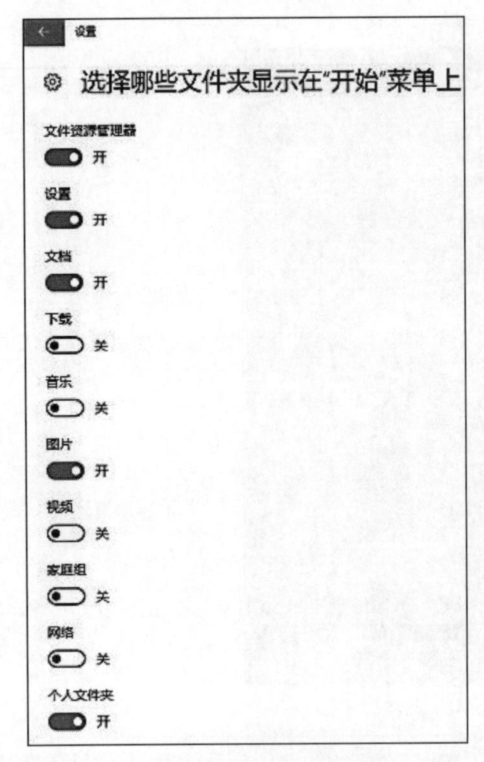

图 2-28　选择哪些文件夹显示在“开始”菜单上

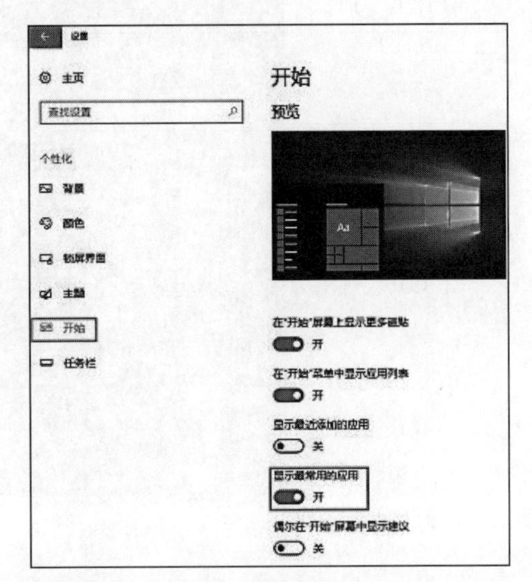

图 2-29　打开或关闭“常用程序”列表

图 2-30　从列表中删除

(3)“所有程序”列表。系统中安装的所有应用程序的启动项都显示在该列表中。Windows 10 提供了一种按首字母查找应用的方法，当然这需要对应用程序的名称有一定的了解。例如要找到以 W 开头的应用程序，可以先打开“开始”菜单，在“所有程序”列表中任意单击一个字母标签，如图 2-31 所示，即可打开首字母选择的界面，如图 2-32 所示，单击 W 按钮，即可跳转到以 W 开头的应用程序列表。

(4)“开始”屏幕。在 Windows 10 的“开始”菜单中，可以将程序的启动项以磁贴的形式固定在“开始”屏幕上，以便查找和使用。

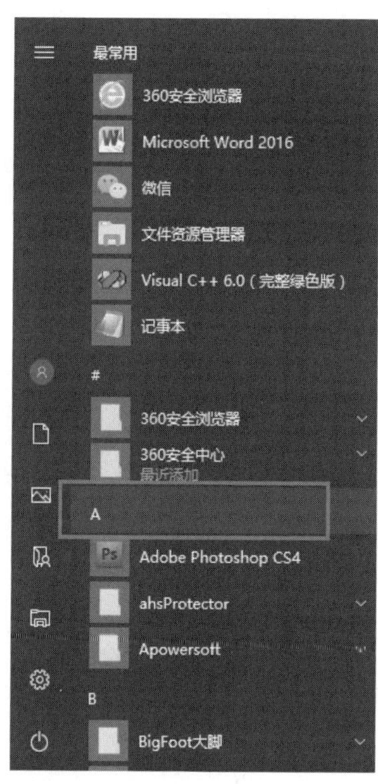

图 2-31　任意单击一个字母标签

图 2-32　单击程序名称的首字母

① 添加磁贴。在“开始”菜单的程序列表中右击某个程序的启动项，在弹出的快捷菜单中选中“固定到‘开始’屏幕”选项，即可添加磁贴，如图 2-33 所示。

② 删除磁贴。在“开始”屏幕中右击某个磁贴，在弹出的快捷菜单中选中“从‘开始’屏幕取消固定”选项，即可删除磁贴，如图 2-34 所示。

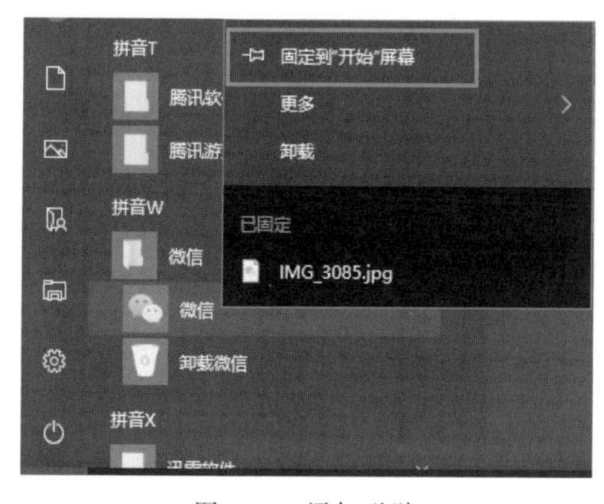

图 2-33　添加磁贴

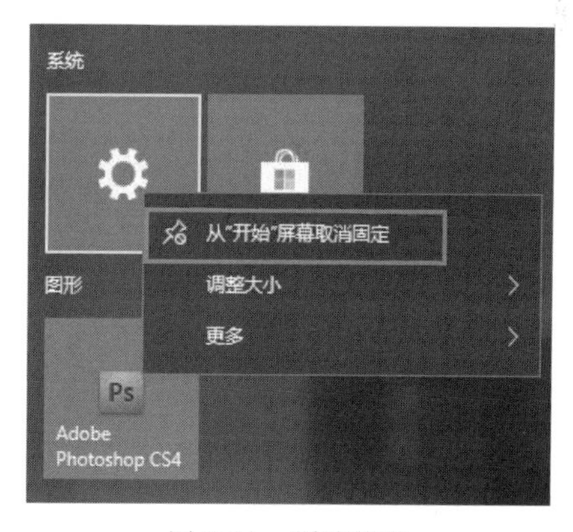

图 2-34　删除磁贴

③ 移动磁贴位置。打开“开始”菜单，然后按住鼠标左键移动需要移动位置的磁贴或者磁贴分组，直到需要移动的位置松开即可。

④ 添加分组。和手机创建桌面文件夹一样，长按需要添加分组的磁贴，然后移动到另

一个磁贴上，当下方的磁贴变大一点时，松开鼠标就可以创建一个分组，也可以将磁贴移动到现有的分组中，如图 2-35 所示。

⑤ 删除分组。右击分组，在弹出的快捷菜单中选中“从开始菜单中取消固定分组”选项，注意，分组内的磁贴也会一起取消。也可以展开分组，然后长按移动磁贴，移动到分组外的空白处，等待分组文件夹收缩之后，松开即可，将所有磁贴全部移出后，分组会自动取消，如图 2-36 所示。

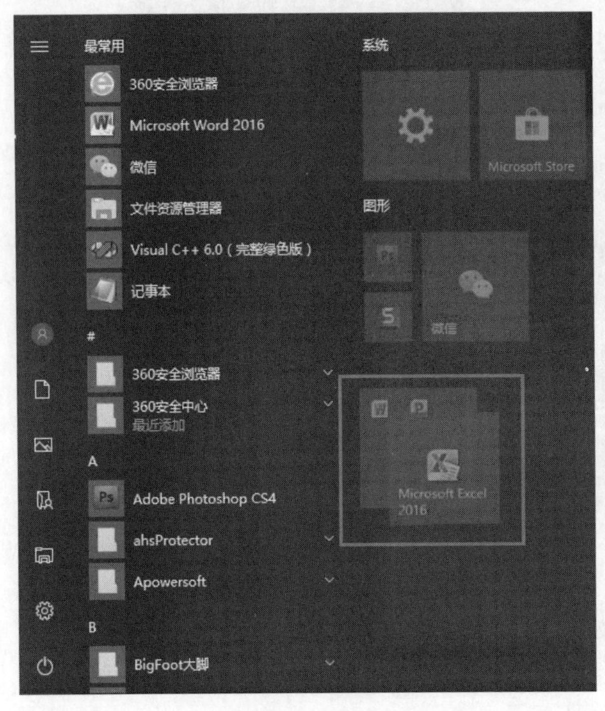

图 2-35 添加分组

图 2-36 删除分组

2.2.5 任务栏、通知区域与“显示桌面”按钮

当用户启动 Windows 10 操作系统后，绚丽的个性化桌面下方显示的主要部分除了“开始”按钮外还包括快速启动区、系统默认的任务栏、通知区域、“显示桌面”按钮，如图 2-37 所示。另外，随着打开文件或者窗口的不断增多，在任务栏中会出现多个程序相应的图标，用户可以实现多个应用程序之间的切换，这部分称作“程序按钮区”。通知区域在桌面的右下方显示，一般会包含系统正在运行的程序图标，但这些图标所对应的应用程序用户使用频率不高，则会被自动隐藏。桌面右下方的长方形按钮，就是“显示桌面”按钮，用户可以随时单击该按钮，快速切换到桌面上。

1. 快速启动区

在任务栏中用户可以将常用的应用程序的图标存放到任务栏内，以便日后使用时直接在任务栏中单击该图标，就可以启动相应的应用程序了，这部分称为“快速启动区”。

例如，用户需要将“计算器”放到快速启动区。首先，单击“开始”菜单，在程序列表中找到“计算器”，然后在“计算器”图标上右击，在弹出的快捷菜单中选中“更多”|“固定到任务

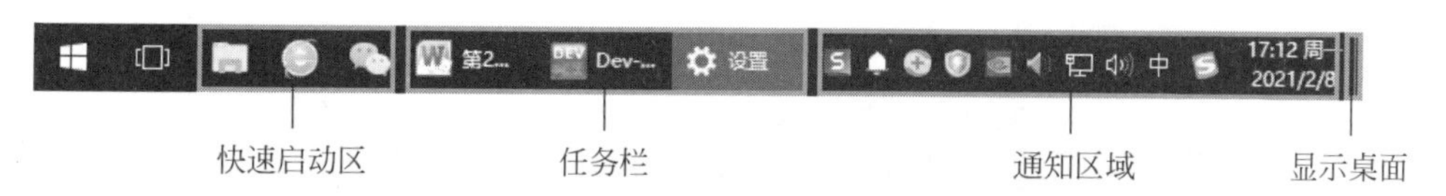

图 2-37　系统默认的任务栏、通知区域等

栏”选项，如图 2-38(a)所示。或者直接拖曳该图标到任务栏，如图 2-38(b)所示。此时，快速启动区中就会出现“计算器”图标，如图 2-39 所示。

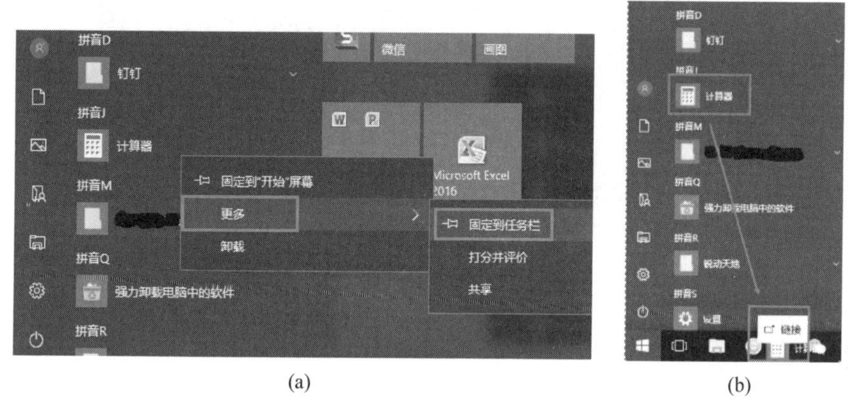

图 2-38　添加快速启动项

图 2-39　“计算器”图标

2. 程序按钮区

如果用户不断地打开多个应用程序，或者在浏览网页时常常打开多个网页，则会在程序按钮区出现多个程序快捷图标。此时，当将鼠标停留到某个快捷图标上，会出现相应的程序缩略图，用户可以直观地查看图标上显示的缩略图，通过单击某一个图标快速地切换相应的程序，如图 2-40 所示。同时也可以直接关闭任务栏中的图标缩略图实现快速关闭应用程序。

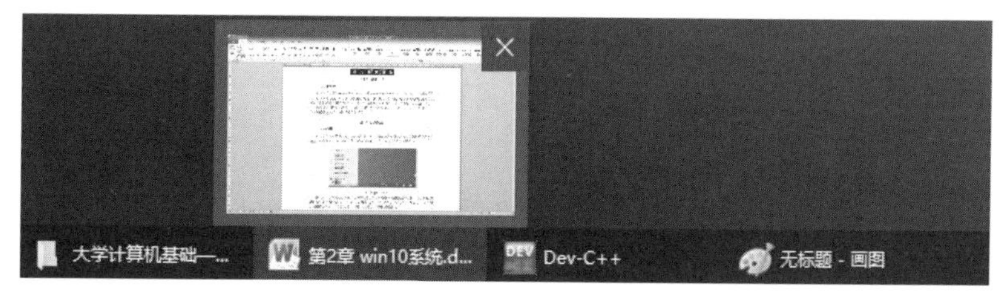

图 2-40　程序缩略图

3. 通知区域

如果用户要对任务栏和通知区域的属性进行设置，首先需要将鼠标移动到任务栏中并右击，在弹出的快捷菜单中选中“任务栏设置”选项，如图 2-41 所示。

图 2-41　任务栏设置

在弹出的对话框中设置任务栏和通知区域的相关属性，如图 2-42(a)所示。如果选中"选择哪些图标显示在任务栏上"和"打开或关闭系统图标"选项，还可以对通知区域的属性进行个性化设置，如图 2-42(b)(c)所示。

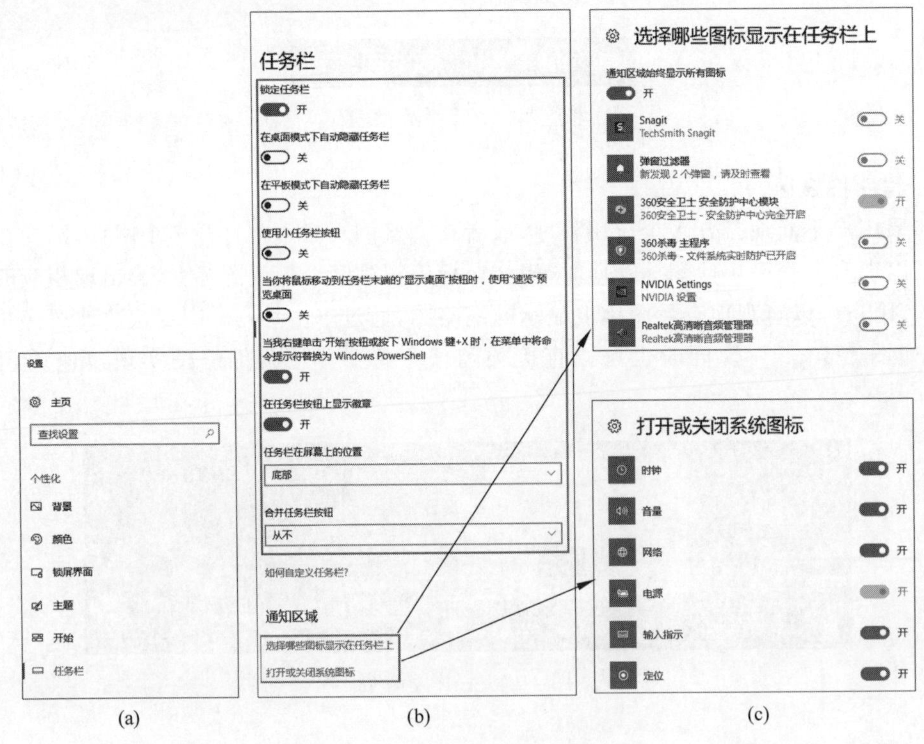

图 2-42　设置任务栏和通知区域

2.3　文件和文件夹

在计算机系统中,所有的信息都是通过文件的形式保存的,而文件又是分门别类地存放在相应的文件夹中,所以掌握文件及文件夹的操作方法对于用户管理好计算机上的软硬件资源是至关重要的。

2.3.1　文件和文件夹的命名规则

1. 文件

文件是指存储在计算机存储器中的一组信息的集合,它一般包含数据、文本、声音、图像等各种信息。文件的命名规则是文件名不能超过 255 个英文字符。键盘输入的汉字、英文字母、数字、符号、空格等都可以作为文件名的字符来使用,但是其中有几个特殊字符由系统保留不能使用,分别是 * 、"、?、:、/、\、＜、＞、|。

文件的命名形式为＜文件名＞.＜扩展名＞,其中文件名表示文件的主题,由用户依据文件的命名规则来指定。扩展名主要说明文件的类型,一般由系统默认产生。

2. 文件夹

文件夹是组织文件的一种方式,文件夹的命名规则与文件相同,这里不再赘述。需要注意的是,文件夹一般不需要加扩展名。

2.3.2　文件和文件夹基本操作

1. 文件和文件夹的创建及删除

(1) 文件和文件夹的创建。文件和文件夹的创建方法比较简单,例如用户需要在 C:盘创建一个名为 win10 的文件夹,并在 win10 文件夹下创建 3 个子文件夹,分别命名为“组 1”“组 2”“组 3”。接下来用户依次创建 3 个文件,这 3 个文件分别是在记事本中创建的文本文件 1.txt,在画图程序中创建的位图文件 2.bmp 以及在 Word 应用程序中创建的 Word 文件 3.docx。然后将这 3 个文件分别保存到相应编号的子文件夹中。具体操作方法如下。

方法 1:首先,在桌面上双击“此电脑”图标,在弹出的“此电脑”窗口中双击 C:盘图标,弹出的 C:盘窗口。在“主页”选项卡的“新建”组中选中“新建文件夹”选项,出现“新建文件夹”的图标,如图 2-43 所示,此时在“新建文件夹”图标上直接输入新建文件夹的名称为 win10,单击空白处或按下回车键,则以 win10 命名的文件夹已经在 C:盘创建完成。

方法 2:在桌面上双击“此电脑”图标,在弹出的“此电脑”窗口中双击 C:盘图标,在弹出的 C:盘窗口中空白区域右击,在弹出的快捷菜单中选中“新建”|“文件夹”选项,同样可以新建文件夹,如图 2-44 所示。命名的方式同方法 1。

此时,用户完全可以按照以上方法在 win10 文件夹下依次创建 3 个子文件夹,如图 2-45 所示。

接下来用户依次创建 3 个不同类型的文件,除了打开相应的应用程序来创建该类型的文件外,还可以利用快捷方式来创建。例如,如果用户需要在记事本中创建文本文件 1.txt,操作方法如下。

图 2-43 "新建文件夹"方法 1

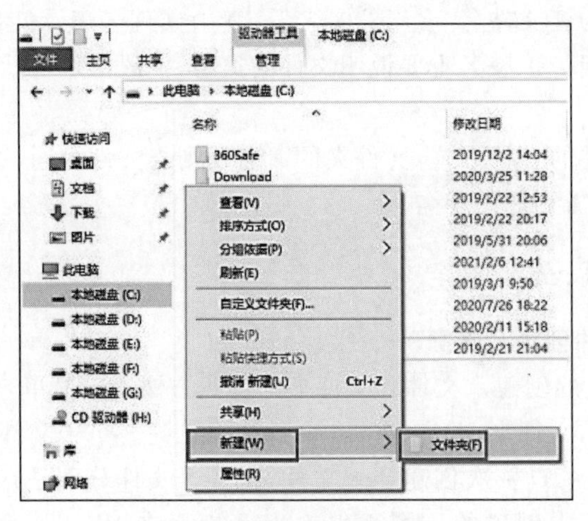

图 2-44 "新建文件夹"方法 2

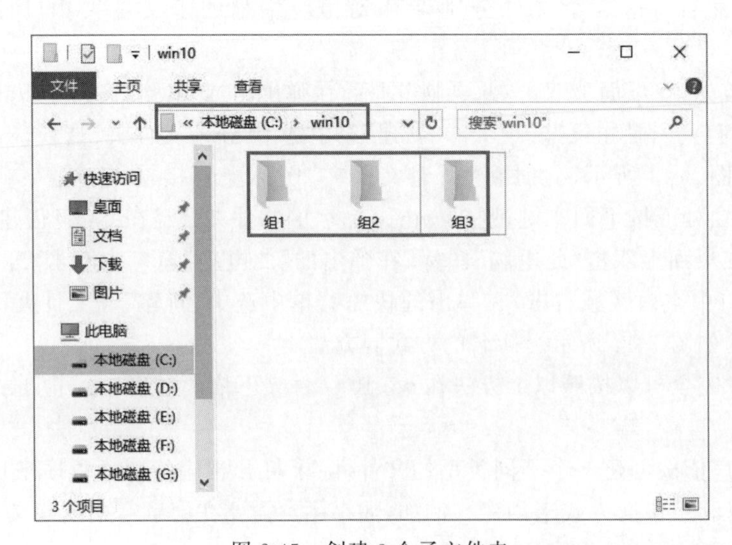

图 2-45 创建 3 个子文件夹

方法 1：启动记事本程序，可以利用任务栏中的快速启动区中记事本的快捷图标快速打开记事本程序，当然，也可以通过其他方式打开记事本应用程序，在工作区中输入若干文本，然后选中“文件”|“保存”菜单项，将会弹出保存文件的对话框，有默认的文件保存的位置，如果用户需要将文件另存到其他位置，则可以另外选择保存路径，此时，应选择 C：盘 win10 文件夹下的“组 1”子文件夹，如图 2-46 所示，单击“确定”按钮即可完成文件的创建及保存。

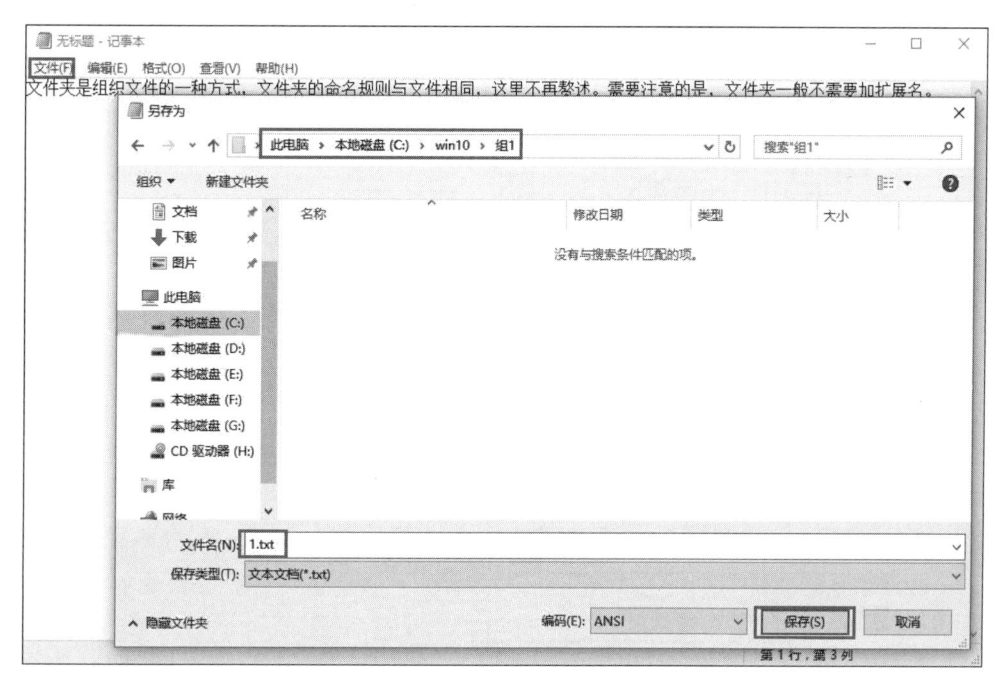

图 2-46　文件的创建及保存

方法 2：用户可以利用快捷菜单在指定的文件夹下直接创建需要的常用类型的文件。例如，用户接下来需要在“组 2”子文件夹下创建 2.bmp 位图文件，首先打开“组 2”子文件夹，如图 2-47 所示，此时“组 2”文件夹里为空。在空白处右击，在弹出的快捷菜单中选中“新建”|“BMP 图像”选项，单击后立即会出现“新建位图图像”的文件图标，直接命名为 2.bmp 即可，如图 2-48 所示。同样，在“组 3”文件夹下创建 3.docWord 文件，只要在弹出的快捷菜单中选中“新建”|“Microsoft Word 文档”选项即可。

注意：此时创建的位图文件和 Word 文件都是空白的，还需要用户进一步打开编辑。例如用户此时双击 2.bmp 文件的图标，在弹出的窗口中选中“画图”选项，然后单击“确定”按钮，即可打开相应的画图程序，如图 2-49 所示，然后用户编辑完成后将该位图文件另存到“组 2”文件夹下即可。同样，在“组 3”文件夹下创建的 Word 文件 3.doc，也是空白文档，也需要用户编辑并保存到相应的位置。

注意：文件保存的路径是指文件和文件夹在计算机中存放的具体位置。用户在存放文件或文件夹时，一般应明确文件保存的路径，便于以后使用。

(2) 文件和文件夹的删除。文件和文件夹的删除方法有多种，用户可以根据使用习惯

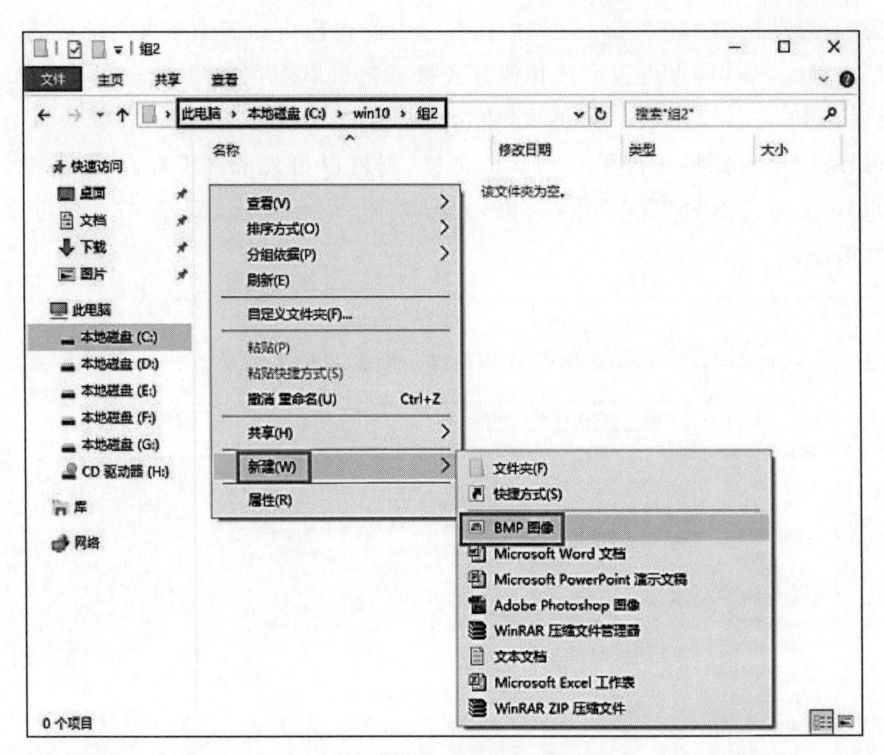

图 2-47　打开“组 2”子文件夹

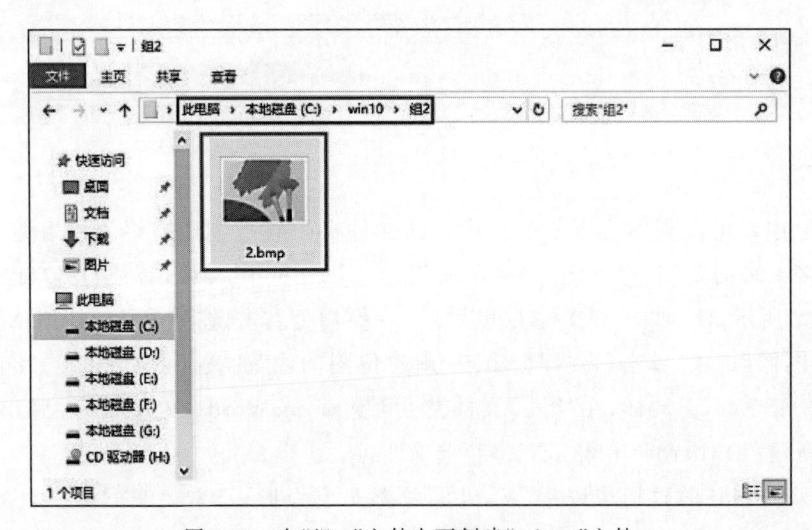

图 2-48　在“组 2”文件夹下创建“2.bmp”文件

选择适合自己的方式。

方法 1：用户首先选定需要删除的文件或文件夹，右击后，在弹出的快捷菜单中选中“删除”选项即可。

方法 2：用户选定需要删除的文件或文件夹后，在“主页”选项卡的“组织”组中单击“删除”按钮，然后选择“回收”或“永久删除”选项，如图 2-50 所示。

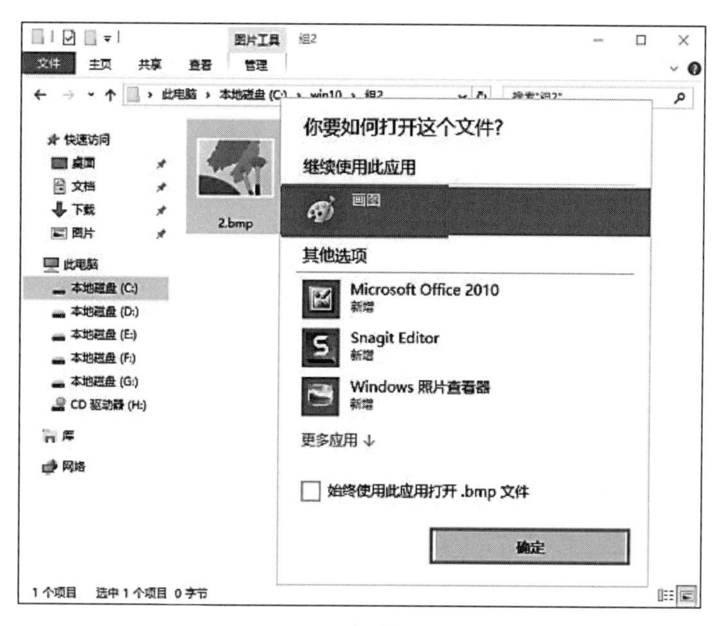

图 2-49 打开“画图”

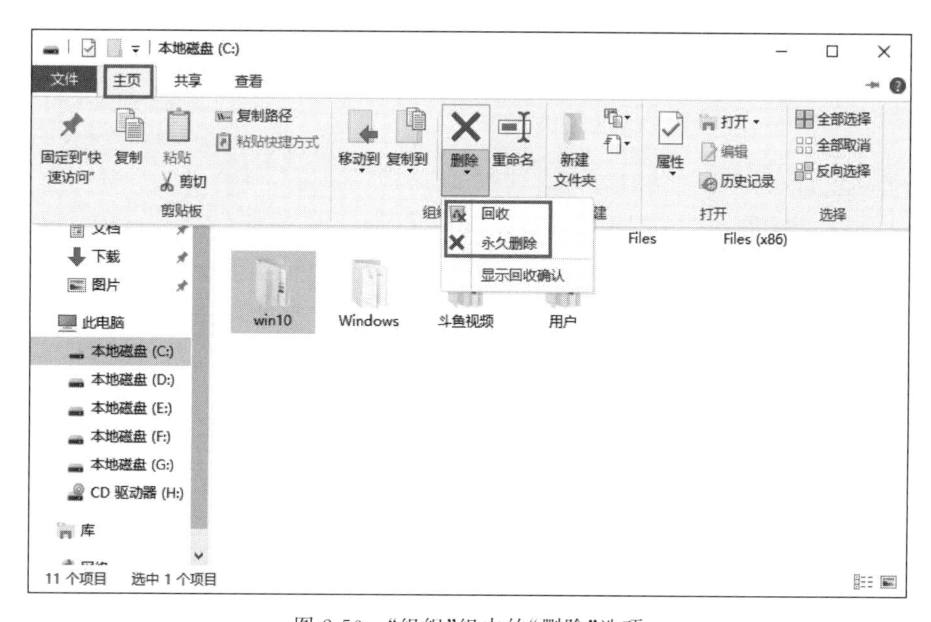

图 2-50 “组织”组中的“删除”选项

另外，用户还可以按 Delete 键直接删除所选定的文件或者文件夹。此时，用户所删除的文件或文件夹被存放到回收站中，在需要时打开“回收站”窗口进行还原操作，即可将删除的文件或者文件夹还原到被删除以前的存放位置。如果用户需要彻底删除文件或者文件夹，可以在选定文件或文件夹后，按 Shift+Delete 组合键进行彻底删除，还可以在“回收站”窗口中进一步删除该文件或文件夹。

2. 文件和文件夹的编辑操作

(1) 文件和文件夹的选定。要对文件和文件夹进行管理,首先就需要掌握如何选定文件或文件夹,主要操作方法如下。

① 选定单个文件或文件夹。直接单击要选定的文件或文件夹即可。

② 选定多个文件或文件夹。如果选定多个连续的文件或文件夹,则可以在起始文件夹旁边的空白处单击,用按住鼠标左键拖动出现的矩形框,将需要选定的文件或文件夹包含其中即可。另外,用户还可以通过其他方法实现,例如用户可以先单击第一个文件夹后,在按住Shift键的同时单击最后一个文件夹,则选定的两个文件夹之间的所有文件夹都会被选定。

如果用户选定的多个文件或文件夹是不连续的,则需要先按Ctrl键后,依次单击需要选定的其他文件或文件夹。

③ 全选文件或文件夹。如果用户需要全选文件或文件夹,则可以利用窗口工具栏中的“主页”选项卡中单击“全部选择”按钮,如图2-51所示。另外还可以按Ctrl+A组合键进行全选。

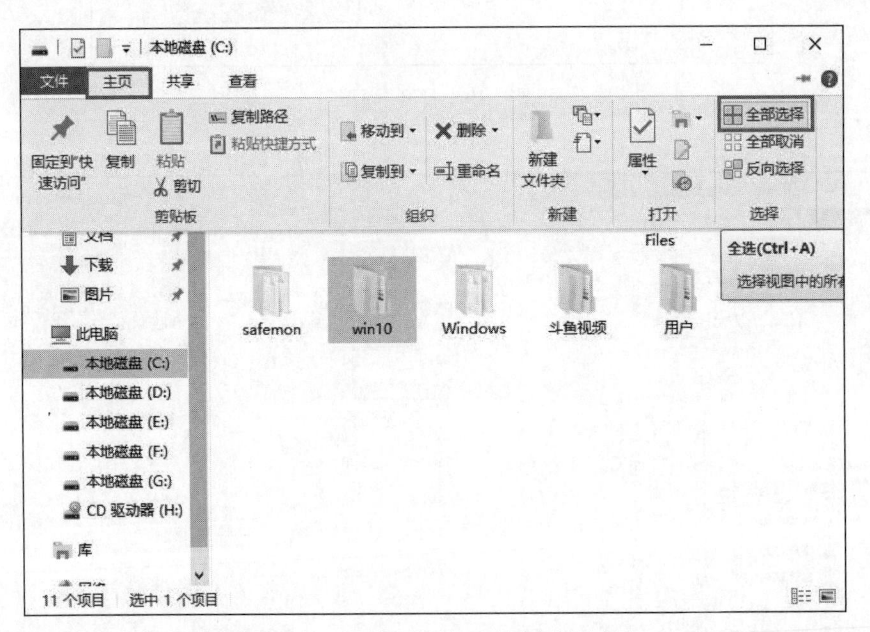

图2-51 “主页”选项卡中的“全部选择”

(2) 文件和文件夹的剪切和复制。文件和文件夹的剪切和复制方法比较简单,用户可以通过下面的实例快速掌握。

例如,用户需要将C:盘下的win10文件夹下的“组1”子文件夹中的文件名为“1”的文本文件移动到“组2”文件夹下,如何实现呢?首先,用户先找到源文件即文件名为“1”的文本文件,选定该文件后右击,在弹出的快捷菜单中选中“剪切”选项,如图2-52所示。

接下来,用户需要找到目标位置即C:盘win10文件夹下的“组2”子文件夹,打开“组2”子文件夹后右击,在弹出的快捷菜单中选中“粘贴”即可。此时,“组1”子文件夹下的文件名为“1”的文件已经被存放到“组2”的文件夹下了,“组1”文件夹下已经为空了,而打开“组2”文件夹会看到文件名为“1”的文件。

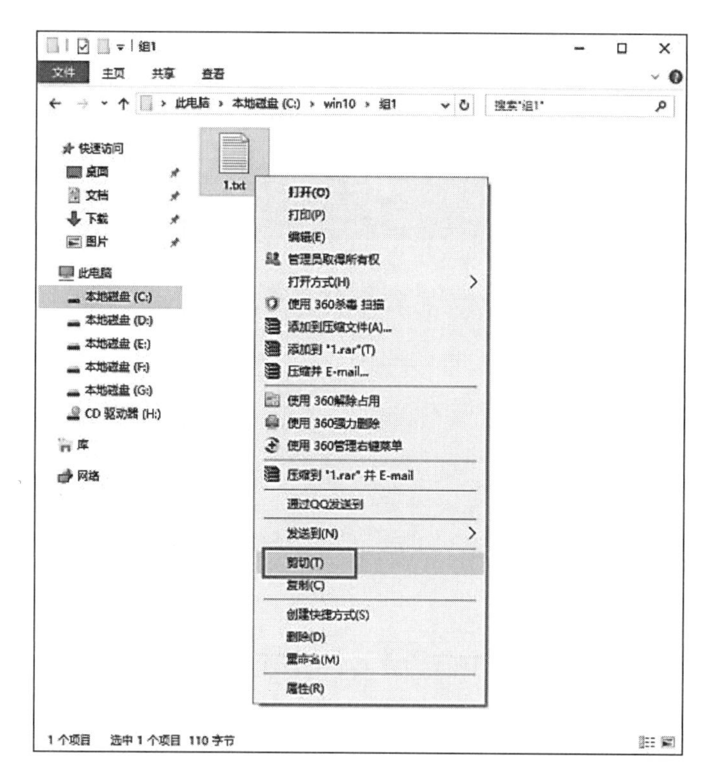

图 2-52　文件的剪切

试想,如果用户在上例中没有选定"剪切"选项而是选定"复制"选项,其他步骤完全相同,又会有怎样的结果呢?此时,如果打开"组 1"文件夹,文件名为"1"的文本文件还是在其中,而打开"组 2"子文件夹后,文件名为"1"的文本文件也会出现,这说明用户已经将文件名为"1"的文本文件复制到"组 2"的子文件夹下了。

另外,用户还可以通过其他快捷方式实现文件或文件夹的"剪切和复制",如利用快捷键法或者直接用鼠标左键拖曳源文件到目标文件夹下等方法,用户可以在实践中总结,在此不再赘述。

(3) 文件和文件夹的重命名。关于文件和文件夹的重命名,操作方法也比较简单。

方法 1:可以先选定需要重命名的文件或文件夹,然后在文件或文件夹所在的窗口中单击"主页"选项卡中的"重命名"按钮,如图 2-53 所示。

方法 2:首先单击需要重命名的文件或文件夹,然后按 F2 键进行重命名操作。

方法 3:右击需要重命名的文件或文件夹,在弹出快捷菜单中选中"重命名"选项。

2.3.3　文件和文件夹的显示

Windows 10 文件和文件夹的显示方式称为"视图方式",本节以文件为例介绍视图方式,用户可以根据需要方便地进行设置。文件夹的视图设置方式与文件基本相同。

1. 文件的视图方式

例如,用户需要查看 C:盘 win10 文件夹下的"组 2"子文件夹下的所有文件。此时用户双击打开 C:盘,在"查看"选项卡中可以灵活地设置文件夹显示的视图方式,如图 2-54 所

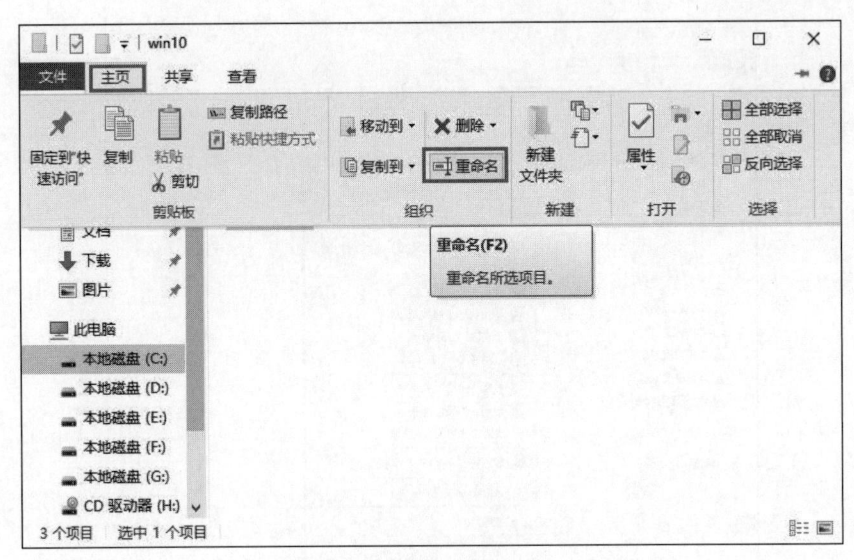

图 2-53　文件和文件夹的重命名

示。用户可以尝试更改文件夹的各种视图方式，体验不同的显示效果。

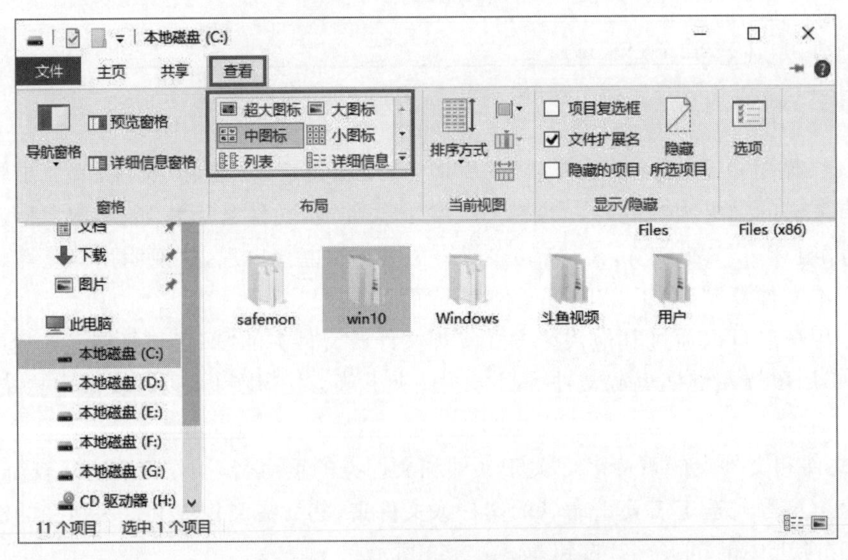

图 2-54　文件夹显示的视图方式

另外，用户也可以在工作区的空白处右击，在弹出的快捷菜单中选中“查看”选项，改变文件夹的显示方式如图 2-55 所示。

接下来，用户继续打开 win10 文件夹下的“组 2”子文件夹，在工具栏中有“预览窗格”的按钮，如图 2-56 所示。用户可以单击需要预览的文件，如文件名为“1”的文本文件，则可以在预览窗格中立即浏览该文件所对应的内容，如图 2-57 所示，而不需要双击打开该文件。当然，如果用户不需要预览文件内容，只要再次单击 “预览窗格”按钮，就会隐藏该文件的内容。

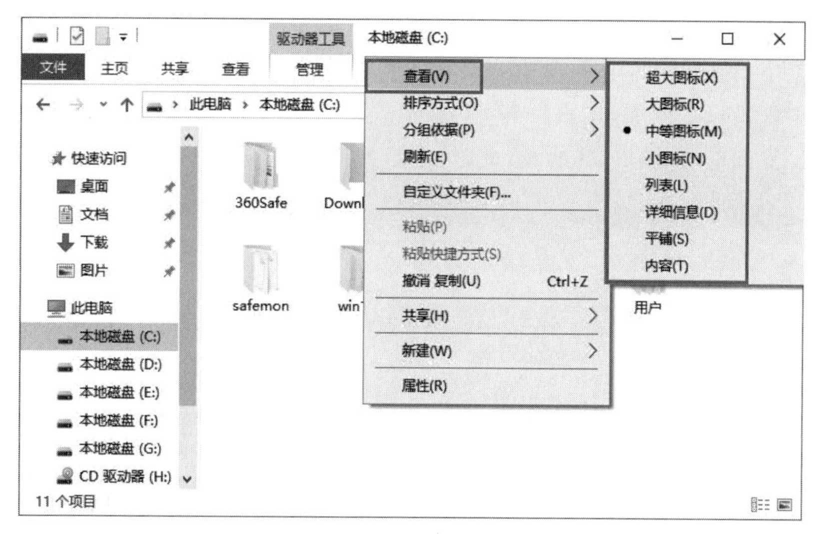

图 2-55　快捷菜单更改视图

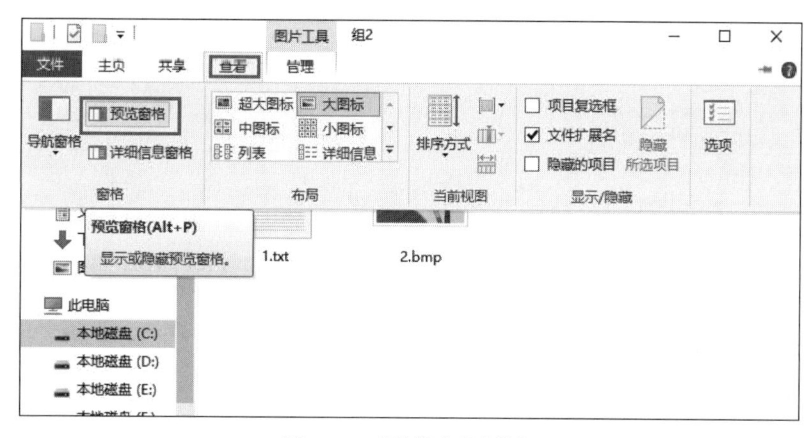

图 2-56　“预览窗格”按钮

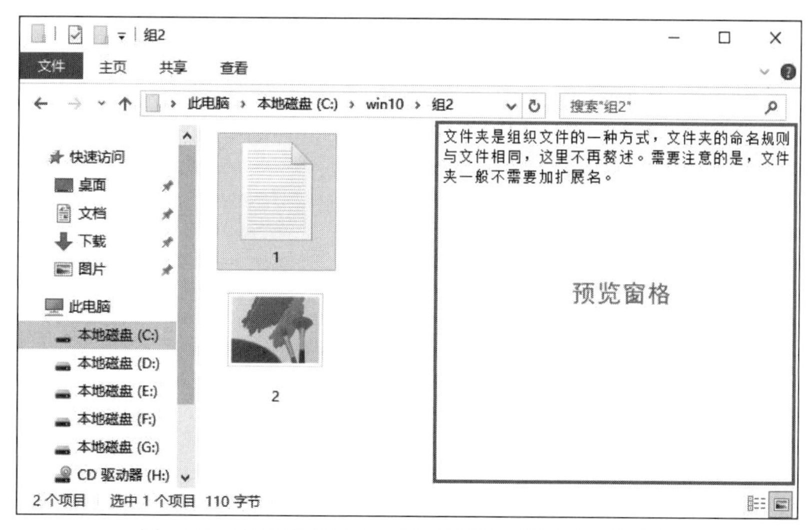

图 2-57　在预览窗格中立即浏览该文件所对应的内容

2. 显示隐藏文件

计算机系统中默认情况是不显示隐藏文件的，如果用户要编辑隐藏文件时，可以将隐藏文件显示出来再操作。例如，用户打开 C：盘后，在“查看”选项卡的“显示/隐藏”组中选中“隐藏的项目”复选框，如图 2-58 所示，此时，用户如果返回到原本含有隐藏文件的窗口中会立即看到隐藏的文件。

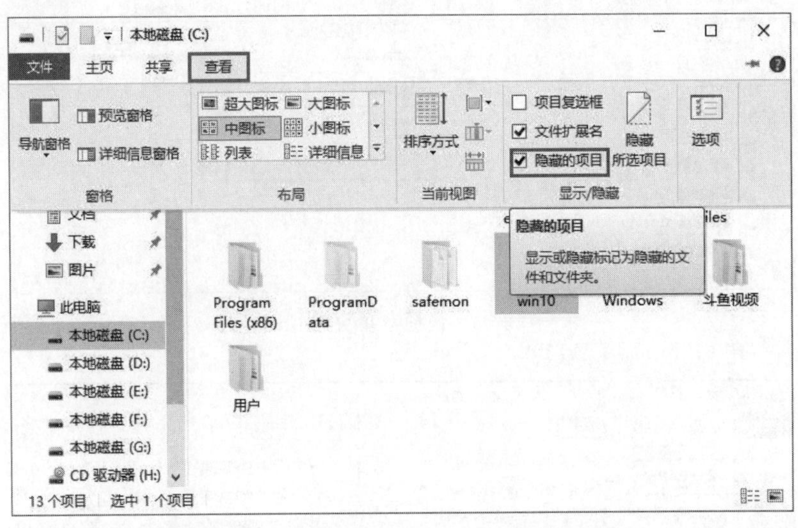

图 2-58　显示隐藏的文件、文件夹或驱动器

3. 显示文件扩展名

如果用户打开的文件夹下的文件不显示扩展名，正如图 2-57 所示，“组 2”文件夹下的文件名为“1”的文本文件和文件名为“2”的位图文件。如果用户想看到该文件的扩展名，首先打开该文件所在的窗口即“组 2”文件夹，在“查看”选项卡可“显示/隐藏”组中选中“文件扩展名”复选框，则可看到文件的扩展名，如图 2-59 所示。需要注意的是，如果用户对文件重命名，不能更改或删除该文件的扩展名，否则文件无法正常打开。

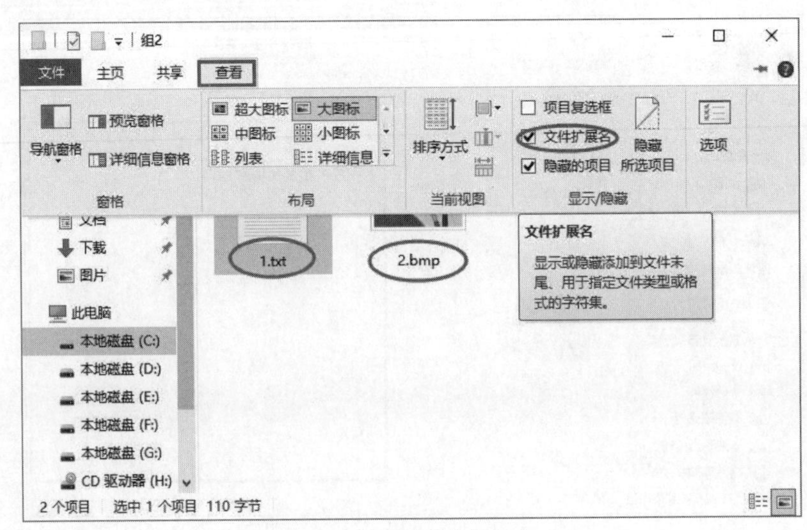

图 2-59　显示文件扩展名

2.4 Windows 10 的文件资源管理器

文件资源管理器是 Windows 系统提供的资源管理工具，用户可以利用文件资源管理器对计算机中所有的文件、文件夹和驱动器进行有效的管理。另外，在文件资源管理器中还可以对文件进行打开、复制、剪切等各种操作。

打开文件资源管理器的常用方法如下。

(1) 右击“开始”按钮，在弹出的快捷菜单中选中“文件资源管理器”选项，如图 2-60(a)所示。

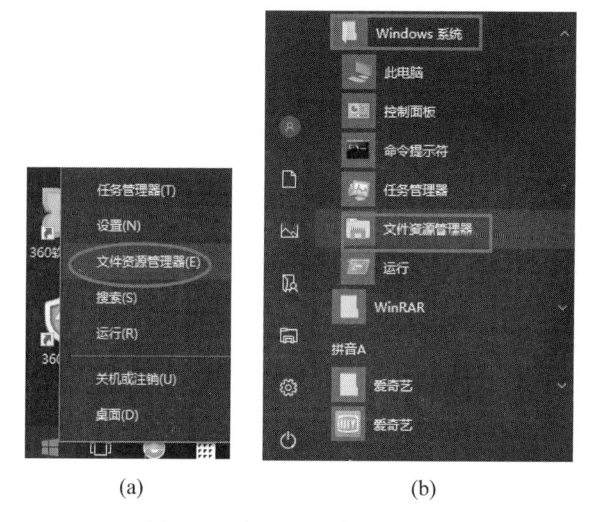

(a) (b)

图 2-60 打开文件资源管理器

(2) 单击“开始”菜单，在所有程序中单击“Windows 系统”|“文件资源管理器”选项，如图 2-60(b)所示。

2.5 使用 Windows 的库

库是 Windows 10 系统的一种文件管理服务功能。用户可以将计算机或局域网中经常使用的文件分门别类地添加到库中。此后，在打开库时，虽然文件会显示在库中，但是这些文件仍然被保存在原始位置，它们仅仅相当于被收藏到库中，也可以认为在库中显示的仅仅是文件的链接而已。当用户需要查找文件时，只要从库中选择不同的分类，然后就可以快速地找到计算机中所有相同类型的文件或文件夹，需要注意的是，库中显示的文件或文件夹不一定都被保存在相同的位置，它们也会根据需要常常被存放在不同的位置，而且它们会随着原始文件夹或文件的变化而随之更新。本节主要讲解“库”的使用方法，通过实例介绍，用户能够更加方便、高效地使用“库”。

2.5.1 库的属性

1. 库的启动方法

(1) 双击桌面上的快捷图标"此电脑",在弹出的窗口中,单击左侧窗格中的"库"选项,如图 2-6 所示。如果在"此电脑"窗口中未显示"库"选项,可以右击窗口左侧窗格的空白处,在弹出的快捷菜单中选中"显示库"选项即可。

(2) 右击"开始"按钮,在弹出的快捷菜单中选中"文件资源管理器"选项,在弹出的窗口中,选中左侧窗格中的"库"选项。

2. 库的属性

在弹出的"库"的窗口中,可以看到系统默认的库中有视频、图片、文档、音乐 4 个库,如图 2-61 所示。用户可以右击任何一个库,在弹出的"属性"对话框中,设置所对应的库的属性。例如,右击"文档"库,弹出如图 2-62 所示的快捷菜单,选中"属性"选项,在弹出的"文档属性"对话框中可以设置文档库的相关属性,如图 2-63 所示。当用户搜索文件时,系统会自动按库中的默认位置进行查询,如果用户需要重新设置该位置,则可以右击选定库的位置,通过弹出的快捷菜单设置库默认的保存位置,如图 2-64 所示。

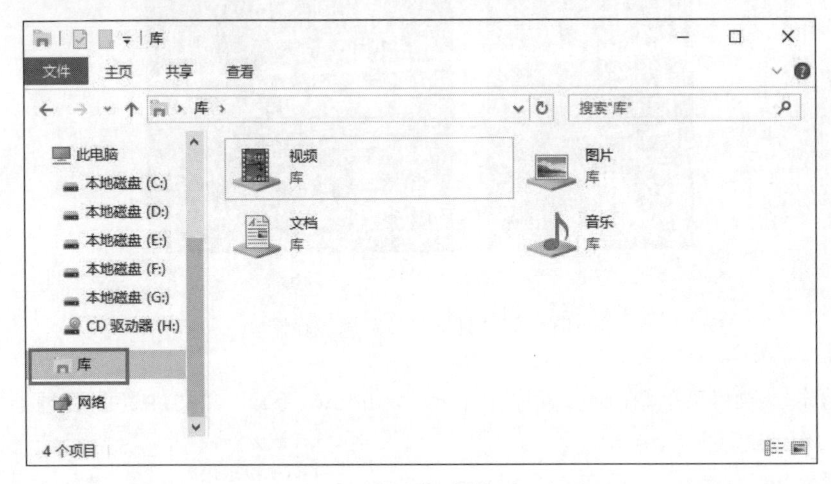

图 2-61 左侧窗格中的"库"选项

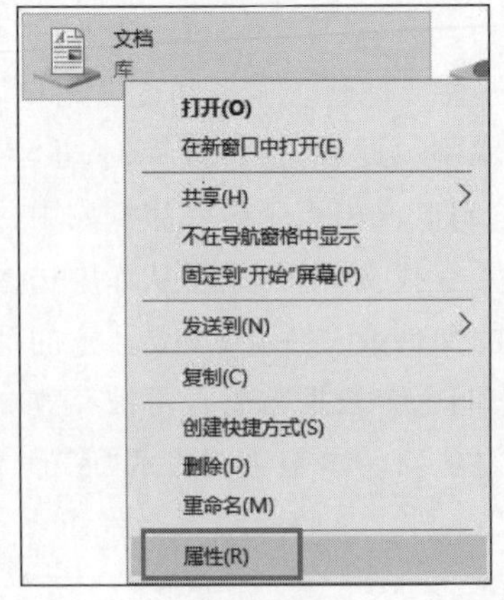

图 2-62 右击"文档"库后弹出的快捷菜单

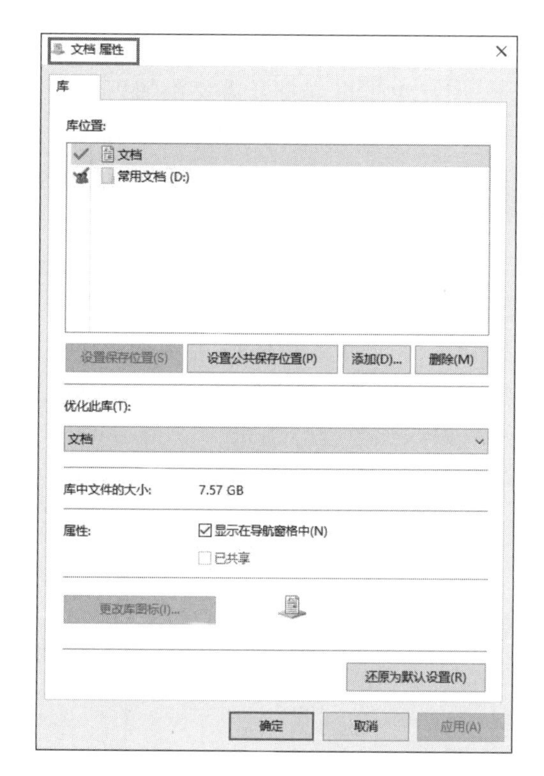

图 2-63　设置文档库的相关属性

图 2-64　设置库默认的保存位置

2.5.2　库的新建

在使用过程中，除了利用系统默认的库，还想新建自己的库来关联文件或文件夹，则可以通过多种方法新建库，操作如下。

方法 1：首先启动“库”，在“主页”选项卡的“新建”组中选中“新建项目”|“库”选项，即可创建一个新库，如图 2-65 所示。

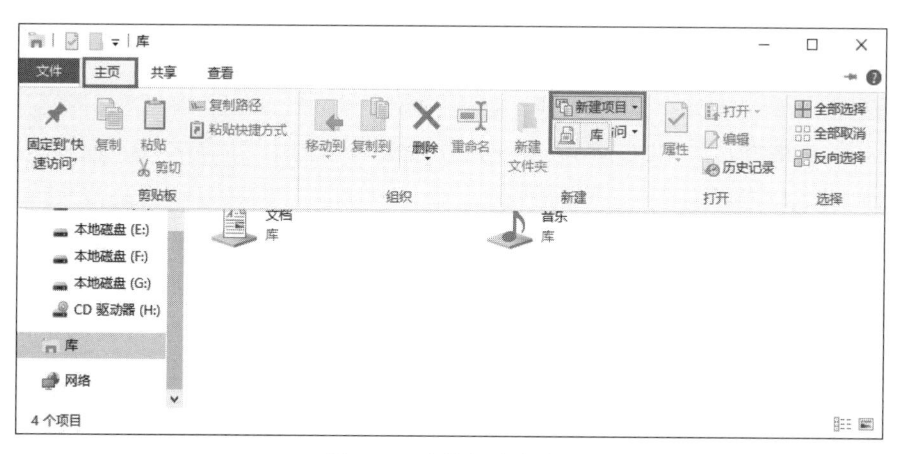

图 2-65　库的新建方法 1

方法 2：首先启动“库”，在空白处右击，在弹出的快捷菜单中选中“新建”|“库”选项，即

可创建一个新库,如图 2-66 所示。

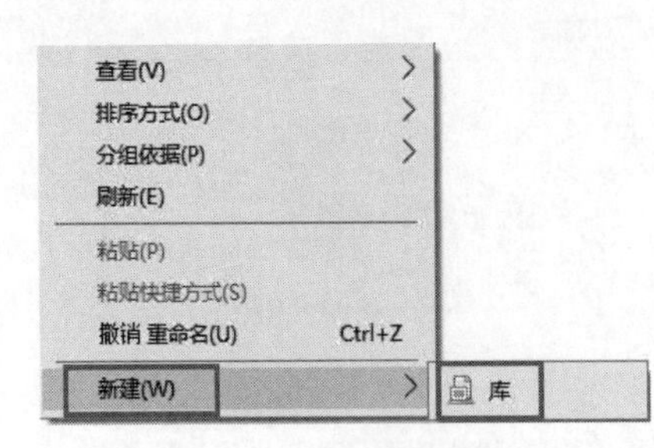

图 2-66　库的新建方法 2

方法 3:用户也可以先打开需要添加到库的文件夹,然后再创建新库。例如用户需要将 C:盘 win10 文件夹下的“组 2”子文件夹添加到新库,新库的名称为“我的图库”。操作如下。

(1) 首先找到 C:盘的 win10 文件夹下的“组 2”子文件夹。

(2) 在“组 2”子文件夹上右击,在弹出的快捷菜单中选中“包含到库中”|“创建新库”选项,即可创建名为“组 2”的新库,如图 2-67 所示。

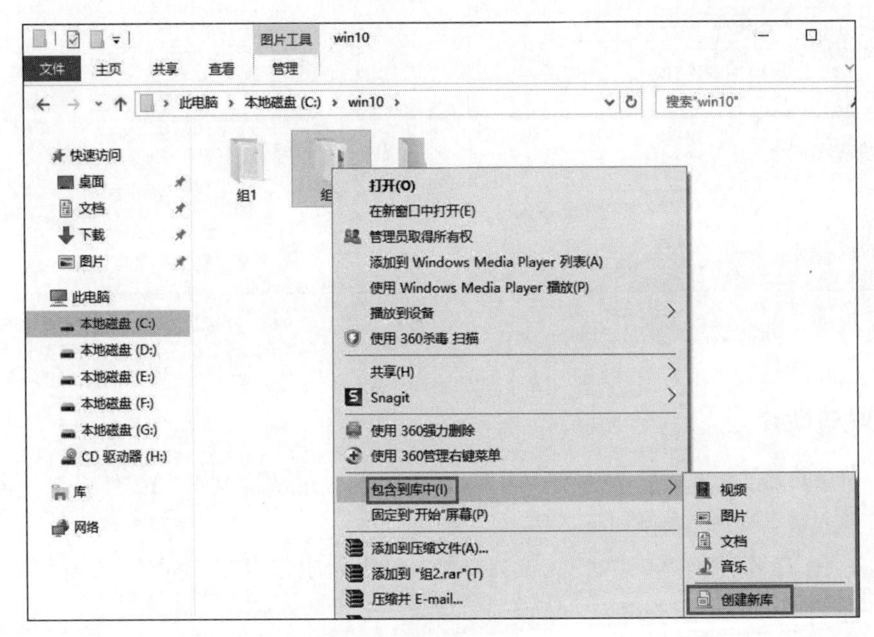

图 2-67　库的新建方法 3

(3) 此时,重新启动库,可以看到刚才创建的新库“组 2”已经出现在左侧导航窗格中,用户可以在导航窗格中右击“组 2”库,在弹出的快捷菜单中选中“重命名”选项,名称改为“我的图库”,如图 2-68 所示。

需要说明的是,此时 C:盘 win10 文件夹下的“组 2”子文件夹原来包含的所有文件将会被关联到新库即库名为“我的图库”中,所以打开“我的图库”将会看到所关联的文件列表,用户还可以在工具栏中设置文件夹的视图显示方式等选项。而“组 2”子文件夹原始保存位置不会发生改变。

2.5.3　向库中添加文件

通过 2.5.2 节的学习,用户已经学会了新建库的操作,为了更加方便灵活地管理文件或文件夹,在需要的时候可以通过库快速地查询到添加到库中相应的文件链接,而不用考虑文

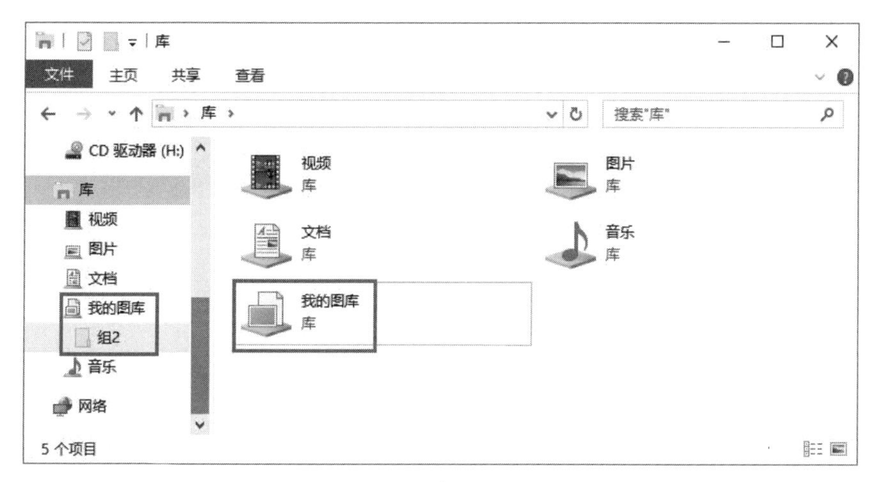

图 2-68　已创建的“我的图库”

件保存的具体位置，接下来用户就需要掌握如何向库中添加文件，操作方法如下。

方法 1：如果用户需要将 C：盘 win10 文件夹下的“组 1”子文件夹添加到“我的图库”中，首先启动库，在左侧窗格中右击“我的图库”图标，在弹出的快捷菜单中选中“属性”选项，如图 2-69 所示。然后在弹出的对话框中单击“添加”选项，如图 2-70 所示，接下来在弹出的对话框中选择用户需要添加到库中的文件夹，如“组 1”文件夹，最后单击“加入文件夹”选项，如图 2-71 所示。

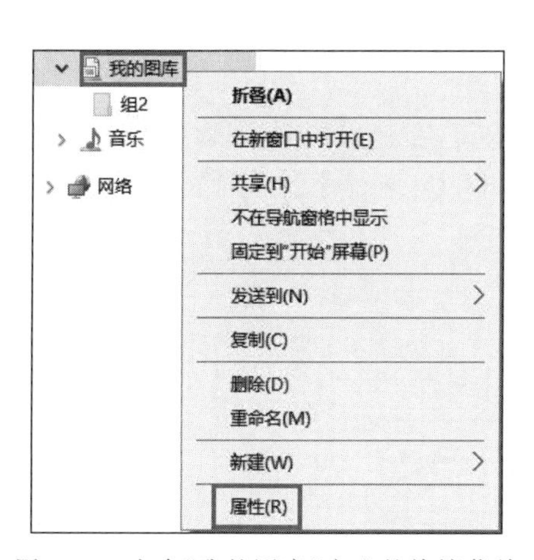

图 2-69　右击“我的图库”产生的快捷菜单

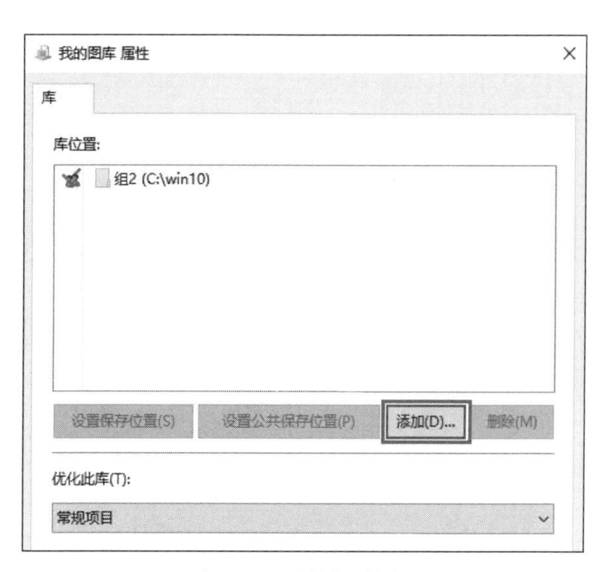

图 2-70　“添加”按钮

方法 2：用户如果刚刚新建一个库，命名为“我的文档”，此时“我的文档”中没有任何文件夹，单击左侧导航窗格中“我的文档”图标，如图 2-72 所示，然后在右侧窗格中单击“包括一个文件夹”按钮，接下来在弹出的对话框中选择用户需要添加到库中的文件夹即可将文件夹添加到新库中。

方法 3：用户如果单击左侧导航窗格中“我的文档”图标，此时会看到已添加的“组 3”文

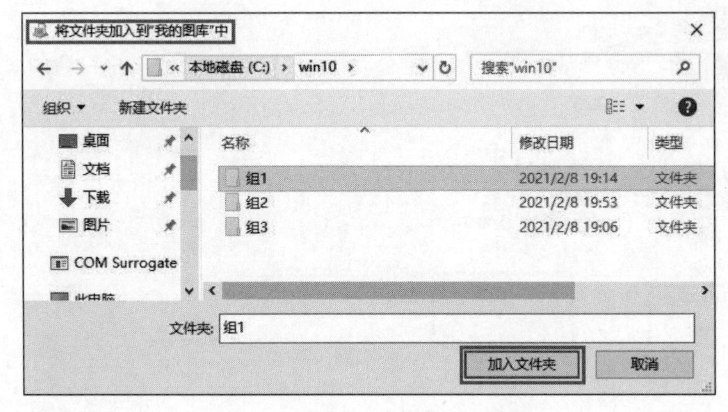

图 2-71　已添加到库中的文件夹

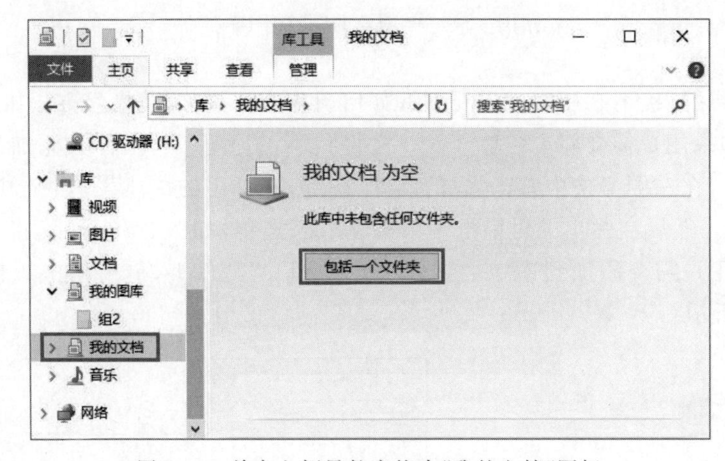

图 2-72　单击左侧导航窗格中"我的文档"图标

件夹，在"管理"选项卡中单击"管理库"选项，如图 2-73 按钮，在弹出的对话框中单击"添加"按钮，如图 2-74 所示，同样可以在如图 2-71 所示的对话框中，继续添加其他需要的文件到"我的文档"中。

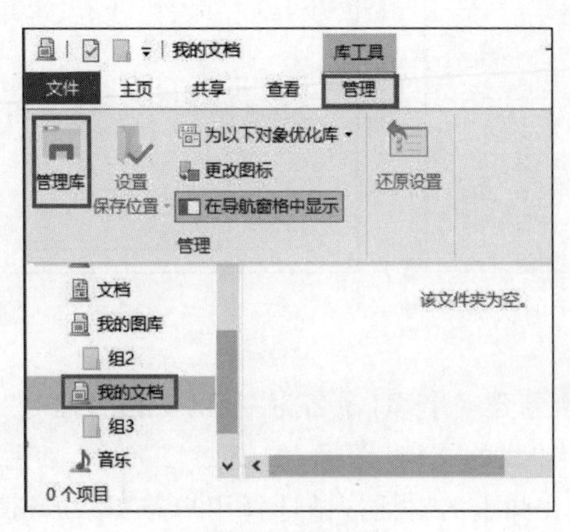

图 2-73　管理库

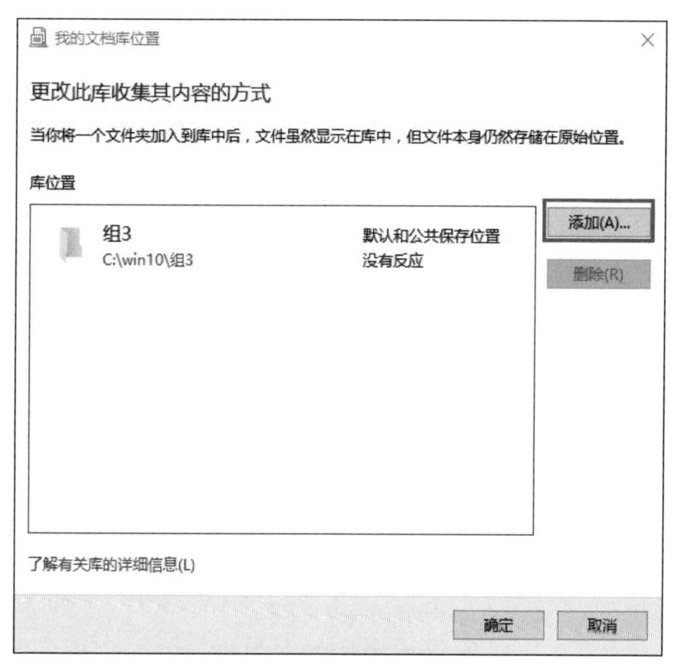

图 2-74　添加文件夹

另外，用户如果想把某个确定的文件夹直接添加到已存在的库中，也可以直接右击该文件夹，如图 2-75 所示，在弹出的快捷菜单中选中“包含到库中”|“我的文档”选项，此时就可以将“组 3”文件夹直接添加到名为“我的文档”库中。注意，用户在库中对文件夹的删除并没有真正删除该文件夹，仅仅是删除了链接地址，被删除的文件夹仍然存储在原始位置。

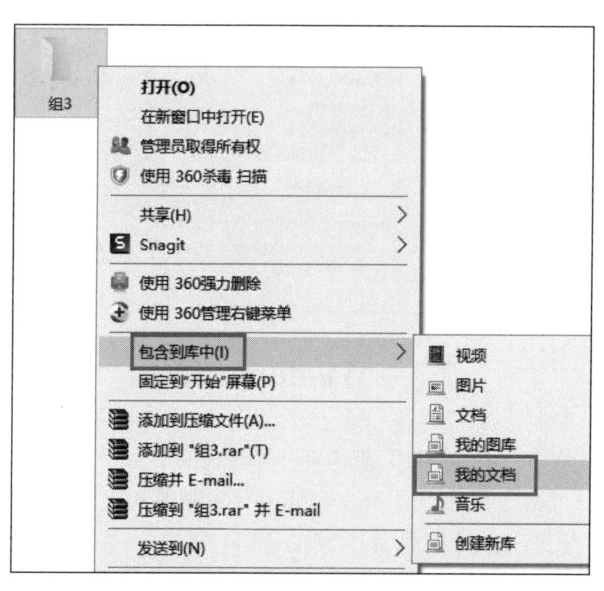

图 2-75　选定“包含到库中”

2.6 任务管理器的功能介绍

Windows 任务管理器提供了计算机性能的相关信息,显示计算机上所有当前正在运行的程序、进程及服务的详细信息。可以使用任务管理器监视计算机的性能或者关闭没有响应的程序。用户在任务栏中右击,在弹出的快捷菜单中选中“启动任务管理器”选项,即可快速打开“任务管理器”的对话框,如图 2-76 所示。也可以按 Ctrl+Shift+Delete 组合键来打开任务管理器。进程页面显示的是当前系统中运行的所有进程。Windows 任务管理器界面提供了文件、选项、查看主要菜单项,如图 2-77 所示,下面还有进程、性能、应用历史记录、启动、用户、详细信息和服务 7 个选项卡。如果用户遇到死机或应用程序不响应的情况,就可以启动任务管理器,找到不响应的应用程序,单击“结束任务”按钮即可关闭异常应用程序。注意,进程中有些程序是操作系统关联的程序,用户不可随意结束,否则将会引起系统无法正常启动等。因此,用户在执行“结束进程”时一定要谨慎操作。

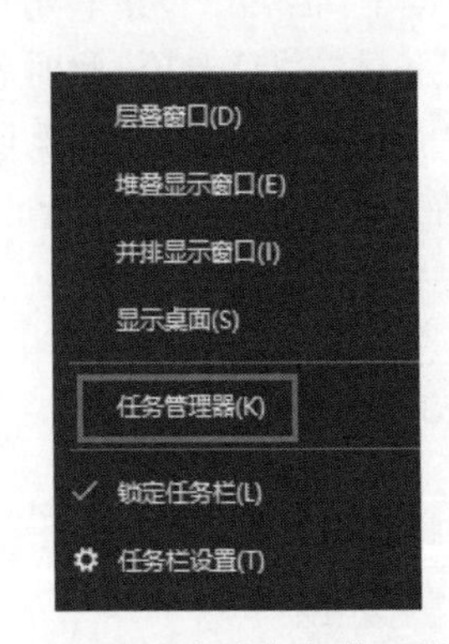

图 2-76 启动任务管理器

图 2-77 任务管理器界面

2.7 Windows 设置

Windows 设置是 Windows 系统中重要的设置工具之一。使用 Windows 设置可以对计算机系统的资源进行配置,更改几乎有关 Windows 外观和工作方式的设置以满足用户的不同需求。其中默认安装许多管理程序。

2.7.1 Windows 设置的启动

启动 Windows 设置的方法有以下几种。

(1) 单击“开始”按钮,在“开始”菜单中选中“设置”选项。

(2) 双击桌面上的“此电脑”图标，打开“此电脑”窗口，单击“计算机”菜单中的“打开设置”，如图 2-78 所示，即可打开 Windows 设置窗口，如图 2-79 所示。

图 2-78 在“此电脑”窗口中打开设置

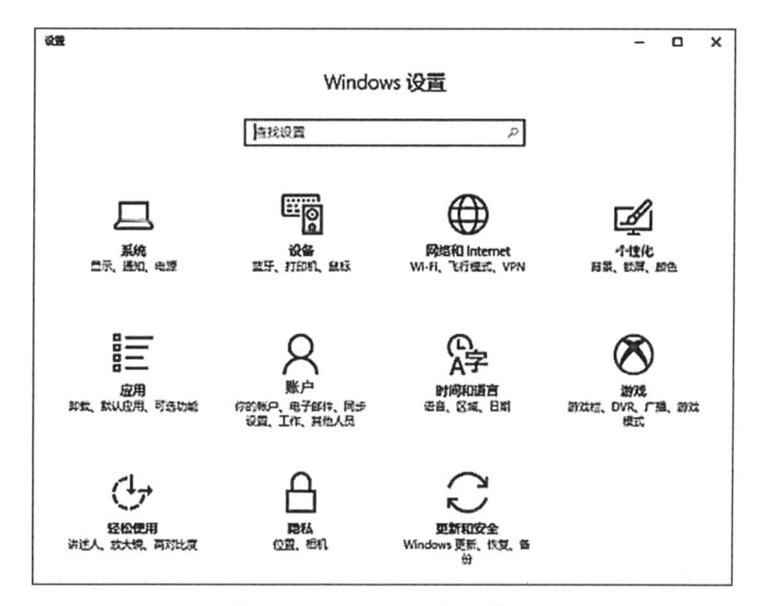

图 2-79 “Windows 设置”窗口

2.7.2 Windows 设置的应用

本节针对 Windows 设置的常用功能简要介绍，例如用户账户的设置、添加删除硬件、日期和时间的设置、卸载程序，以及系统和安全的查看等。

1. 用户账户

Windows 10 系统具有多用户管理功能，也就是说多个用户可以共享同一台计算机，并且每个用户都可以建立自己专有的“桌面”等运行环境，用户在不同时间段使用计算机时，用不同的账户名登录即可，不同用户执行保存文件等操作时互不影响，因为不同用户保存文件的默认路径也是不同的。下面简要介绍用户账户的设置方法。

(1) 创建新用户。Windows 10 系统提供的账户类型包括管理员账户、标准用户账户以及来宾账户。管理员账户对计算机具有最大的操作权限，可以对计算机执行安装程序、更改设置等所有权限。来宾用户不需要创建，只要启动就可以直接使用。管理员账户与标准账户的创建方法是一样的。例如，当用户需要创建新的标准用户时，先单击“开始”按钮，在“开始”菜单中单击“设置”按钮。然后在弹出的“Windows 设置”窗口中单击“账户”按钮，在打开的窗口中选中“其他人员”选项，在打开的窗口中单击“将其他人添加到这台电脑”，如图 2-80 所示。立即打开“本地用户和组”窗口，如图 2-81 所示。

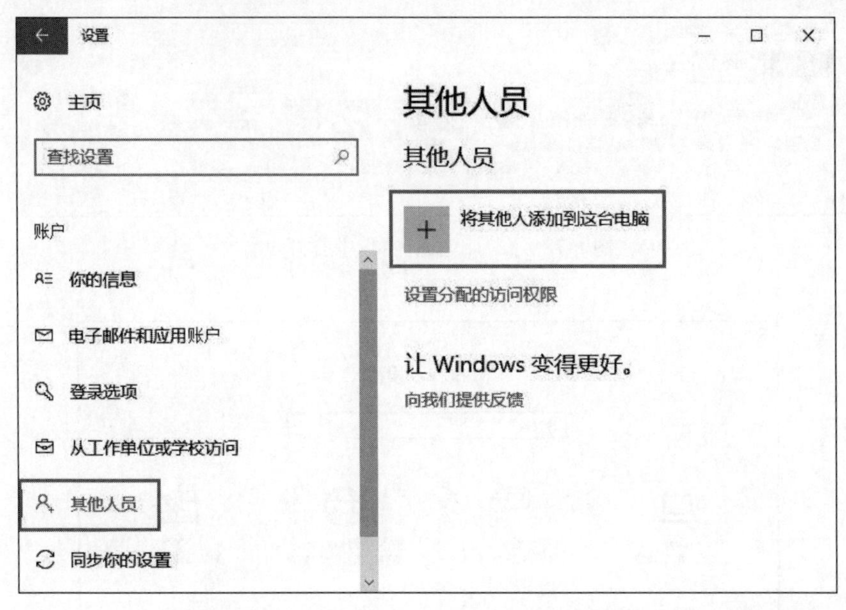

图 2-80　选中“将其他人添加到这台电脑”

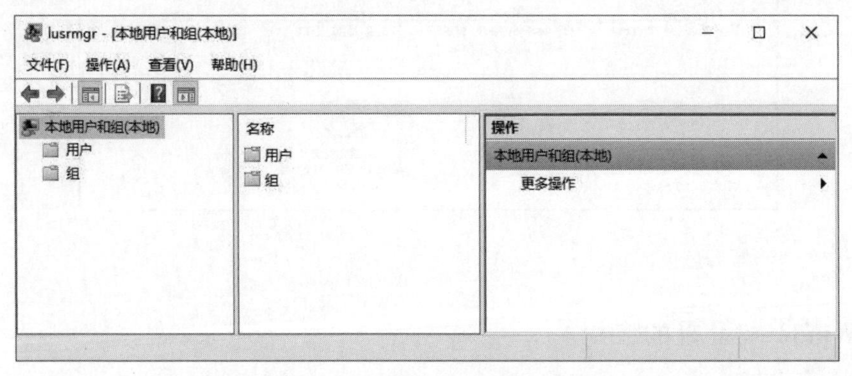

图 2-81　“本地用户和组”窗口

选中左侧窗格中的“用户”，然后在中间窗格的空白处右击，在弹出的快捷菜单中选中“新用户”选项，即可打开新用户创建的对话框，按照系统提示的相关信息进行用户的创建，如图 2-82 所示。

(2) 账户的设置。新用户创建好以后还需要进一步设置其属性，例如设置用户账户的登录密码，更改账户名或账户上显示的图片等。

在“本地用户和组”窗口中的用户列表中，右击新创建的用户名称，在弹出的快捷菜单中即可重新设置密码，删除账户和重命名账户，如图 2-83 所示。

注销系统，使用新账户登录后，可以在“Windows 设置”中“账户”窗口中选中“你的信息”，然后修改账户头像，如图 2-84 所示。

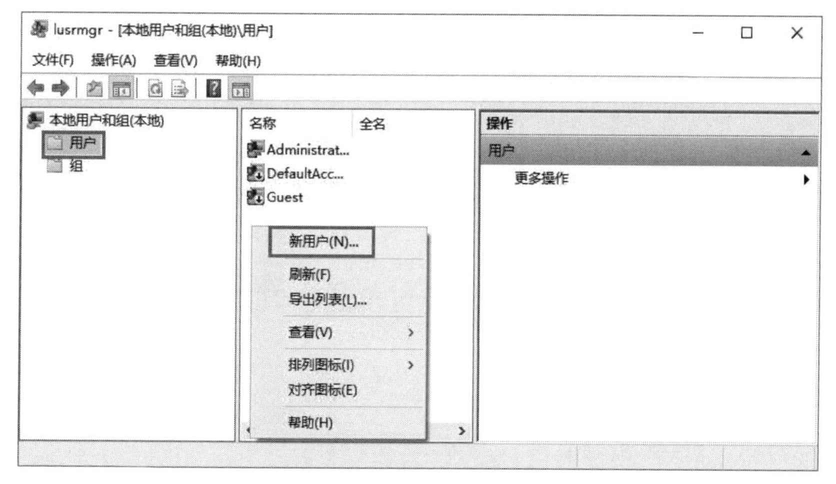

图 2-82　添加新用户

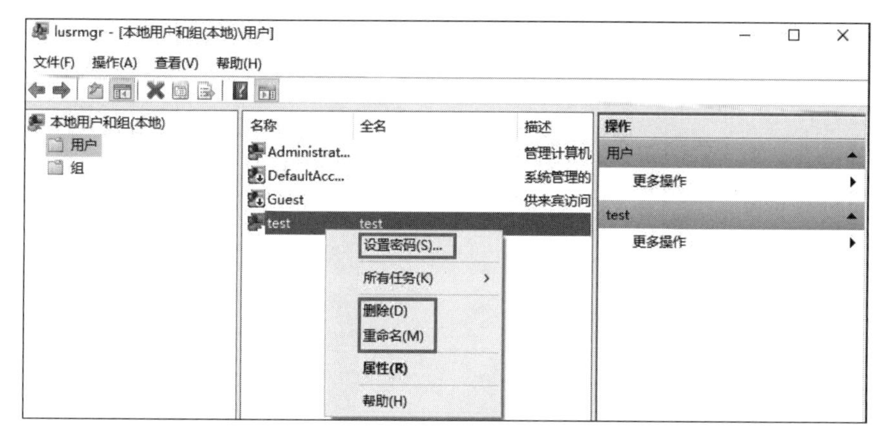

图 2-83　账户设置

图 2-84　修改账户头像

2. 设备管理

启动“Windows 设置”后，单击“设备”，即可进入设备管理页面，如图 2-85 所示。在此可以对计算机中安装的硬件设备进行管理和设置，例如键盘、鼠标、声音、显示、打印机和扫描仪等。例如，用户需要添加打印机就可以直接在控制面板中选定“添加打印机”选项，然后在弹出的对话框中按照提示进行相关设置即可，如图 2-86 所示。

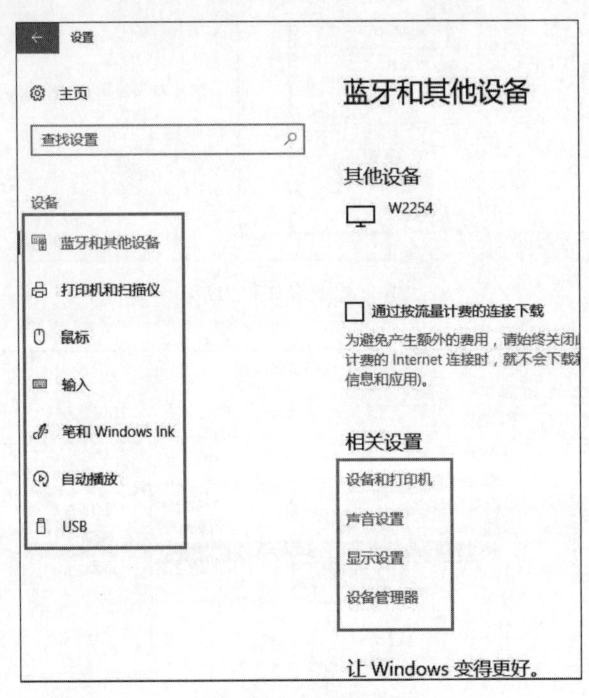

图 2-85　设备管理

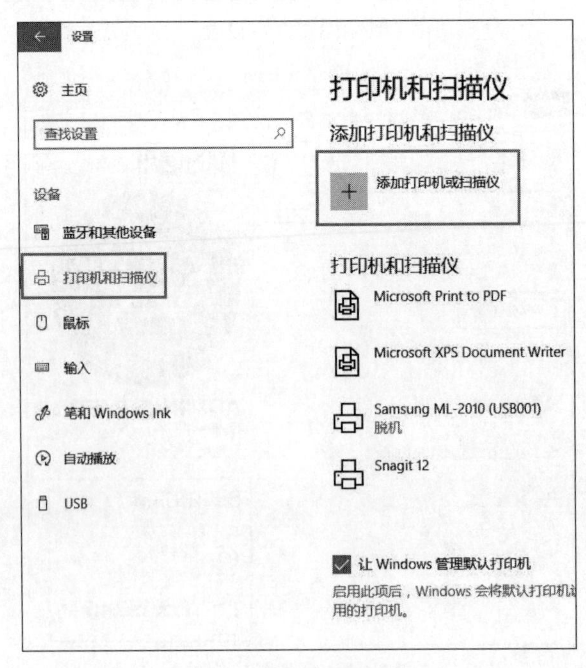

图 2-86　添加打印机

3. 时间和语言

启动“Windows 设置”后，单击“时间和语言”，用户可以根据当前的需要单击相应的选项。例如，会常常遇到任务栏中的输入法突然找不到了，此时就可以在“时间和语言”窗口中单击“区域和语言”，在弹出的窗口中单击“其他日期、时间和区域设置”，如图 2-87 所示，接着在弹出的对话框中单击“更换输入法”选项，如图 2-88 所示，然后在弹出的“语言”窗口中单击左侧窗格中的“高级设置”选项，如图 2-89 所示，在弹出的窗口中选中“切换输入法”栏中的“使用桌面语言栏”选项即可，如图 2-90 所示，也可单击右侧的“选项”按钮对输入法工具栏做更多设置。如果用户需要添加其他输入法，可以在如图 2-89 所示的“语言”窗口中，单击右侧的“选项”按钮，在弹出的对话框中单击“输入法”栏目中的“添加输入法”按钮，如图 2-91 所示，在弹出的窗口中选择需要的输入法，单击“添加”按钮即可，如图 2-92 所示。

图 2-87 “设置”窗口

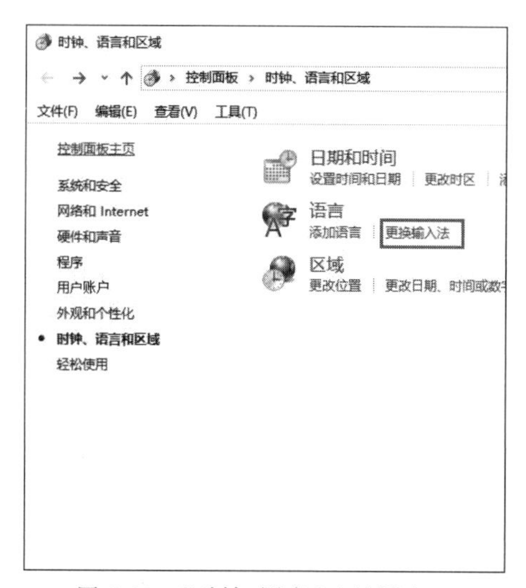

图 2-88 “时钟、语言和区域”窗口

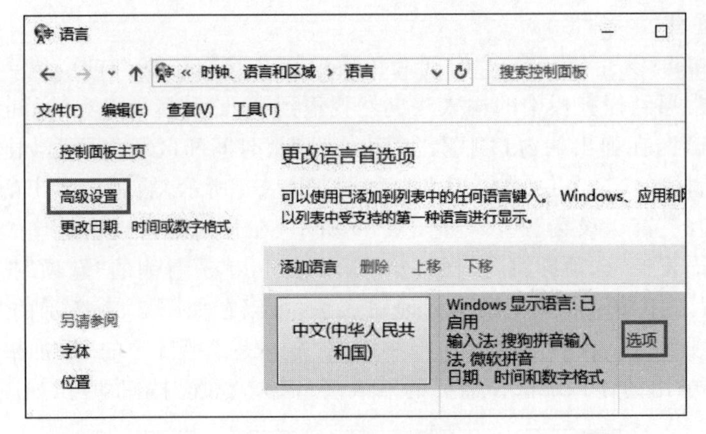

图 2-89 “语言”窗口

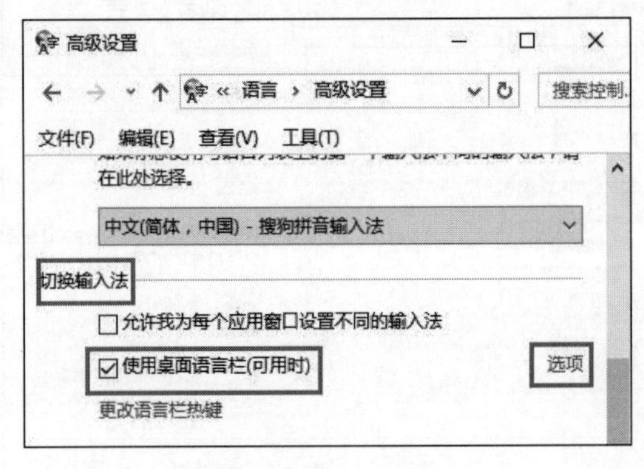

图 2-90 “高级设置”窗口

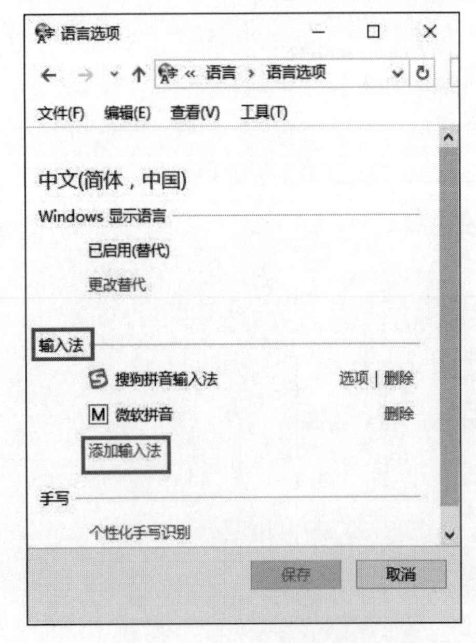

图 2-91 “语言选项”窗口

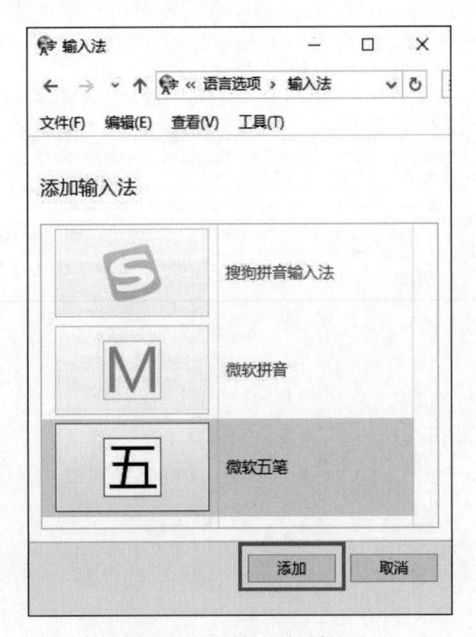

图 2-92 “输入法”窗口

4. 应用管理

(1) 卸载程序。如果用户需要卸载暂时不用的应用程序,以提高计算机的运行效率,可以在"Windows 设置"窗口中单击"应用",进入"应用和功能"窗口,在"应用和功能"列表中即可看到系统中安装的所有应用程序。单击某个程序,再单击"卸载"按钮即可卸载该程序,如图 2-93 所示。

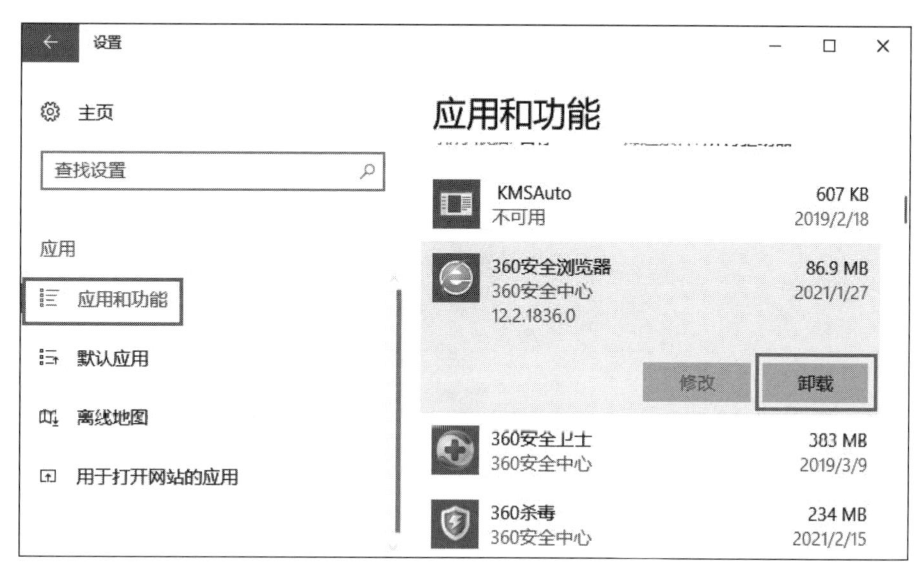

图 2-93 卸载应用程序

(2) 默认应用。如果希望采用指定的程序来打开某种类型的文件,可以在"应用"窗口中单击打开"默认应用"窗口,其中可以设置电子邮件、地图、音乐、图片、视频和 Web 浏览器的默认打开程序。例如要将 360 安全浏览器设置为默认打开网页的程序,只须在"默认应用"窗口中单击"Web 浏览器"栏中的"+"按钮,在列表中选择"360 安全浏览器"即可,如图 2-94 所示。

5. 更新和安全

当用户在"Windows 设置"的主窗口中单击"更新和安全"时,有多个功能选项供用户选择使用,如图 2-95 所示。

(1) "Windows 更新"。Windows 会不定时发布系统安全补丁,以弥补系统漏洞。在该窗口中可以检查并安装更新,还可以设置更新时间和更新后重新启动。

(2) Windows Defender。Windows 10 自带的病毒防护程序,可以在此选择是否启用该程序。

(3) "备份"。将系统中的重要文件备份到其他驱动器,这样当原始文件丢失、受损或者被删除时,可以还原它们。

(4) "疑难解答"。如果某项功能不起作用,运行疑难解答可能会有所帮助,疑难解答可以为你找到和解决许多常见问题。

(5) "恢复"。如果计算机未正常运行,重置计算机可能会解决问题。重置时可以选择是否保留个人文件,然后重新安装 Windows。

(6) "激活"。激活 Windows 系统,以使用更全面的功能。

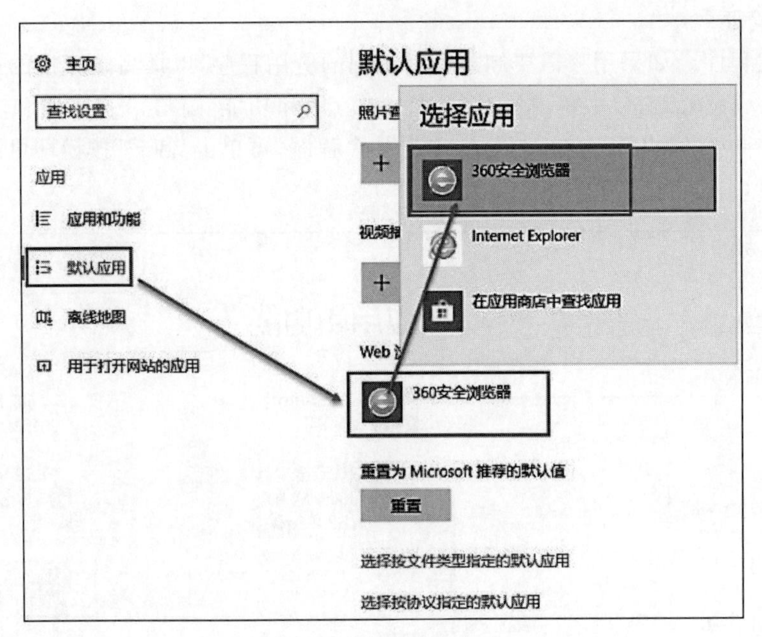

图 2-94　设置默认应用

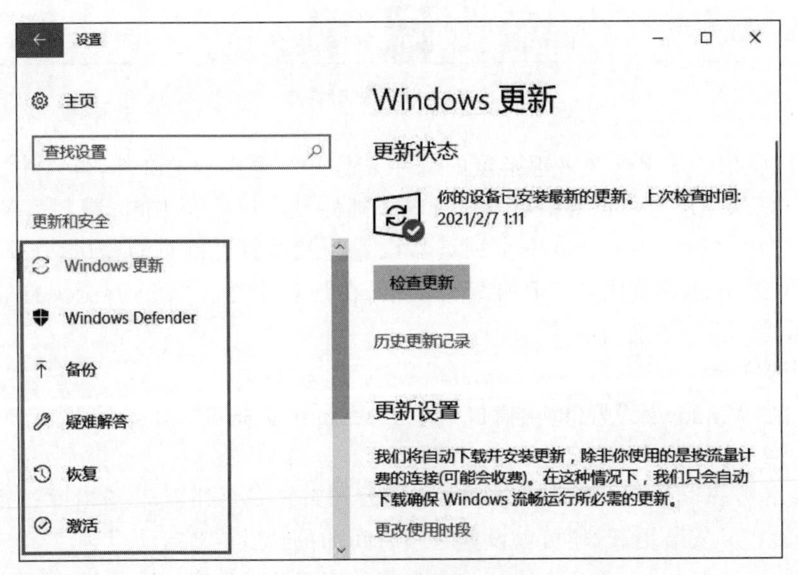

图 2-95　更新和安全

2.8　本章小结

本章仅仅从管理及应用的角度向用户介绍了 Windows 10 操作系统的使用。通过具体操作实例带领用户从 Windows 10 系统桌面开始认识 Windows 10 操作系统，逐步学习了桌面图标、背景、窗口及文件和文件夹的基本操作等，进而也介绍了 Windows 10 的资源管理器、库、任务管理器和控制面板的使用方法。通过本章的学习，用户可以轻松地操作已安装

Windows 10 操作系统的计算机，学会利用计算机的多种工具，从而提高工作效率，改善工作质量。当然 Windows 10 还有许多新增功能，限于篇幅，本章中没有涉及，例如 Windows 10 强大的搜索功能，各种功能快捷键的使用，等等。用户可以在以后的使用过程中去感受它带来的更多个性化服务和优越的性能。

2.9 本章实训

实训 2.1 文件和文件夹的基本操作

【实训目的】

(1) 熟练掌握文件和文件夹的创建及删除。

(2) 掌握文件和文件夹的编辑操作。

(3) 掌握查看文件的视图方式，能够显示隐藏文件及文件的扩展名。

(4) 掌握库的新建及将文件夹添加到库中。

【实训环境】

Windows 10 系统、Office 2016 办公软件。

【知识准备】

(1) 打开 C：盘的窗口，在“主页”选项卡的“新建”组中选中“新建文件夹”选项，即可新建文件夹。

(2) 在 C：盘的窗口的空白区域处直接右击，在弹出的快捷菜单中选中“新建”菜单|“文件夹”选项，同样可以新建文件夹。

(3) 右击需要删除的文件或文件夹，在弹出的快捷菜单中选中“删除”选项。

(4) 选定需要删除的文件或文件夹后，单击“主页”菜单下的“删除”选项。

(5) 单击需要重命名的文件或文件夹，再按 F2 键进行重命名操作。

(6) 右击需要重命名的文件或文件夹，在弹出的快捷菜单中选中“重命名”选项。

(7) 在 C：盘的窗口中，利用工具栏中的“更多选项”选项设置文件夹的视图方式。

(8) 在 C：盘的窗口中“查看”选项卡的“显示/隐藏”组中，可调整选项，显示隐藏文件或文件的扩展名。

(9) 双击桌面上的“此电脑”快捷图标，在弹出的窗口中，单击左侧窗格中的“库”选项即可启动“库”。

(10) 启动“库”以后，在“主页”选项卡的“新建项目”组中选中“库”选项，即可创建一个新库。

(11) 首先启动库，右击某“库”的图标，在弹出的快捷菜单中选中“属性”选项，然后在弹出的对话框中单击“添加”按钮，接下来在弹出的对话框中选择用户需要添加到库中的文件夹即可将文件夹添加到库中。

【实训步骤】

说明：以下步骤仅供参考，希望用户根据自己的能力运用不同的方法尝试操作。

1. 文件及文件夹的创建及删除

(1) 在 D：盘创建 3 个文件夹，依次命名为“实验一”“实验二”“实验三”。并在“实验一”

文件夹下创建两个子文件夹,命名为“计算机 1 班”和“计算机 2 班”,在“计算机 1 班”子文件夹下创建一个名为“我的个人简介”的 Word 文件(该 Word 文件的内容自定,200 字左右),如图 2-96 所示。

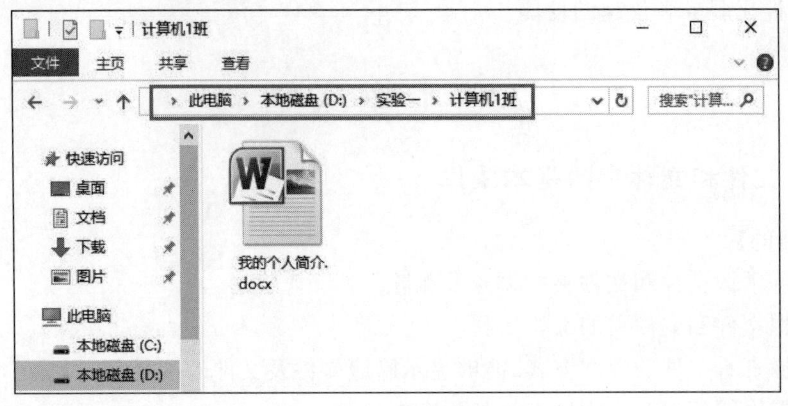

图 2-96　创建文件夹

(2) 右击 D:盘下的“实验三”文件夹,利用弹出的快捷菜单删除该文件夹。

2. 文件和文件夹的编辑操作

(1) 文件和文件夹的复制和粘贴。将 D:盘中“实验一”文件夹下的“计算机 1 班”子文件夹下名为“我的个人简介”的 Word 文件复制到 D:盘“实验二”文件夹下。首先,用户先找到源文件即文件名为“我的个人简介”的 Word 文件,右击该文件,在弹出的快捷菜单中选中“复制”选项,在目标文件夹即 D:盘下的“实验二”文件夹下粘贴即可。

(2) 文件或文件夹的重命名。找到 D:盘中“实验二”文件夹下“我的个人简介”的 Word 文件,右击“我的个人简介”文件,在弹出的快捷菜单中选中“重命名”选项,输入新的文件名“我的家乡”。打开“我的家乡”Word 文件,适当编辑,如图 2-97 文件所示。

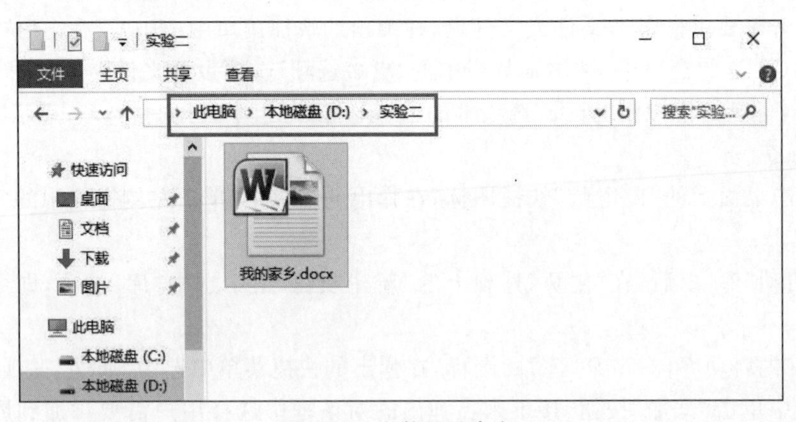

图 2-97　文件的重命名

3. 查看文件的视图方式

双击 D:盘,按照不同的视图方式查看 D:盘下的所有文件和文件夹。

首先双击 D:盘,通过“查看”选项卡可以灵活地设置文件夹显示的视图方式,用户可以尝试更改文件夹的各种视图方式,体验不同的显示效果,如图 2-98 所示。另外,用户也可以直接右击工作区空白处，在弹出的快捷菜单中选中“查看”级联菜单，其中包含了改变文件夹的显示方式的选项，如图 2-99 所示。

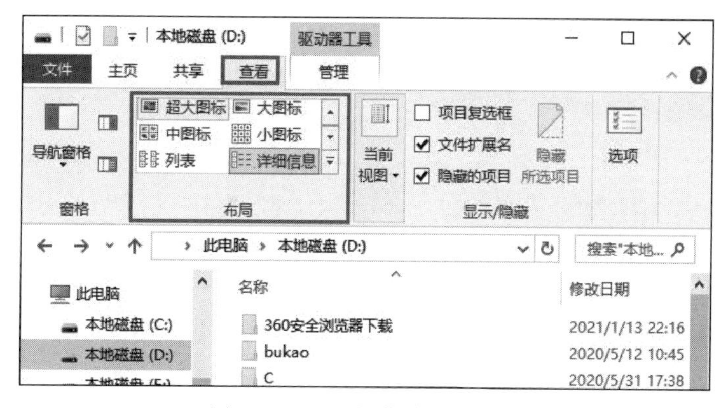

图 2-98 “查看”菜单“布局”组

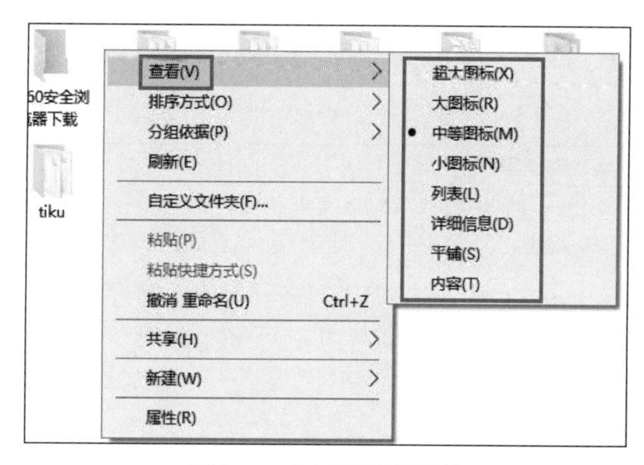

图 2-99 “查看”级联菜单

4. 显示文件的扩展名

用户要查看并显示 D：盘中“实验二”文件夹下“我的家乡”Word 文件的扩展名。可以按以下步骤操作。

(1) 找到 D：盘下的“实验二”文件夹下“我的家乡”的 Word 文件。

(2) 在“查看”选项卡的“显示/隐藏”组中选中“隐藏的项目”复选框。

(3) 当用户再次打开 D：盘下的“实验二”文件夹时，会看到带扩展名的文件，如图 2-100 所示。

自己尝试操作：显示隐藏的文件和文件夹。

5. 库的新建及将文件夹添加到库中。

(1) 启动库。双击桌面上的“此电脑”快捷图标，在弹出的窗口中单击左侧窗格中的“库”选项，也可以按照其他方法启动库。

(2) 新建库。在“主页”选项卡的“新建项目”组中选中“库”选项，创建一个新库，并命名为“学生信息库”。也可以按照其他新建库的方法尝试操作。

(3) 将文件夹添加到库中。例如需要将 D：盘下的“实验一”文件夹下“计算机 1 班”子

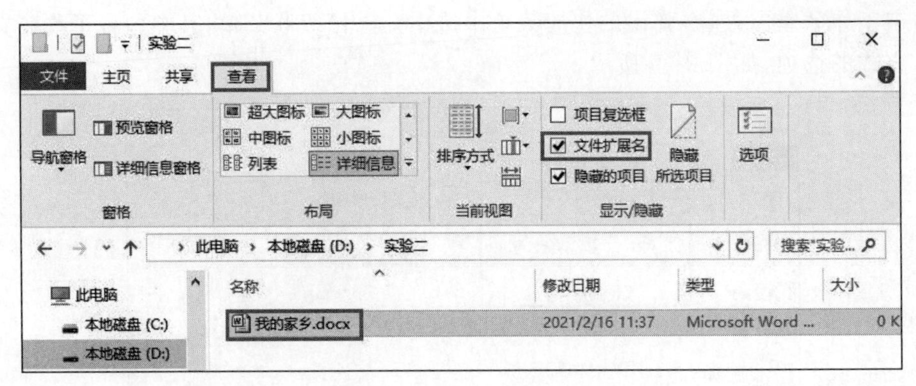

图 2-100　显示文件的扩展名

文件夹添加到“学生信息库”中。

首先启动库，在左侧窗格中右击“学生信息库”图标，在弹出的快捷菜单中选中“属性”选项，然后在弹出的对话框中单击“添加”按钮，在弹出的对话框中选择用户需要添加到库中的文件夹，如选中 D: 盘中“实验一”文件夹下的“计算机 1 班”子文件夹，最后单击“加入文件夹”按钮即可，如图 2-101 所示。

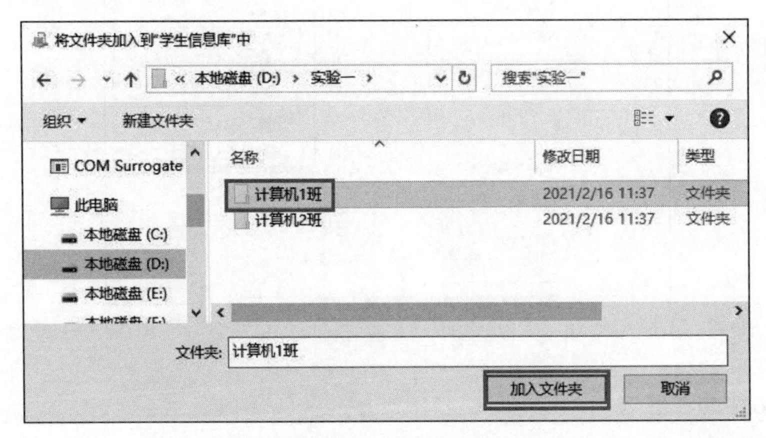

图 2-101　单击“加入文件夹”按钮

【实训结果】

(1) 文件及文件夹的创建及删除的结果如图 2-96 所示。

(2) 文件和文件夹的编辑操作结果如图 2-97 所示。

(3) 查看文件的视图方式的操作结果如图 2-98 和图 2-99 所示。

(4) 显示文件的扩展名的操作结果如图 2-100 所示。

(5) 库的新建及将文件夹添加到库中的操作结果如图 2-101 所示。

实训 2.2　Windows 设置的应用

【实训目的】

(1) 熟练掌握用户账户的设置。

(2) 掌握“设备”的设置。

(3) 掌握日期、时间及输入法的设置。

(4) 掌握系统和安全的设置。

【实训环境】

Windows 10 系统、Office 2016 办公软件。

【知识准备】

(1) 单击“开始”按钮,在“开始”菜单的启动列表中单击“设置”菜单项即可启动“Windows 设置”窗口。

(2) 双击桌面上的“此电脑”快捷图标,打开“此电脑”窗口,在“计算机”菜单栏中单击“打开设置”选项同样可以启动“Windows 设置”窗口。

(3) 在弹出的“Windows 设置”窗口中,单击“账户”窗口中的“其他人员”选项,单击“将其他人添加到这台电脑”,打开“本地用户和组”窗口。

(4) 单击新建的标准用户如“学生 A”,在弹出的对话框中设置该用户的相关属性,例如,设置用户账户的登录密码,更改账户名或账户上显示的图片等。

(5) 启动“Windows 设置”后,单击“设备”选项,有多个功能选项供用户选择使用。

(6) 启动“Windows 设置”后,单击“时间和语言”选项,有多个功能选项供用户选择使用。

(7) 启动“Windows 设置”后,单击“更新安全”,有多个功能选项供用户选择使用。

【实训步骤】

说明:以下步骤仅供参考,可根据自己的能力运用不同的方法尝试操作。

1. 用户账户的设置

(1) 单击“开始”按钮,在“开始”菜单中选中“Windows 设置”选项即可启动设置窗口。

(2) 单击“账户”窗口中的“其他人员”选项,在打开的“其他人员”窗口中单击“将其他人添加到这台电脑”,打开“本地用户和组”窗口,新建标准用户例如“学生 A”。

(3) 在“本地用户和组”窗口中,右击已创建的标准用户“学生 A”,在弹出的快捷菜单中设置该用户的相关属性。例如,更改账户名称为“你的姓名”,创建自己的登录密码,如图 2-102 所示。

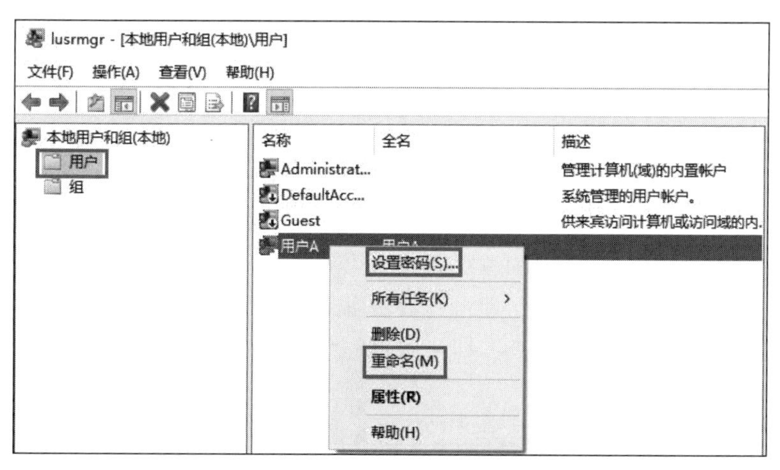

图 2-102　更改学生 A 的账户

(4) 注销系统,使用新的用户登录,在“Windows 设置”|“账户”|“你的信息”窗口中修改用户头像。

2. “设备”的设置

(1) 启动“Windows 设置”后,选中“设备”,用户可以根据当前的需要单击相应的选项进行设置,如图 2-103 所示。

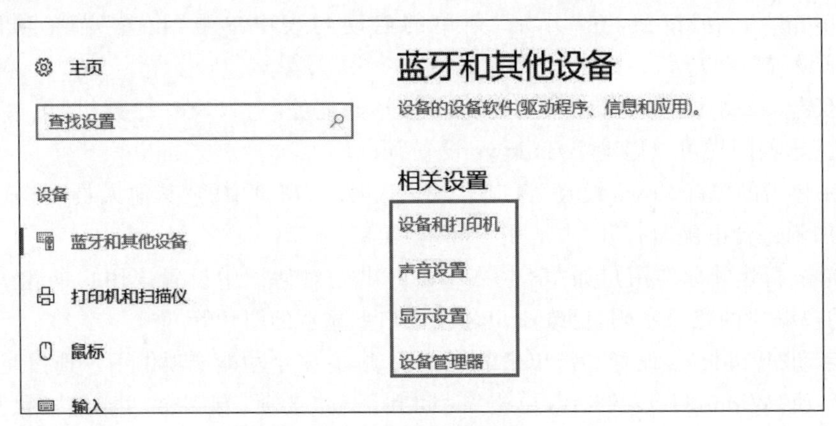

图 2-103　查看“设备”

(2) 用户可以自己尝试操作添加某一型号的打印机。

3. 掌握日期、时间及输入法的设置

(1) 启动“Windows 设置”后,单击“时间和语言”,用户可以根据当前的需要单击相应的选项。

(2) 例如,在“日期和时间”窗口中单击“更改日期和时间格式”,可以设置日期和时间的多种格式,如图 2-104 所示。

(3) 例如,在“区域和语言”窗口中单击“其他日期、时间和区域设置”,在弹出的窗口中单击“更换输入法”,在弹出的窗口中单击“选项”,然后在“输入法”栏目中可以添加或删除用户选定的输入法,如图 2-105 所示。

4. 掌握系统的设置

(1) 启动“Windows 设置”后,单击“系统”,再单击“关于”,即可查看计算机的基本信息,如图 2-106 所示。

(2) 在左侧窗格中单击“显示”,即可设置显示的分辨率、文本大小以及显示方向。

(3) 在左侧窗格中单击“通知和操作”,即可设置通知区域中的显示内容及通知的显示方式。

(4) 在左侧窗格中单击“电源和睡眠”,即可设置显示器和计算机的休眠时间。

(5) 在左侧窗格中单击“存储”,即可查看磁盘的使用情况,或释放磁盘空间。

(6) 在左侧窗格中单击“多任务”,即可管理窗口的排列和显示方式。

5. 更新和安全

(1) 启动“Windows 设置”后,单击“更新和安全”,再单击“Windows 更新”,即可检查并安装系统更新,也可设置系统更新选项,如图 2-107 所示。

图 2-104　设置日期和时间格式

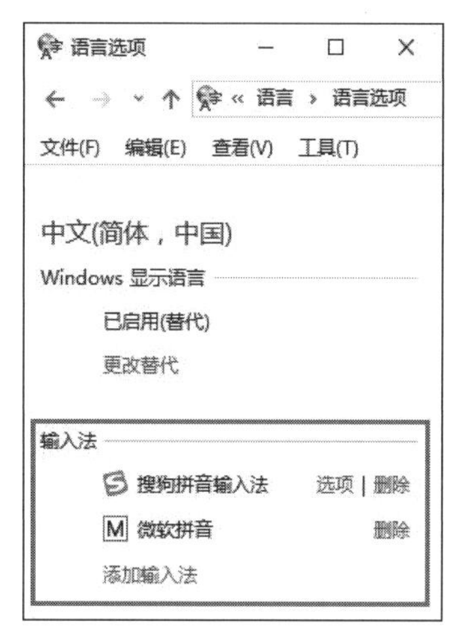

图 2-105　设置输入法

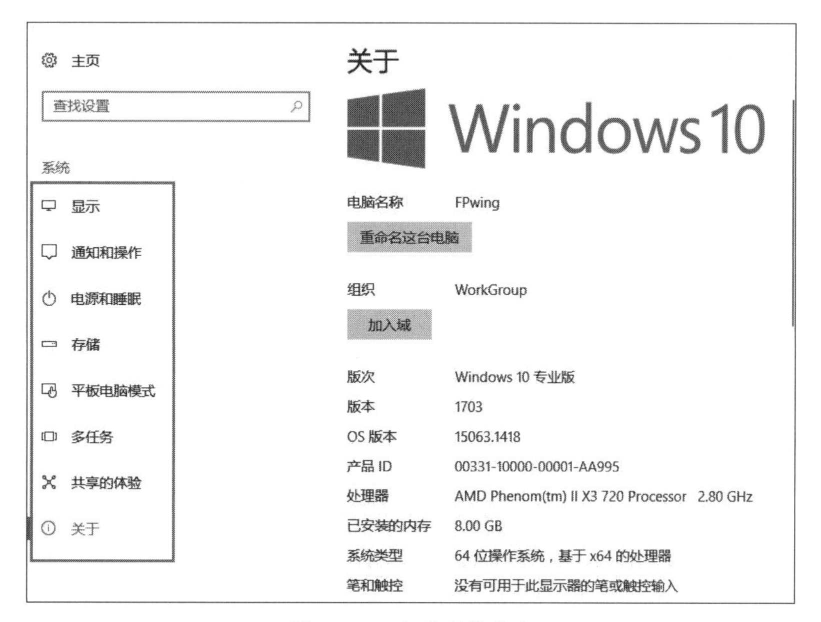

图 2-106　查看系统信息

(2) 在左侧窗格中单击“备份”,可将重要文件备份到其他驱动器中,并在需要的时候还原这些文件。

(3) 在左侧窗格中单击“恢复”,可将系统恢复至初始状态,或重新安装 Windows 系统。

【实训结果】

(1) 用户账户的设置如图 2-102 所示。

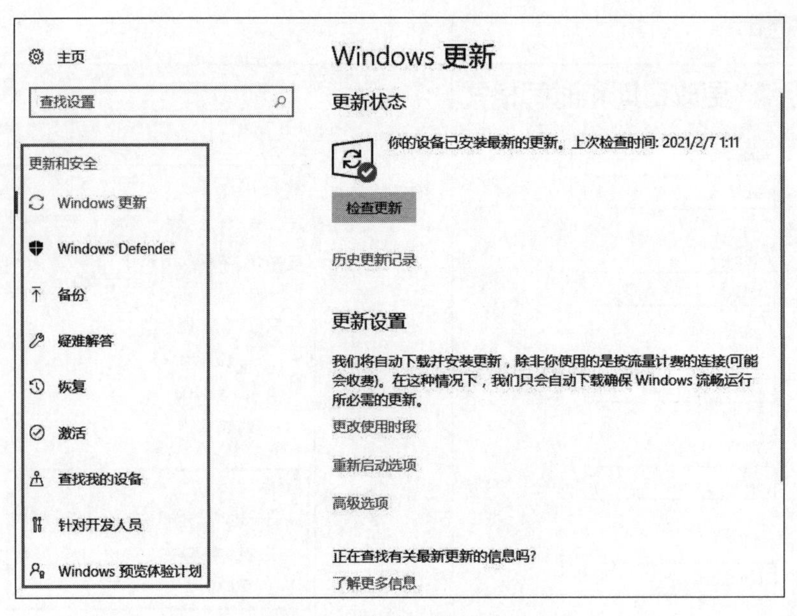

图 2-107　设置"更新和安全"

(2)"设备"的设置如图 2-103 所示。

(3) 掌握日期、时间及输入法的设置如图 2-104 和图 2-105 所示。

(4) 掌握系统的设置如图 2-106 所示。

(5) 更新和安全的设置如图 2-107 所示。

习　题　2

一、选择题

1. 首次引入动态磁贴(Modern)的 Windows 版本是(　　)。

   A. Windows 7　　B. Windows 8　　C. Windows 8.1　　D. Windows 10

2. 在 Windows 10 系统中,将已打开的窗口拖到桌面顶端的标题栏,则窗口会(　　)。

   A. 消失　　B. 关闭　　C. 最大化　　D. 最小化

3. 在窗口中显示名称的是(　　)。

   A. 状态栏　　B. 标题栏　　C. 工具栏　　D. 控制菜单框

4. 以下有关桌面正确的说法是(　　)。

   A. 桌面上的图标都不能移动

   B. 桌面上的图标不能改变其外观

   C. 双击桌面上的图标能打开相应的程序或文档

   D. 桌面上的图标不能排列

5. Windows 10 有 4 个默认库,包括视频、(　　)文档和音乐。

   A. 收藏夹　　B. 图片　　C. 下载　　D. 帮助

6. 安装 Windows 10 的最低配置中,对内存的要求是(　　)及以上。

   A. 1GB　　B. 8GB　　C. 16GB　　D. 32GB

7. 在 Windows 10 系统中,文件的类型可以根据(　　)来识别。

A. 文件的大小　　B. 文件的用途

C. 文件的扩展名　　D. 文件的保存位置

8. Windows 10 系统中,进行文件操作时,要选择多个不连续的文件,应先按(　　)键。

A. Ctrl　　B. Shift　　C. Tab　　D. Esc

9. Windows 10 系统中,文件名最多可以有 255 个字符,下面选项中不能使用的是(　　)。

A. ?　　B. A　　C. 6　　D. 素材

10. 在 Windows 10 的文件资源管理器窗口中,若希望显示文件的名称、类型、大小等信息,则应该选中"查看"选项卡中的(　　)选项。

A. 缩略图　　B. 详细信息　　C. 图标　　D. 平铺

二、判断题

1. 在 Windows 10 系统中,显示 3D 桌面效果的快捷键是 Windows+Tab 组合键。(　　)

2. 在 Windows 10 系统中,除了使用默认库,用户不能创建新库。(　　)

3. 在多个用户使用 Windows 10 系统时,不同的用户可以设置不同的桌面主题。(　　)

4. 启动 Windows 10 系统后,在桌面上双击多个应用程序快捷图标,可以打开多个窗口,但窗口的排列方式只能层叠。(　　)

5. 任务栏上应用程序按钮是最小化了的应用程序窗口。(　　)

6. Windows 10 系统中,用户需要移动窗口时,应将鼠标停留在状态栏处拖曳。(　　)

7. Windows 10 系统中,用户在库中删除文件链接后,该文件仍然被保存在原始位置。(　　)

8. 在 Windows 10 系统的控制面板中,用户账户背景图片的设置只能使用系统默认图片。(　　)

第3章 文字处理软件 Word 2016

Word 2016 是美国微软公司推出的 Microsoft Office 2016 中的一个功能强大的文字处理软件,通常用于文档的创建、中英文文字的录入、编辑、排版和灵活的图文混排,例如书籍、信函、传真、公文、报刊、表格、图表、图形和个人简历的文档整理。Word 2016 具有快捷、方便、优越的优点,可以让用户在很短的时间内高效地处理文档。熟练掌握这些常用功能及部分高级操作,并用于实际学习和工作中,可使学习和工作效率得以提高。

3.1 Word 2016 简介

3.1.1 Word 2016 概述

Word 2016 是微软公司开发的办公软件,主要用于文字处理工作。Word 的最初版本是由 Richard Boride 为了运行 DOS 的 IBM 计算机而在 1983 年编写的。随后的版本可运行于 Apple Macintosh(1984 年)、SCO UNIX 和 Microsoft Windows(1989 年),并成为 Microsoft Office 的一部分。1989 年推出了 Word 1.0,1992 年推出了 Word 2.0,1994 年推出了 Word 6.0,1995 年推出了 Word 95,1997 年推出了 Word 97,2000 年推出了 Word 2000,2002 年推出了 Word XP,2003 年推出了 Word 2003,2007 年推出了 Word 2007,2010 年推出了 Word 2010,2012 年推出了 2013,2015 年推出了 Word 2016。Word 2016 支持 Windows 7、Windows 8 和 Windows 10 操作系统,可在 PC、笔记本计算机和平板计算机上安装及使用。

3.1.2 Word 2016 的新增功能

相比之前的版本,Word 2016 增加了许多新功能。

1. 手写公式

Word 2016 中增加了一个相当强大而又实用的功能——墨迹公式,使用这个功能可以快速地在编辑区域手写输入数学公式,并能够将这些公式转换成为系统可识别的文本格式。

2. 新增触摸模式

为了更好地与 Windows 10 适配,Word 2016 在顶部的快速访问工具栏中增加了一个手指标志按钮,可以选择“触摸”功能,使命令间增大间距,对触摸使用进行优化。

3. Clippy 助手回归——Tell Me 搜索栏

在 Word 2016 中,微软公司带来了 Clippy 的升级版——Tell Me。它就是位于选项卡右侧新增的输入框,即搜索框。Tell Me 是一种全新的 Office 助手,通过在搜索框中输入想要的内容,就会获得相关命令。这些都是标准的 Office 命令,直接单击即可执行该命令。例如,搜索“段落”可以看到 Office 给出的段落相关命令。例如,要进行段落设置,可单击“段落设置”选项,在弹出的“段落”对话框中,可以对段落进行设置。

4. 协同工作功能

Office 2016 新增了协同工作功能,只要通过“共享”选项发出邀请,就可以让其他使用者一同编辑文件,而且每个使用者编辑过的地方,也会出现提示,让所有人了解哪些段落被编辑过。对于需要合作编辑的文档,这项功能非常方便。

5. 云模块与 Office 融为一体

Office 2016 的云模块已经很好地与 Office 融为了一体。在用户另存为时,可以指定 OneDrive 作为默认云存储路径,也可以继续进行本地存储。注意,由于"云"同时也是 Windows 10 的主要功能之一,因此 Office 2016 实际上是为用户打造了一个开放的文档处理平台,可通过手机、iPad 或是其他客户端随时处理存放到云端的文件。

6. "插入"选项卡增加了"应用程序"组

"插入"选项卡增加了一个"应用程序"组,里面包含"应用商店"和"我的应用"两个按钮。这里主要是微软和第三方开发者开发的一些应用,类似于浏览器的扩展,主要是为 Office 提供一些扩充性功能。例如,用户可以通过它下载某款检查器,帮助检查文档的断字或语法问题。

3.2 Word 2016 安装与卸载

3.2.1 Word 2016 的安装

Office 2016 的安装软件可以从市场上购买,也可以从网上免费下载。首先下载一个压缩包,将压缩包解压缩后,打开 Office 2016 所在的安装目录,双击 Setup-lite.exe 文件,弹出如图 3-1 所示选择安装组件对话框,选择常用的 Word、Excel、PowerPoint 等组件,单击 Install Office 按钮,就可开始安装,此时会弹出如图 3-2 所示的安装进度对话框。安装结束之后会弹出安装完成对话框,如图 3-3 所示。

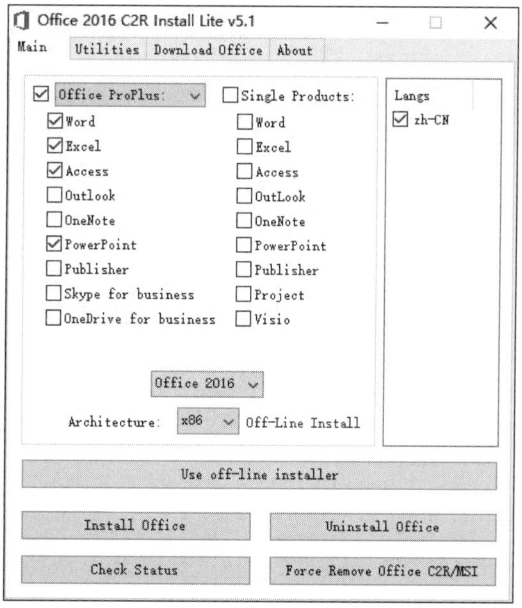

图 3-1 选择安装组件

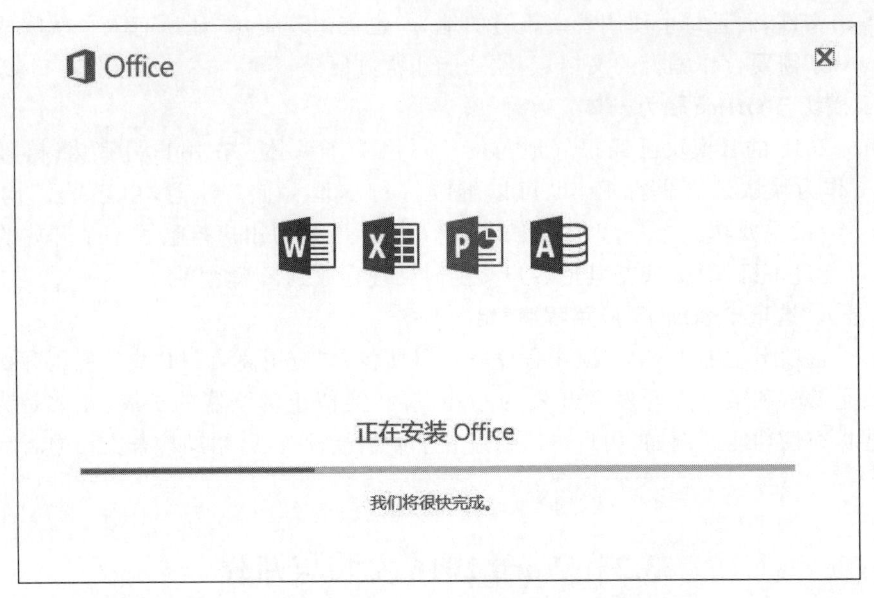

图 3-2　安装进度对话框

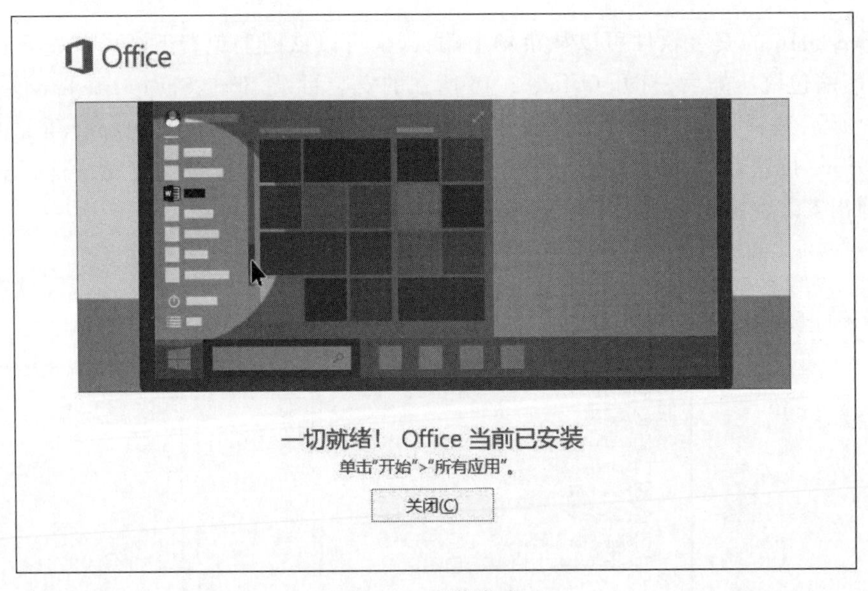

图 3-3　安装完成

3.2.2　Word 2016 的卸载

如果卸载 Office 2016，首先在 Windows 10 系统下打开“控制面板”窗口，如图 3-4 所示。双击“程序和功能”图标，打开如图 3-5 所示的“卸载或更改程序”窗口。在窗口下面的列表中选择“Microsoft Office 专业增强版 2016-zh-cn”，然后单击上面的“卸载”按钮，即可进行 Office 2016 程序的卸载，卸载过程如图 3-6 所示。

图 3-4 控制面板

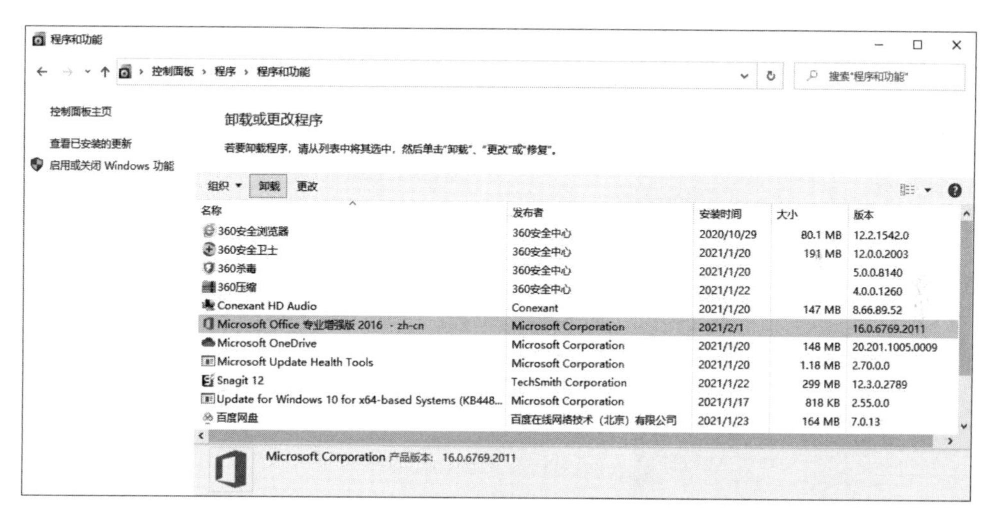

图 3-5 卸载和更改程序窗口

图 3-6 卸载过程

3.3 Word 2016 基础知识

3.3.1 Word 2016 的启动

常用的 Word 2016 启动方法如下。

1. 通过桌面快捷方式启动

如果桌面上有 Word 2016 应用程序的快捷方式图标，双击此图标可以启动。

如果桌面上没有 Word 2016 应用程序的快捷方式图标，首先在桌面上创建快捷方式，然后双击该快捷方式图标，可以启动。

2. 通过“开始”菜单中的“所有程序”启动

单击 Windows 窗口任务栏上的“开始”按钮，在打开的“开始”单中选中 Word 2016 进行启动，如图 3-7 所示。

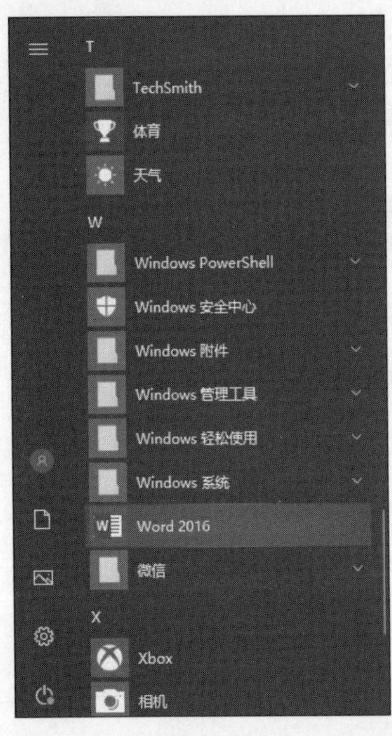

图 3-7 通过“所有程序”启动 Word

3. 通过 Word 文档启动

双击要打开的已有的 Word 文档，系统在启动 Word 应用程序的同时打开相应的文档。

3.3.2 Word 2016 的退出

退出 Word 2016 的常用方法如下。

(1) 在“文件”选项卡中选中“关闭”选项。

(2) 单击 Word 2016 窗口右上角的“关闭”按钮。

(3) 按 Alt+F4 组合键。

(4) 双击 Word 2016 窗口标题栏左上角的空白处，或单击空白处，在弹出的控制菜单中选中“关闭”选项。

3.3.3 Word 2016 窗口的组成

如图 3-8 所示，Word 2016 窗口主要由以下部分构成。

1. “文件”选项卡

“文件”选项卡相当于 Word 2003 及以前版本中的“文件”菜单，Word 2007 将其替换为 Office 按钮，而 Word 2010 之后的版本又恢复为“文件”选项卡，新的“文件”选项卡保存了 Microsoft Office 早期版本相同的“打开”“保存”“打印文件”等基本功能，同时又提供了“信息”和“帮助”等功能。

2. 标题栏

标题栏位于整个应用程序窗口的最上端，中间位置显示应用程序的名称以及当前被打开的文档的名称，右边有“最小化”“最大化”和“关闭”3 个按钮。在标题栏上右击，可以打开 Word 2016 的控制菜单。

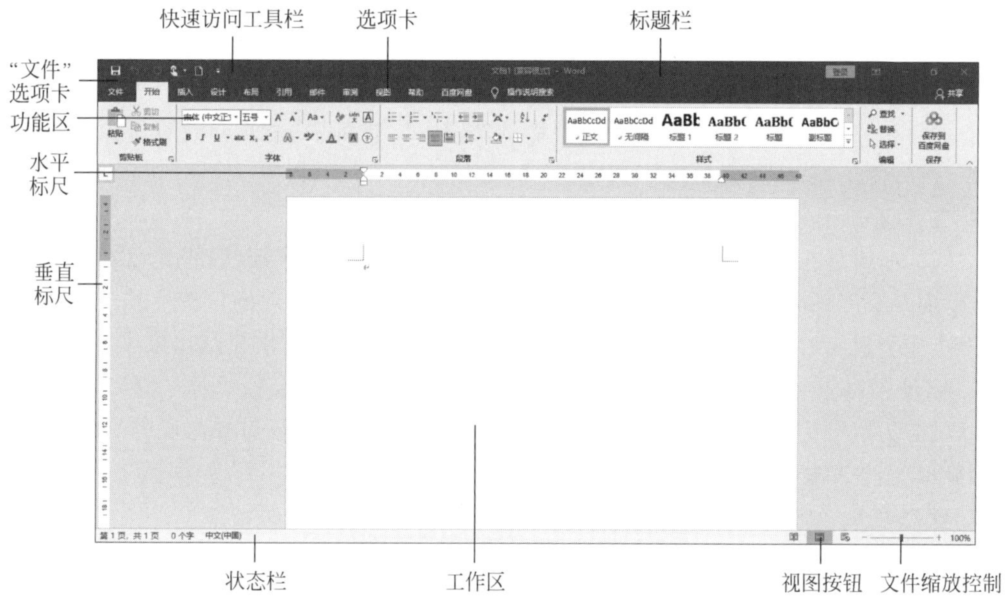

图 3-8 Word 2016 的工作窗口

3. 快速访问工具栏

通过快速访问工具栏上的快捷按钮可以十分方便地执行保存、撤销、恢复等常用操作。单击右边的"自定义快速访问工具栏"下拉按钮,用户可以选择快速访问工具栏上所需的工具按钮,设置快速访问工具栏是位于功能区的下方或者上方没有最小化功能。

在 Word 2016 的"自定义快速访问工具栏"新增"触摸/鼠标模式",如图 3-9 所示。单击该选项,可以在快速访问工具栏里选择"鼠标"或"触摸"模式,根据需要优化命令之间的间距。

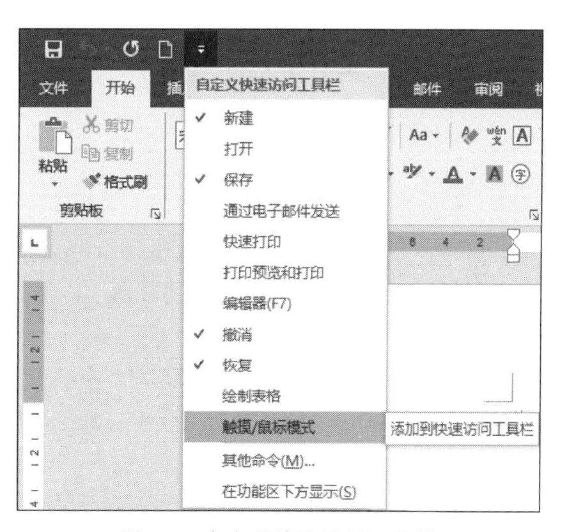

图 3-9 自定义快速访问工具栏

4. 选项卡及功能区

Microsoft Office 对用户界面的最大创新就是改变了下拉菜单,取而代之的是全新的功能区选项卡。将下拉菜单中的命令重新组织在“开始”“插入”“设计”“布局”“引用”“邮件”“审阅”“视图”和“加载项”选项卡中。在每一个选项卡中,所有的操作都是以面向操作对象的思维进行设计的,并把命令分组进行组织,统称为功能区。在“布局”选项卡中包括了与整个文档页面相关的命令,分为“页面设置”“稿纸”“段落”“排列”功能区。这样非常符合用户的操作习惯,便于操作,从而提高了效率。

5. 工作区

文档的编辑是在工作区中进行的,鼠标在工作区中会变成“|”形状,单击文档的任何位置,会出现一个闪烁的标记,称为插入点,表示当前输入的文字出现的位置。当工作区中的文字不能完全显示时,通过拖曳垂直滚动条,可以把没有显示的文字显示出来。

6. 标尺

标尺分为水平标尺和垂直标尺,以方便用户对文档的位置进行对齐与调整,在“视图”选项卡“显示”组中单击“标尺”按钮即可显示标尺。

7. 状态栏

状态栏位于 Word 2016 窗口的最下方,左边显示文档的页数及当前编辑的页、文档的字数、所使用的语言、插入或改写状态,右边提供了用于切换视图方式的快捷按钮、显示比例按钮和缩放滑块。

在状态栏上右击,通过弹出的快捷菜单可以自定义状态栏。

8. 视图按钮

在 Word 2016 中提供了多种视图模式供用户选择,这些视图模式包括“阅读视图”“页面视图”“Web 版式视图”“大纲视图”和“草稿视图”等。用户可以根据需要在 Word 2016 窗口的右下方单击不同的视图按钮选择“阅读视图”“页面视图”“Web 版式视图”3 种视图模式,也可以在“视图”选项卡功能区中选择包括“大纲视图”“草稿”在内的 5 种文档视图模式。

3.4 文档的基本操作

3.4.1 文档的新建

每次启动 Word 2016 时,系统都会自动创建一个名为“文档 1”的文档,当然这并不是说每次创建一个新文档都需要启动一次 Word 2016,系统还为用户提供了多种方法。

方法 1:在“文件”选项卡中选中“新建”选项,从“可用模板”中选中合适的模板,如图 3-10 所示。

方法 2:单击快速访问工具栏中的“新建”按钮,创建一个空白文档。

方法 3:打开 Word 2016 中按 Ctrl + N 组合键,即可生成一个新文档。

3.4.2 文档的保存

1. 保存新文档

(1) 单击“快速访问”工具栏中的“保存”按钮或按 Ctrl + S 组合键,在弹出的“保存此文档”对话框中单击“更多选项”,弹出“另存为”页面。在“文件”选项卡中选中“保存”选项,也会出现“另存为”页面。

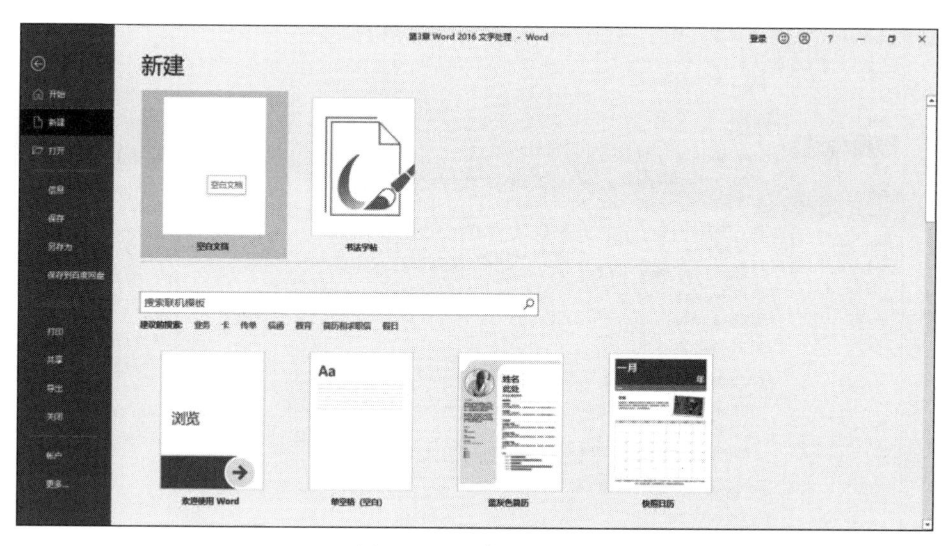

图 3-10　新建文档窗口

（2）在“另存为”对话框中，单击“保存位置”右侧的下拉列表，即可选择保存文件的驱动器和文件夹。也可以根据需要选择“最近”访问过的位置，打开“另存为”对话框。

（3）在“另存为”对话框的“保存类型”列表中选择所需的文件类型。Word 2016 默认的类型为 .docx。

（4）在“文件名”框中输入拟保存文件的文件名。

（5）单击“保存”按钮，完成操作。

2. 保存已命名的文档

对于已经命名并保存的文档，进行编辑修改后可进行再次保存。这时可通过单击快速访问工具栏里“保存”按钮，或在“文件”选项卡中选中“保存”选项，也可以直接按 Ctrl + S 组合键实现。

3. 更名保存文档

如果用户打开旧文档，在对其进行编辑、修改后，还希望留下修改之前的版本可以将正在编辑的文档进行更名保存。

（1）在“文件”选项卡中选中“另存为”选项，弹出“另存为”页面。

（2）单击“浏览”按钮，打开“另存为”对话框，在对话框中选择希望保存的驱动器位置。

（3）在“文件名”框中输入新的文件名后，单击“保存”，完成操作。

4. 设置文件自动保存

在默认状态下，Word 2016 每 10 分钟保存一次文档，这个功能还可以有效地避免因停电、死机等意外事故导致的文档丢失。可以修改文档自动保存时间，方法如下：在“文件”选项卡中选中“选项”选项，在“Word 选项”对话框的“保存”选项卡中，可以设置“自动保存时间间隔”，如图 3-11 所示，单击“确定”按钮，完成操作。

5. 保护文档

有时需要为文档设置必要的保护措施，以防止重要的文档泄密。这时可以给文档设置“打开权限的密码”和“修改权限的密码”。在“文件”选项卡中选中“另存为”选项，打开“另存

图 3-11 “Word 选项”对话框

为”对话框，在对话框中单击“工具”按钮，如图 3-12 所示。在“工具”按钮的下拉菜单中选中“常规选项”选项，打开如图 3-13 所示的“常规选项”对话框，可以设置打开和修改文件的密码。

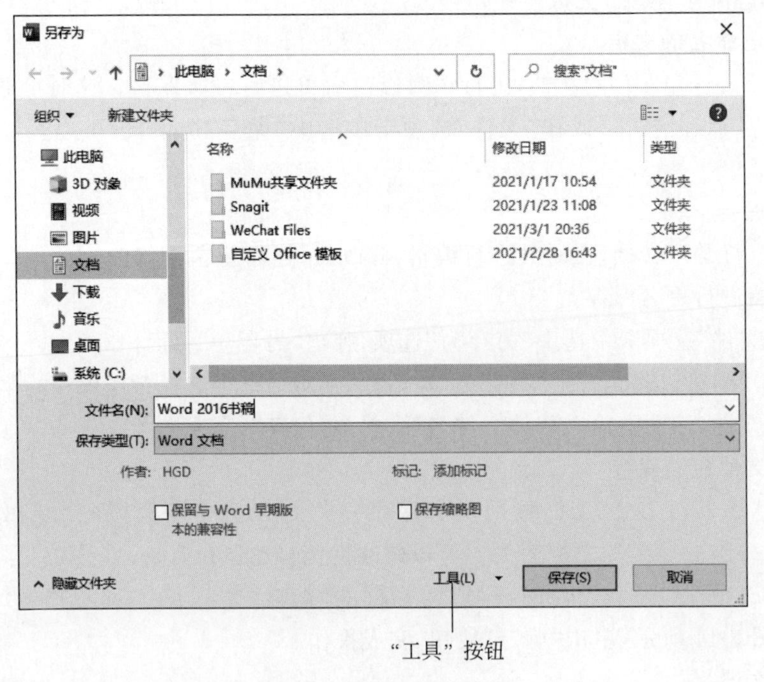

图 3-12 “另存为”对话框

图 3-13　“常规选项”对话框

3.4.3　文档的打开和关闭

如果用户想再次修改和查看保存在磁盘中的文档，就需要将其调入内存并在 Word 窗口中显示。

1. 打开 Word 文档的方法

方法 1：通过“文件”选项卡打开。在“文件”选项卡中选中“打开”选项，在“打开”页面中，可以选中最近使用的文档直接打开，也可以单击“浏览”按钮，在弹出的“打开”对话框中选中想要打开的文档，然后单击“打开”按钮即可，也可以直接双击所要打开的文档。Word 2016 允许同时打开多个文档，因此可以同时选中多个想打开的文档。按住 Shift 键可连续选中多个文档，按住 Ctrl 键可非连续选中多个文档。

方法 2：通过快速访问工具栏打开。单击快速访问工具栏中的“打开”按钮，可以选择并直接打开最近使用过的文档，也可以单击“浏览”按钮，在弹出的“打开”对话框中选中要打开的文件。

方法 3：通过 Windows 资源管理器打开。在本地磁盘上找到拟打开的 Word 文档并双击，即可打开该 Word 文档。

方法 4：通过组合键打开。在 Word 2016 中，按 Ctrl ＋ O 组合键，在“打开”页面中根据需要选中 Word 文档。

2. 关闭 Word 文档的方法

方法 1：可在“文件”选项卡中选中“关闭”选项。

方法 2：按 Alt＋F4 组合键，关闭文件。

方法 3：单击文档窗口右上角“关闭”按钮。

方法 4：在文档窗口左上角的空白处单击，或在标题栏的空白处右击，在弹出的控制菜单中选中“关闭”选项。

3.4.4 文档的显示方式

文档在屏幕上的显示方式称为文档的视图。Word 2016 为用户提供了页面视图、阅读视图、Web 版式视图、大纲视图和草稿 5 种视图方式，同一篇文档在不同视图下的显示效果和所能编辑的元素也不相同。

1. 页面视图

首次启动 Word 2016 时，默认的视图是页面视图。它是一种“所见即所得”的显示方式。在页面视图下，文档中的页与页有明显的分隔，此视图下显示的文档中，各个元素的位置与效果就是文档的实际打印效果。在页面视图下，用户可以编辑文档中页眉、页脚、页码、页边距等所有元素，可以添加各种类型的图表与组织结构图等。

2. 阅读视图

在阅读视图下，文档不进行分页，而是以近似于全屏的方式按屏显示。此时，在屏幕的左上角会出现如图 3-14 所示的菜单，单击“文件”按钮，可以进入 Word 2016 的文件操作；单击“工具”按钮，在弹出的下拉菜单中可以进行“查找”“搜索”“翻译”等操作；单击“视图”按钮，选中“编辑文档”选项，可以返回页面视图进行文档编辑，也可以选择其他选项进行相应设置。

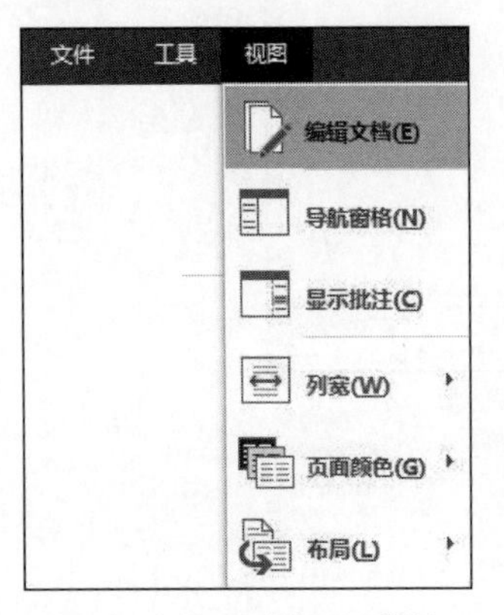

图 3-14 “阅读视图”菜单

3. Web 版式视图

Web 版式视图常用于简单的网页制作。以 Web 浏览器下 Web 页的效果来显示文档，用户可以根据需要编辑网页，并将文件保存为 HTML 格式。在 Web 版式视图中，文档不进行分页，可显示文档的背景、自选图形以及其他在网页中常用的效果。

4. 大纲视图

大纲视图主要用于显示文档的层次结构。大纲视图将每个标题和段落都看作一个元素，在每个元素的前边都有一个标记显示各自的级别，级别相同的元素使用的标记相同。

在大纲视图下，会出现“大纲”选项卡，可以利用功能区中的大纲工具提升或者降低元素的大纲级别、上移或者下移大纲中每个元素的位置、展开或者折叠更低级别的所有元素。

5. 草稿

当视图选为草稿时，仅显示标题和正文，页面边距、分栏、页眉页脚和图片等元素不会显示，在该视图模式下，用户可以设置字符和段落的格式等，是最节省计算机系统硬件资源的视图方式，这种视图在 Word 中工作速度最快。

3.5 文档的基本排版

3.5.1 输入文档的内容

1. 输入文本

在输入文档时，经常使用的操作如下。

(1) 中英文输入的来回切换，最常用的方式就是快捷键，可通过 Ctrl+空格键，实现中英文输入法的切换，而不必考虑具体使用的是哪种中文输入法；也可以按 Shift 键在中文输入法中实现中英文输入的切换。

(2) 按 Ctrl+Shift 组合键可在系统中不同的输入法之间循环切换。

(3) 按 Ctrl+ . 组合键可进行中英文标点符号的切换。

(4) 按 Shift+空格组合键可进行全角与半角字符的切换。

全半角的控制是指输入法控制按钮组中对全角还是半角的控制，若处于全角状态，则输入的字符、数字和符号所占的宽度和汉字宽度相同；若处于半角状态，则对应的宽度是汉字的一半。例如 abc(半角)和 ａｂｃ(全角)。

输入法的选择也可以通过鼠标完成，方法是单击窗口右下角输入法控制按钮。

在 Word 2016 中，文字的输入状态有两种，一种是系统默认的插入状态，另一种是改写状态。插入状态是指在输入文字时光标后面的文字随着新文字出现而不断地向后退位，改写状态是指新插入的文字会覆盖原来位置的文字。两种输入方式可以通过 Insert 键切换。

2. 输入符号

除了能输入汉字、英文和标点之外，Word 2016 还可以输入一些系统规定的符号，实现方法如下。

(1) 通过鼠标选中要插入的位置，在“插入”选项卡的“符号”组中单击“符号”按钮，在下拉菜单中选中要插入的符号，如图 3-15 所示。

(2) 如果要插入的符号不能直接找到，还可以在“插入”选项卡 的“符号”组中单击“符号”按钮，在下拉菜单中选中“其他符号”选项，然后在弹出的“符号”对话框中选中要插入的符号，如图 3-16 所示，最后单击“确定”按钮。

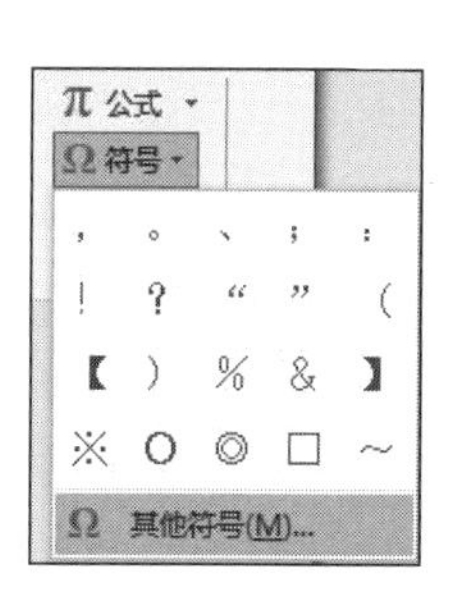

图 3-15 “符号”下拉列表

图 3-16 “符号”对话框

3.5.2 文本的编辑

1. 选定文本

在使用 Word 2016 对文档中的某个词、段落或句子进行编辑或修订时，必须先选取要进行操作的部分。此时，被选取的文字以灰色背景突出显示在屏幕上，然后就可进行删除、复制、移动、替换等操作。具体方式如下。

(1) 使用鼠标选定文本。选定文本的最常用方法是使用鼠标，其常用的操作如表 3-1 所示。

表 3-1　用鼠标选定文本的常用方法

选定内容	操作方法
一个单词	双击该单词
一行文本	将鼠标指针移动到该行的左侧，直到指针变为指向右上方向的箭头，然后单击
多行文本	将鼠标指针移动到该行的左侧，直到指针变为指向右上方向的箭头，然后按着鼠标左键向上或向下拖动鼠标
一个句子	按住 Ctrl 键，然后单击该句中任意位置
一个段落	将鼠标指针移动到该行的左侧，直到指针变为指向右上方向的箭头，然后双击。或者在该段落中的任意位置三击
多个段落	将鼠标指针移动到该行的左侧，直到指针变为指向右上方向的箭头，然后双击，并向上或向下拖曳鼠标
连续文本	单击要选定内容的起始处，然后在选定内容的结尾处，按住 Shift 键的同时单击
整篇文档	将鼠标移动到文档中任意正文的左侧，直到指针变为指向右上方向的箭头，然后三击
矩形文本	按住 Alt 键，然后将鼠标拖过要选定的文本
不连续文本	按住 Ctrl 键，用鼠标拖曳选择任意文本

(2) 使用键盘选定文本。在使用键盘选定文本时，使用最频繁的是 Shift 键和 Ctrl 键同时。在按住 Shift 键或 Ctrl 键的同时再按住能够移动插入点的方向键即可完成相应操作。使用键盘选定文本的常用操作方法如表 3-2 所示。

表 3-2　键盘选定文本的常用方法

组合键	功能
Shift + ↑	选定插入点的当前位置至上一行相同位置之间的文本
Shift + ↓	选定插入点的当前位置至下一行相同位置之间的文本
Shift + ←	选定插入点左侧的一个字符
Shift + →	选定插入点右侧的一个字符
Shift + Page Up	选定插入点的当前位置及其之前的一屏的文本
Shift + Page Down	选定插入点的当前位置及其之后的一屏的文本
Shift + Home	选定插入点的当前位置至所在行行首之间的文本
Shift + End	选定插入点的当前位置至所在行行尾之间的文本
Ctrl + A	选定整个文档

2. 删除文本

在编辑文档的过程中，经常要删除一些多余的文字。将光标定位到要删除字符的前面，然后按 Delete 键，该字符即被删除，且被删除字符后面的文字会依次前移；也可以将光标定位在该文字后面，然后按 Backspace 键，同样可以删除该字符。Backspace 键称为退格键或回格键，不是删除键。如果要删除一段的内容，应先选取要删除的文字，然后按 Delete 键进行删除。

3. 文本的移动

将选定的文本移动到另一位置，称为文本的移动。如下两种操作方法都可实现。

方法 1：选中待移动的文本，执行“剪切”操作，再在移动的目的地执行“粘贴”操作即可实现文本的移动。

先执行“剪切”操作，再执行“粘贴”操作时，可使用以下几种方法。

(1) 选中要移动的文本，在如图 3-17 所示的“开始”选项卡的“剪贴板”组中单击“剪切”按钮，将插入点定位到想插入的目标处，然后单击“剪贴板”组中的“粘贴”按钮。

图 3-17 “开始”选项卡功能区

其中，“粘贴”功能有几个选项，如图 3-18 所示，粘贴选项从左向右分别为“保留源格式”“合并格式”和“只保留文本”；“保留源格式”就是按 Ctrl＋V 组合键的效果；“合并格式”就是粘贴到哪里就与相应位置的格式一致，也就是源格式被丢弃；“只保留文本”就是源格式被丢弃，只粘贴文字。

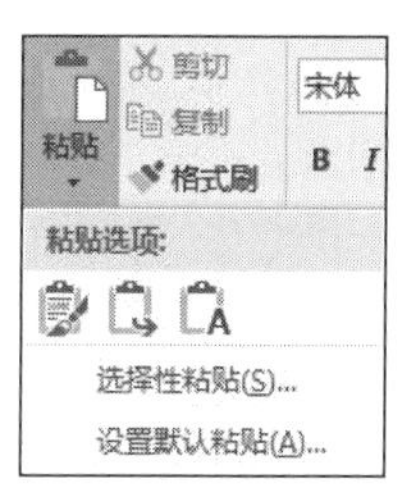

图 3-18 粘贴选项

① 选中“选择性粘贴”，在弹出的“选择性粘贴”对话框中可以选中“无格式文本”，实现只粘贴文本；选中“HTML 格式”，实现以网页格式粘贴；选中 “无格式的 Unicode 文本”实现复制文字同时把 Unicode 编码的字符复制过来。

② 选中“设置默认粘贴”，可打开“Word 选项”窗口，在其中可选中“高级”选项，然后在“剪贴、复制和粘贴”区设置默认粘贴格式。

(2) 选中要移动的文本并右击，在弹出的快捷菜单中选中“剪切”选项，将插入点定位到想插入的目标处并右击，在弹出的快捷菜单中选中“粘贴”选项。

(3) 选中要移动的文本，按 Ctrl ＋X 组合键，将插入点定位到想插入的目标处按 Ctrl＋V 键。

方法 2：选中待移动的文本，直接用鼠标将选中的文本拖到目的地即可以实现文本的移动。

4. 文本的复制

与移动文本操作相似，复制文本也有如下两种操作方法。

方法 1：选中待复制的文本，进行“复制”操作，再在目的地进行“粘贴”操作，即可实现文本的复制。

进行“复制”操作，之后再进行“粘贴”操作时，可使用以下几种方法。

(1) 选中待复制的文本，在如图 3-17 所示的“开始”选项卡的“剪贴板”组中单击“复制”

按钮，将插入点定位到想插入的目标处，单击“剪贴板”组中的“粘贴”按钮即可完成操作。

(2) 选中待复制的文本并右击，在弹出的快捷菜单中选中“复制”选项，将插入点定位到想插入的目标处并右击，在弹出的快捷菜单中选中“粘贴”选项即可完成操作。

(3) 选中待复制的文本，按 Ctrl+C 组合键，将插入点定位到想插入的目标处，按 Ctrl+V 组合键即可完成操作。

方法 2：选中待复制的文本，按住 Ctrl 键，直接用鼠标将选中的文本拖到目的地即可实现文本的复制。

5. 查找与替换

(1) 查找。查找功能用于帮助用户快速查找指定的数据内容。

在“开始”选项卡的“编辑”组中单击“查找”按钮，窗口的左侧会弹出“导航”窗格，在“导航”窗格内输入要查找的内容，Word 自动将查找的结果显示在输入框下方。用户可以单击内容切换到该页面，如图 3-19 所示。关于“导航”窗格的内容，后面会详细介绍。

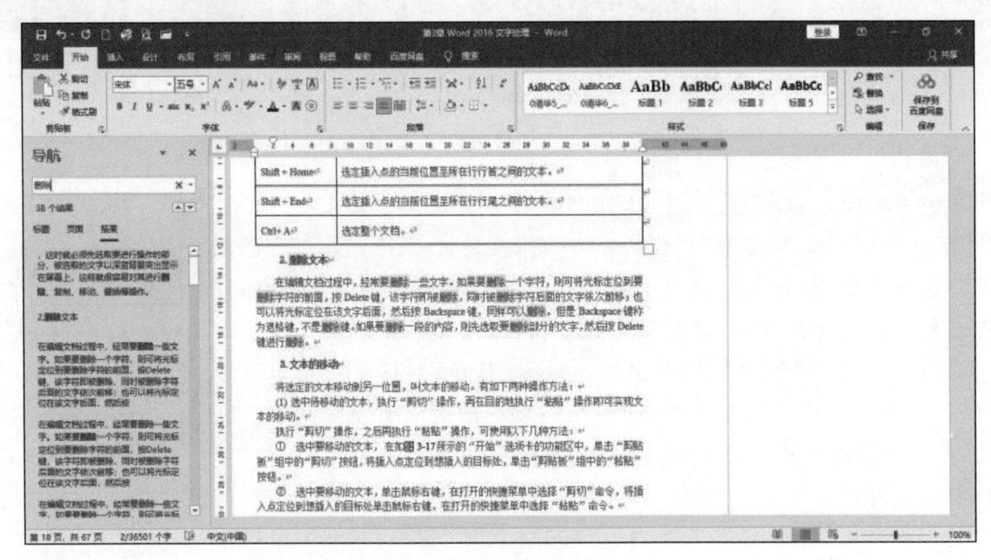

图 3-19 “导航”窗格

如果用户要对查找内容有更多的要求，可选中“查找”按钮下拉菜单的“高级查找”选项，弹出“查找和替换”对话框，如图 3-20 所示，在“查找内容”文本框中输入要查找的内容，然后单击“查找下一处”按钮，即可进行简单的查找；同时，用户还可以通过单击“更多”按钮来进行查找内容的格式设定。

(2) 替换。替换功能用于帮助用户将指定的内容快速替换为指定的内容，查找和替换位于同一个对话框的不同选项卡中。

Word 2016 中的替换功能给操作带来了极大的方便，大大简化了操作步骤，例如，当发现一个错别字，而且这个错别字在文章中可能很多次出现，此时若一个一个修改会很麻烦，而且不一定能找全。利用 Word 2016 的替换功能就可以迅速将其纠正。

在进行替换操作时，可使用两种方式。

方法 1：逐个替换。单击“查找下一处”按钮，找到后再决定是否替换，如果替换则单击“替换”按钮。例如系统会将文中“删除”替换成“delete”，如图 3-21 所示。

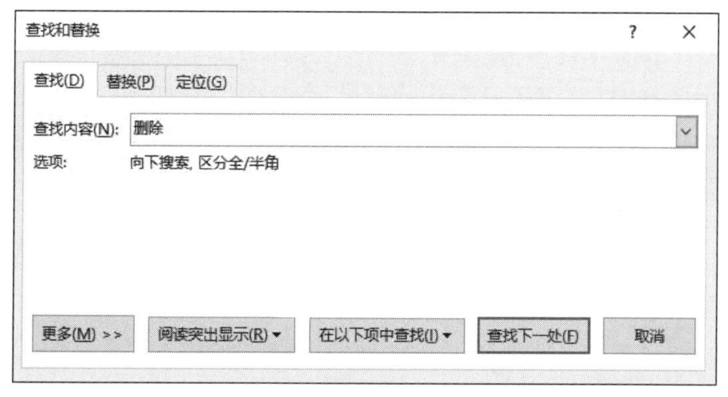

图 3-20 “查找和替换”对话框

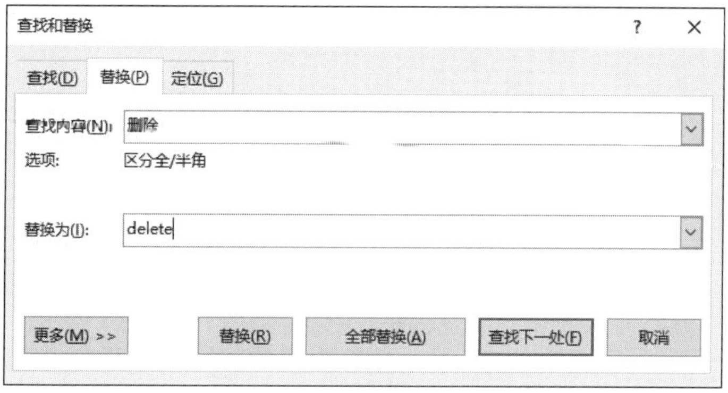

图 3-21 “替换”选项卡

方法 2：全部替换。分别输入查找内容和替换为的内容之后单击“全部替换”按钮即可。

(3) 高级查找和替换。在进行查找或替换操作时，“替换和查找”对话框中“更多”按钮使用方法很类似，这里介绍一下替换操作时的“更多”按钮的使用方法。“更多”按钮包含一个下拉菜单，其中包含了对替换操作的一些设定，如图 3-22 所示，主要包含如下内容。

- “搜索”下拉列表。它用于设置搜索的方向，即从插入点向下、向上或文档的全部内容。
- “区分大小写”复选框。它用于查找大小写完全匹配的文本。
- “全字匹配”复选框。它用于查找单词时要求完整的单词，而不是单词的一部分。
- “使用通配符”复选框。它用于在查找内容中使用通配符。
- “同音(英文)”复选框。它用于在查找英文单词时是否查找同音的单词。
- “查找单词的所有形式(英文)”复选框。它用于在查找英文单词时是否查找单词所有形式。
- “区分前缀”复选框。它用于查找文本时是否区分前缀。
- “区分后缀”复选框。它用于查找文本时是否区分后缀。
- “区分全/半角”复选框。它用于查找全角、半角完全匹配的字符。
- “忽略标点符号”复选框。它用于查找文本时是否忽略标点符号。
- “忽略空格”复选框。它用于查找文本时是否忽略空格。

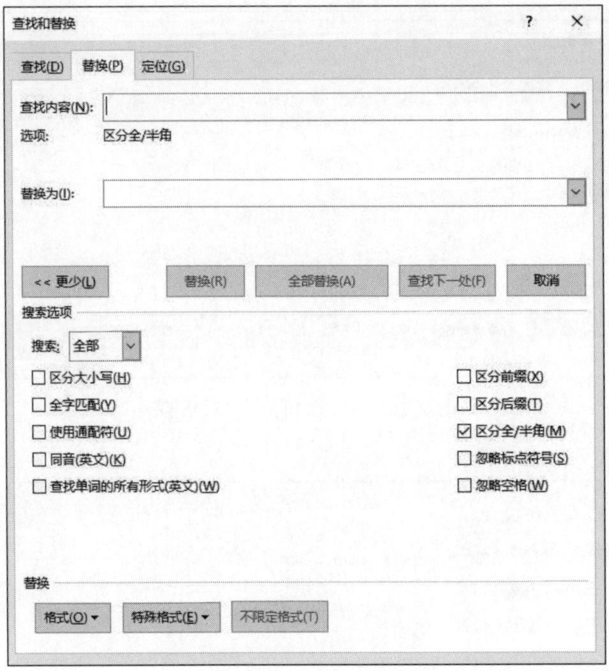

图 3-22　单击“更多”按钮后“替换”选项卡中的选项

Word 2016 还提供了对非标准数据内容的替换和查找功能，例如某种文字或段落格式的查找替换、对一些键盘无法输入的特殊字符的查找和替换等。在选项卡最下方的“格式”和“特殊字符”按钮，就为用户提供了这样一个工具。

在对文档进行排版时，可能需要将某些相同的文字设置成特定的格式。例如，将所有“计算机”设定为“黄色加粗”的“计算机”，由于文中“计算机”出现的较多且分散，在进行排版时逐个设定比较烦琐，而格式替换可以迅速并准确地解决。方法如下：首先在“查找和替换”对话框的“查找内容”和“替换为”中分别输入“计算机”，然后将光标置于“替换为”输入框内，单击对话框中的“更多”按钮，选中“格式”按钮菜单的“字体”选项，在弹出的“查找字体”对话框中设定“字形”为“加粗”，“字体颜色”为“黄色”，然后再进行替换。

(4) 通配符。通配符是一类键盘字符，包括星号(*)和问号(?)两种。当查找某些内容时，可以使用它来代替一个或多个真正字符；当不知道真正字符或者不想键入完整名字时，常常使用通配符代替一个或多个真正字符。

① 星号(*)。可以使用星号代替 0 个或多个字符。

② 问号(?)。可以使用问号代替一个字符。

星号表示匹配的数量不受限制，而后者的匹配字符数则受到限制。这个技巧主要用于英文搜索中，如输入“computer * ”，就可以找到 computer、computers、computerised、computerized 等单词，而输入“comp? ter”，则只能找到 computer、compater、competer 等单词。当然对于汉字的查找和替换同样有效。

6. 撤销与恢复

在编辑文档时，用户常会出现错误的操作，例如在删除某些内容时，可能出现操作不当删除了一些不该删除的内容。此时，可以利用撤销操作来取消上次的删除操作，恢复文本内容。撤销操作可以通过单击快速工具栏的“撤销”按钮或按Ctrl+Z组合键实现,如图3-23所示。Word 2016会自动记录最近的一些操作情况,用户可以同过单击“撤销”按钮的下拉菜单来选择要退回到的那次操作。同样用户还可以用“恢复”键来重新执行刚才取消的操作。

图3-23 快速访问工具栏

注意:“恢复”按钮只有在“撤销”按钮被使用时才会出现,正常情况下呈现的状态是“重复输入”按钮,其功能是对之前输入的内容进行重复输入,这两个功能按钮在快速访问工具内。

3.5.3 自动更正与拼写检查

1. 拼写检查

在默认情况下,Word 2016会对输入的字符自动进行拼写检查。用红色波浪线表示可能的拼写问题,输入错误的或不可识别的单词;用蓝色波浪线表示可能的语法问题。

编辑文档时,如果想对输入的英文单词的拼写错误及句子语法的错误进行检查,则可使用拼写与语法检查功能。

在“审阅”选项卡的“校对”组中单击“拼写和语法”按钮。根据选中内容的问题不同,在屏幕右侧弹出的“语法”或“拼写检查”对话框中,确定是忽略还是更改。

2. 自动更正

如果需要自动检测和更正输入或拼写错误的单词、成语以及不正确的大小写等问题,可以使用“自动更正”功能。

在“文件”选项卡中选中“选项”选项,在弹出的对话框中选中“校对”选项,再单击“自动更正选项”按钮,在打开的“自动更正”对话框中进行设置。

在输入字符时,用户经常会输入一些既长又容易出错的单词和词条,如果将这些词条定义为自动更正词条,将会非常方便发现问题。

用户还可以在“自动更正”对话框中选中要删除的词条,然后单击“删除”按钮,再单击“确定”按钮即可删除已设置的某一词条。

3.5.4 字体的格式化

文本字体的格式化操作包括设置文本的字体、字号、颜色、字形、字符大小的缩放等。可以通过以下3种方法对字体进行格式化操作,但是切记在设置字体的格式之前一定要先选择文本。

方法1:使用“开始”选项卡的“字体”组进行设置。

“开始”选项卡的“字体”组如图3-24所示。

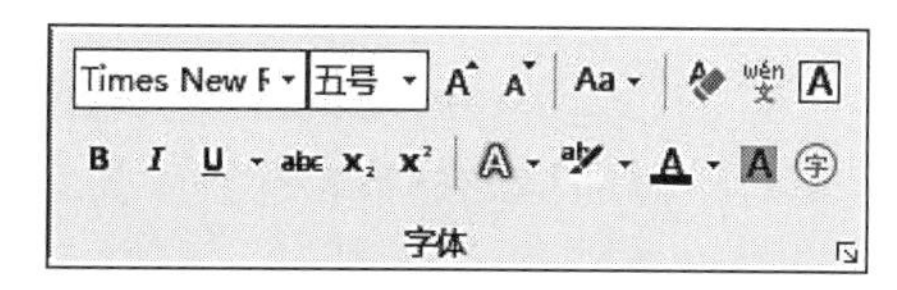

图3-24 “开始”选项卡的“字体”组

常用的功能包括以下几种。

(1)“字体”下拉列表。它用于为所选字符设置字体。

(2)“字号”组合框：用于为所选字符设置字号。用汉字表示的字号,数字越大字越小,用阿拉伯数字表示的字号,数字越大字越大。也可以直接在组合框内输入数字设置字号的大小。

(3) B：用于将所选字符设为粗体效果。

(4) I：用于将所选字符设为斜体效果。

(5) [文件中找不到]：用于为所选字符字符添加下画线,可以在其下拉列表中选择不同的线型和颜色。

(6) A：用于为所选字符添加颜色。

(7) A：用于为所选字符添加边框。

(8) A：用于为所选字符添加底纹效果。

(9) abc：用于为所选的字符添加单删除线。

(10) x_2：用于将所选的字符设为下标。

(11) x^2：用于将所选的字符设为上标。

(12) A▾：用于为所选文本设置外观效果,轮廓、阴影、映像、发光等。

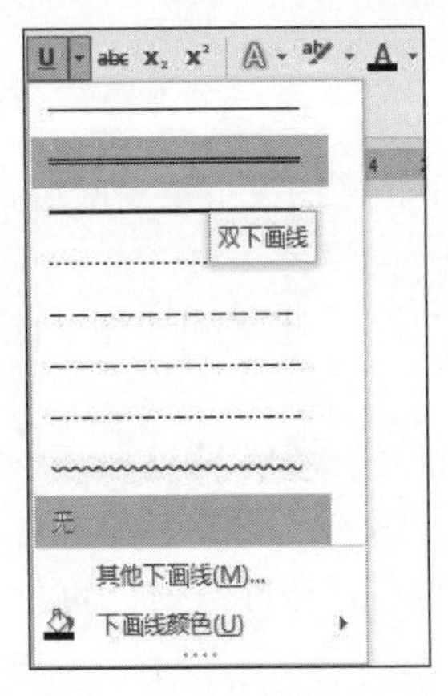

图 3-25 “下画线”下拉列表

另外,“字体”组中一些按钮旁边还带有下拉列表,例如 U▾按钮,其下拉列表如图 3-25 所示。在该列表中,用户可以设置不同形状的下画线以及设置不同的颜色。添加下画线的操作步骤如下。

(1) 选中需要添加下画线的文字。

(2) 如果只添加单下画线,可直接单击下画线按钮 U▾,添加其他形状及有颜色的下画线,需单击该按钮的下拉列表,先选择下画线形状,再选择下画线颜色。

方法 2：使用“字体”对话框进行设置。

在“开始”选项卡的“字体”组中单击右下角的对话框启动器按钮,打开“字体”对话框。也可以选中文字并右击,在弹出的快捷菜单中选中“字体”选项,同样可以打开“字体”对话框。如图 3-26 所示为“字体”对话框的“字体”选项卡,图 3-27 为“字体”对话框的“高级”选项卡。使用“字体”对话框除了能为选中的字符设置字体、字形、字号、颜色,还可设置通过“开始”选项卡的“字体”组无法设置的一些特殊效果。

通过“字体”对话框“字体”选项卡的“效果”栏,可以为选中的字符设置阴影、空心、阳文、阴文、双删除线等效果,在“预览”栏可以看到设置的效果,满意后再单击“确定”按钮即可完成相应的设置。

通过“字体”对话框“高级”选项卡的“字符间距”栏,可以对字符的缩放、间距和位置进行精确设置,通过一些复选框还可对字体的格式进行特殊设置。

方法 3：使用浮动工具栏进行设置。

选中字符之后,在其右上角会出现一个浮动工具栏,如图 3-28 所示,也可以右击,在弹出快捷菜单的同时也会在选中字符右上角出现浮动工具栏,通过浮动工具栏上的工具按钮可以快速实现文本格式的相关设置。

图 3-26 “字体”选项卡

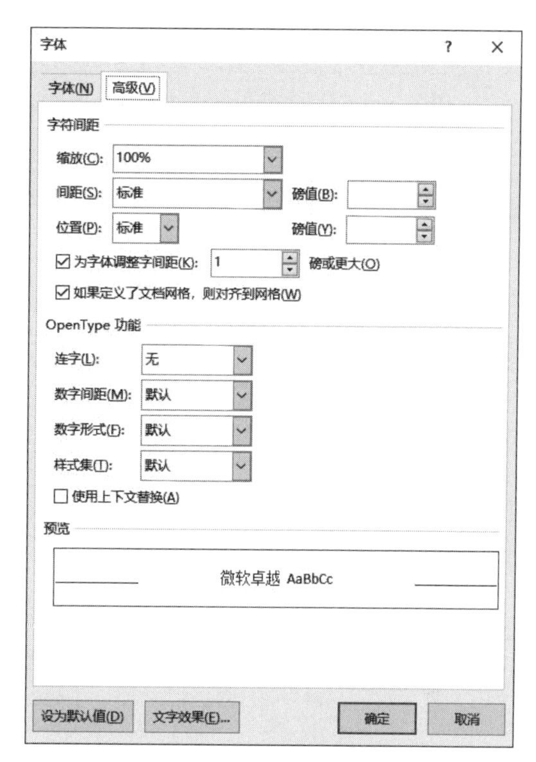

图 3-27 “高级”选项卡

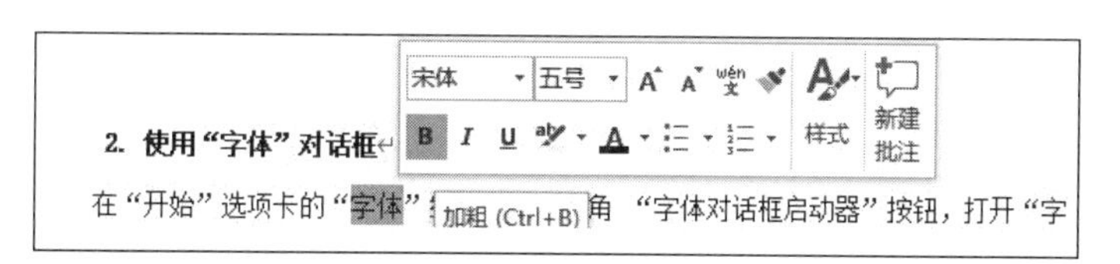

图 3-28 浮动工具栏

3.5.5 段落的格式化

在 Word 2016 中，段落是一个独立的信息单位，具有自身的格式特征。段落的内容包括文字、图片、各种特殊字符等。段落的格式化是指在一个段落的范围内对内容进行排版，可以在段落中为整个段落设置特定的格式，如行间距、段前间距、段后间距等，这些格式可以通过“段落”对话框来实现。下面，具体介绍如何通过该对话框设置段落缩进、段落行间距、换行、分页，以及为段落添加边框和底纹。

1. 设置段落缩进

在对文档进行编辑时，经常需要让某段文字相对于别的段落缩进一些，以显示不同的层次，在文章中，通常习惯在每段的首行缩进两个字符。这些缩进都需要通过段落缩进来设置，Word 2016 提供了 3 种缩进的方式。

(1) 段落缩进。在“开始”选项卡的“段落”组中单击右下角的对话框启动器按钮，弹出“段落”对话框，也可在选中特定段落后右击，在弹出的快捷菜单中选中“段落”选项，打开“段落”对话框，如图 3-29 所示。通过在“缩进和间距”选项卡“缩进”栏的“左侧”“右侧”数值框中直接输入数值，可以调整段落相对左、右页两侧的缩进值。

（2）悬挂缩进。在某些情况下，可能需要首行不缩进，而其他行要缩进，这时可以使用悬挂缩进方式。在“缩进”栏的“特殊格式”下拉列表中选中“悬挂缩进”选项，然后在“缩进值”数值框中输入要缩进的值即可完成设置，如图 3-29 所示。

（3）首行缩进。按照中文排版的习惯，每段第一行会缩进两个字符，此时就需要用特殊格式进行设置。在“缩进和间距”选项卡“缩进”栏的“特殊格式”下拉列表框中选中“首行缩进”项，然后在“缩进值”数值框中输入要缩进的值即可完成设置，如图 3-27 所示。

另外，可以使用“段落”组中的“减少缩进量”按钮和“增加缩进量”按钮进行缩进量大小的调整。

注意：应尽量避免用空格键来控制段落首行和其他行的缩进，也不要利用 Enter 键来控制一行右边结束的位置。否则，会影响对段落以及全文格式的进一步排版。

图 3-29 “段落”对话框

2. 设置段落行距与间距

在通常情况下，Word 2016 默认的段间距为段前 0 行，段后 0 行；默认的行距为单倍行距。但是，在许多情况下，行距需要调整，具体操作方法如下。

（1）选中要设置行距的字符，如果是整段，也可以将光标置于段落中的任意一处。

（2）在“开始”选项卡中单击“段落”组的对话框启动器按钮，弹出“段落”对话框，单击“缩进和间距”选项卡，如图 3-29 所示。

（3）在“行距”下拉列表中选择对应的选项，也可以在“设置值”框中输入数值设置大小，单击“确定”按钮即可完成设置。

另外，也可以通过“段落”组的“行和段落间距”按钮直接进行设定。

设置段落的间距，就是控制段落与段落之间的距离。不要使用 Enter 键在段前段后添加空行，正确的方法是通过“缩进和间距”选项卡中的“段前”和“段后”选项设定。

3. 对齐格式

段落的对齐方式会直接影响版面的效果。段落的水平对齐方式控制了段落中文本行的排列方式，段落的水平对齐方式有左对齐、右对齐、中间对齐、两端对齐和分散对齐 5 种。设置段落的水平对齐方式可通过两种方式设置。

方式 1：通过“开始”选项卡“段落”组中的对齐按钮来设置，如图 3-30 所示。

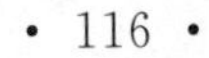

图 3-30 对齐按钮

方式 2：在“开始”选项卡中单击“段落”组的对话框启动器按钮，弹出“段落”对话框，然后在“缩进和间距”选项卡中的“对齐方式”下拉菜单进行相关设置，如图 3-29 所示。文章的标题通常为居中对齐，正文内容为两端对齐，最后的落款为右对齐。

通过设置段落的垂直对齐，可以快速地定位段落的位置。例如，在制作一个封面标题时，设置段落的垂直居中对齐就可以快速将封面标题置于页面的中央。垂直对齐有 4 种方式：底端对齐、居中对齐、两段对齐和顶端对齐。

段落垂直对齐的设置方法是，在“布局”选项卡中单击“页面设置”组的对话框启动器按钮，弹出“页面设置”对话框，如图 3-31 所示。在“页面设置”对话框“版式”选项卡中“页面”栏的“垂直对齐方式”下拉列表框中选中一种对齐选项。

4. 段落与分页

在排版时，Word 2016 会按照用户所设页面的大小自动分页，优化文档的视觉效果，简化用户的操作，但是由于在段中分页会影响文章的阅读体验，所以需要对段中分页进行设置。

Word 2016 的分页功能十分强大，不仅允许用户手工分页，还允许调整自动分页的相关属性，避免出现“孤行”现象，避免在段落内部、表格中或段落之间进行分页。

虽然 Word 2016 会根据页面的大小及有关段落的设置自动对文档进行分页，但仍然可以在进行自动分页时对有关规则进行修改。可以通过单击“开始”选项卡“段落”组的对话框启动器按钮，在弹出“段落”对话框的“换行和分页”选项卡中进行分页输出的相关设置操作，如图 3-32 所示。

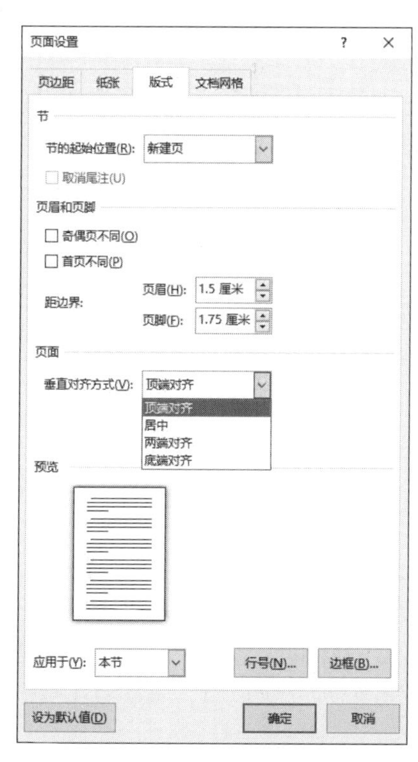

图 3-31 “页面设置”对话框

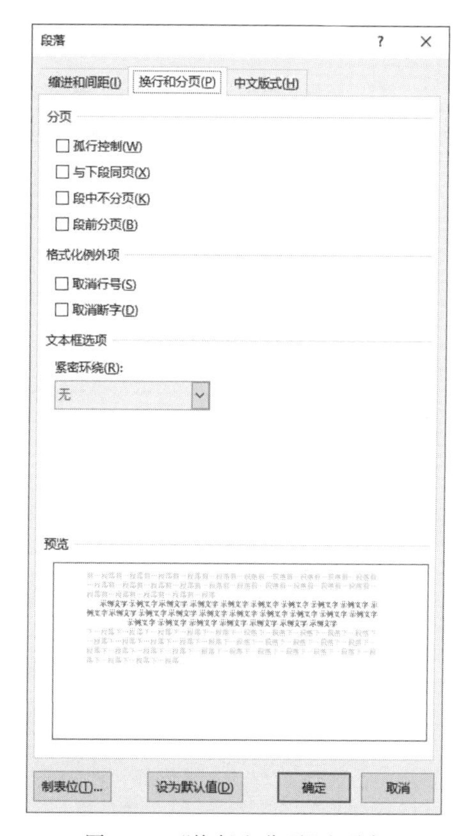

图 3-32 “换行和分页”选项卡

(1) 孤行控制。用于防止在页面顶端打印段落末行或在页面底端打印段落首行。

(2) 与下段同页。用于确保当前段落与它后面的段落处于同一页，防止所选段落与后一段落之间出现分页。

(3) 段中不分页。用于强制段落的完整内容放在同一页内，避免在段落中出现分页。

(4) 段前分页。用于从新的一页开始输出这个段落。

(5) 取消行号。用于取消所选段落旁的行号。此设置对未设行号的文档或节无效。

(6) 取消断字。用于防止段落自动断字。

5. 项目符号和编号

为了使段落之间的逻辑关系更加清楚，文档更易阅读和理解，可以在段落前添加项目符号或编号，操作过程如下。

(1) 选中要添加项目符号或编号的段落。

(2) 在“开始”选项卡的“段落”组中单击项目符号按钮为段落添加符号，也可以单击编号按钮为段落添加编号。

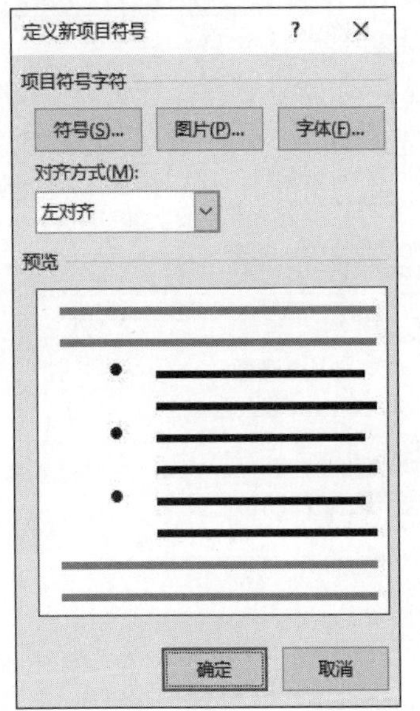

图 3-33 “定义新项目符号”对话框

(3) 如果下拉菜单中没有合适的项目符号，可以选中“定义新项目符号”选项，在弹出的“定义新符号”对话框中选中合适的符号或图片，单击“确定”按钮即可完成设置，如图 3-33 所示。

项目编号的添加与项目符号相同，都通过单击项目编号按钮进行设置。与此操作相似，还可添加多级项目编号。

6. 边框和底纹

在对文档排版时，为了获得一些特殊效果，可以对文档的部分文字或段落添加边框和底纹，实现方法有以下两种。

方法 1：

(1) 选中要添加边框的文本或段落。

(2) 在“开始”选项卡的“段落”组中单击“边框”按钮，在下拉菜单中选中边框的种类。

对文本或段落添加底纹的方法与添加边框的方法很相似。先选定对象，在“开始”选项卡的“段落”组中单击“底纹”按钮即可完成设置。

方法 2：先选定对象，再单击“边框”按钮，在弹出的选项中选中最底端的“边框和底纹”，打开“边框和底纹”对话框，如图 3-34 所示。在“设置”栏中选择外观，在“样式”列表框中选择边框的样式，在“颜色”下拉列表框中选择边框的颜色，在“宽度”下拉列表框中选择边框的粗细，在“应用于”下拉列表框中选择应用的范围，范围包括“文字”和“段落”两项，分别是指对单个文字添加边框和整段文字添加边框。如果要对整篇文档添加边框就需要通过“边框和底纹”对话框的“页面边框”选项卡进行设置，方法与上文相同。然后单击“确定”按钮，完成设置。

添加底纹的操作过程与添加边框非常类似，不同的是在打开对话框后选中“底纹”选项卡,然后在该选项卡内的“填充”和“图案”进行操作,如图 3-35 所示。在操作结束后注意“应用于”下拉列表中的选项是否符合要求。

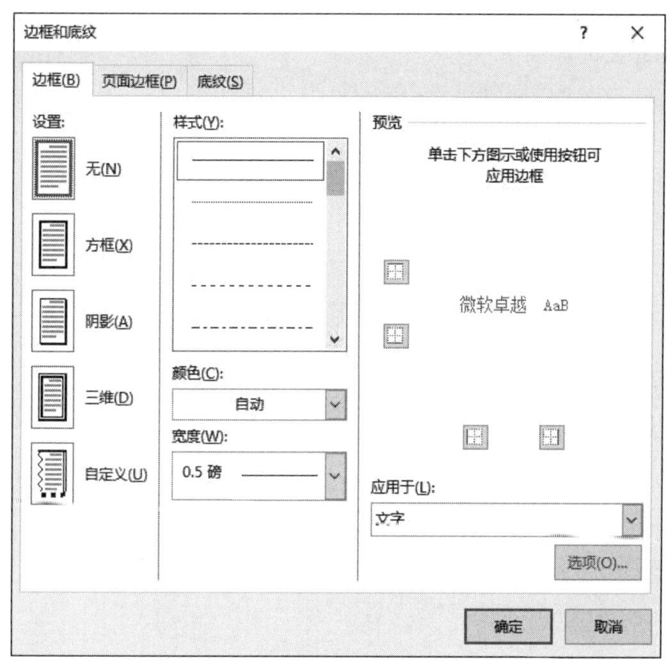

图 3-34 “边框”选项卡

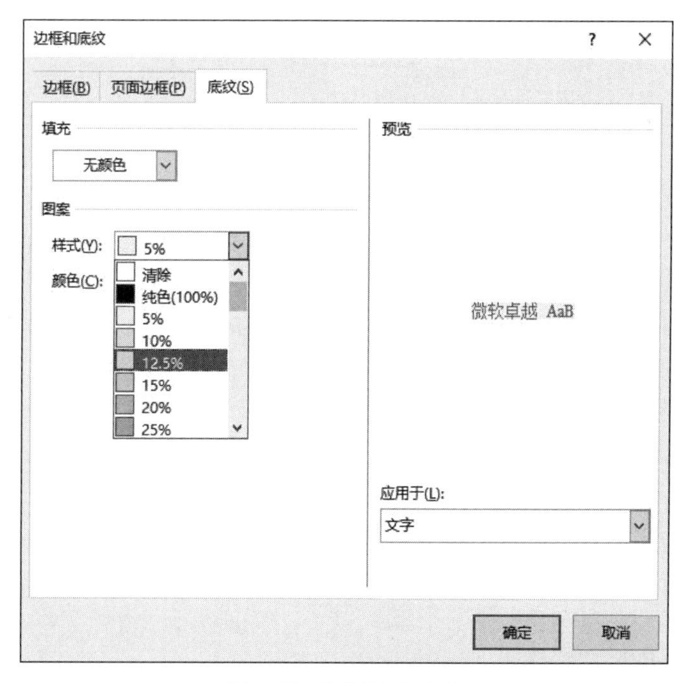

图 3-35 “底纹”选项卡

7. 分栏显示

在进行报纸、杂志的排版时，通常需要进行分栏。

对段落或文字分栏的方法如下。

(1) 选中需要分栏的段落或文字。

(2) 在“布局”选项卡的“页面设置”组中单击“分栏”按钮，在弹出的下拉列表中选择所需的分栏。

若要自定义分栏，操作方法如下。

(1) 选定需要分栏的段落或文字，在“布局”选项卡的“页面设置”组中单击“分栏”按钮，在弹出的下拉菜单中选中“更多分栏”选项，弹出“栏”对话框，如图 3-36 所示。

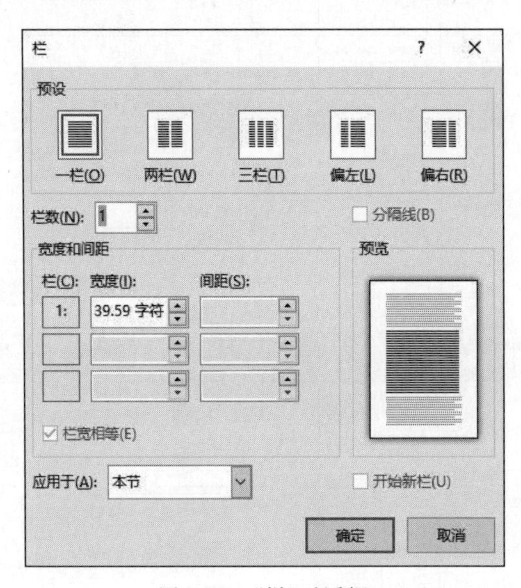

图 3-36 “栏”对话框

(2) 在“预设”区域中选中分栏格式及栏数，如果栏数不满足要求，可在“栏数”框中设置。若希望各栏的宽度不相同，应先取消选中“栏宽相等”选项，然后分别在“宽度”和“间距”框内进行操作。

(3) 选定“分隔线”复选框，可以在各栏之间加入分隔线。不选定则不加分隔线。

(4) 在“应用于”下拉框中选中“插入点之后”选项，选中“开始新栏”复选框，则在当前光标位置插入“分栏符”，并使用上述分栏格式建立新栏。单击“确定”按钮，文档会按具体的设置进行分栏。

8. 首字下沉

在杂志和报刊中常常可以见到首字下沉的效果。所谓首字下沉，就是文章或者段落的第一个字或前几个字比文章的其他字的字号大或者字体不同。这样可以突出段落，更能吸引读者的注意。

设置首字下沉的操作步骤如下。

(1) 将光标置于要设置“首字下沉”效果的段落中，该段落通常是文章的第一段。

(2) 在“插入”选项卡的“文本”组中单击“首字下沉”按钮，在下拉选项中选中“无”“下沉”和“悬挂”等首字下沉的种类，如图 3-37 所示；也可以直接选中“首字下沉选项”，在弹出的“首字下沉”对话框中设定首字下沉的相关属性，如图3-38所示，可以设置首字下沉的字体、下沉行数、距正文的距离。一般情况下，会在“位置”栏中选中“下沉”，这比较适合中文的习惯，而下沉行数不要太多，2～5行比较适合。最后，单击“确定”按钮。

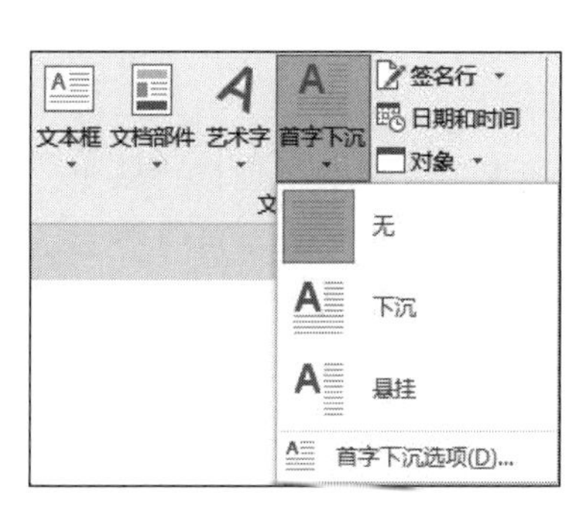

图3-37 “首字下沉”下拉选项

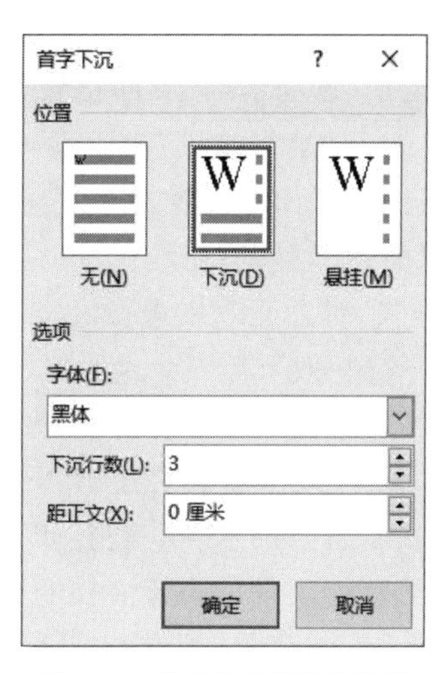

图3-38 “首字下沉”对话框

3.5.6 页面格式化

1. 文字方向

通过两种方法可以改变文字的方向。

方法1：在“布局”选项卡的“页面设置”组中单击“文字方向”按钮，会弹出5种选项：水平、垂直、将所有文字旋转90°、将所有文字旋转270°和将中文字符旋转270°。

方法2：使用“文字方向”对话框。

(1) 单击“文字方向”按钮，在弹出的下拉选项中选中“文字方向选项”，在弹出的“文字方向-主文档”对话框中设定具体的方向，如图3-39所示。

(2) 在“方向”框中选中所需的文字方向。

(3) 在“应用于”下拉列表框中选择作用的范围。根据是否选中文字、文档中的分节情况，有“所选文字”“所选节”“本节”“插入点之后”“整篇文档”等选项。

(4) 单击“确定”按钮完成设置。

在对正文进行操作时，左、右两种方向不可用，但可用于文本框、图文框或表格的单元格等对象中的文字。

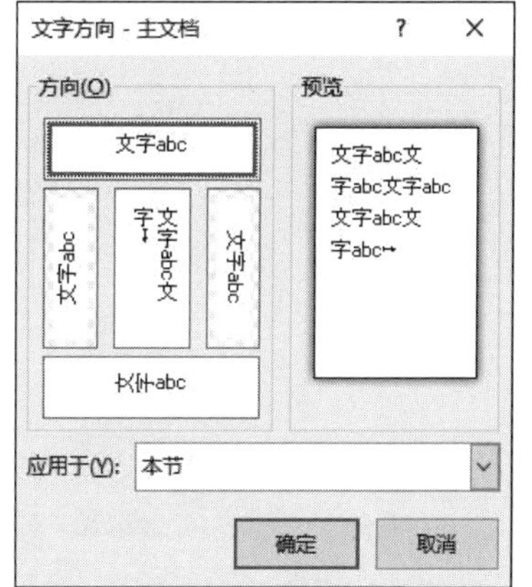

图3-39 “文字方向-主文档”对话框

2. 背景和水印

背景显示在页面的最底层，合理地运用背景会使文档活泼明快，使读者得到美的享受。背景的设置主要包括背景颜色、背景填充效果和背景水印效果3种。

方法1：设置背景颜色。在“设计”选项卡的“页面背景”组中单击“页面颜色”按钮，在下拉菜单中选取喜欢的颜色。也可以单击下拉菜单底部的“其他颜色”按钮,在弹出的调色板上单击需要的颜色块,即可为文档设置该颜色作为背景色。

如果要取消背景颜色,可在下拉菜单中选择“无颜色”选项,背景颜色即被取消。

方法 2:设置背景的填充效果。

(1) 在“设计”选项卡的“页面背景”组中单击“页面颜色”按钮,在下拉菜单中选中“填充效果”选项,打开“填充效果”对话框,如图 3-40 所示。

(2) 按需要进行如下设置。

① 使用“渐变”效果填充。在“填充效果”对话框的“渐变”选项卡中,设定“颜色”“透明度”和“底纹样式”对渐变效果进行设定。

② 使用“纹理”效果填充。选中“纹理”选项卡,选中合适的纹理进行填充。

③ 使用“图案”效果填充。选中“图案”选项卡,选中合适的图案进行填充。

④ 使用“图片”效果填充。选中“图案”选项卡,再选中合适的图片文件作为背景图片。

方式 3:设置背景的水印。在打印某些特殊的文件时,会给页面添加上“绝密”“保密”等水印效果,提醒获得文件的人该文档的重要性。Word 2016 添加文字和图片两种水印,水印作为打印文档文字的背景,不会影响文字的显示效果。

(1) 添加文字水印。制作好文档后,在“设计”选项卡的“页面背景”组中单击“水印”按钮,在下拉列表中选择已有“机密 1”“机密 2”“严禁复制 1”和“严禁复制 2”4 种文字水印的一个;也可以从下拉菜单中选中“自定义水印”选项,弹出“水印”对话框,如图 3-41 所示。在“文字”下拉列表中选择或自定义水印文字的内容。在设计好水印文字的字体、尺寸、颜色、透明度和版式后,单击“确定”按钮,可以看到文本后面已经生成了设定的水印字样。

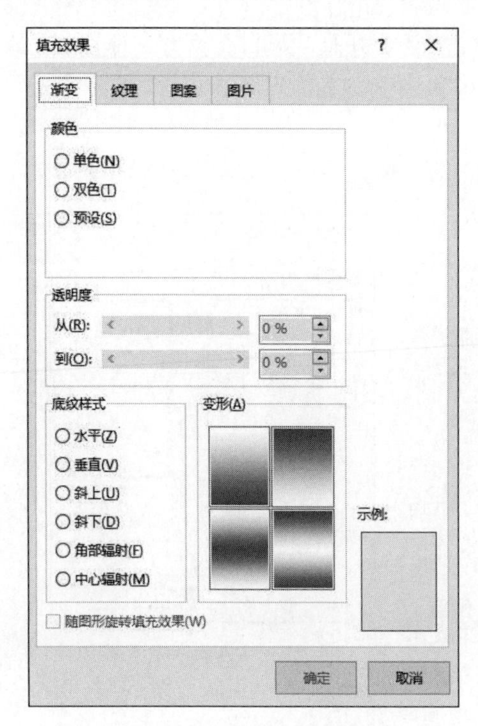

图 3-40 “填充效果”对话框

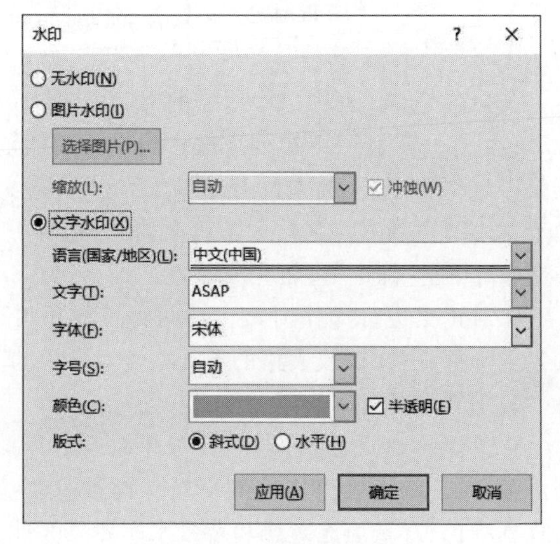

图 3-41 “水印”对话框

(2) 添加图片水印。在“水印”对话框中选中“图片水印”单选按钮，然后单击“选择图片”按钮，在弹出的对话框中找到要作为水印图案的图片。随后，设置图片的缩放比例以及是否冲蚀。冲蚀的作用是让添加的图片在文字后面降低透明度显示，以免影响文字的显示效果。

(3) 打印水印。在“文件”选项卡中单击“选项”按钮，弹出“Word 选项”对话框，在左窗格中选中“显示”选项，在右窗格的“打印选项”栏中选中“打印在 Word 中创建的图形”复选框。此时进行文档打印，水印才会一同被打印出。

(4) 删除水印。添加水印之后是可以删除的，在“设计”选项卡的“页面背景”组中单击“水印”按钮，在下拉列表中选中“删除水印”选项，即可删除水印。

3.6 图文混排

3.6.1 图片的插入与编辑

1. 图片的插入

通常情况下，向文档中插入的图片可以是来自本地的图片也可以是联机图片。

(1) 插入来自本地的图片。在“插入”选项卡的“插图”组中单击“图片”按钮，打开如图 3-42 所示的“插入图片”对话框，选择路径及想要的图片后，单击“插入”按钮，即可在文档的插入点位置插入图片。

图 3-42 “插入图片”对话框

(2) 插入联机图片。在“插入”选项卡的“插图”组中单击“联机图片”按钮，打开如图 3-43 所示的联机图片搜索对话框，在“必应图像搜索”对应框中输入拟联机搜索图片的主题，按 Enter 键或单击“搜索”按钮，在搜索结果里选择需要的图片，单击“插入”按钮即可完成操作。

图 3-43　联机图片搜索对话框

2. 图片的编辑

对图片的编辑，既可以使用“图片工具|格式”选项卡，也可以使用“设置图片格式”对话框。

单击需要设置格式的图片，标题栏上会增加一个“图片工具|格式”选项卡，单击该选项卡，如图 3-44 所示。在“图片工具|格式”选项卡中单击“大小”组的对话框启动器按钮，打开如图 3-45 所示的“布局”对话框。

图 3-44　“图片工具|格式”选项卡的功能区

选中需要设置格式的图片，在“图片工具|格式”选项卡中单击“图片样式”组的对话框启动器按钮或右击图片，在弹出的菜单中选中“设置图片格式”选项，在工作区右侧弹出“设置图片格式”对话框，如图 3-46 所示，通过它可以进行图片的编辑。

(1) 设置图片大小。

① 在“图片工具|格式”选项卡的“大小”组中，通过“高度”和“宽度”数值框可以按绝对值方式设置图片的大小。

② 在“布局”对话框的“大小”选项卡中通过“绝对值”或“相对值”方式设置图片的大小。若为“绝对值”方式，单击高度或宽度数值框右侧的上、下箭头或者直接在数值框中输入数据设置图片的大小。若为“相对值”方式，在“相对于”下拉列表中选择参照物，在“相对于”后的数值框设置一定的比例即可设置图片的大小。若选中“锁定纵横比”复选框，在设置图片高度的同时自动调整宽度，在设置图片宽度的同时自动调整高度。若想直接设定图片的高度和宽度，不选中“锁定纵横比”复选框。

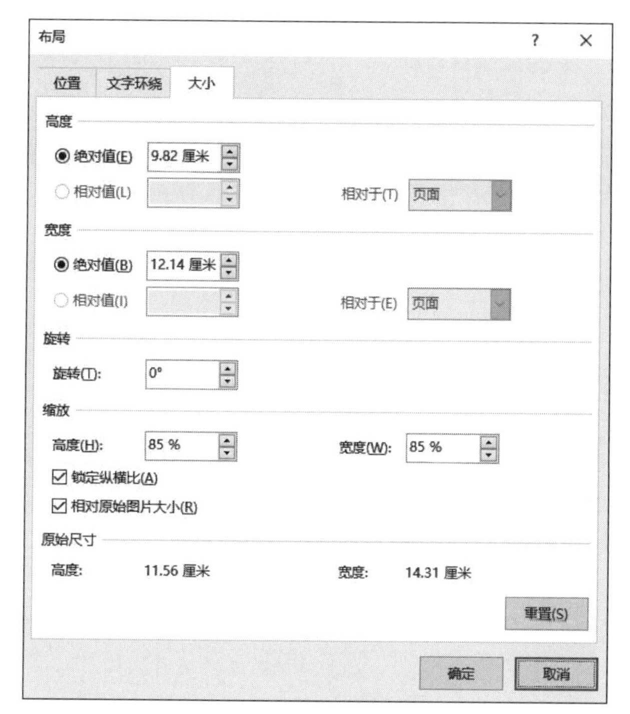

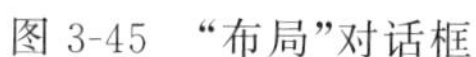

图 3-45 “布局”对话框

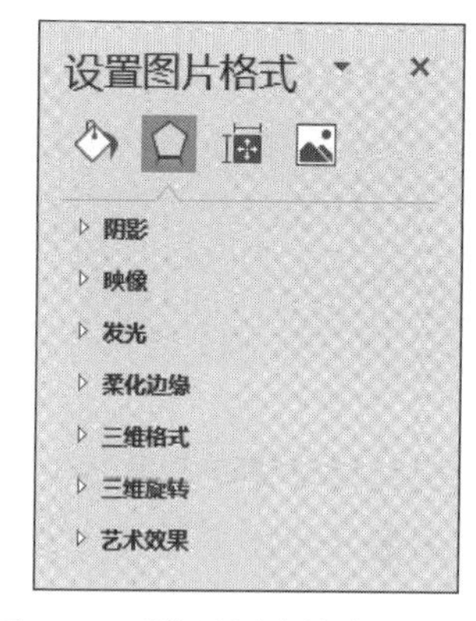

图 3-46 “设置图片格式”对话框

③ 图片裁剪。图片裁剪就是删除图片中任何不需要的区域。选中图片，在“图片工具|格式”选项卡的“大小”组中单击“裁剪”按钮，图片的四周出现 8 个裁剪标记，如图 3-47 所示，拖曳图片周边相应的标记可以对图片进行裁剪。

若要进行精确的裁剪，可以选中图片并右击，在弹出的菜单中选中“设置图片格式”选项，打开如图 3-46 所示的“设置图片格式”对话框，在“图片”选项卡的“裁剪”栏中可进行裁剪的精确设置。

图 3-47 图片“裁剪”示意图

(2)“调整”组包括如下按钮。

① 删除背景。它用于帮助用户从图片中快速获得有用的内容，可智能地采用与“人脸识别术”类似的手段来保留图片的主景，由于任何图片处理软件都无法完全将要保留的部分“猜”出来，所以需要手工处理的功能。单击“标记要保护的区域”，在要保留之处画线或打点，凡是鼠标经过之处都将保留。同样，也可用“标记要删除的区域”定义不保留的区域，然后单击“保留更改”，就可看到“去背景”后的效果。

② 校正。此按钮具有两大功能，其一用来调整图片的亮度和对比度，其二还可以对图片进行锐化和柔化，也可以单击“校正”按钮，从打开的下拉列表中选择图片校正选项，打开如图 3-46 所示的“设置图片格式”对话框，在“图片”选项卡的“图片校正”栏中对图片进行锐化、柔化或亮度和对比度的设置。

③ 颜色。此按钮用来调整图片的饱和度、色调或重新着色；也可在如图 3-46 所示的对话框“图片”选项卡中的“图片更正”栏中进行相应设置。

④ 艺术效果。该效果体现了 Office 2016 强大的图片处理功能，为图片提供多种图片的艺术效果。也可在“效果”选项卡的“艺术效果”栏中进行相应设置，如图 3-46 所示。

⑤ 压缩图片。若在 Word 2016 文档中插入了很多大尺寸的图片，文档的体积会增大很多，Word 2016 中可以设置图片的压缩操作，可在保存文档时让 Word 2016 按照用户的设置自动压缩图片尺寸。

⑥ 更改图片。更新插入的图片。

⑦ 重设图片。可以将图片恢复到原始状态。

(3)“图片样式”组包括如下按钮。

① 图片样式。图片样式包括 28 种，通过单击就可设定。用户可以选择图片样式库中任意一种样式将图片设定为规定的形状。

② 图片边框。给图片添加边框，包括边框的颜色和线型；若选中“无轮廓”，则删除图片边框。

③ 图片效果。给图片添加各种效果，包括七大类效果。

④ 图片版式。将选定图形转换为 SmartArt 图形。

(4) 利用“排列”组按钮进行图文混排。“排列”组主要实现图片的图文混排、组合等功能。下面介绍图文混排的方法。

在 Word 2016 中，图文混排使用的基本对象有图片、艺术字、文本框等，基本的方法是对象的环绕方式及上下层叠加关系的设置。图文混排是将文字与图片混合排列，文字可在图片的四周、嵌入图片下面、浮于图片上方等，也可以设定图片在文档当前页的位置。

① 位置。选中图片，在“图片工具|格式”选项卡的“排列”组中单击“位置”按钮，在弹出的下拉菜单中，选择图片在当前页的位置，如图 3-48 所示。

② 环绕文字。图片与文字的环绕方式共有 7 种，选中图片，在“图片工具|格式”选项卡的“排列”组中单击“环绕文字”按钮，在弹出的下拉菜单中选择文字是继续环绕图片还是跨过图片，即设置图片的文字环绕方式；也可以单击如图 3-48 所示的“位置”下拉菜单最底端的“其他布局选项”按钮，弹出“布局”对话框，如图 3-49 所示，在“文字环绕”选项卡中进行文字环绕方式的设置；还可以选中图片并右击，在弹出的快捷菜单中选中“环绕文字”选项，在右侧的弹出菜单中选择文字环绕方式。

③ 上移一层。将所选图片或对象前移一层，以便它隐藏在较少的对象后面。

④ 下移一层。将所选图片或对象后移一层，以便它隐藏在较多的对象后面。

⑤ 选择窗格。在屏幕右侧显示所有对象列表。

⑥ 对齐。设置所选对象在页面上的位置。

⑦ 组合。将多个对象组合起来作为单个对象移动并设置其格式，比如将多个不同的形状组合一起，该功能不适用于图片。

⑧ 旋转。选中图片，在“图片工具|格式”选项卡的“排列”组中单击“旋转”按钮，可以看见如图 3-50 所示的旋转选项，单击对应选项完成旋转或翻转所选对象。单击图 3-50 所示的“其他旋转选项”，打开如图 3-45 所示“布局”对话框，“大小”选项卡中可以通过在“旋转”栏的数值框输入希望的角度，设置所选图片的旋转方向。

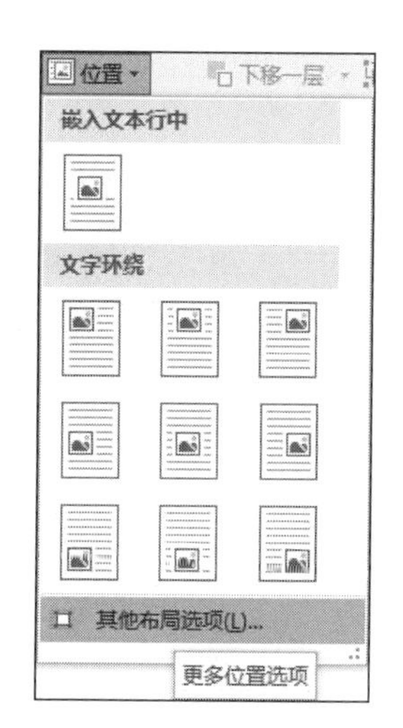

图 3-48　图片的位置选项

图 3-49　“布局”对话框中的“文字环绕”选项卡

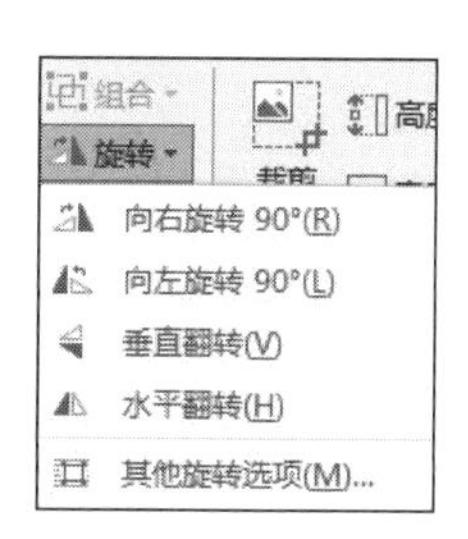

图 3-50　对象旋转选项

3.6.2　文本框的插入与编辑

文档中文本框的使用十分灵活，可以使文字、图片、表格等文档内容独立于正文放置，便于摆放定位。根据文本框中文字的排列方向，可以分为“横排”和“竖排”两种。此外，文本框中的内容还可以是图片或表格等。

1. 插入文本框

Word 2016 提供了 35 种文本框的类型。在文档中插入文本框的方法如下。

将光标移到插入的位置，在“插入”选项卡的“文本”组中单击“文本框”按钮，在弹出的下拉框中可以选择文本框的类型。

此外，Word 2016 还提供了手动绘制文本框的方法，在“文本框”按钮的下拉选项有 3 个。

(1) 绘制文本框。可以用鼠标拖动绘制文本框。

(2) 绘制竖排文本框。可以用鼠标拖动绘制竖排文本框。

(3) 将所选内容保存到文本框库。可以创建文本框库类型。

2. 编辑文本框

单击插入的文本框,功能区会弹出“文本框工具|格式”选项卡。该选项卡主要用于文本框的设置,包括“形状样式”“文本”“排列”和“大小”4 个组,其中“形状样式”组可以对文本框进行样式设置,如图 3-51 所示。

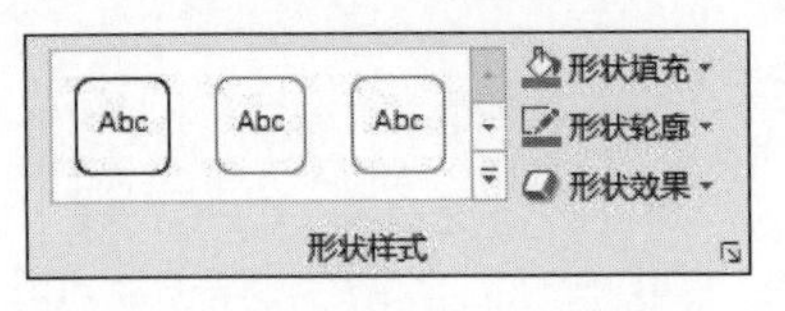

图 3-51 “形状样式”组功能区

(1) “形状填充”用于实现文本框或形状的纯色、图片、渐变或纹理等方式填充,其中“无填充”用于删除文本框的填充。

(2) “形状轮廓”用于实现文本框、形状、边框颜色、宽度、线型的设置,其中“无轮廓”用于删除文本框的边框。

(3) “形状效果”用于实现对选定文本框或形状外观效果(如阴影、发光、映像或三维旋转的设置)。

通过“绘图工具|格式”选项卡的“形状样式”“文本”“排列”“大小”组的功能可以对文本框进行设置。

3.6.3 艺术字的插入

在“插入”选项卡的“文本”组中单击“艺术字”按钮,在打开的下拉菜单中选中一种艺术字样式,弹出如图 3-52 所示的“编辑艺术字文字”文本框,在其中可以输入需要插入的艺术字内容。

当选中艺术字编辑框时,功能区会出现“绘图工具|格式”选项卡,可以在“艺术字样式”组设置艺术字的文本填充、文本轮廓和文本效果,通过“开始”选项卡的“字体”组可以进行艺术字的字体和字号等设置。

通过“绘图工具|格式”选项卡的“形状样式”“文本”“排列”和“大小”组可对艺术字及其编辑框进行设置。

也可以直接将文档中已有的文字设置成艺术字。方法为,先选中文档中的文字,再在“插入”选项卡的“文本”组中单击“艺术字”按钮,然后从下拉选项中选择恰当的艺术字样式。通过“绘图工具|格式”选项卡可进行更多的样式设置。

艺术字形状的设置。选中艺术字,在“绘图工具|格式”选项卡的“艺术字样式”组中单击“文本效果”按钮,在下拉菜单中选择“转换”选项,在右侧弹出的菜单中选择艺术字形状,如图 3-53 所示。

3.6.4 各类图形的插入

1. 自选图形的插入

可以插入文档的自选图形包括线条、基本形状、箭头、流程符号、标注等类型。

图 3-52　艺术字编辑框

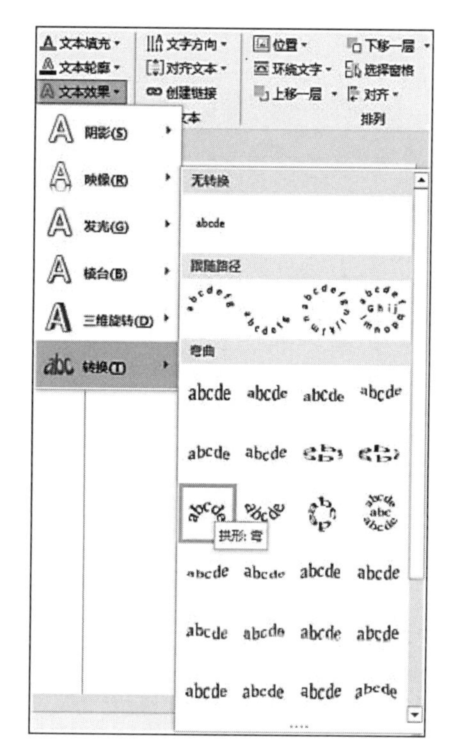

图 3-53　选择艺术字的形状

在“插入”选项卡的“插图”组中单击“形状”按钮，选中下拉列表中相应图形，在文档的适当位置拖曳鼠标，即可插入选定形状的图形。在选定的图形上右击，在弹出的快捷菜单中选中“添加文字”选项，可以为插入的图形添加文字说明。

单击“形状”按钮，从下拉列表中选中“新建画布”选项，在文档的插入点位置插入一个画布，拖曳画布周围的 8 个调整点可以调整画布的大小，在画布上可以插入各类自选图形，移动画布时，画布上的自选图形作为整体进行移动。

2. SmartArt 的插入

Word 2016 的工具细化十分出色，提供的 SmartArt 工具可以使用户十分方便地制作出精美的文档图表。

SmartArt 可以直译为“精美艺术”，它用于在文档中演示流程、层次结构、循环或者关系。SmartArt 图形包括水平列表、垂直列表、组织结构图、射线图、维恩图等。它将之前版本中与此有关的内容进行了整合和完善。配合图形样式的使用，它会展示出意想不到的效果。

在“插入”选项卡的“插图”组中单击 SmartArt 按钮，弹出“选择 SmartArt 图形”对话框，在其中可以看到版本内置的 SmartArt 图形库，Word 2016 提供了 8 类不同类型的模板，如图 3-54 所示。

SmartArt 包括各种不同的类型，如表 3-3 所示。

单击插入的 SmartArt 图，出现“SmartArt 工具|设计”和“SmartArt 工具|格式”两个选项卡，如图 3-55 所示。

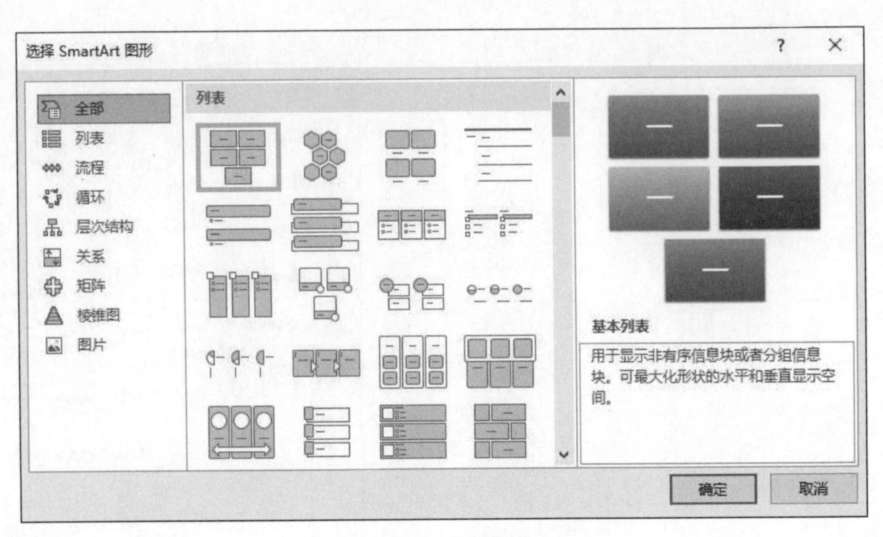

图 3-54 “选择 SmartArt 图形”对话框

表 3-3 SmartArt 图形目录

图形分类	模板情况/套	简要描述
列表	32	包含蛇形、图片、垂直、水平、流程、层次、目标、棱锥等种类
流程	44	包含水平流程、列表、垂直、蛇形、箭头、公式、漏斗、齿轮等类型
循环	16	包含图表、齿轮、射线等类型
层次结构	13	包含组织结构等类型
关系	37	包含漏斗、齿轮、箭头、棱锥、层次、目标、列表流程、公式、射线、循环、目标、维恩图等类型
矩阵	4	以象限的方式显示整体与局部的关系
棱锥图	4	用于显示包含、互连或层级等关系
图片	31	用于显示图片的层级等关系

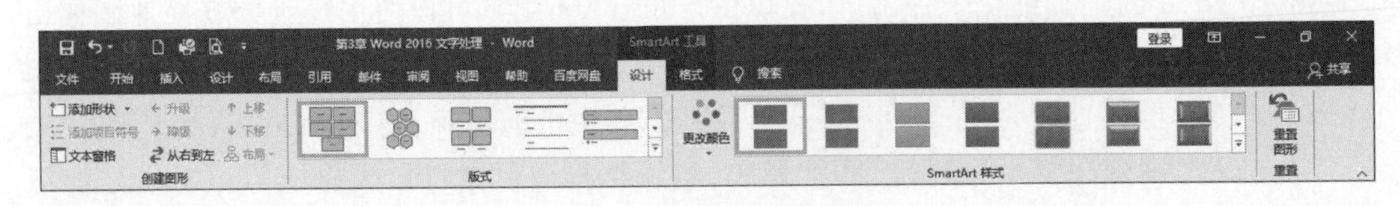

图 3-55 SmartArt 工具选项卡

“SmartArt 工具|格式”选项卡主要用于设置 SmartArt 图中单位文本模块，包括“形状”“形状样式”“艺术字样式”“排列”和“大小”5 个组。

(1)“形状”组。用于设定 SmartArt 图中单位文本组的大小和形状。

(2)“形状样式”组。用于设定 SmartArt 图中单位文本组的填充、轮廓和形状。

(3)“艺术字样式”组。用于将 SmartArt 图中单位文本组中文本设置为艺术字。

(4)“大小”组和“排列”组。功能与图片或文本框中对应的组非常相似，这里不做详细介绍。

“SmartArt 工具|设计”选项卡主要用于设置 SmartArt 图整体的相关属性,包括“创建图形”“版式”“SmartArt 样式”和“重置”4 个组。

(1)“创建图形”组主要包括为 SmartArt 图添加形状、添加项目符号、改变顺序和布局以及改变单位文本组的级别等。

(2)“版式”组。用于设定 SmartArt 图的布局。

(3)“SmartArt 样式”组。用于设定 SmartArt 图的颜色和样式。

(4)“重置”组。用于将更改后的 SmartArt 图恢复到最初的格式。

3.6.5 其他内容的插入

在 Word 2016 中,能作为插入内容的还包含很多,通过“插入”选项卡的“页面”组中的“封面”“空白页”和“分页”按钮可对整个页面进行插入设定。

(1)“封面”按钮。为文档添加封面,系统为用户提供 15 种封面,单击“封面”按钮,在下拉菜单中可以实现删除封面和添加封面模板。

(2)“空白页”按钮。从光标所在位置开始为文档添加空白页。

(3)“分页”按钮。在光标所在位置添加分页符,也就是从光标位置开始的文字将会出现在下一页。

有些时候在文档里需要插入一些复杂的数学公式,Word 2016 提供了方便的数学公式插入和编辑功能。将光标定位于文本中要插入公式的位置,在“插入”选项卡的“符号”组中单击“公式”按钮 π,在下拉菜单中选择公式的种类即可。插入公式后也可以单击公式,然后在“公式工具|设计”选项卡中进行编辑,如图 3-56 所示。

图 3-56 公式编辑功能区

用户在进行文档编辑时,经常需要截图,所以 Word 2016 还为用户提供了“屏幕截图”按钮,当用户需要截图时,在“插入”选项卡的“插图”组中单击“屏幕截图”按钮,在弹出的下拉菜单中,用户可以从当前所有打开的窗口中选择要截图的窗口;当然也可以单击菜单中的“屏幕剪辑”按钮,然后用鼠标选定要截图的区域,系统会将截取的图片自动添加到文本中指定的位置。

3.7 表格处理

在编辑排版过程中,就常常要处理表格。表格由不同行列的单元格组成,在单元格中可以填写文字,也可以插入图片。表格是一种简明、概要的表达方式,结构严谨、效果直观。一张表格可以代替许多说明文字。

1. 创建表格

Word 具有功能强大的表格制作功能。其所见即所得的工作方式使表格制作更加方便、快捷，不但可以满足制作复杂表格的要求，而且能对表格中数据进行较为复杂的计算。

Word 中的表格在文字处理操作中有着举足轻重的作用。表格排版与文本排版既有许多相似之处，又有独特之处。在进行表格排版时，能够处理复杂、有规则的内容，大大简化了排版操作。

表格由不同行列的单元格组成，用户不但可以将单元格中填写的内容按列对齐，而且还可以对数字进行排序和计算。此外，还可用表格创建引人入胜的页面版式以及排列文本和图形等。

(1) 创建表格。Word 2016 中创建表格的方法有多种，下面介绍其中的两种方法。

① 将光标移到要插入的位置，在“插入”选项卡的“表格”组中单击“表格”按钮，在下拉菜单中按住鼠标并拖出所需的表格行和列格数，如图 3-57 所示。

② 可在“插入”选项卡的“表格”组中单击“表格”按钮，在下拉菜单中选中“插入表格”选项，在弹出的“插入表格”对话框内设定列数和行数，如图 3-58 所示。

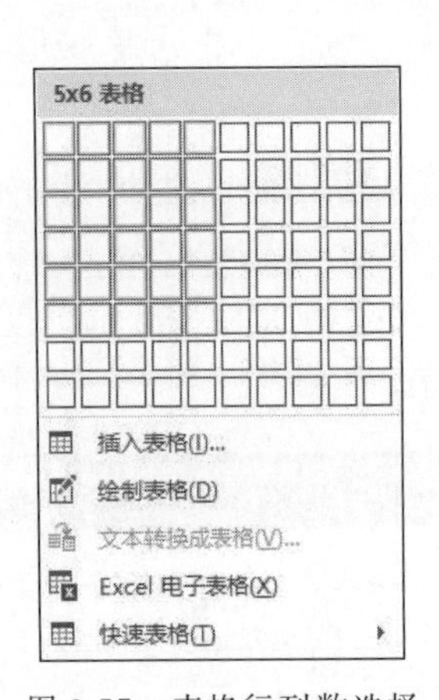

图 3-57　表格行列数选择

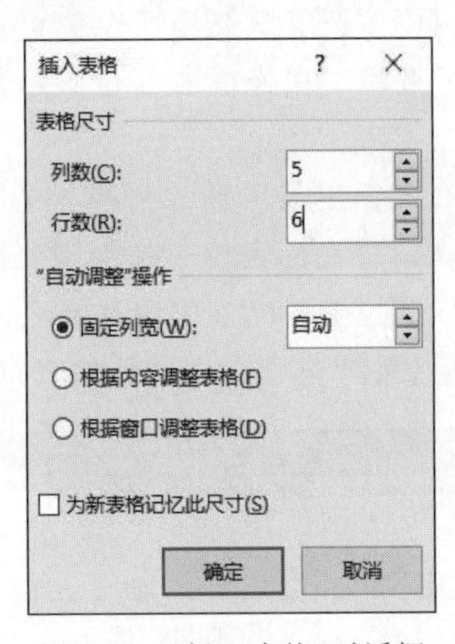

图 3-58　“插入表格”对话框

(2) 绘制表格。使用“绘制表格”工具可以创建不规则的复杂表格，可以使用鼠标灵活地绘制不同高度或每行包含不同列数的表格，其方法如下。

在“插入”选项卡的“表格”组中单击“表格”按钮，在下拉菜单中选中“绘制表格”选项，这时光标会变成笔的形状，可以用光标来进行表格的绘制。

绘制表格时，单击“表格工具|设计”选项卡，该选项卡功能区内包括“表格样式选项”“表格样式”和“边框”3 个组。其中“边框”组中包含绘制图表时线条颜色、线型、粗细的设置以及线条的擦除等功能。

(3) 快速表格。在“插入”选项卡的“表格”组中单击“表格”按钮，在下拉菜单中选中“快速表格”选项，单击右侧弹出的选项，制作带样式表格。

2. 编辑表格

Word 2016 还为用户提供了为制作好的表格进行修改的工具，例如利用“表格工具|设计”选项卡给表格添加边框和底纹，设置表格样式；利用“表格工具|格式”选项卡可以给表格

增加、删除表格的行、列及单元格，合并和拆分单元格，设置对齐方式等，如图 3-59 和图 3-60 所示。

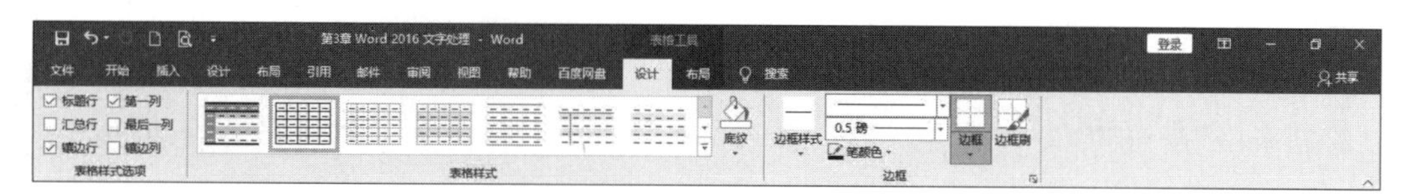

图 3-59 “表格工具|设计”选项卡

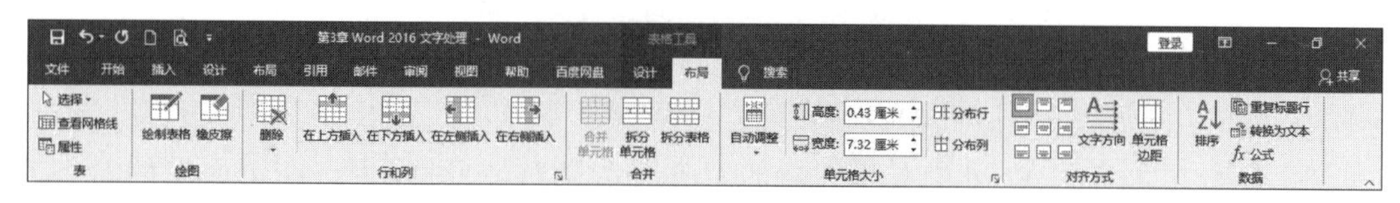

图 3-60 “表格工具|布局”选项卡

(1) 表格的格式。下面对表格格式的设置只介绍两种方式，一种是手动设置表格的边框和底纹，另一种是套用 Word 格式。

① 手动设置。在“表格工具|设计”选项卡的“表格样式”组中单击“边框”和“底纹”按钮，可以手动设置表格的边框和底纹。此外，系统还为用户提供了绘制表格的接口。在“表格工具|设计”选项卡的“边框”组中可以选择线型、线宽以及颜色，然后用画笔的形式绘制表格，这部分内容与新建表格用法一样。

② 自动套用格式。在“表格工具|设计”选项卡的“表格样式”组中查找合适的样式，在样式右端下拉菜单中系统为用户提供了“内置”多种表格样式，同时还为用户提供了修改表格样式、清除样式以及新建表格样式的功能。

(2) 使用键盘可以快速增加、删除表格。如果要在表格的后面增加一行，需要将光标移到表格最后一个单元格，然后按 Tab 键即可。

把光标移到该表格某一行最右侧单元格的外边，然后按 Enter 键，可以在当前的单元格下面增加一行单元格。

删除表格的行或列的方法为，选择要删除的行或列，然后按 Ctrl+X 组合键或回退键。

(3) 拆分、合并表格。合并表格即将几个表格合并为一个，具体步骤如下。

要合并垂直方向的两个表格，只要删除这两个表格之间的内容或回车符就可以了。

要将一个表格拆分为上、下两个表格，先将光标置于拆分后的第 2 个表格第一行，然后在“表格工具|布局”选项卡的“合并”组中单击“拆分表格”按钮，或者按 Ctrl +Shift +Enter 键即可。

(4) 合并和拆分单元格。

① 合并单元格。首先选择需要合并的单元格，然后在“表格工具|布局”选项卡的“合并”组中单击“合并单元格”按钮。也可右击表格，在弹出的快捷菜单中选中“合并单元格”选项，可将单元格进行合并。

② 拆分单元格。先选择要拆分的单元格，然后在“表格工具|布局”选项卡的“合并”组中单击“拆分单元格”按钮。也可右击表格，在弹出的快捷菜单中选中“拆分单元格”选项，打开“拆分单元格”对话框。在这个对话框中选择要拆分的行与列数，然后单击“确定”按

钮，对单元格进行拆分。

如果选中多个单元格，可以在“拆分单元格”对话框中选中“拆分前合并单元格”选项，就可以得到平均拆分的效果。

如果要拆分或合并较为复杂的单元格，可以在“表格工具|布局”选项卡的“绘图”组中单击“绘制表格”按钮和“擦除”按钮，在表格中需要的位置添加或擦除表格线，同样也可以拆分、合并单元格。

(5) 插入行和列。表格在使用时经常需要临时添加行或列，插入的位置也需要设定，系统在“表格工具|布局”选项卡“行和列”组中提供了“在上方插入”、“在下方插入”、“在左方插入”和“在右方插入”按钮。其中前两项指定了行的插入位置，后两项指定了列的插入位置。

(6) 对齐方式。在 Word 中关于表格的对齐分为两种，一种是表格在页面中的对齐方式，另一种是文字在单元格中的对齐方式。其中表格在页面中的对齐方式与其他对象以及文档文字的对齐方式相同，在“开始”选项卡的“段落”组中进行设定；文字在单元格中的对齐方式通过“表格工具|布局”选项卡的“对齐方式”组进行设定，包括水平和垂直两个方向组合出的 9 种对齐方式。

另外，该组还包括设置单元格内文字的方向以及设定单元格边距的功能。

3. 表格中的公式计算和排序

(1) 公式。表格中的数据往往和计算有密切的联系，Word 提供了比较简单的四则运算和函数运算工具。Word 的表格计算功能在表格项的定义方式、公式的定义方法、有关函数的格式及参数、表格的运算方式等方面都与 Excel 基本是一致的。

为了便于引用单元格，Word 为每个设置了引用编号，Word 表格的行号是 1、2、3、4、…，列号是 A、B、C、D、…，这样就可根据单元格的行号和列号来引用，列号在前，行号在后，例如第 3 列第 2 行交叉点的单元格就是 C2，计算公式中经常用到单元格的形式，如某单元格“=(A5+B3)*2”即表示第 1 列的第 5 行加第 2 列的第 3 行然后乘以 2，利用函数可使公式更为简单，例如“=SUM(B2:B100)”表示求出第 2 列第 2～100 行的数值总和。

Word 的计算公式是由等号、运算符号、函数以及数字、单元格地址所表示的数值、单元格地址所表示的数值范围、指代数字的书签、结果为数字的域的任意组合组成的表达式。该表达式可引用表格中的数值和函数的返回值。

表格中使用公式的方法是，将光标定位在要记录结果的单元格中，在“表格工具|布局”选项卡的“数据”组中单击“公式”按钮 *fx*，弹出“公式”对话框后，如图 3-61 所示。在对话框中的等号后面输入运算公式，单击“确定”按钮即可完成。

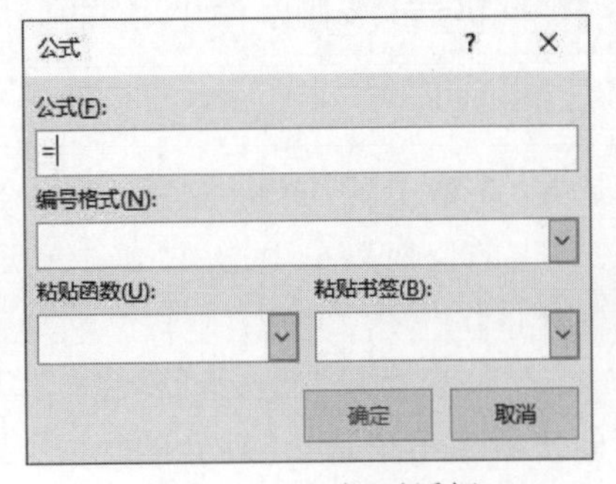

图 3-61 “公式”对话框

弹出的公式对话框有这样几项设置。

① “公式”文本框。用于输入正确的公式。

② “粘贴函数”下拉列表框。用于选择粘贴于公式之中所需的函数。

③ “编号格式”下拉列表框。用于选择计算结果的表示格式(例如，结果需要保留两位小数，则选择“0.00”)。

下面以一个 5 行 4 列的表格为例，对于 Word 表格中单元格的引用形式，在这里再进行一些补充说明。

① 要在函数中引用的单元格之间用逗号进行分隔。例如，求 A1、B2 及 A3 三者之和，公式为"=SUM(A1,B2,A3)"或"=A1+B2+A3"。

② 如果需要引用的单元格相连为一个矩形区域，则不必一一罗列单元格，此时可表示为"首单元格：尾单元格"。如公式"=SUM(A1:B2)"表示以 A1 为开始、以 B2 为结束的矩形区域中所有单元格之和，效果等同于公式"=SUM(A1,A2,B1,B2)"。

③ 有两种方法可表示整行或整列。如第 2 行可表示为"A2:D2"或"2:2"；同理第 2 列可表示为"B1:B5"或"B:B"。需要注意的是，用 2:2 表示行，当表格中添加一列后，计算将包括新增的列；而用 A2:D2 表示一行时，当表格中添加一列后，计算只包括新表格的 A2、B2、C2 以及 D2 等 4 个单元格。整列的引用同理。

(2) 排序。在表格中处理的数据需要排序时，就要用到 Word 2016 已提供的数据的排序功能。具体操作方法。

① 首先选中用来排序的行，然后在"表格工具|布局"选项卡的"数据"组中单击"排序"按钮$\overset{A}{Z}\downarrow$。

② 在弹出的"排序"对话框中选择"主要关键字""类型"以及是"升序"还是"降序"，如图 3-62 所示；如果记录行较多，还可以对次要关键字和第三关键字进行排序设置；根据排序表格中有无标题行选中"列表"栏中的"有标题行"或"无标题行"单选按钮。

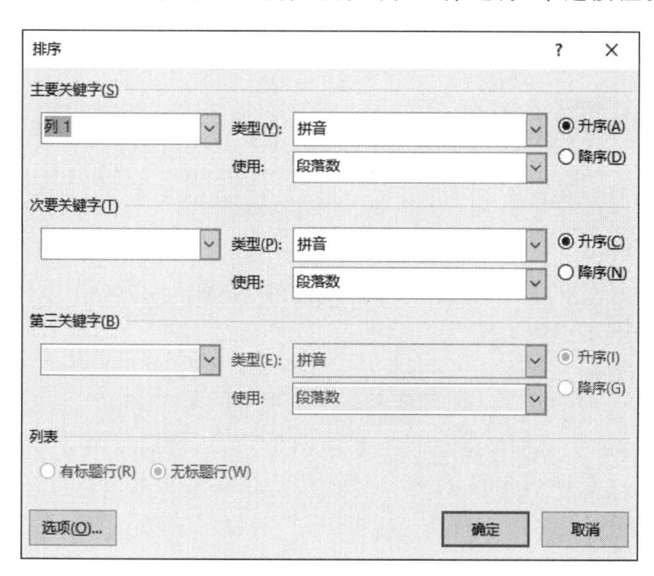

图 3-62 "排序"对话框

③ 单击"确定"按钮，各行顺序将按照排序列规则进行相应的调整。

4. 文本和表格的互换

处理文字和表格是 Word 最重要的两大功能，在实际应用过程中，有时需要将表格中的内容转换为文本，有时又需要将文本转换为表格。其实，Word 本身就可以实现表格和文本的相互转换。

(1) 表格转换为文本。要将文本转换成表格，首先需要用相同符号分隔文本中的相关文字，被分隔的文字将被填充到转换后表格对应的单元格中，可以选用的符号有段落标记、空格、制表符、英文状态下的半角逗号等，转换步骤如下。

① 选定要转换的表格。

② 在“表格工具|布局”选项卡的“数据”组中单击“转换为文本”按钮，打开“表格转换成文本”对话框。

③ 在“文字分隔符”栏中选中“逗号”单选按钮，单击“确定”按钮，转换结束，如图 3-63 所示。

（2）文本转换为表格。选中要转换的文字，在“插入”选项卡的“表格”组中单击“表格”按钮，从下拉菜单中选中“文本转换成表格”选项，在弹出的“将文字转换成表格”对话框中首先选中“文字分隔位置”栏中的“空格”单选按钮，然后在“表格尺寸”栏中确定“列数”和“行数”，最后单击“确定”按钮，如图 3-64 所示。

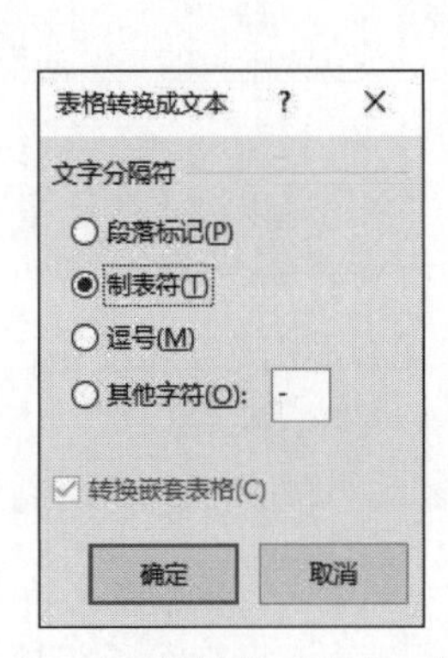

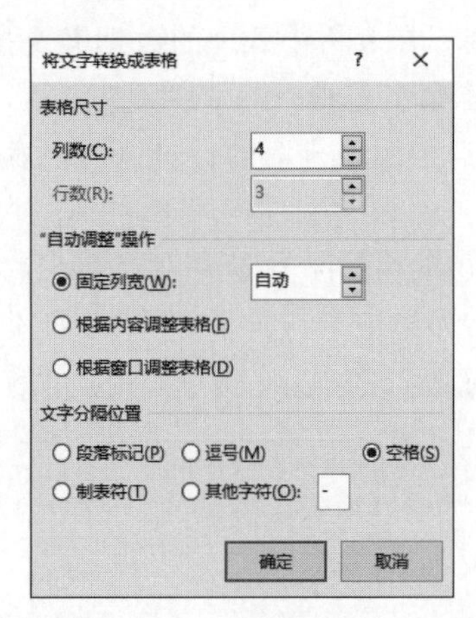

图 3-63 “表格转换成文本”对话框　　图 3-64 “将文字转换成表格”对话框

3.8 文档高级排版

3.8.1 格式刷的使用

当文档中有多处文字或段落要设置成相同的格式时，可以分别为每处文字或段落进行格式的设置，但这样比较浪费时间，使用格式刷进行格式的重复设置可以节省文档排版的时间。“格式刷”位于“开始”选项卡“剪贴板”组中，它的使用分以下两种情况。

1. 单击操作

选中待复制格式的文字或段落，单击“格式刷”按钮，再用鼠标在工作区中选中其他文本，则被选中的文本格式与待复制的文字或段落的格式相同。这种操作只能实现格式的一处复制，若要对多处文本复制相同的格式，则要使用双击操作。

2. 双击操作

选中待复制格式的文字或段落，双击“格式刷”按钮，之后用鼠标在工作区中所有选中的文本都设置成与待复制格式的文字或段落相同的格式，直到再一次单击“格式刷”按钮为止。

3.8.2 长文档处理

大纲视图主要用于查看文档的结构以及管理较长的文档，可以清晰地看到文档的标题及其层次关系，并且可以方便地重新组织文档。在“视图”选项卡的“视图”组中单击“大纲”按钮，功能区新增“大纲显示”选项卡，切换到“大纲视图”模式，使用“大纲显示”选项卡中的相应按钮可以容易地“折叠”或“展开”文档，对大纲中的各级标题“上移”或“下移”“提升”或“降级”等调整文档结构的操作。大纲视图中不显示页边距、页眉和页脚、图片和背景。

1. 创建、编辑大纲文档

用大纲文档创建大纲文档更加方便，确定文档的构思后，应先把该文档的纲目框架建立好，创建纲目时应用样式，如标题 1、标题 2，也可以自定义样式。在创建文档的目录时要求文档必须使用这些样式。设置好纲目后，再输入正文，以后就可以方便地使用大纲视图进行编排了。

(1) 创建大纲文档。在大纲视图下创建新文档。具体的操作步骤如下。

① 打开一个空白文档，在“视图”选项卡的“视图”组中单击“大纲”按钮，即可切换到“大纲视图”模式。此时会自动显示大纲工具栏，而且空白文档的起始位置也自动出现一个分级显示符号。

② 用户开始输入文章的标题，当输入标题并按下 Enter 键后，Word 2016 将按照内置的标题样式对标题进行设置。

③ 若要在输入时改变标题的级别，可单击工具栏中“大纲级别”下拉按钮，选择新的级别后继续输入标题。

④ 在所有标题输入完毕后，如果需要调整某些标题的级别，可将光标插入点置于标题中，然后在“大纲”工具栏中单击“升级”按钮 ← 或“降级”按钮 →，将标题调整至所需级别。若要调整标题位置，可将插入点置于标题中，然后单击大纲工具栏上的“上移”▲或“下移”▼按钮，将标题移动至所需位置(标题的从属文本随标题移动)。如果对当前的布局满意，可切换到普通视图或页面视图，然后添加图片和更详细的正文。

在大纲视图下，不仅可以创建新文档，还可以修改普通正文文档，使之成为条理清晰的大纲文档。

打开一个普通文档，切换到“大纲视图”模式，将光标定位于标题或正文中，单击“升级”← 按钮、“降级”→ 按钮，或利用大纲级别框就可定义不同的级别。此时，Word 2016 会自动将相应的标题样式应用于标题，将正文样式应用于正文，从而生成大纲文档。

(2) 大纲视图的基本操作。

① 大纲内容的选定。对大纲文档操作的前提是选定操作目标，先介绍大纲内容的选定方法。

- 标题的选定。只选定标题，不包括子标题和正文。可将鼠标指针移至标题的左端文本选定区域，在指针变为反向箭头时单击左键即可选定该标题。
- 正文段落的选定。单击此段前的大纲符号(小圆圈)即可选定该正文段落。
- 同时选定标题和正文。单击标题前的大纲符号(空心加符号)即可选定该标题及其所有的子标题和正文段。

② 改变大纲标题的级别。如果要对一个标题进行级别的提升和降低操作，首先选定此标题或光标定位到标题中，然后通过以下方法实现。

- 在“大纲”工具栏中单击“升级”←或“降级”→按钮，将标题调整至所需级别。如果单击“降级为正文”按钮»则直接将标题降为正文。
- 选择“大纲级别”框中的某一级别名更新当前标题的级别。
- 按 Tab 键，降低标题的级别；按 Shift＋Tab 组合键，提升标题的级别。

对某一标题进行级别改变时，其下属的子标题不会随之改变，除非同时选定标题及其子标题。

③ 大纲级别的展开、折叠及分级显示。Word 2016 提供的文档折叠功能可使混乱无序的长文档变得条理清晰。

选定要扩展或折叠的标题，或光标定位到此标题中，单击大纲工具栏中的“展开”按钮＋可展开标题下隐藏的内容；单击“折叠”按钮－可把此标题的下属内容折叠隐藏，折叠后的标题自动加上一条灰色的下画线。

在“大纲工具”组的“显示级别”下拉列表框中选中所要显示的某一标题级别，则整个文档只显示从 1 级到所选级别的标题。如果要全文显示，则选择下拉列表框中的“显示所有级别”。

④ 大纲视图中文本的移动。在大纲视图中，可以通过向上或向下移动标题和文字，对其进行提升或降低，重新组织标题和文字。操作步骤如下。

- 使用“大纲工具”组中的按钮显示所需的标题和正文。
- 将插入点置于要移动的文本中，在“大纲工具”组中单击“上移”按钮▲或“下移”按钮▼，将文本移动到所需的位置。也可按住标题和正文的大纲符号上下拖动来重新排列文本。拖动大标题的符号时，该标题下的子标题和正文同时移动或改变其级别。
- 如果选定的标题中包含折叠的从属文本，则须同时选定折叠的文本，否则会只移动标题而不移动内容。

2. 创建目录

在目录中，列出了文档的标题以及它在正文中的起始页。在 Word 2016 中，利用前导符可以手工创建目录，但是这样创建的目录在更新时工作量比较大。Word 2016 提供了目录工具，可以方便快捷地创建和更新文档的目录，但是在创建目录之前一定要对文档标题的样式进行相关设置。

(1) 使用样式。样式是预先存储在 Word 2016 中的关于段落或字符的一组格式化选项，包括字体类型、字体大小、字体颜色、对齐方式、制表位和边距等。设置好的样式可以应用于文档的任意位置。

① 使用系统自带的样式。在“开始”选项卡的“样式”组中列出了许多系统自带的样式，选中文本后单击其中任意一种样式，即可进行样式的设置。

② 使用用户自定义样式。在“样式”组单击系统自带样式右边“其他”按钮▾，在打开的列表中选中“应用样式”菜单项，打开如图 3-65 所示的“应用样式”对话框，选中“样式名”下

拉列表中的任何一种样式,可以对选中文字进行样式的设置。也可以在“样式名”中输入一个新的名字,创建新样式,单击“修改”按钮打开如图 3-66 所示的“修改样式”对话框,对样式的属性进行设置后即可完成新样式的设置。

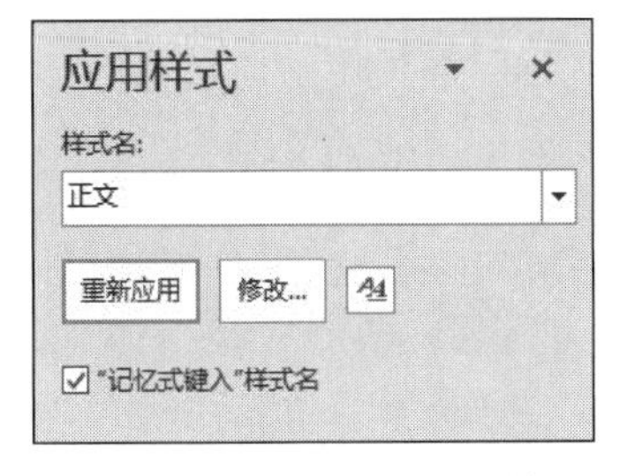

图 3-65 “应用样式”对话框

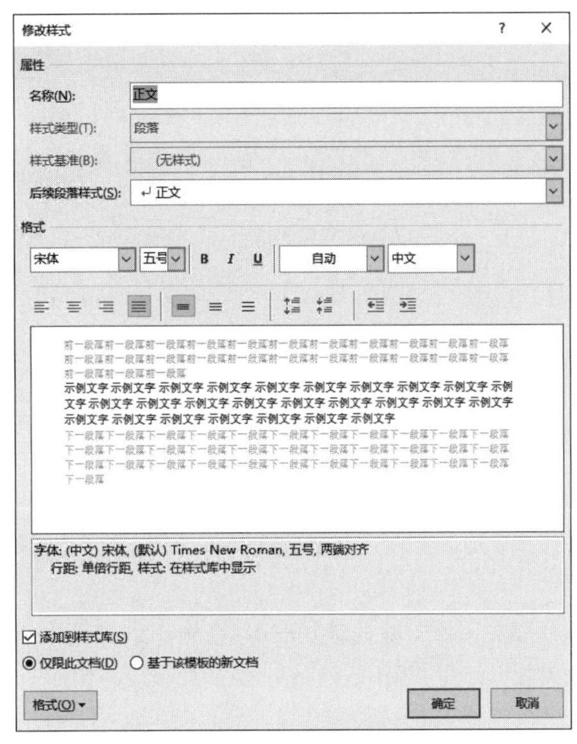

图 3-66 “修改样式”对话框

(2) 生成文档目录。在生成文档目录之前,需要对文档中的标题进行样式的设置。文档中的标题都是分级的,相同级别的标题要具有相同的样式,一般情况下,顶级标题的字号最大,最低级标题的字号最小,除了标题以外的其余文字的大纲级别必须设置成“正文文本”。

对文档标题设置完样式之后,在“引用”选项卡的“目录”组中单击“目录”按钮,打开的菜单显示了内置的一些目录样式,单击“手动目录”,可在插入点位置创建目录的样板,在文字区域输入文字可以完成目录的创建。单击“目录”按钮,在下拉列表中选中“自动目录1”或“自动目录 2”,即可在插入点位置根据标题的样式自动生成目录。选中“自定义目录”选项,打开如图 3-67 所示的“目录”对话框,在设置目录的显示级别、是否显示页码、页码是否右对齐、页码的前导符等相关属性后,单击“确定”按钮,即可在文档的插入点位置完成目录的自动创建工作。

(3) 目录的更新。在创建了目录后,再对文档的正文进行编辑和修改,可能会导致目录与正文的不一致,因此就要对目录进行更新。

单击“引用”选项卡“目录”组中的“更新目录”按钮,可对目录执行更新操作,以使文档的目录与修改后的文档保持一致。

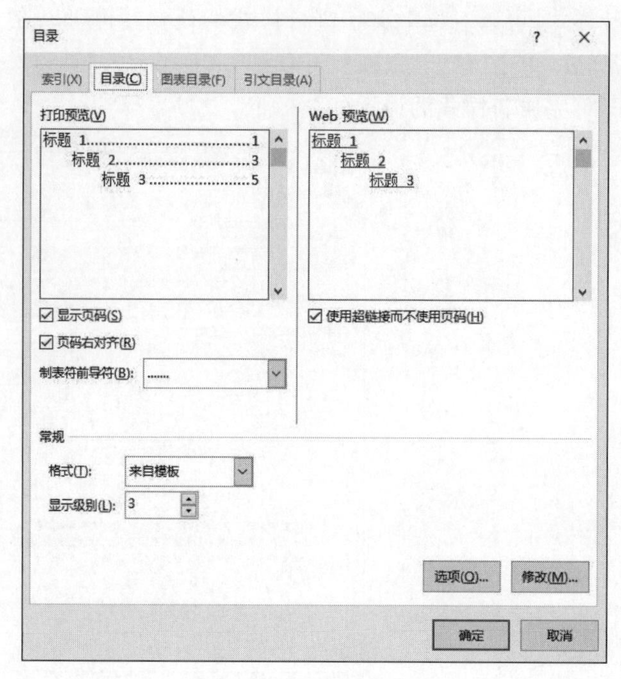

图 3-67 “目录”对话框

选中文档中的目录并右击，在弹出的快捷菜单中选中“更新域”选项，也可以实现对目录的更新。

3.8.3 脚注、尾注与题注

1. 插入脚注和尾注

脚注和尾注用于为文档中的文本提供解释、批注以及涉及的参考资料。可用脚注对文档内容进行注释说明，而用尾注说明引用的文献。具体操作如下。

(1) 将光标移至需要插入脚注和尾注的位置。

(2) 在“引用”选项卡“脚注”组中单击“插入脚注”AB^{1}或“插入尾注”按钮，即可在光标位置自动插入脚注和尾注的编号，随后再在编号对应位置输入脚注和尾注的文字。

(3) 单击“引用”选项卡“脚注”组右下角的对话框启动器按钮，打开“脚注和尾注”对话框，在其中可对脚注和尾注的位置、编号格式等进行设置，如图 3-68 所示。

2. 修改、删除脚注或尾注

(1) 脚注或尾注修改。在普通视图中，双击文档脚注和尾注信息，即可浏览和修改其中的内容。

(2) 脚注或尾注的删除。选中脚注或尾注的编号并按 Delete 键，即可删除该脚注。

3. 题注

在 Word 2016 中，如果文档含有大量图片，可以为每张图片添加题注，以实现更好地管理。添加了题注的图片会获得一个编号，并且在删除或添加图片时，所有图片对应的编号都会自动改变，以保持编号的连续性。

在 Word 2016 中，为文档添加图片题注的方法如下。

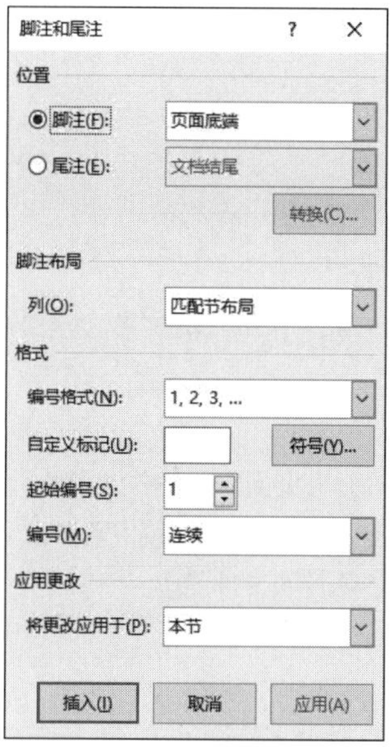

图 3-68 “脚注和尾注”对话框

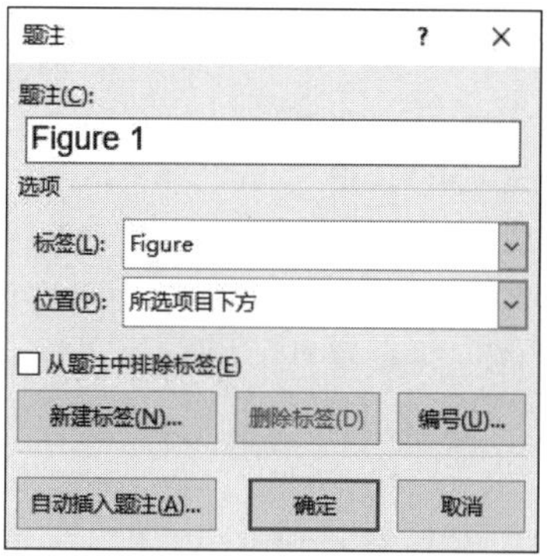

图 3-69 “题注”对话框

在 Word 2016 的文档窗口中右击需要添加题注的图片，在弹出的快捷菜单中选中“插入题注”选项。也可以选中图片，在“引用”选项卡的“题注”组中单击“插入题注”按钮。打开如图 3-69 所示“题注”对话框。

在打开的题注对话框中单击“编号”按钮，打开“题注编号”对话框，单击“格式”下拉按钮，在打开的格式列表中选择合适的编号格式。如果希望在题注中包含文档章节号，则需要选中“包含章节号”复选框。最后，单击“确定”按钮，即可完成设置。

返回“题注”对话框，在“标签”下拉列表中选中 Figure(图表)标签。如果希望在文档中使用自定义的标签，则可以单击“新建标签”按钮，在打开的“新建标签”对话框中创建自定义标签，并在“标签”列表中选择自定义的标签。如果不希望在图片题注中显示标签，可以选中“从题注中排除标签”复选框。单击“位置”下拉按钮，选中题注的位置(例如“所选项目下方”)。最后，单击“确定”按钮，即可在文档中添加图片题注。

在文档中添加图片题注后，可以单击题注右边部分的文字进入编辑状态，并输入图片的描述性内容。

若想在正文中引用添加过题注的图片，可以通过“交叉引用”功能实现。

将光标移至拟引用图片的正文位置，在“引用”选项卡的“题注”组中单击“交叉引用”按钮，打开“交叉引用”对话框，如图 3-70 所示。

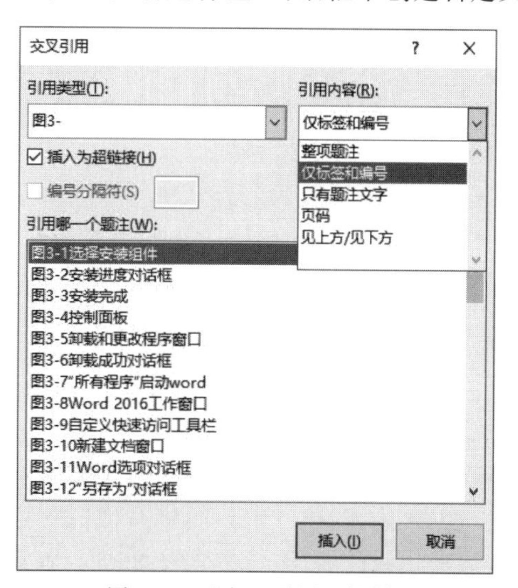

图 3-70 “交叉引用”对话框

在“引用类型”下拉列表中选中拟引用的题注类型，在右侧“引用内容”下拉列表中选中题注引用内容，在“引用哪一个题注”列表框中选中拟引用的题注。最后，单击“插入”按钮，即可在正文中引用所选题注对应的标签和编号。

3.8.4 分隔符

在对长文档进行编辑时，各章之间通常需要分页，这时就要插入一个分页符。分页符是分隔符的一种，下面可简单介绍分隔符的种类和使用方法。

在“布局”选项卡的“页面设置”组中单击“分隔符”按钮，会显示下拉菜单，其中包括分页符、分节符、分栏符等。

1. 3 种分隔符的区别

(1) 分页符。分页符是在文档中表明一页结束、另一页开始的格式符号，分为“自动分页”和“手动分页”，两者的区别是横向贯穿页面的虚线上有无“分页符”字样。

(2) 分节符。分节符是一种用于设置相对独立的格式页的标记。

① 下一页。光标当前位置后的全部内容移到下一页面上。

② 连续。光标当前位置以后的内容会进行新的设置，内容不会转到下一页，而是从当前空白处开始。若为单栏文档，用法同分段符；若为多栏文档，则可保证分节符前后两部分的内容按多栏方式正确排版。

③ 偶数页/奇数页。光标当前位置以后的内容会转换到下一个偶数页或奇数页上，在偶数页或奇数页之间会自动空出一页。

(3) 分栏符。分栏是一种文档的页面格式，用于文字的分栏排列。

2. “分栏符”的使用方法

(1) 若在不同的页中选用不同的分栏排版，需要首先选中希望分栏的文字，然后在“布局”选项卡的“页面设置”组中单击“分栏”按钮，最后从下拉菜单中选中希望的栏数。

(2) 将光标设定在字符分栏处，然后选中“分栏符”。

3.8.5 页眉、页脚与页码

1. 页眉和页脚

页眉和页脚是指文档中每个页面的顶部、底部和两侧(即页面上打印区域之外的空白空间)区域，在页眉和页脚中可以插入、更改文本或图形，例如页码、时间和日期、公司徽标、文档标题、文件名或作者姓名。

设定页眉和页脚的方式如下。

(1) “插入”选项卡的“页眉和页脚”组包括“页眉”、“页脚”和“页码” 3 个按钮。“页眉”和“页脚”下拉菜单中有很多种类可供选择。此外，也可以通过其中的“编辑页眉”或“编辑页脚”选项，进行自定义的设定。

(2) 单击“页眉”或“页脚”按钮，在下拉菜单中选中“编辑页眉”或“编辑页脚”选项时，功能区会弹出“页眉和页脚工具|设计”选项卡，如图 3-71 所示。

(1) “页眉和页脚”组。主要作用是选择页眉和页脚以及页码的格式和类型。

(2) “插入”组。主要作用是插入日期和时间、文档部件和图片。

(3) “导航”组。主要用于实现页眉和页脚之间的切换，可将光标从页眉(或页脚)移至页脚(或页眉)中，以及不同节之间的转换。

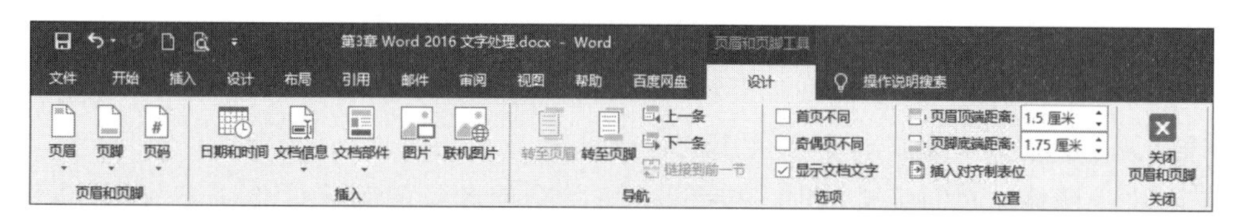

图 3-71　页眉和页脚

(4)“选项”组。主要用于实现对页眉页脚的一些特殊设定。

(5)“位置”组。主要用于实现对页眉和页脚到页面顶端和底端距离的设定。

插入页眉后,会默认在其底部加上一条页眉线,如果不需要,可自行删除。方法是在进入“页眉和页脚”视图后,将页眉上的内容选中,然后在“开始”选项卡的“段落”组中单击“边框”按钮,在下拉菜单中选中“无框线”选项。

2. 页码

一般情况下,文档的页码应从第一页开始,而对于长文档,页码应该从正文部分的第 1 章开始,所以在为文档添加页码之前,应该先对文档分节,也就是在目录后添加分节符,这样前后两部分内容就会有各自独立的页码。

在页面底端插入页码的步骤如下。

(1) 将光标置于目录页的最后,在“布局”选项卡的“页面设置”组中单击“分隔符”按钮,在下拉菜单中选中“分节符”中的“下一页”选项。

(2) 在“插入”选项卡的“页眉和页脚”组中单击“页码”按钮,从下拉菜单中选中“页面底端”|“普通数字 2”选项。

(3) 在下拉菜单中选中“设置页码格式”选项,在弹出的“页码格式”对话框中选中“起始页码”单选按钮,并将其值设定为“1”,如图 3- 72 所示。

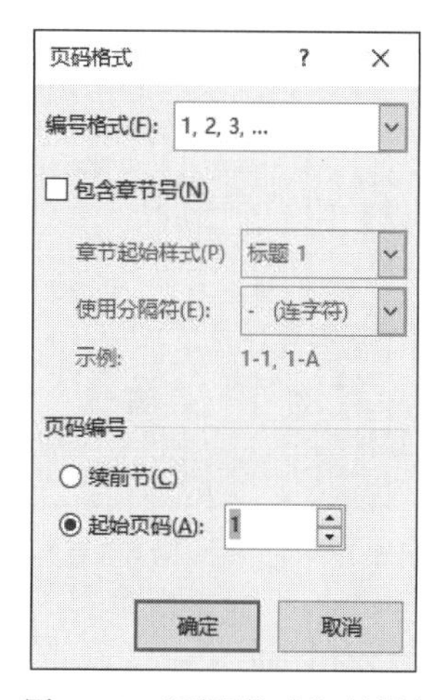

图 3-72　“页码格式”对话框

对于较短的文档,一般直接插入页码,无须添加分隔符,直接从上面第(2)步操作即可。

3.8.6　页面设置与打印

1. 页面设置

页就是文档的一个版面,文档必须进行适当的页面设置才能打印出令人满意的效果。页面设置主要包括页边距、纸张布局和文档网络。

(1) 页边距。设置页边距的操作步骤如下。

① 在“布局”选项卡的“页面设置”组中单击“页边距”按钮,从下拉菜单的“普通”“窄”“适中”“宽”和“镜像”5 种页边距中选择一种,另外也可以选中“自定义边距”选项,打开“页面设置”对话框,默认显示的是“页边距”选项卡,如图 3-73 所示。

② 在“页边距”选项卡中调整页面边距的大小,然后单击“确定”按钮完成设置。

③ 纸张方向。文档的用途不同,要求的纸张方向也有所不同,分为横向和纵向两种,纸张方向的设置方式也很简单,在“布局”选项卡的“页面设置”组中单击“纸张方向”按钮,在下拉列表中选中“横向”还是“纵向”。

(2) 纸张。Word 2016 支持多种纸张,用户可以方便地选择纸张类型,操作步骤如下:

在“布局”选项卡的“页面设置”组中单击“纸张大小”按钮，在下拉菜单中可选择纸张的大小。也可以选中下拉菜单中的“其他纸张大小”选项，在弹出的“页面设置”对话框的“纸张”选项卡中通过设定宽度和高度进行页面大小的任意设定。

(3) 文档网格。在阅读文档时，文字过于密集会使读者的阅读体验变差。除了采用增大字号外，还可以通过设置字与字、行与行之间的间距进行改善。

单击“布局”选项卡“页面设置”组的对话框启动器按钮，弹出“页面设置”对话框，如图 3-74 所示。

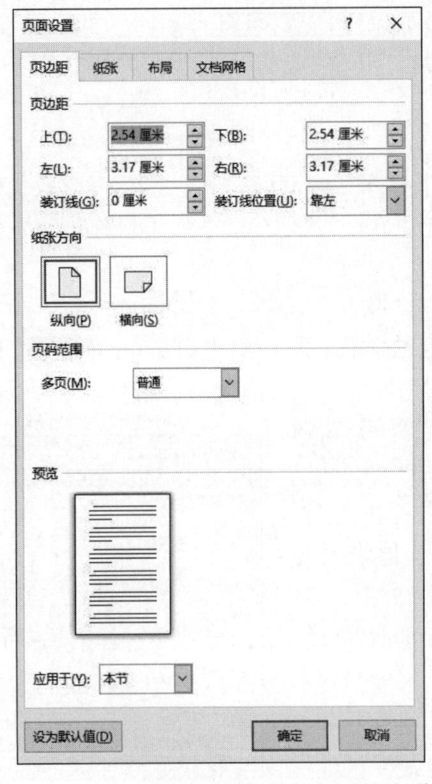

图 3-73 “页面设置”对话框的“页边距”选项卡

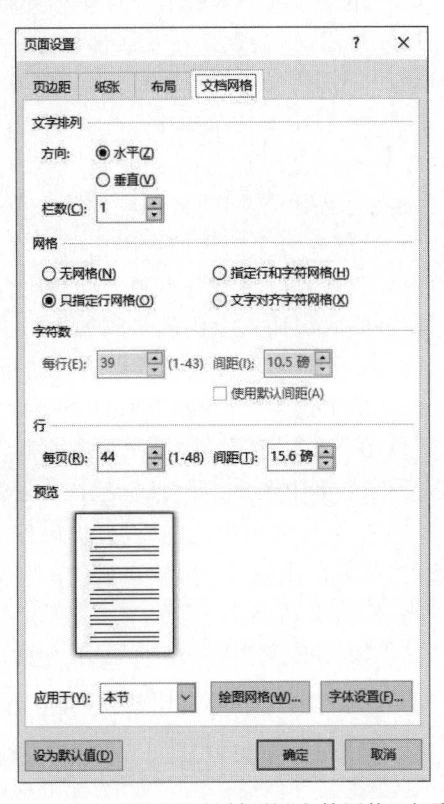

图 3-74 “页面设置”对话框的“文档网格”选项卡

在“页面设置”对话框“文档网格”选项卡的“网格”栏中选中“指定行和字符网格”单选按钮，“字符数”默认为“每行 39”个字符，可以适当减小，例如改为“每行 37”个字符。同样，在“行”设置中，默认为“每页 44”行，可以适当减小，例如改为“每页 42”行。这样，文字的排列就均匀清晰了。

2. 打印与预览

打印预览是在打印前对所打印的文档页面进行检查，如果不满意，则可以返回编辑状态进行修改。这样一来，可以节约纸张，避免不必要的浪费。

在“文件”选项卡中选中“打印”选项，窗口分为两部分，左侧用于打印的设置，右侧用于打印的预览。

(1) 预览文档。在“文件”选项卡中选中“打印”选项，右侧显示当前文档的“打印预览”效果，用于观察打印后文档的外观，如图 3-75 所示。

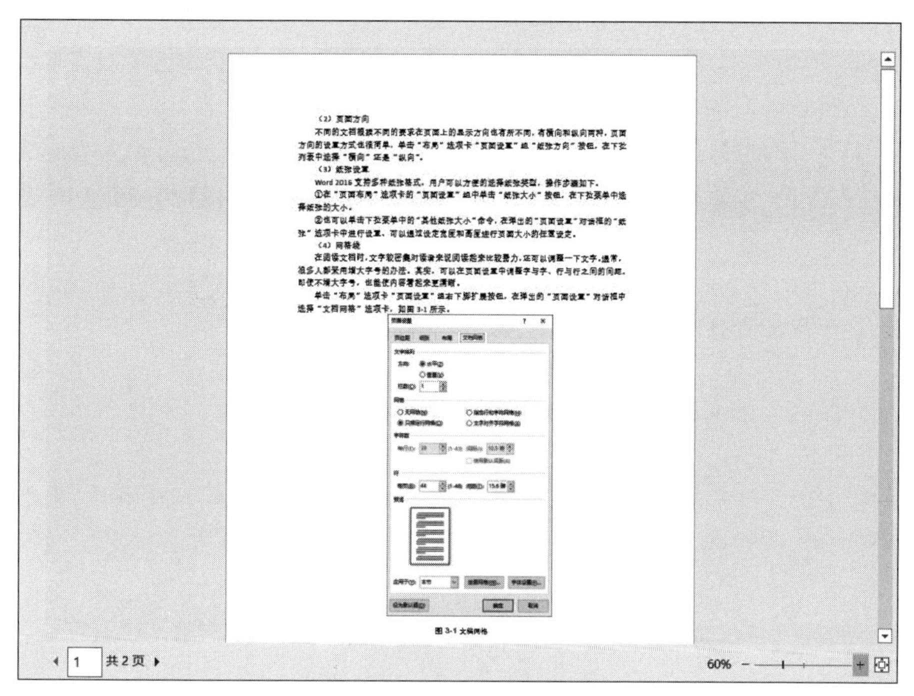

图 3-75 “打印预览”窗口

(2) 打印设置。在“文件”选项卡中选中“打印”选项,左侧可设置打印选项和是否打印,如图 3-76 所示。

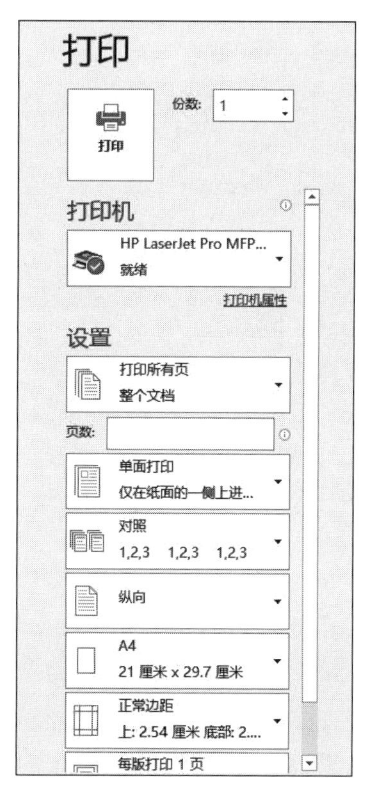

图 3-76 打印设置

在“打印机”栏可选择打印文档的打印机。

在“设置”栏中单击“打印所有页”下拉按钮，选择需要的“打印内容”，若只需要打印文档的属性信息，可单击下拉列表中的“文档属性”。

在“页数”栏中设置打印的页数。例如，要打印文档的第1-4、5页，可输入“1-4、5”。

默认情况下为“单面打印”，如果需要在纸张的正反两面都打印文档，则选中“手动双面打印”。

在“份数”框中输入需要打印的份数。

此外，还可以设置打印方向、页边距、每版打印的页数等。

3.9 本章小结

本章主要介绍了Word 2016的基本知识、基本操作、基本排版、图文混排、表格处理和高级排版等内容。通过学习重点掌握文档的基本操作、文档排版的方法和技巧，为日常的学习和工作服务。

3.10 本章实训

实训3.1 制作岗位聘任合同书

【实训目的】

(1) 熟练掌握Word 2016格式刷的使用方法。

(2) 掌握文档中项目符号和编号的添加。

(3) 掌握Word文档的文字排版、段落排版、页面设置及打印输出。

【实训环境】

Windows 10系统、Office 2016办公软件。

【知识准备】

(1) 在“开始”选项卡的“字体”组中设置字体格式。

(2) 在“段落”对话框中设置段落格式。

(3) 利用“格式刷”复制多种格式。

(4) 在“开始”选项卡的“段落”组中通过“项目符号”和“编号”按钮进行文档的设置。

(5) 在“布局”选项卡的“页面设置”组中进行页面设置。

(6) 在“文件”选项卡中选中“打印”选项，设置打印属性。

【实训步骤】

1. 设置文档的纸张大小

打开素材文件“岗位聘任合同书素材.docx”，在“布局”选项卡的“页面设置”组中单击“纸张方向”按钮，设置纸张方向为“纵向”(纸张方向默认为“纵向”)，单击“纸张大小”按钮，设置纸张大小为A4纸。默认情况下，Word文档使用的纸张大小是标准的A4纸，其宽度是21厘米，高度是29.7厘米，可以根据实际需要改变纸张的大小。也可以通过“页面设置”

对话框进行灵活设置,如图 3-77 所示。

2. 设置文档的页边距

页边距是指文档内容的边界和纸张边界间的距离,即页面四周的空白区域。默认情况下,Word 创建的文档顶端和底端各留有 2.54 厘米的页边距,左右两侧各留有 3.18 厘米的页边距。

在“布局”选项卡的“页面设置”组中单击“页边距”按钮,在下拉菜单中选中“适中”选项,如图 3-78 所示,将文档的页边距设置为“适中”,也可以单击“自定义边距”命令根据需要自己定义页边距。

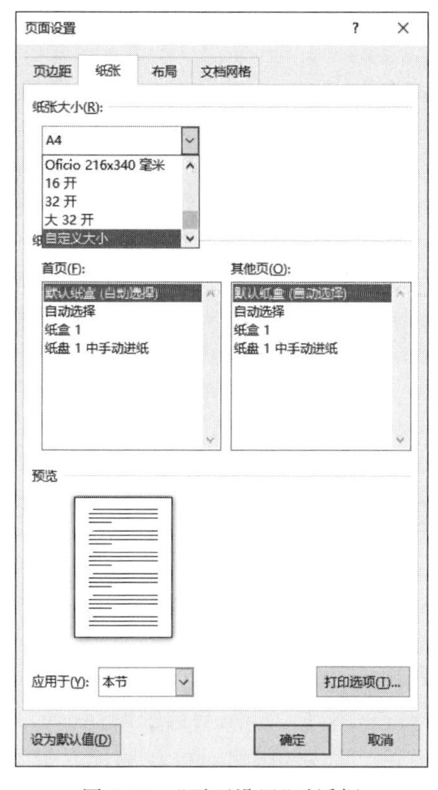

图 3-77 “页面设置”对话框

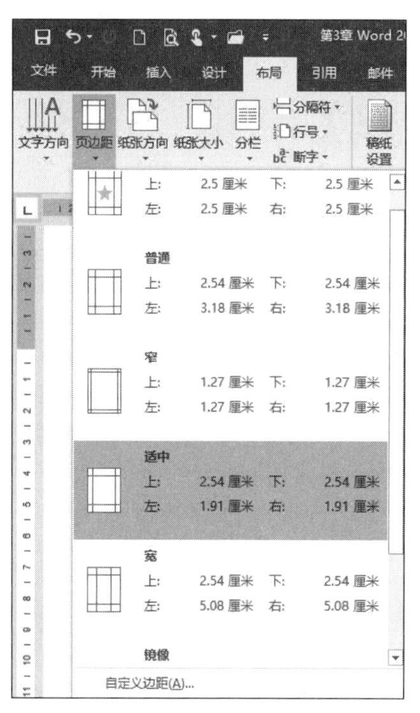

图 3-78 设置页边距

3. 设置标题格式

(1) 选中标题文本“岗位聘用合同书”,然后在“开始”选项卡中单击“字体”组的对话框启动器按钮,打开“字体”对话框,设置其为“华文宋体”,字形为“加粗”,字号为“初号”,如图 3-79 所示。

单击“高级”按钮,在“字符间距”|“间距”下拉列表中选中“加宽”选项,然后在其右侧的“磅值”编辑框中输入“6 磅”,最后单击“确定”按钮,如图 3-80 所示。

(2) 选中文档中标题之后的文本,设置第 1～10 行文字的字体为“楷体”,字号为“四号”,字形为“加粗”;第 11、12 行文字的字体设置为“宋体”,字号为“四号”,字形为“加粗”,首行缩进“2 字符”。

(3) 选中文档中二级标题“一、聘用合同期限”的段落文本,在“开始”选项卡“字体”和“段落”组中设置段前间距、段后间距均为“0.5 行”,效果如图 3-81 所示。

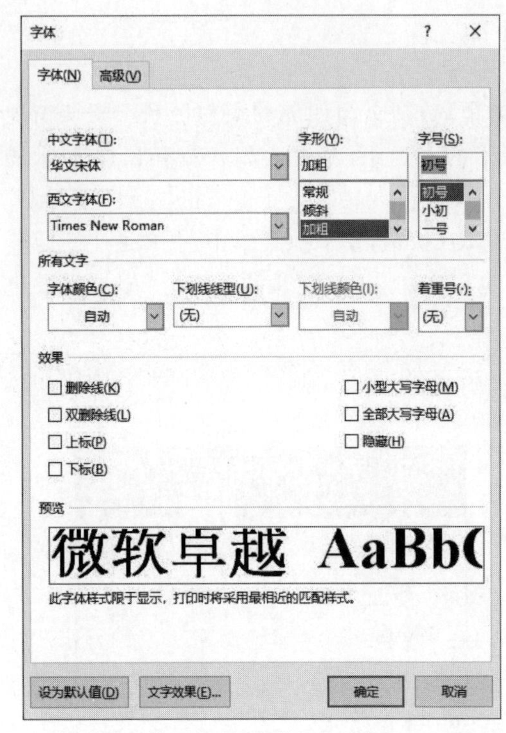

图 3-79 “字体”选项卡

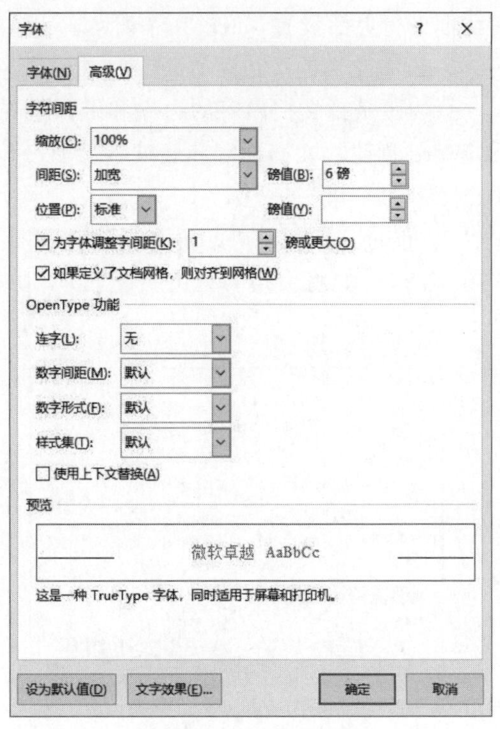

图 3-80 “高级”选项卡

图 3-81 字体、段落设置后的效果

4. 复制文档格式

利用“格式刷”工具将设置好的段落格式复制到其他段落中，以减少重复操作。

选中设置好段落格式的“一、聘用合同期限”所在段落(注意一定要选中段落标记)，然后双击“格式刷”按钮，将鼠标移动至“二、工作内容”段落文本左侧，然后按住鼠标左键向右拖动，直到选中该段落的段落标记，然后松开鼠标，即可将“一、聘用合同期限”所在段落的字符格式和段落格式复制到该文本。使用相同方法分别在其他二级标题段落中拖曳鼠标，将段落的字符和段落格式复制到这些段落，最后单击“格式刷”按钮结束复制操作。

如果只希望复制字符格式，一定不要选中段落标记，如果希望同时复制字符格式和段落格式，就必须选中段落标记。

5. 设置项目符号和编号

按住 Ctrl 键，使用拖动或其他选择方式同时选中文档中所有的二级标题段落，如图 3-82 所示。

在“开始”选项卡的“段落”组中单击“编号”按钮，在下拉菜单中选中系统定义的一种编号样式，也可以选中“定义新编号格式”选项，在弹出的“定义新编号格式”对话框中创建新编号样式。

在“编号样式”下拉列表中选择一种编号样式，如“一、二、三(简)…”，然后在“编辑格式”编辑框中的“一”文本前、后分别输入“第”和“条”字，并在“条”后按空格键，表示在编号和

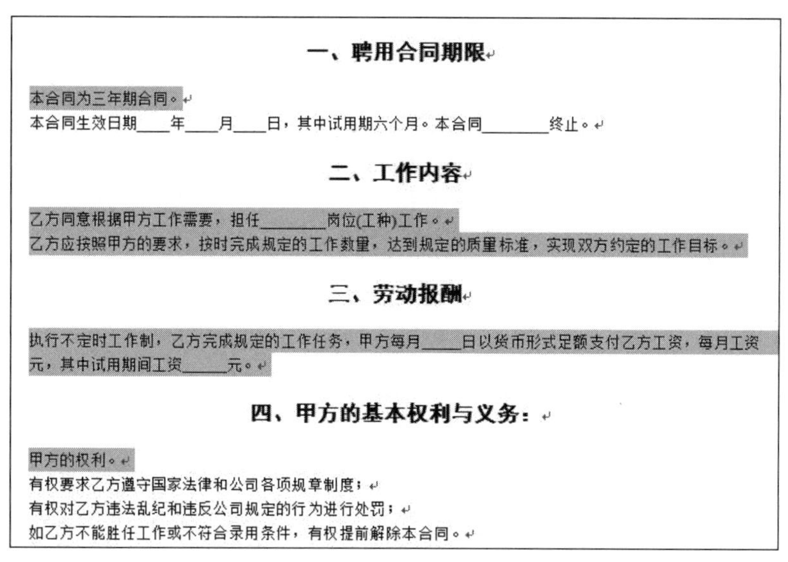

一、聘用合同期限

本合同为三年期合同。

本合同生效日期____年____月____日，其中试用期六个月。本合同________终止。

二、工作内容

乙方同意根据甲方工作需要，担任________岗位(工种)工作。

乙方应按照甲方的要求，按时完成规定的工作数量，达到规定的质量标准，实现双方约定的工作目标。

三、劳动报酬

执行不定时工作制，乙方完成规定的工作任务，甲方每月_____日以货币形式足额支付乙方工资，每月工资_____元，其中试用期间工资_____元。

四、甲方的基本权利与义务：

甲方的权利。

有权要求乙方遵守国家法律和公司各项规章制度；

有权对乙方违法乱纪和违反公司规定的行为进行处罚；

如乙方不能胜任工作或不符合录用条件，有权提前解除本合同。

图 3-82　部分段落选中状态

正文间有一个空格，如图 3-83 所示，在“定义新编号格式”对话框中单击“字体”按钮，在打开的“字体”对话框中设置编号的字体为“黑体”，字形为“加粗”，字号为“四号”，如图 3-83 和图 3-84 所示，然后单击“确定”按钮，返回“定义新编号格式”对话框，再单击“确定”按钮完成新编号的设置。

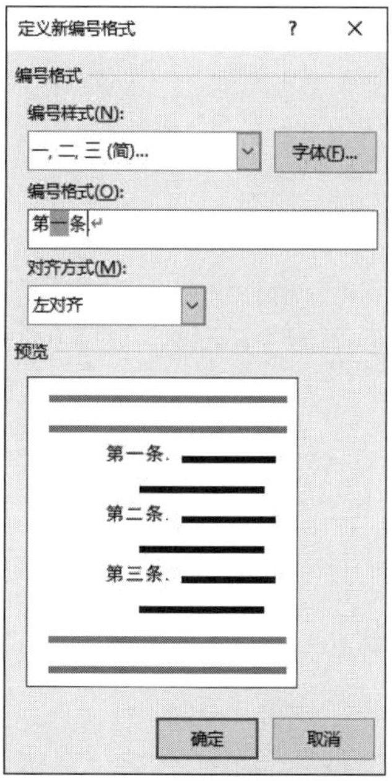

图 3-83　设置“编号”格式

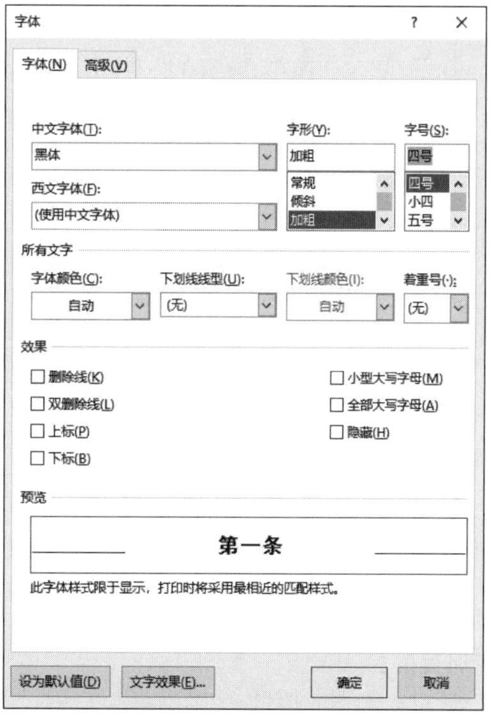

图 3-84　设置“编号”字体

设置完编号格式后,可以为部分段落设置项目符号,如图 3-85 所示。

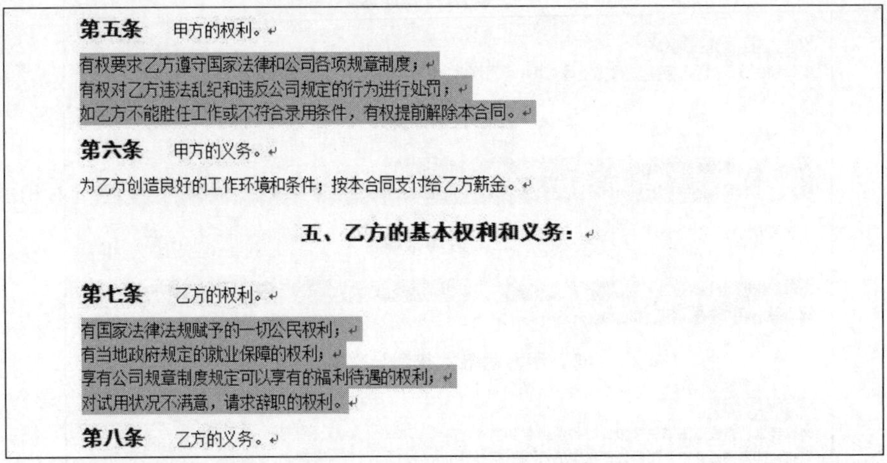

第五条 甲方的权利。

有权要求乙方遵守国家法律和公司各项规章制度;
有权对乙方违法乱纪和违反公司规定的行为进行处罚;
如乙方不能胜任工作或不符合录用条件,有权提前解除本合同。

第六条 甲方的义务。

为乙方创造良好的工作环境和条件;按本合同支付给乙方薪金。

五、乙方的基本权利和义务:

第七条 乙方的权利。

有国家法律法规赋予的一切公民权利;
有当地政府规定的就业保障的权利;
享有公司规章制度规定可以享有的福利待遇的权利;
对试用状况不满意,请求辞职的权利。

第八条 乙方的义务。

图 3-85 设置项目符号

在"开始"选项卡的"段落"组中单击"项目符号"按钮,在下拉菜单中选中一种样式或者单击"定义新项目符号"选项设置,效果如图 3-86 所示。

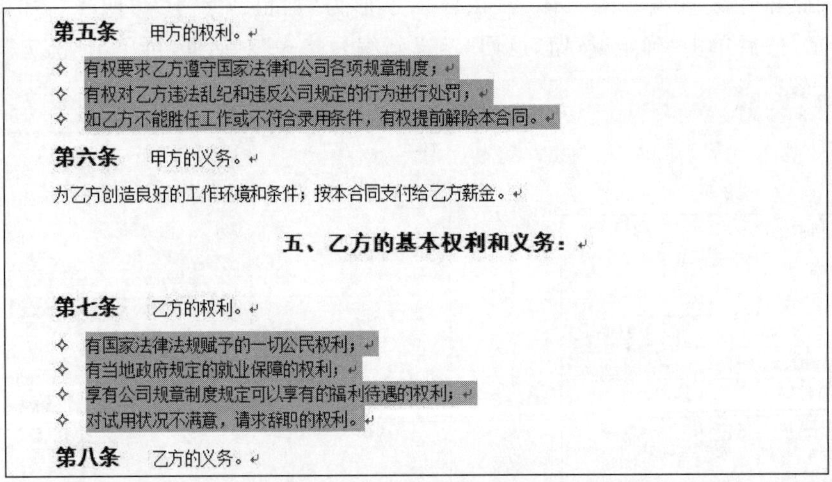

第五条 甲方的权利。

✧ 有权要求乙方遵守国家法律和公司各项规章制度;
✧ 有权对乙方违法乱纪和违反公司规定的行为进行处罚;
✧ 如乙方不能胜任工作或不符合录用条件,有权提前解除本合同。

第六条 甲方的义务。

为乙方创造良好的工作环境和条件;按本合同支付给乙方薪金。

五、乙方的基本权利和义务:

第七条 乙方的权利。

✧ 有国家法律法规赋予的一切公民权利;
✧ 有当地政府规定的就业保障的权利;
✧ 享有公司规章制度规定可以享有的福利待遇的权利;
✧ 对试用状况不满意,请求辞职的权利。

第八条 乙方的义务。

图 3-86 设置项目符号参考效果

6. 浏览显示效果

在"视图"选项卡的"显示比例"组中单击"显示比例"按钮,在弹出的"显示比例"对话框中设定显示比例为 50%,就可观看整个文档的显示效果,如图 3-87 所示。

实训 3.2 制作"人间仙境——云台山"旅游宣传报刊

【实训目的】

(1) 掌握艺术字的编辑、图形的插入与格式设置、图文混排等的操作方法。

(2) 掌握字符设置、段落设置、页面设置等方法。

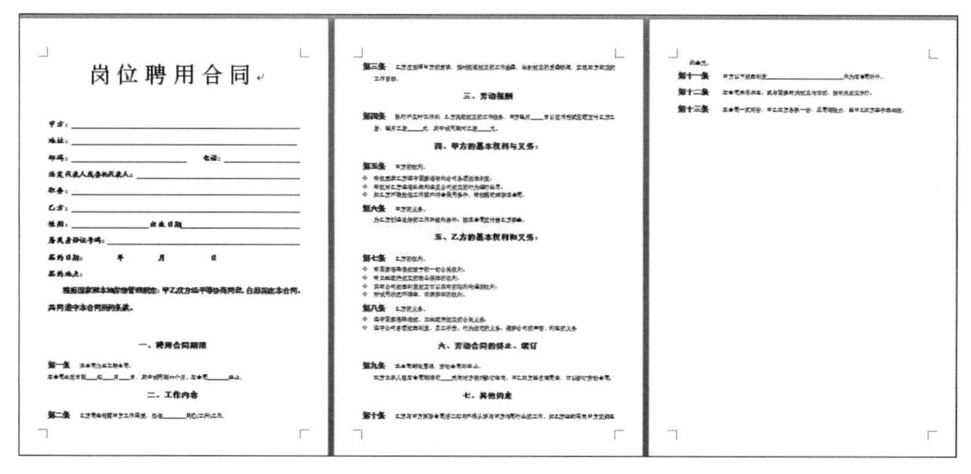
岗位聘用合同

一、聘用合同期限

二、工作内容

三、劳动报酬

四、甲方的基本权利与义务：

五、乙方的基本权利和义务：

六、劳动合同的终止、续订

七、其他约定

图 3-87　岗位聘用合同参考效果图

【实训环境】

Windows 10 系统、Office 2016 办公软件。

【知识准备】

（1）设置字符和段落的格式。

（2）在文档中使用图片。

（3）插入本地图片、插入艺术字、插入联机图片。

（4）调整图片样式、大小、裁剪、对齐等格式及设置图片与文字的环绕方式等。

【实训步骤】

1. 设置页面格式

设置纸张大小为“A4”，上、下页边距均为“2.54 厘米”，左、右页边距均为“3.7 厘米”。

2. 设置标题为艺术字格式，插入图片

选中标题“人间仙境——云台山”，在“插入”选项卡的“文本”组中单击“艺术字”按钮，从下拉菜单中选中一种艺术字样式后，弹出内容为所选内容“人间仙境——云台山”的编辑框。在“开始”选项卡的“字体”组中设置字体、字号。选中艺术字标题，在“绘图工具|格式”选项卡中进一步设置艺术字的形状，阴影效果、三维效果及排列等效果。

3. 插入外部图片

将光标定位在第一行，在“插入”选项卡的“插图”组中单击“图片”按钮，在弹出的“插入图片”对话框中找到图片所在的位置，将其插入即可。

4. 调整图片大小和裁切图片

选中图片，在“图片工具|格式”选项卡的“大小”组中单击“裁剪”按钮，然后拖曳鼠标进行图片裁剪。

5. 设置图片环绕方式、对齐

默认情况下，图片是以“嵌入型”方式插入到文档中的，此时图片的移动范围受到限制。若要自由移动或对齐图片，需要将图片的文字环绕设置为非嵌入型。选中图片，在“图片工具|格式”选项卡的“排列”组中单击“环绕文字”按钮，在下拉列表中选择一种环绕方式，例如“四周型”环绕，如图 3-88 所示。在“图片工具|格式”选项卡的“排列”组中单击“对齐”按钮，

在下拉列表中选中“左对齐”选项。

同上，分别插入“红石峡”图片和“云台山欢迎您”图片，利用“图片工具|格式”选项卡对图片格式进行编辑后，设置“红石峡”图片与文字部分为“编辑环绕顶点”的环绕方式，设置“云台山欢迎您”图片为“衬于文字下方”环绕方式。设计好的整体效果如图 3-89 所示。

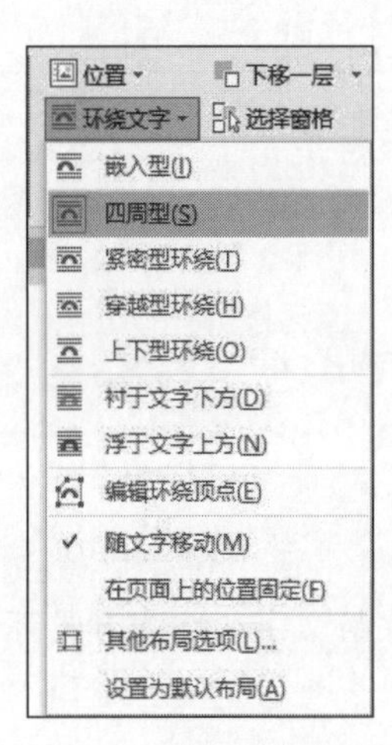

图 3-88 设置环绕方式

图 3-89 效果参考图

实训 3.3 制作学生成绩表

【实训目的】

(1) 熟练掌握创建表格，创建斜线表头的方法。

(2) 掌握表格编辑，添加表样式、边框和底纹的方法。

(3) 能够利用公式对表格中的数据进行管理。

【实训环境】

Windows 10 系统、Office 2016 办公软件。

【知识准备】

(1) 创建一个 7 行 6 列的表格，输入行标题列标题，并输入各自对应的分数。

(2) 绘制斜线表头。

(3) 表格添加表样式“网格表 5 深色-着色 6”。

(4) 表格添加公式，计算平均分和总成绩。

【实训步骤】

1. 创建表格

在“插入”选项卡的“表格”组中单击“表格”按钮，在下拉菜单中按住鼠标拖出 7 行 6

列后松开，创建的表格如图 3-90 所示。

姓名 科目	张三	李四	王五	赵六	平均分
计算机	82	80	90	93	
高等数学	90	91	82	80	
大学英语	75	70	83	89	
思想政治	80	75	60	82	
体育	70	76	80	85	
总成绩					

图 3-90　表格样本

在“表格工具|设计”选项卡的“表格样式”组中单击“边框”按钮，在弹出的下拉菜单中选中“边框和底纹”选项，在弹出的“边框和底纹”对话框中设置边框宽度为 2.25 磅，如图 3-91 所示。

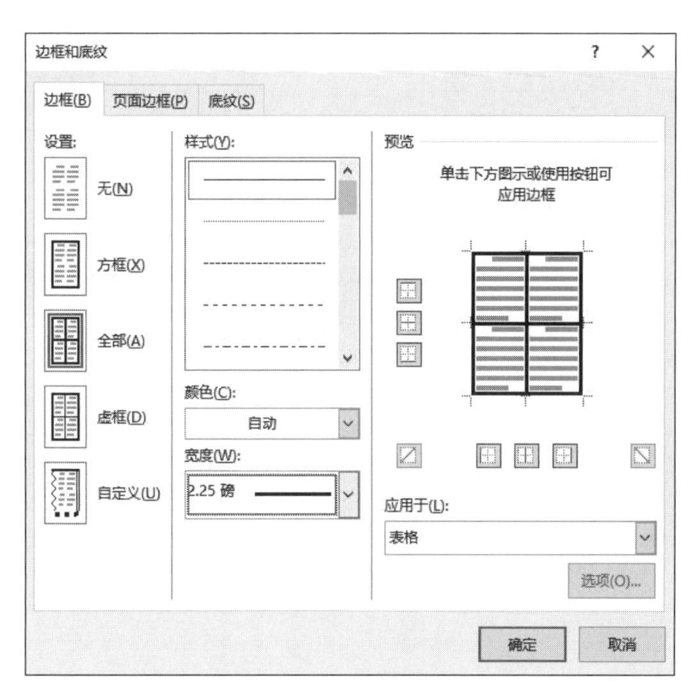

图 3-91　“边框和底纹”对话框

在对应单元格内输入文字和成绩，选中文字和数字，在“表格工具|布局”选项卡的“对齐方式”组中单击“水平居中”按钮。

2. 添加表格样式

在“表格工具|设计”选项卡的“表格样式”组中选中“网格表 5 深色-着色 6”样式。

3. 绘制斜线表头

选中位于表格左上角的单元格，在“表格工具|设计”选项卡的“表格样式”组中单击“边框”按钮，在下拉菜单中选中“斜下框线”选项。

4. 公式求值

将光标置于F2单元格内，然后在“表格工具|布局”选项卡的“数据”组中单击“公式”按钮，在弹出的“公式”对话框的“公式”文本框中输入“=AVERAGE(B2:E2)”，同时设定“编号格式”为保留两位小数，最后单击“确定”按钮，如图3-92所示。

将光标分别置于F3～F6单元格内，操作同在单元格F2进行的过程一样。

将光标置于B7单元格内，然后在“表格工具|布局”选项卡的“数据”组中单击“公式”按钮，在弹出的“公式”对话框的“公式”文本框中输入“=SUM(B2:B6)”，如图3-93所示，单击“确定”按钮。将光标分别置于B8～B10单元格内，进行相应的计算。

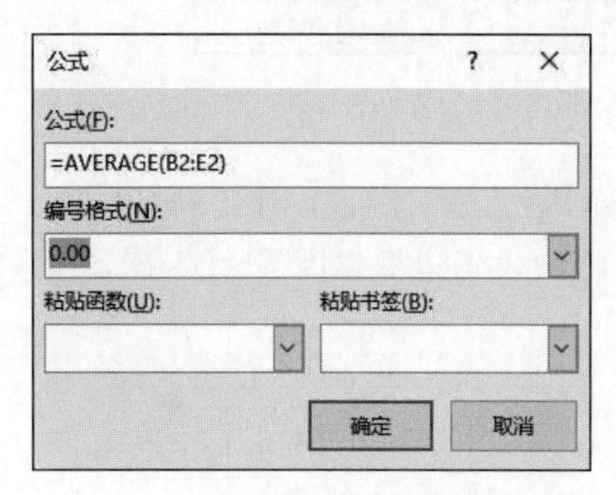

图3-92　公式求平均值的计算

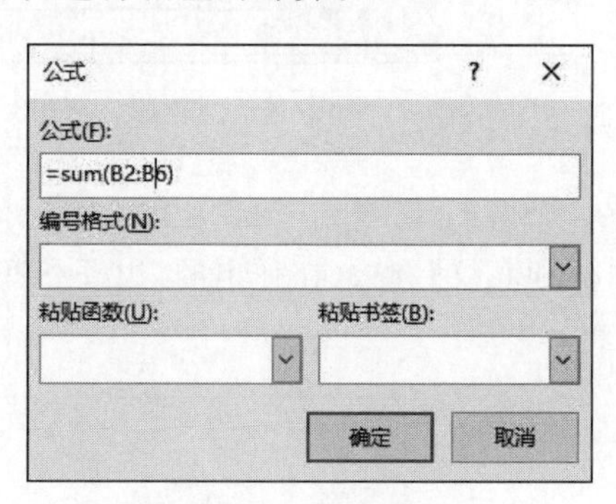

图3-93　公式求和的计算

操作后的表格效果如图3-94所示。

姓名 科目	张三	李四	王五	赵六	平均分
计算机	82	80	90		
高等数学	90	91	82		
大学英语	75	70	83	89	79.25
思想政治	80	75	60	82	74.25
体育	70	76	80	85	77.75
总成绩	397	392	395	429	

图3-94　表格最终效果参考图

习　题　3

一、选择题

1. Word 2016程序启动后会自动打开一个名为(　　)的文档。

　A. Noname　　B. Untitled　　C. 文件1　　D. 文档1

2. 可以显示水平标尺和垂直标尺的视图方式是(　　)。

　A. 普通视图　　B. 页面视图　　C. 大纲视图　　D. 全屏显示方式

3. Word 2016程序允许打开多个文档，单击(　　)选项卡中的“切换窗口”按钮，可以实现文档之间的切换。

A. 编辑　　　　B. 窗口　　　　C. 视图　　　　D. 工具

4. 在 Word 2016 处于编辑状态时,字号被设为“小四”后,按新设置的字号显示的文字是(　　)。

A. 插入点所在的段落中的文字　　　　B. 文档中被选择的文字

C. 插入点所在行中的文字　　　　D. 文档的全部文字

5. 在文档中选定文字后,要将其移动到指定的位置,首先要通过(　　)实现。

A. “插入”选项卡中的“复制”按钮　　　　B. “编辑”选项卡中的“清除”按钮

C. “开始”选项卡中的“剪切”按钮　　　　D. “编辑”选项卡中的“粘贴”按钮

6. 通过在(　　)中单击“纸张大小”按钮,可以设定打印纸张的大小。

A. “设计”选项卡中的“页面设置”组　　　　B. “文件”选项卡中的“页面设置”组

C. “布局”选项卡中“页面设置”组　　　　D. “视图”选项卡中的“页面”组

7. 要对文档的某一段落设置段落边框,应通过(　　)实现。

A. 选中段落或将光标移到此段落的任意处

B. “开始”选项卡中的“段落”组

C. “布局”选项卡中的“页面边框”按钮

D. “开始”选项卡中的“居中”按钮

8. 能打印输出当前 Word 文档的操作是(　　)。

A. 在“文件”选项卡选中“打印”|“打印”选项

B. 在“常用”选项卡中单击“打印”按钮

C. 选中“文件”选项卡中的“页面设置”选项

D. 选中“文件”选项卡中的“打印”|“打印预览”选项

9. 自定义 Word 2016 窗口中的功能区,应当(　　)。

A. 单击“工具”选项卡中的按钮

B. 单击“文件”选项卡中的按钮

C. 在功能区中右击,在弹出的快捷菜单中选中“自定义功能区”选项

D. 单击“视图”选项卡中的按钮

10. Word 2016 在编辑状态时,选定文档中表格的某行后,单击“表格工具|布局”选项卡区中的“拆分表格”按钮,表格被拆分成上、下两个表格,此时已选择的行(　　)。

A. 在上边的表格中　　　　B. 在下边的表格中

C. 不在这两个表格中　　　　D. 被删除

11. 艺术字的颜色可以利用“绘图工具|格式”选项卡中的(　　)按钮进行更改。

A. 文本填充　　　　B. 艺术字形状填充

C. 艺术形状　　　　D. 艺术字库设置

12. 在 Word 2016 中,若要将一些文本内容设置为斜体字,应(　　)。

A. 单击 **B** 按钮　　　　B. 单击 *I* 按钮　　　　C. 单击 U 按钮　　　　D. 选择文本

13. 在 Word 2016 中,要使文字能够环绕图形编辑,应选择的环绕方式是(　　)。

A. 紧密型　　　　B. 浮于文字上方　　　　C. 无　　　　D. 浮于文字下方

14. 用 Word 2016 编辑文档时,经常希望在每页的底部或顶部显示页码及一些其他信息,这些信息行出现在文件每页顶部,就称为(　　)。

A. 页码　　　B. 分页符　　　C. 页眉　　　D. 页脚

15. 默认情况下,用 Word 2016 编辑文档时,文字下面的蓝色波浪线表示(　　)。

A. 可能有语法错误　　　B. 可能有拼写错误

C. 自动对所输入文字的修饰　　　D. 对输入的确认

16. 用 Word 2016 编辑文档时,可以显示页面四角的视图方式是(　　)。

A. 普通视图方式　　　B. 页面视图方式

C. 大纲视图方式　　　D. 各种视图方式

17. 如果要设置自动恢复时间间隔,应按下列步骤(　　)。

A. 在"文件"选项卡中选中"另存为"选项

B. 在"文件"选项卡中选中"选项"|"保存"选项

C. 在"文件"选项卡中选中"属性"选项

D. 在"工具"选项卡中选中"选项"|"保存"选项

18. 全选整个文档最快捷的方法是按(　　)组合键。

A. Ctrl ＋ A　　　B. Ctrl ＋ H　　　C. Ctrl ＋O　　　D. Ctrl ＋E

19. 默认情况下,用 Word 2016 编辑文档时,进行英文输入状态和汉字输入状态之间切换时按(　　)组合键。

A. Ctrl ＋空格　　　B. Alt ＋ Ctrl

C. Shift ＋ Ctrl　　　D. Alt＋空格

20. 新建文档并进行编辑后,若要保存,则下列说法最准确的是(　　)。

A. 可能会对"保存"对话框操作

B. 一定会对"保存"对话框操作

C. 可能会对"另存为"对话框操作

D. 一定会对"另存为"对话框操作

二、判断题

1. 用 Word 2016 编辑软件时,文档的显示方式有 4 种。(　　)

2. 用 Word 2016 编辑软件时,如果文档中的内容在一页没满而需要强制换页,只需多按几次 Enter 键直到出现下一页。(　　)

3. 在打印文档时,若打印的页码范围是"4-12,17,20"表示希望打印第 4～12 页,第 17 页和第 20 页。(　　)

4. 如果已有页眉,再次进入页眉区只需双击页眉区即可。(　　)

5. 设置"首字下沉"效果是在"开始"选项卡中进行的。(　　)

6. 在 Word 2016 中输入文字时,中英文标点符号的切换使用 Ctrl ＋空格组合键。(　　)

7. 用 Word 2016 编辑文档时,按 Ctrl ＋ V 组合键可进行"复制"操作。(　　)

8. 用 Word 2016 编辑文档时,选定矩形文本块是按住 Alt 键并用鼠标拖动选择。(　　)

9. 用 Word 2016 编辑文档时,每按一次 Backspace 键都将会删除光标插入点前的字符。(　　)

10. 用 Word 2016 编辑文档时,文档修改后想换一个文件名存放,要在"文件"选项卡中选中"保存"选项。(　　)

第4章　电子表格处理软件 Excel 2016

电子表格处理软件 Excel 2016 是 Microsoft Office 2016 软件中的一个重要组件。该软件是当今十分流行的表格制作和数据统计软件。它不仅具有强大的数据组织、计算、分析和统计功能，还可以通过图表、图形等多种形式对处理结果加以形象地显示，也能够方便地与 Office 2016 中的其他组件相互调用数据，实现资源共享。

4.1　Excel 2016 的基础知识

4.1.1　Excel 的基本功能及特点

各版本的 Excel 的主要功能体现在以下 6 个方面。

(1) 简便的表格制作能力。通过在单元格中输入数据，并根据需要设置表格的格式，就可以制作出标准的电子表格。

(2) 众多的函数统计能力。可以直接调用 Excel 内置函数，快速完成大量数据的统计工作。

(3) 形象的图表分析能力。根据基础数据，可以使用 Excel 制作出直观实用的图表，并对数据进行分析和评价。

(4) 美观的图形显示能力。可以直接调用 Excel 的内置图形绘制各种图形。

(5) 强大的数据分析能力。可以方便地对表中的数据进行排序、筛选、汇总、分级显示等工作。

(6) 优秀的数据共享能力。Excel 可以同 Microsoft Office 套装内的其他各组件实现数据共享。

4.1.2　Excel 2016 的启动和退出

1. Excel 2016 的启动

方法 1：通过“开始”菜单。单击桌面左下角的“开始”按钮，在弹出的菜单中选中 Excel 2016，如图 4-1 所示。

方法 2：通过桌面快捷方式。双击桌面上如图 4-2 所示的 Excel 2016 快捷方式图标即可启动 Excel 2016。

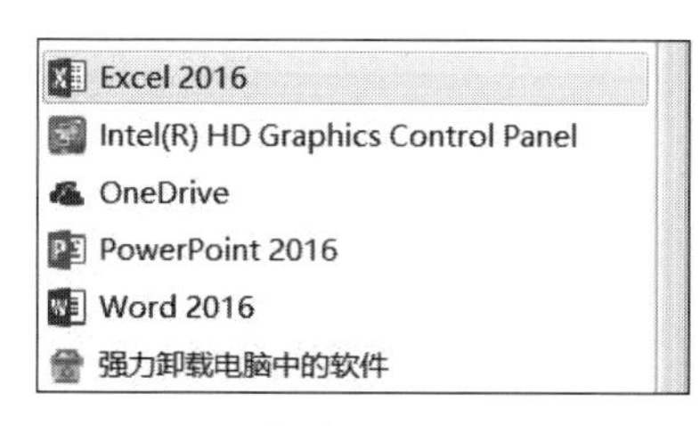

图 4-1　菜单启动 Excel2016

图 4-2　快捷图标启动 Excel 2016

方法 3：通过打开某个 Excel 文档的方式。双击某个已有的 Excel 文档(例如文件名为 student.xlsx)，也可以启动 Excel 2016，如图 4-3 所示。

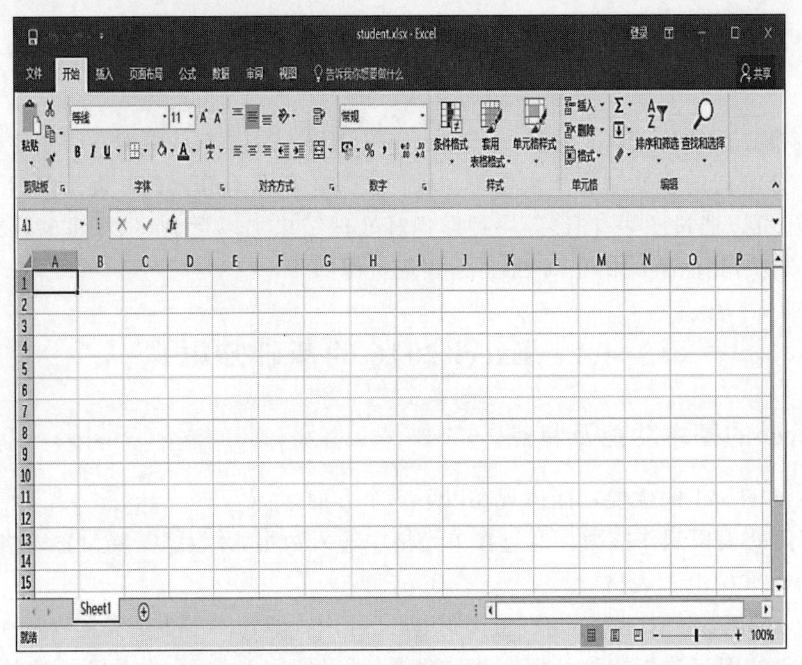

图 4-3　打开文件启动 Excel 2016

2. Excel 2016 的退出

方法 1：通过“文件”选项卡退出。在“文件”选项卡中选中“关闭”选项。

方法 2：通过单击“关闭”按钮退出。单击窗口右上角的“关闭”按钮。

方法 3：通过按组合键退出。按 Alt＋F4 组合键关闭 Excel 2016 窗口。

4.1.3　Excel 2016 的窗口界面

Excel 2016 启动后的窗口如图 4-4 所示。

1. 标题栏

标题栏主要用于来显示文件名，标题栏右边依次是“登录”“功能区显示选项”“最小化”“最大化”和“关闭”按钮。

2. 快速访问工具栏

快速访问工具栏位于标题栏的左边，有“保存”“撤销”和“恢复”3 个默认的操作按钮，单击它们右边的下拉按钮后，在弹出的“自定义快速访问工具栏”菜单中还可以对工具栏按钮进行设置，如图 4-5 所示。

3. “文件”选项卡

在 Excel 2016 的“文件”选项卡中存放着一些与文件操作相关的选项，包括“保存”“另存为”“打开”“关闭”“信息”“新建”“打印”等。

4. 功能区

Excel 2016 的功能区是菜单和工具栏的主要替代控件，用来放置各种选项卡，在每个选项卡中，根据功能的不同进行了分组，分别放置了相应的按钮。

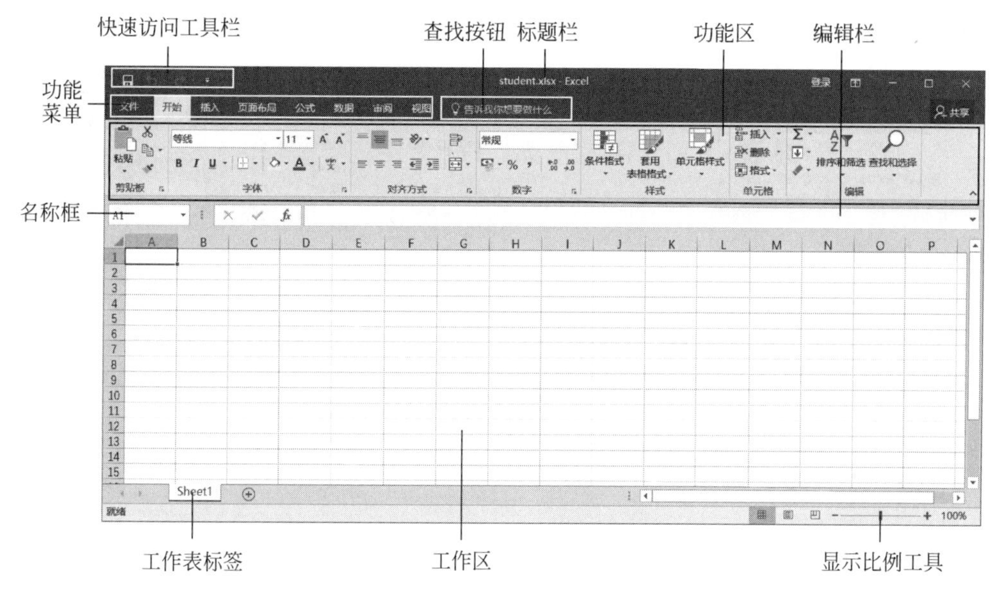

图 4-4　Excel 2016 窗口界面

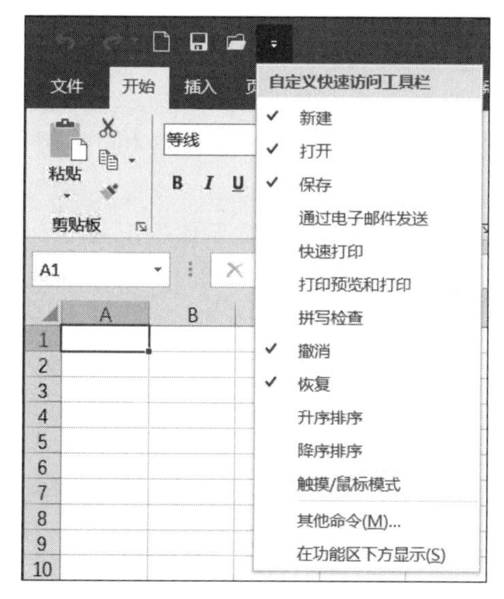

图 4-5　“自定义快速访问工具栏”菜单

5. 名称框

功能区的下方左侧是名称框，其中显示的是被激活的单元格地址或者选定单元格的名字、范围或对象。

6. 编辑栏

功能区的下方右侧是编辑栏，其中显示的是当前单元格中的数据或者公式，利用它可以对表格中的数据进行输入、修改等操作。

7. 工作表编辑区

工作表编辑区即工作区，是制作表格的主要工作区域。在工作区左侧显示的阿拉伯数字是单元格的行号，行号为1～1 048 576(即2^0～2^{20})，工作区上方显示的英文字母是单元格的列号,列号从 A 到 XFD,共计 16 384(2^0～2^{14}列),如图 4-6 所示。

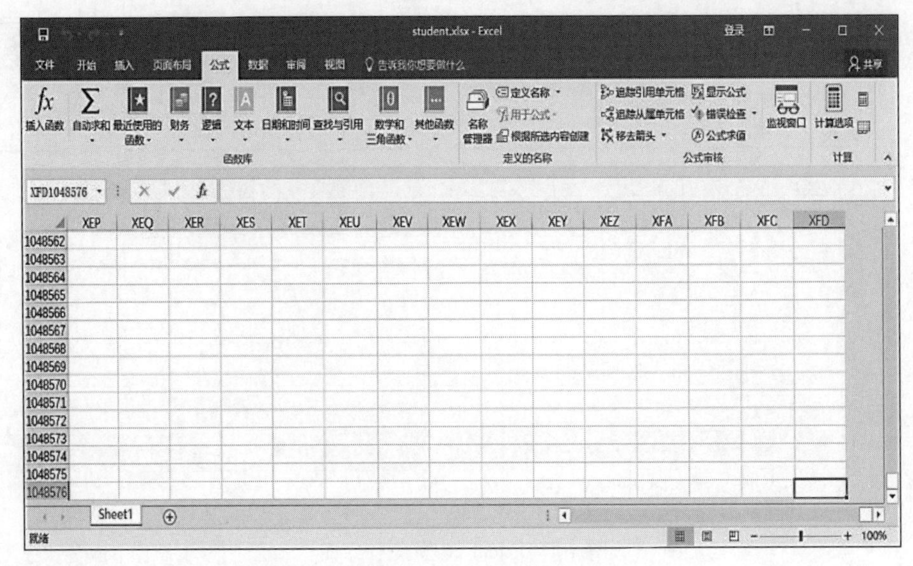

图 4-6　Excel 工作区

8. 工作表标签

工作表标签位于工作表编辑区的左下方,用于显示当前工作表的名称。新建的 Excel 2016 工作簿默认只包含一个工作表,名称是 Sheet1,用户可以根据需要添加工作表,双击工作表名称,就可使其进入编辑状态,并进行修改。

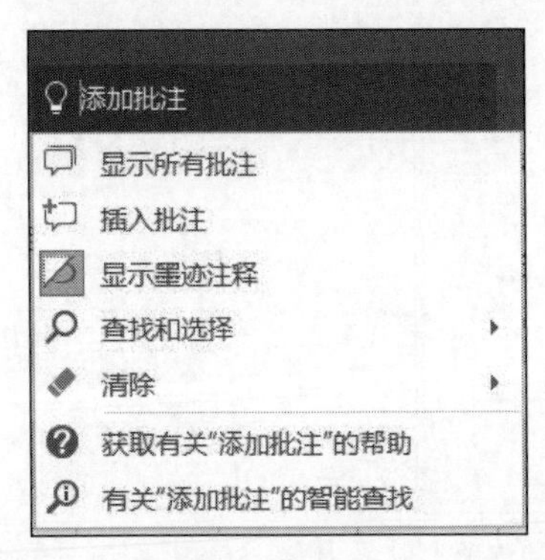

图 4-7　"告诉我你想要什么"查找按钮

9. 显示比例工具

Excel 2016 窗口界面右下角的显示比例工具用于显示当前工作区的比例大小,默认情况下是 100%,可以根据需要对比例进行调整。

10. "告诉我你想要什么"查找按钮

Excel 2016 增加了一个名为"告诉我你想要什么"的查找按钮,在使用时不用到选项卡中寻找某个操作,仅在输入框里输入关键字,就能获得相应的操作选项,例如,输入添加批注,下拉菜单中会出现"显示所有批注""插入批注""显示墨迹注释""查找和选择""清除"选项,以及"添加批注"的帮助,如图 4-7 所示。

4.2　Excel 2016 的基本操作

4.2.1　工作簿的创建、保存与打开

一个 Excel 文件称为一个工作簿,其扩展名是.xlsx。工作簿是存储和处理工作数据的基本单位,在工作簿标题栏显示的就是该 Excel 文件的文件名。工作簿中包含了多个工作表,工作表是由行和列组成的二维表格。默认情况下,Excel 2016 的工作簿只包含一个工作表,名字是 Sheet1。工作表中行和列交汇的网格称为单元格,单元格是用来存储和处理数

据的基本单位。

1. 创建工作簿

可以通过下面的 4 种方法创建工作簿。

方法 1：通过默认方式创建。双击 Excel 2016 图标，会自动创建一个文件名为“工作簿1”的工作簿。

方法 2：通过“文件”选项卡创建。在“文件”选项卡中选中“新建”选项，再选择“空白工作簿”，即可创建一个空白的工作簿，如图 4-8 所示。

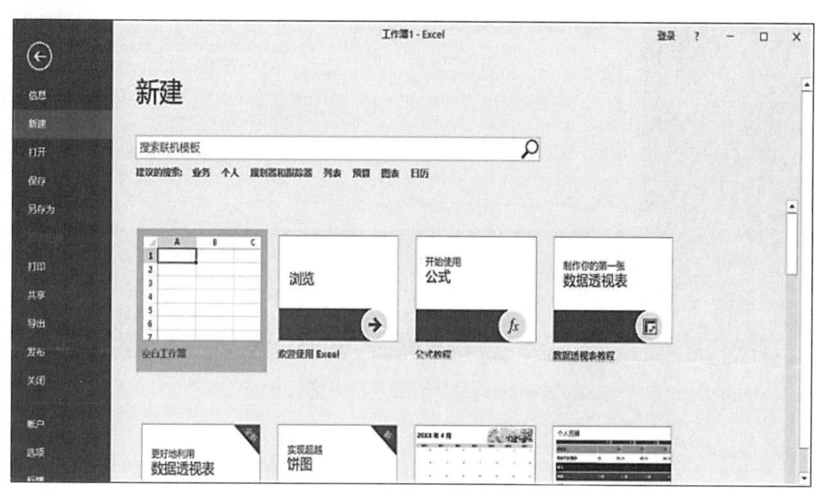

图 4-8　创建空白工作簿

也可以按照不同需求，使用系统自带的模板或搜索联机模板来创建不同格式的工作簿。例如可以通过 Excel 模板创建一个学年日历，步骤如下。

(1) 在“文件”选项卡中选中“新建”选项，单击“新建”区域的“学年日历”按钮，如图 4-9 所示。

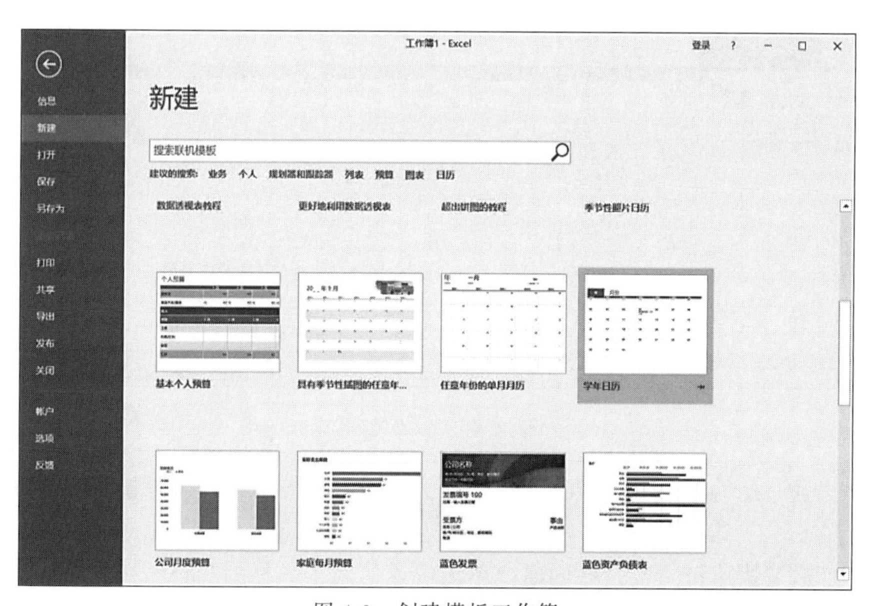

图 4-9　创建模板工作簿

(2) 在弹出的“学年日历”界面中单击“创建”按钮下载该模板，如图 4-10 所示。

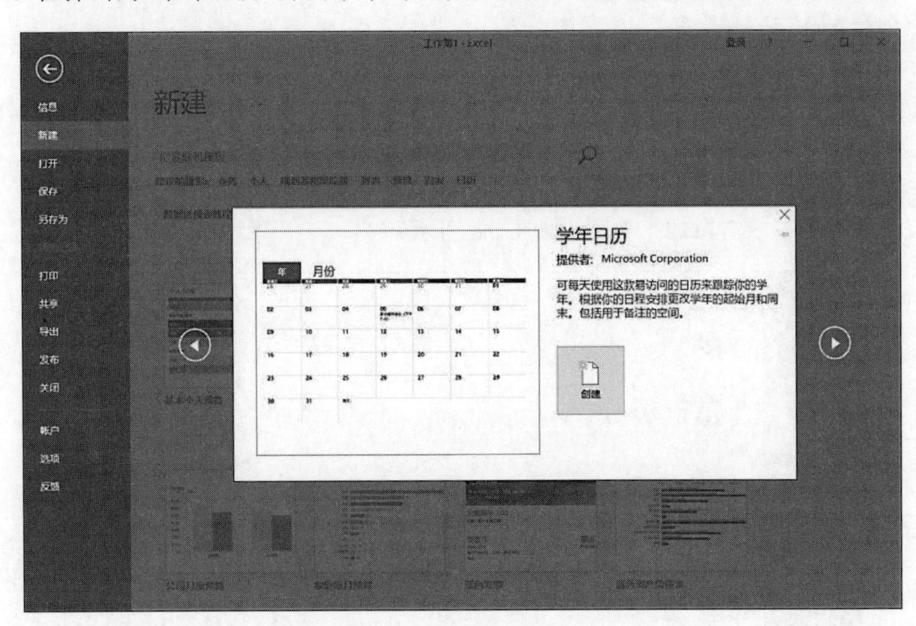

图 4-10 “学年日历”预览界面

(3) 下载完成后，该模板会自动打开，这时就可以在表格中输入或修改数据，如图 4-11 所示。

图 4-11 学年日历

方法 3：通过组合键创建。启动 Excel 2016 后，按 Ctrl＋N 组合键即可创建新的工作簿。

方法 4：通过快速访问工具栏创建。单击快速访问工具栏的“新建”按钮，即可创建一个空白文档。

2. 保存工作簿

保存工作簿的方法有以下 3 种。

方法 1：通过快速访问工具栏保存。单击快速访问工具栏上的“保存”按钮，弹出如图 4-12 所示的“另存为”界面，根据需要选择要保存的位置。

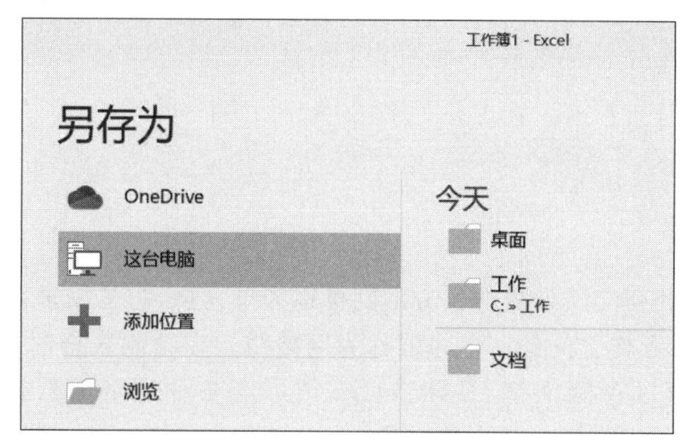

图 4-12 “另存为”界面

例如单击“浏览”按钮，打开如图 4-13 所示的“另存为”对话框，选中文件的保存位置后，在“文件名”文本框中输入文件的名称，单击“保存”按钮即可完成操作。

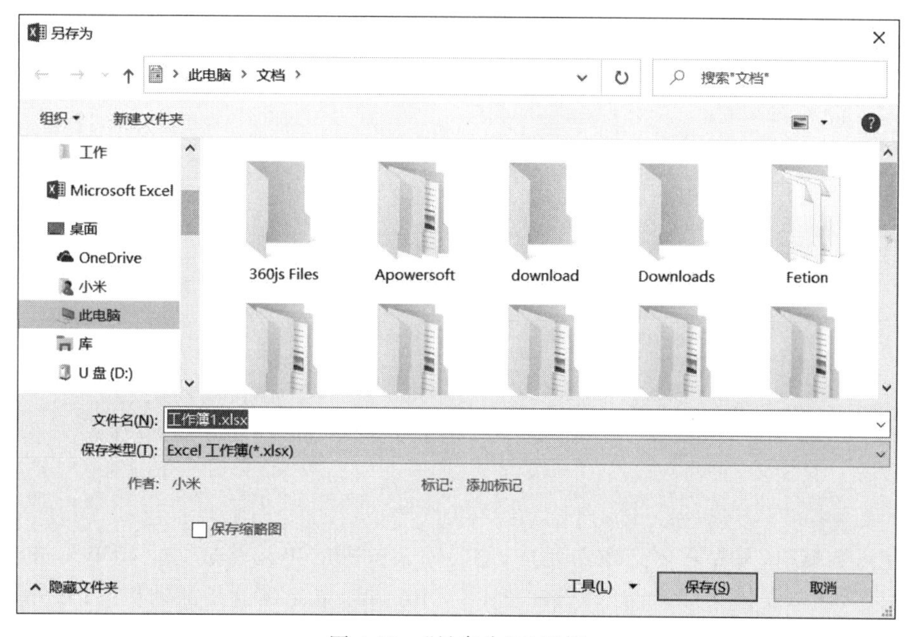

图 4-13 “另存为”对话框

方法 2：通过“文件”选项卡保存。在“文件”选项卡中选中“保存”选项。

方法 3：通过组合键保存。按 Ctrl+S 组合键也可对当前编辑状态的工作簿完成保存，这种情况下，该工作簿按照原文件名保存。

3. 打开工作簿

打开工作簿的方法有以下 3 种。

方法 1：通过“文件”选项卡打开。启动 Excel 2016，在“文件”选项卡中选中“打开”选项，然后选中希望打开的文件。

方法 2：通过快捷访问工具栏打开。单击“快速访问工具栏”上的“打开”按钮，在出现的“打开”界面中查找要打开的文件，然后单击“打开” 按钮即可。

方法 3：通过 Windows 资源管理器打开。在本地磁盘上找到要打开的 Excel 文件并双击，即可打开该工作簿。

方法 4：通过组合键打开。在 Excel 2016 中，按 Ctrl＋O 组合键，在“打开”界面中根据需要选中 Excel 文件。

4.2.2 选定单元格

在工作表中，行和列交叉形成的长方形网格称为单元格，它是用来存储数据和进行公式运算的基本单位。单元格之间的灰色边框称为网格线。在绘制表格时，可以手动增加表格边框。在单元格中可以存储文字、日期、数字、图形等各种类型的数据。在默认情况下，Excel 用列标和行标的组合表示某个单元格位置，称为单元格地址，例如 A5 为第 A 列第 5 行的单元格的地址，如图 4-14 所示。

图 4-14　单元格

在输入数据前，首先需要选中单元格，使要输入数据的单元格成为活动单元格，以黑色方框显示，活动单元格又称当前单元格，图 4-14 中的 A5 单元格就是活动单元格。用户所有的操作都是针对活动单元格的，所以要对当前工作表进行各种操作，必须先选中单元格或单元格区域。单击单元格可完成选中，单击单元格后使用鼠标拖曳可以选中一个单元格区域。

4.2.3 撤销与恢复

在制作电子表格的过程中，如果发生误操作，就可以进行撤销和恢复。“撤销”和“恢复”按钮通常显示在快速访问工具栏中，如图 4-15 所示。单击“撤销”按钮可撤销操作，单击“恢复”按钮可恢复已经撤销的操作。在“撤销”按钮和“恢复”按钮的右侧，分别有两个下拉按钮，单击可以显示能够撤销和恢复的每一步操作。

图 4-15　快速访问工具栏

4.2.4　数据输入

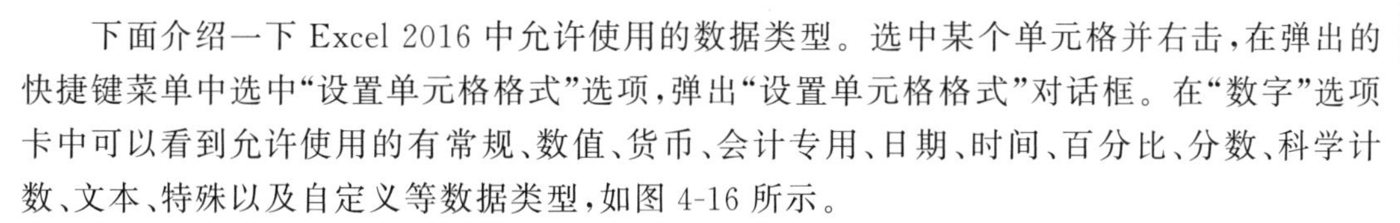

下面介绍一下 Excel 2016 中允许使用的数据类型。选中某个单元格并右击，在弹出的快捷键菜单中选中“设置单元格格式”选项，弹出“设置单元格格式”对话框。在“数字”选项卡中可以看到允许使用的有常规、数值、货币、会计专用、日期、时间、百分比、分数、科学计数、文本、特殊以及自定义等数据类型，如图 4-16 所示。

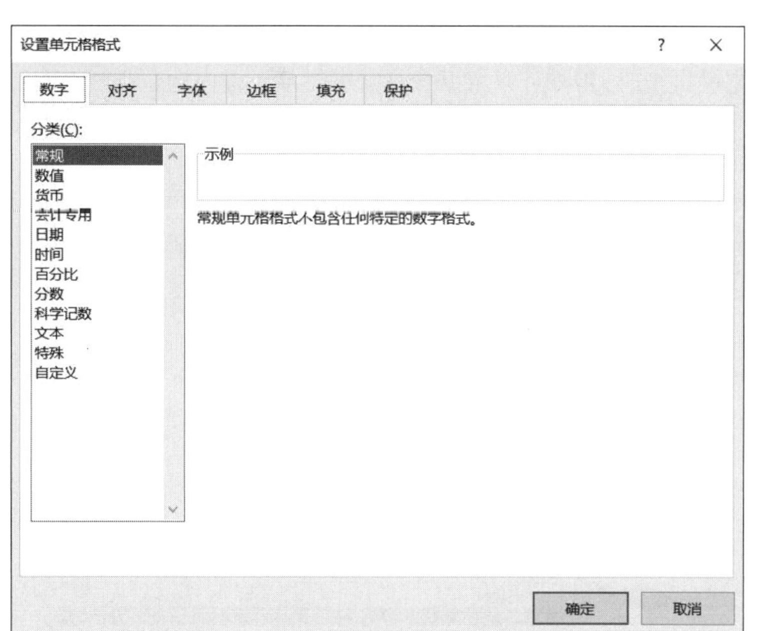

图 4-16　Excel 的数据类型

下面是在输入时常见的几种数据类型。

1. 数值

除了 0～9 以外，单元格中的数值还可使用＋、－、E、$ 、/、%等特殊字符。在输入多于 11 位的数字时，Excel 自动以科学计数法表示。输入负数时，可以在前面加负号(用英文的连字符表示)，也可以用括号括起来，如(56)表示－56。在输入分数时，必须在分数前加 0 和空格，如要输入“5/6”则要输入“0 5/6”，否则显示的是日期或字符型数据。如果输入以 0 开头的数字，必须先输入“'”，再输入数字，否则 Excel 将自动省略 0。

在显示方式上，系统默认数值的对齐方式为右对齐。

2. 货币

Excel 内置了货币格式的数据类型，用户可以在输入的货币金额前添加符号￥或者 $ 。

3. 日期和时间

Excel 2016 内置了一些日期时间的格式，常见日期格式为 mm/dd/yy 或 dd-mm-yy。常见时间格式为 hh:mm AM/PM，其中在分钟值与 AM/PM 之间应有空格，缺少空格将被当作字符数据处理。

4. 文本

文本类型的数据包括汉字、字母、数字、符号等。需要注意的是，输入数字形式的文本型数据(如学号、身份证号等)时，数字前必须加英文单引号“'”，用于区分纯数值型数据。

在显示方式上，系统默认文本的对齐方式为左对齐。

注意：当输入的文字长度超出单元格宽度时，如果右边单元格无内容，则扩展到右边列，否则将截断显示。如果要在一个单元格中输入多行数据，按 Alt+Enter 组合键，可以实现单元格内的换行。

5. 自定义

在使用自定义类型时，用户可以依据自身需求对单元格内的数据格式进行设置。例如，在单元格中输入数值“201311010101”表示学号时，因为数值超过 11 位，Excel 会以科学计数法方式显示该学号，可以按照上述文本方式中加“'”进行处理，也可以在自定义类型中输入“000000000000”(12 个 0)来处理，如图 4-17 所示。

图 4-17　设置自定义类型

4.2.5　数据自动填充

为了在输入数据时减少工作量，Excel 2016 支持有规律数据和相同数据的自动填充，其中有规律数据是指等差、等比、系统预定义的数据填充序列以及用户自定义的新序列等。

1. 使用已有内置序列

选中某个单元格或者单元格区域后，该单元格或者单元格区域便成为活动单元格或者单元格区域，并以黑色方框显示，选中部分右下角的黑色实心小方块，称为填充柄。自动填充功能是依据当前单元格的初始值和填充方式的选择共同决定后续单元格填充的值。

填充数据的方法为，先将鼠标指针移到初始值所在单元格的右下角，鼠标形状从空心的白色十字变为实心的黑色十字，之后分为两种方法。

方法 1：在填充柄处单击，拖动填充柄，直至要填充数据的单元格的最后一个然后松开，即可完成数据的自动填充。也可以单击按钮，在弹出的菜单中选中填充方式，如图 4-18 所示。

方法 2：右键按住填充柄并拖动，直到要填充数据的最后一个单元格后松开，在弹出的快捷菜单中选中要填充的方式后即可完成填充，如图 4-19 所示。

图 4-18　自动填充

图 4-19　自动填充

也可以在“开始”选项卡“编辑”组中单击“填充”按钮，在弹出的下拉列表中选中“序列”，弹出如图 4-20 所示的“序列”对话框，在其中根据需要进行设置即可。

Excel 2016 预设了一些自动填充序列，例如初始值为“星期一”，选中“填充序列”选项，则顺次填充为“星期二”“星期三”…“星期一”，选中“以工作日填充”选项，则自动将填充数据隔过“星期六”和“星期日”，继续从“星期一”开始循环，如图 4-21 所示。

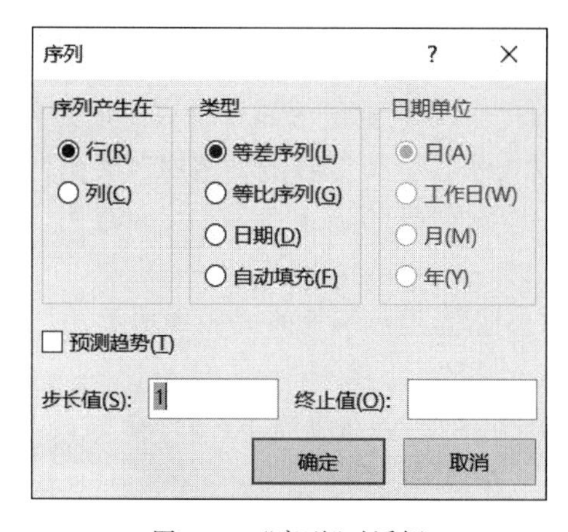

图 4-20　“序列”对话框

星期一	星期一
星期二	星期二
星期三	星期三
星期四	星期四
星期五	星期五
星期六	星期一
星期日	星期二
星期一	星期三
星期二	星期四
星期三	星期五

图 4-21　自动序列填充

并不是用户所用到的填充序列都能够在 Excel 2016 内置序列中找到。若初始值不在预设的自动填充序列中,则可添加自定义序列实现自动填充。

2. 添加“自定义序列”

除了 Excel 预设的自动填充序列外,用户也可以自定义序列。

具体步骤如下。

(1) 在“文件”选项卡中选中“选项”选项,打开“Excel 选项”对话框。

(2) 在“Excel 选项”对话框中选中“高级”选项,在“常规”栏中单击“编辑自定义列表”按钮,如图 4-22 所示。

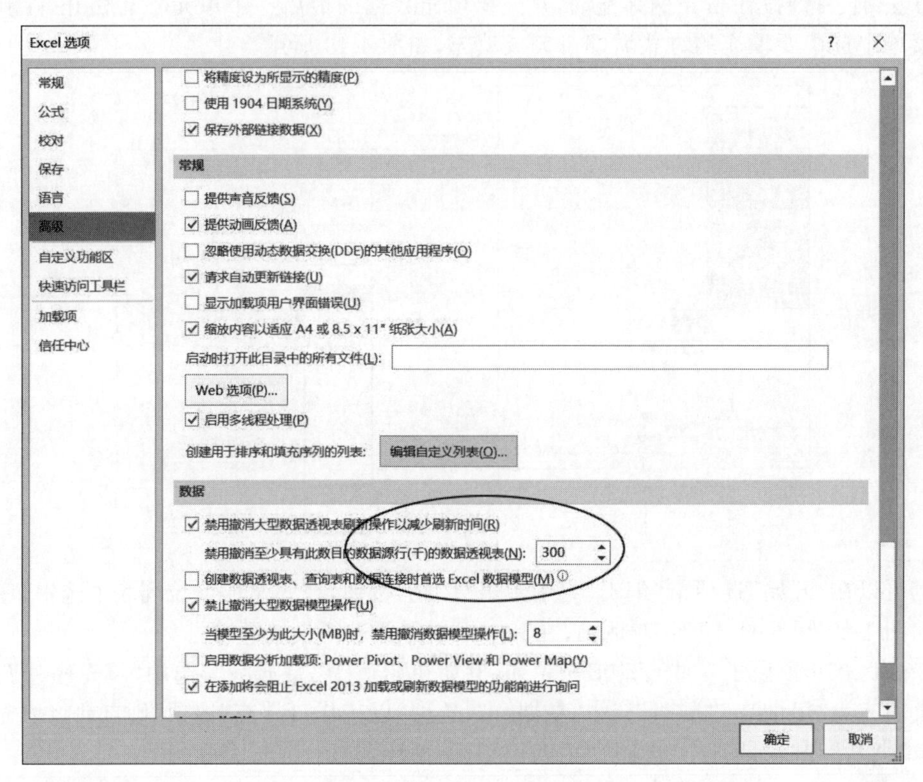

图 4-22　Excel 选项对话框

(3) 在弹出的“自定义序列”对话框右侧的“输入序列”列表框中输入要定义的序列,如输入“立春”,按 Enter 键,同样的方法再输入“雨水”“惊蛰”“春分”“清明”“谷雨”,单击“添加”按钮,将输入的序列添加到自定义序列中。单击“确定”按钮完成自定义序列,如图 4-23 所示。

例如在 C1 单元格中输入“立春”,拖动填充柄后,填充结果如图 4-24 所示。

3. 导入“自定义”序列

除了可以在“自定义序列”对话框中输入自定义序列,还可以导入新的序列。

操作步骤如下。

(1) 在图 4-25 所示的“自定义序列”对话框中单击“导入”按钮左侧的▦按钮,系统弹出如图 4-26 所示的对话框。

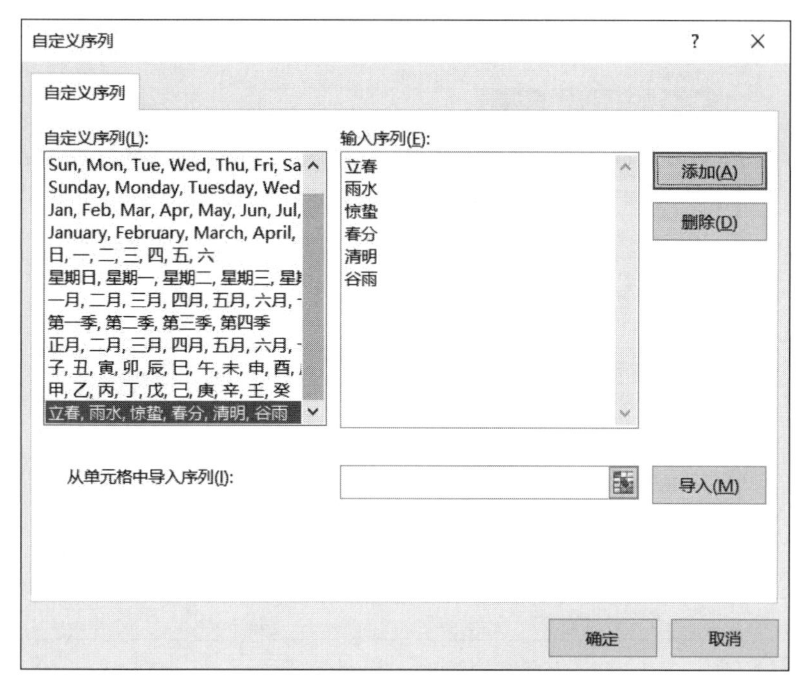

图 4-23 “自定义序列”对话框

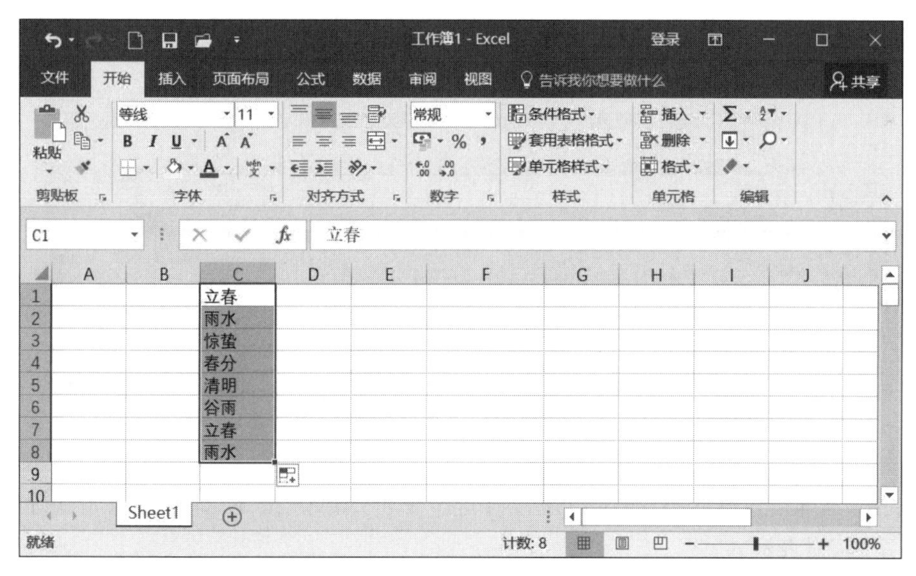

图 4-24 自定义序列填充

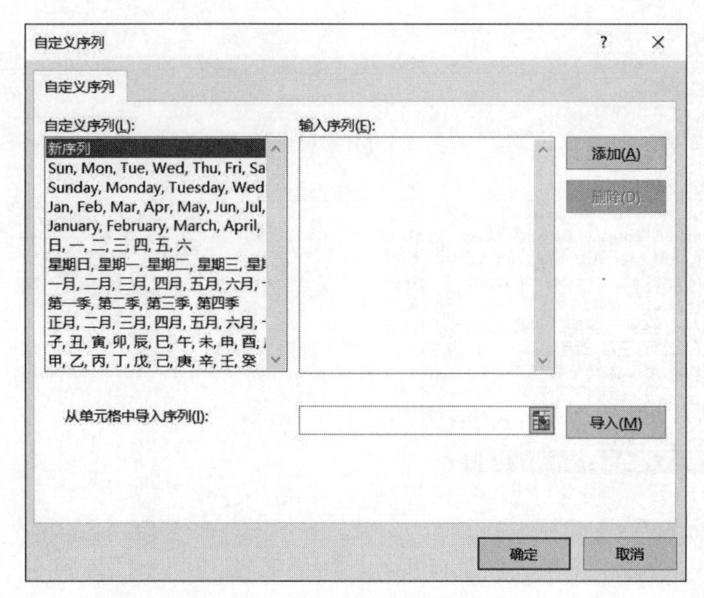

图 4-25　导入序列按钮

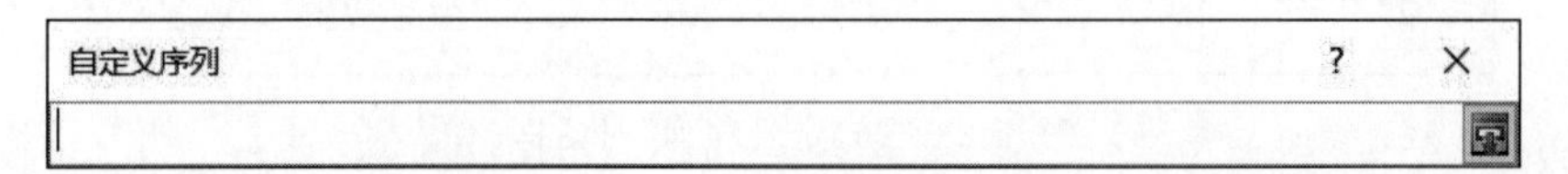

图 4-26　“自定义序列”对话框

(2) 在工作表中选取包含序列的单元格,则在“自定义序列”对话框的文本框中出现“$A$1:$A$6”(代表选中的区域为 A1 至 A6),如图 4-27 所示。

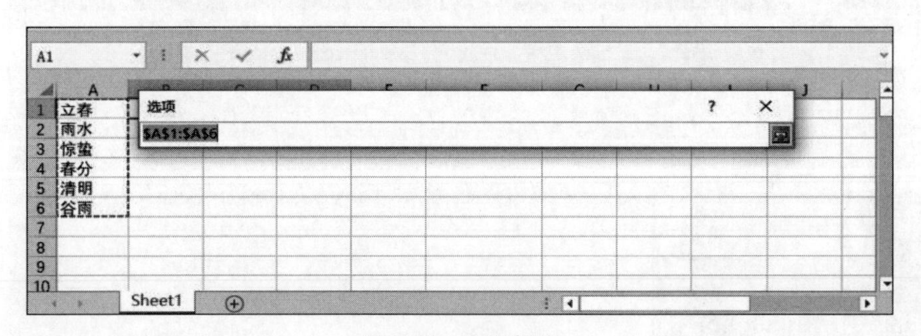

图 4-27　选取序列

(3) 关闭对话框,返回“自定义序列”对话框,单击“导入”按钮,即可把选定的序列加入“自定义序列”列表框。

4.2.6　单元格的操作

1. 数据区域的选定

多个连续或者不连续的单元格可组成单元格区域。一般情况下,对某个单元格区域的数据完成各种操作之前,要先选中。具体操作如下。

（1）选中要选择的连续单元格区域左上角的单元格，按住鼠标左键拖到该区域右下角的单元格后松开鼠标。

（2）选中要选择的连续单元格区域左上角的单元格，按住 Shift 键，再单击该区域右下角的单元格。

（3）按住 Ctrl 键，用鼠标逐个单击要选择的单元格，可以选择多个不连续的单元格。

（4）在名称框中输入要选择的单元格区域的地址，然后按 Enter 键可以选中相应单元格区域。如果要表示一个连续的单元格区域，可用"该区域左上角的一个单元格地址＋冒号＋该区域右下角的一个单元格地址"的形式表示。例如 A2:D3 表示从 A2 单元格到 D3 单元格的整个区域。如果是不连续的区域，在不同区域之间加入逗号。例如 A1:D4,E5:G10 表示 A1 到 D4 和 E5 到 G10 两个区域。

（5）选定整行或整列。鼠标放在要选定的某行或者某列的行标或者列标上之后变成向右或者向下的箭头，单击该行标或者列标，即可选中相应的行或列。

（6）选定连续行或列。按住鼠标左键，在行标或列标上拖动鼠标，即可选中连续的行或列。

（7）选定不连续行或列。按住 Ctrl 键，用鼠标分别单击要选择的行标或列标，即可选中多个不连续的行或列。

2. 单元格中数据的修改

双击单元格，然后直接在单元格内进行编辑修改，也可以先单击单元格使其成为活动单元格，然后在编辑栏中修改单元格中的数据。

3. 清除单元格

清除单元格是指清除单元格中的数据内容、格式或批注，而保留单元格本身。

清除单元格的方式如下。

方法 1：选中需要清除的一个或多个单元格，然后按 Delete 键。

方法 2：选中需要清除的一个或多个单元格，在"开始"选项卡的"编辑"组中单击"清除"按钮，弹出如图 4-28 所示的选项，根据需要然后选择一种清除方式即可。

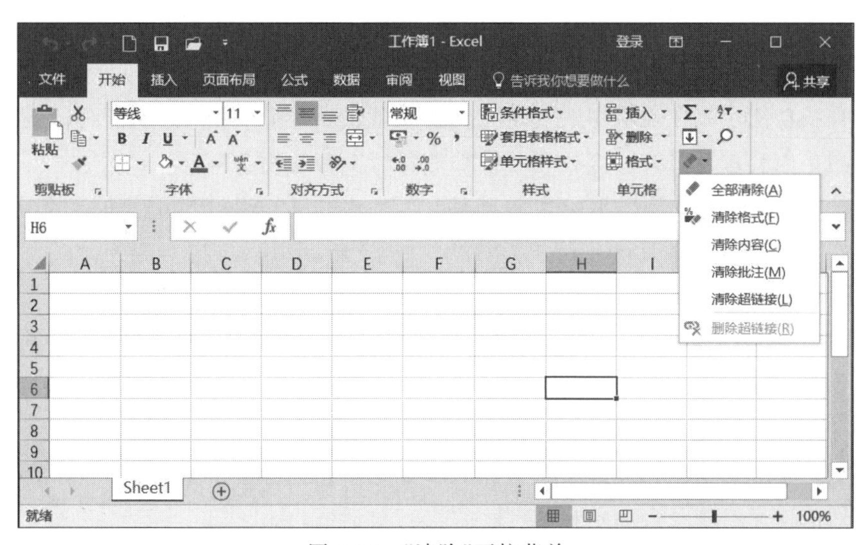

图 4-28 "清除"下拉菜单

4. 删除单元格

删除单元格是指把单元格和其中的数据一起删掉。

具体步骤如下。

(1) 选中单元格并右击,在弹出的快捷菜单中选中“删除”选项,也可以在“开始”选项卡的“单元格”组中单击“删除”按钮,然后从下拉菜单中选中“删除单元格”选项,弹出“删除”对话框,如图 4-29 所示。

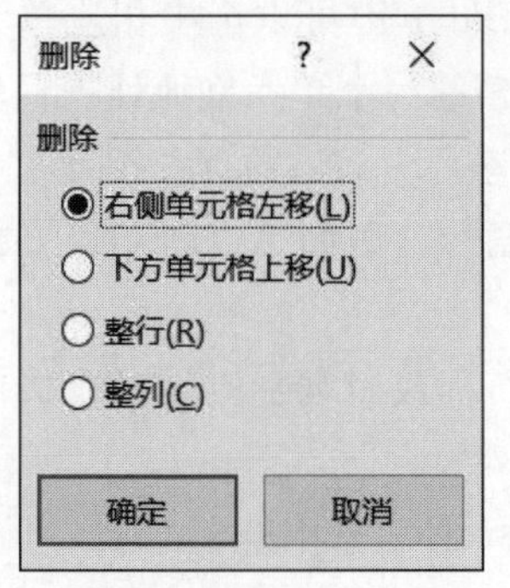

图 4-29 “删除”对话框

(2) 在“删除”对话框中选中所需操作项的单选按钮,单击“确定”按钮即可完成操作。

5. 单元格中数据的复制或移动

单元格或区域数据的复制或移动方法如下。

方法 1:使用“开始”选项卡。操作步骤如下。

(1) 选定要复制或移动的单元格或单元格区域。

(2) 在“开始”选项卡的“剪切板”组中单击“复制”或“剪切”按钮。

(3) 选择目标单元格。

(4) 在“开始”选项卡的“剪切板”组中单击“粘贴”按钮,完成复制或移动。

方法 2:使用快捷键。

(1) 选定要复制或移动的单元格或单元格区域。

(2) 在选定的操作对象上右击,在弹出的快捷菜单中选中“复制”或“剪切”选项。

(3) 右击目的单元格,在弹出的快捷菜单中选中“粘贴”选项,完成复制或移动。

方法 3:使用鼠标拖曳的方式复制移动数据。

(1) 选定要复制或移动的单元格或单元格区域。

(2) 将鼠标放在单元格或单元格区域的边框上,待鼠标由空心白色十字形变为黑色实心带箭头的十字形时,按住鼠标后拖曳,将单元格或单元格区域放在目标位置后,释放鼠标,就可完成单元格或单元格数据的移动,按住 Ctrl 键拖曳可以完成复制。

6. 查找与替换

利用查找功能可以在表格中快速定位到要查找的内容,利用替换功能可以对表格中多处出现的同一内容进行修改。查找和替换功能可以交替使用。

(1) 查找数据。查找是根据给定的条件,快速寻找与“查找内容”相同的单元格内容。操作步骤如下。

① 在“开始”选项卡的“编辑”组中单击“查找和选择”按钮。

② 在弹出的下拉菜单中选中“查找”选项,弹出“查找与替换”对话框,其中的“查找”选项卡如图 4-30 所示。

③ 在“查找内容”文本框中输入需要查找的内容。

④ 单击“查找下一个”按钮,符合条件的单元格会被选中。若单击“查找全部”按钮,所有符合条件的单元格信息会显示在“查找和替换”对话框内。

(2) 替换数据。替换是将和“查找内容”相同的数据替换为与“替换为”内容相同的数

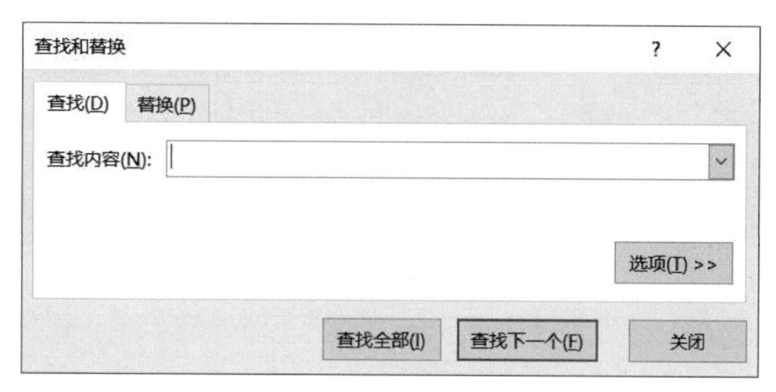

图 4-30 “查找”选项卡

据。操作步骤如下。

① 在“开始”选项卡的“编辑”组中单击“查找和选择”按钮。

② 在弹出的下拉菜单中，选中“替换”选项，弹出“查找与替换”对话框，其中的“替换”选项卡如图 4-31 所示。

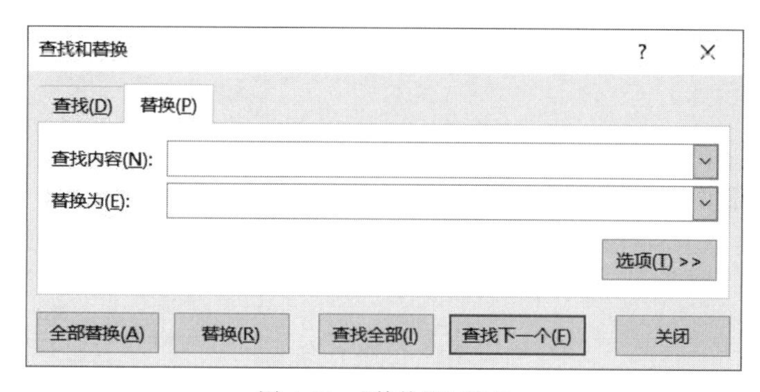

图 4-31 “替换”选项卡

③ 在“查找内容”和“替换为”文本框中分别输入要查找和替换的数据。

④ 单击“替换”按钮，将替换当前查找到的单元格。若单击“全部替换”按钮，则所有符合条件的单元格都被替换。

7. 为单元格添加批注和删除批注

单元格批注就是用于说明单元格内容的说明性文字，可以帮助 Excel 工作表使用者了解该单元格的意义。在 Excel 2016 工作表中可以添加单元格批注，操作步骤如下。

(1) 打开 Excel 2016 工作表，选中需要添加批注的单元格。

(2) 在“审阅”选项卡的“批注”组中单击“新建批注”按钮，如图 4-32 所示。也可以通过右击要建立批注的单元格，在弹出的快捷菜单中选中“插入批注”选项来完成添加批注。添加了批注的单元格右上角会出现红色小箭头。

(3) 在新建批注后，可以对批注的内容进行完善。选定当前含批注的单元格并右击，在弹出的快捷菜单中选中“编辑批注”选项，光标即切换到批注文本框，在其中可编辑批注的内容，如图 4-33 所示。

如果工作表中的单元格不需要批注，用户可以将其删除。方法是，右击含有批注的单元

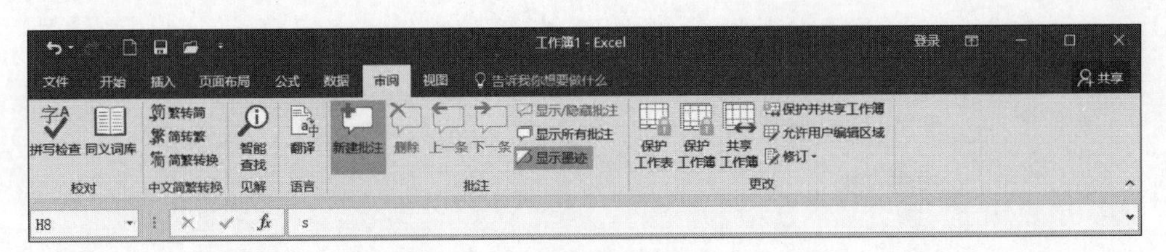

图 4-32 “新建批注”命令

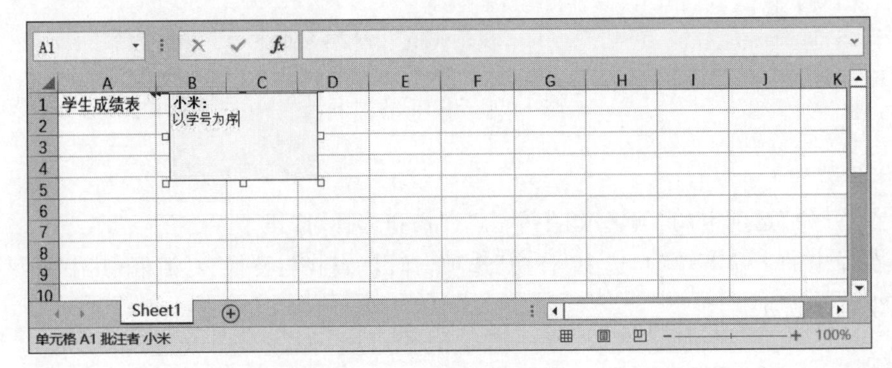

图 4-33 编辑批注内容

格,在弹出的快捷菜单中选中“删除批注”选项。

8. 保护单元格

在使用 Excel 2016 制作电子表格时,为防止他人篡改或误删数据,可把某些单元格锁定,具体步骤如下。

(1) 打开 Excel 2016 工作表,选中需要数据被保护的单元格并右击,在弹出的快捷菜单中选中“设置单元格格式”选项。

(2) 在弹出的“设置单元格格式”对话框中,切换到“保护”选项卡,默认情况下,“锁定”复选框处于选中状态,如图 4-34 所示。

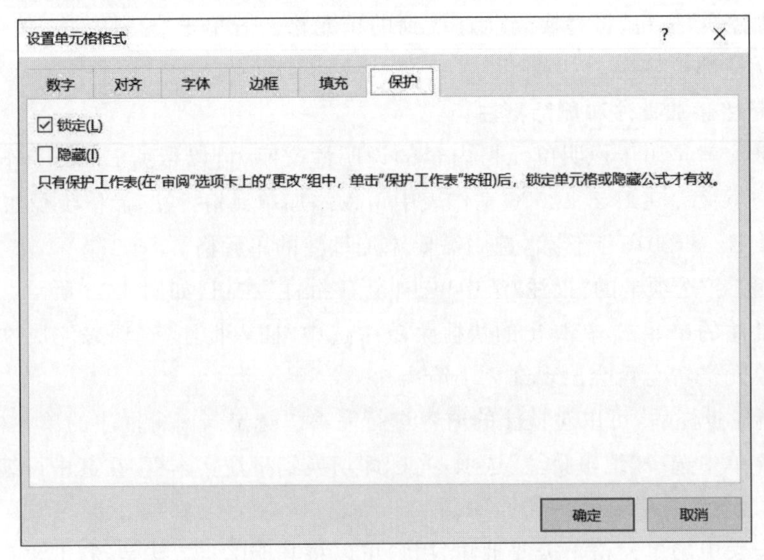

图 4-34 “设置单元格格式”对话框

(3) 按 Ctrl+A 组合键选中所有单元格并右击,在弹出的快捷菜单中选中“设置单元格格式”选项,切换到“保护”选项卡,取消选中“锁定”复选框,单击“确定”按钮保存设置。

(4) 选中需要保护的单元格,参照第(2)步操作选中“锁定”复选框。

(5) 切换到“审阅”选项卡,在“更改”组中单击“保护工作表”按钮,弹出“保护工作表”对话框,如图 4-35 所示。

(6) 在“允许此工作表的所有用户进行”列表框中可以选择允许用户进行哪些操作,一般保留默认设置。

(7) 在此,用户可以设置解开锁定时需要输入密码,只需在取消工作表保护时使用的密码文本框中输入设置的密码。

(8) 当尝试编辑被锁定的单元格时,应出现如图 4-36 所示的消息框,提示要更改的单元格或图表受保护。

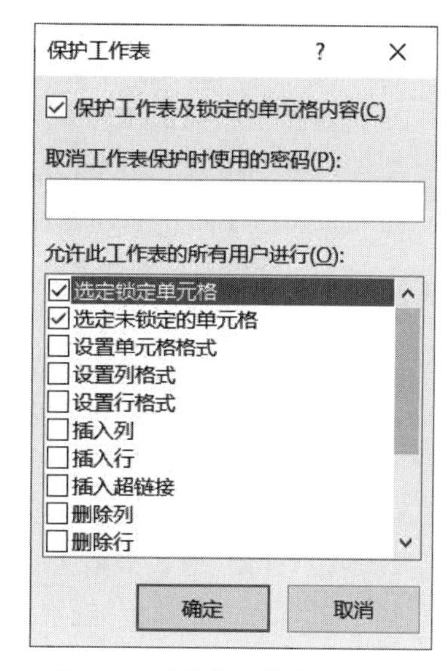

图 4-35 “保护工作表”对话框

(9) 如果要解除锁定,只需要在“审阅”选项卡的“更改”组中单击“撤销工作表保护”按钮,此时需要输入原先设置保护时的密码,输入后,单元格保护解除。

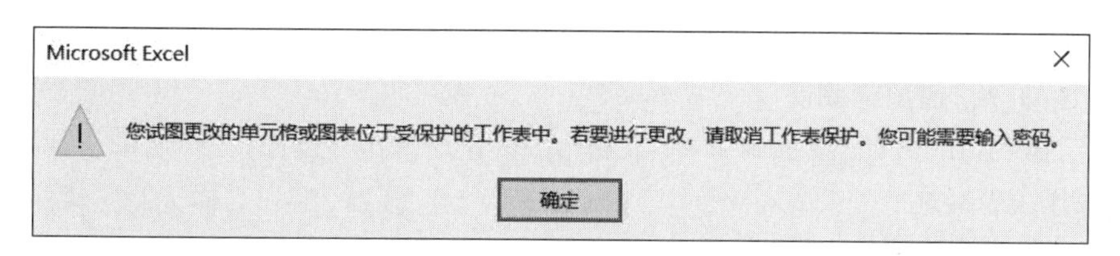

图 4-36 单元格受保护提示

4.3 工作表的编辑

在默认情况下,用 Excel 2016 新建工作簿时仅包含一个工作表,名字为 Sheet1。在使用过程中,可以对工作表进行插入、删除、复制、移动、重命名、隐藏等操作。在对工作表进行各项编辑前,先要选定该工作表。

4.3.1 选定工作表

1. 选定一个工作表

单击要选定的工作表标签,使该工作表成为当前工作表,其名称以反白显示。若目标工作表标签未显示在工作表标签行,则可以单击工作表标签左右滚动按钮使工作表标签出现,然后单击即可。

2. 选定多个不相邻的工作表

按住 Ctrl 键并单击每个要选择的工作表即可完成选定。被选定的工作表标签均呈反白显示,工作簿标题出现"工作组"字样。

3. 选定多个相邻的工作表

要选定多个相邻工作表,只需要单击要选定的第一个工作表标签,按住 Shift 键并单击要选定的最后一个工作表标签即可。

4.3.2 插入工作表

要想在一个工作簿中建立多个工作表,就要考虑插入新的工作表。

1. 通过"插入工作表"按钮插入

直接单击工作表名称标签右侧的"新工作表"按钮,或者使用 Shift＋F11 组合键都可以插入一个工作表。

2. 通过"开始"选项卡插入

选中工作表,在"开始"选项卡的"单元格"组中单击"插入"按钮,在弹出的下拉菜单中选中"插入工作表"选项,即可在该工作表之前插入新的工作表。

3. 通过右键快捷菜单插入

右击任意一个工作表的标签,在弹出的快捷菜单中选中"插入"选项,在弹出的"插入"对话框中选中"工作表"选项,单击"确定"按钮,完成插入。

4.3.3 删除工作表

1. 通过"开始"选项卡删除

选中工作表,在"开始"选项卡的"单元格"组中单击"删除"按钮,在弹出的下拉菜单中选中"删除工作表"选项。

2. 通过右键快捷菜单删除

右击工作表的标签,在弹出的快捷菜单中选中"删除"选项。

4.3.4 重命名工作表

默认情况下,工作表名称不便于用户查看数据,此时需要对工作表重命名。重命名工作表的方法如下。

方法 1:双击要重命名的工作表标签,然后直接输入新工作表名称。

方法 2:右击工作表标签,在弹出的快捷菜单中选中"重命名"选项,然后更改工作表名称。

方法 3:在"开始"选项卡的"单元格"组中单击"格式"按钮,在下拉菜单中选中"组织工作表"中的"重命名工作表",然后更改工作表名称。

4.3.5 复制和移动工作表

1. 在同一个工作簿内的复制和移动

(1) 复制。单击要复制的工作表标签,然后按住 Ctrl 键,用鼠标沿着标签行拖曳工作表标签到目标位置即可。在拖曳过程中,屏幕显示一个黑色三角形,用来指示工作表要插入的位置。

(2) 移动。单击要移动的工作表标签，然后用鼠标沿着标签行拖曳工作表标签到目标位置。

2. 不同的工作簿之间复制和移动

(1) 右击源工作簿中要复制或移动的工作表的标签，在弹出的快捷菜单中选中“移动或复制工作表”选项，打开“移动或复制工作表”对话框。

(2) 在“工作簿”下拉列表框中选中目标工作簿。在“下列选定工作表之前”列表框中选择插入的位置。若选中“建立副本”复选框，则为复制工作表；若不选中，则为移动工作表。

(3) 单击“确定”按钮完成操作。

4.3.6 隐藏或显示工作表

出于对数据安全性或者隐蔽性的考虑，有时会隐藏一些工作表，在需要时才显示。

1. 隐藏工作表

在“开始”选项卡的“单元格”组中单击“格式”按钮，在下拉菜单中单击“隐藏和取消隐藏”|“隐藏工作表”选项，即可隐藏当前工作表(在此也提供了“隐藏行”和“隐藏列”的功能)，如图 4-37 所示。也可以右击工作表标签，在弹出的快捷菜单中选中“隐藏”选项。

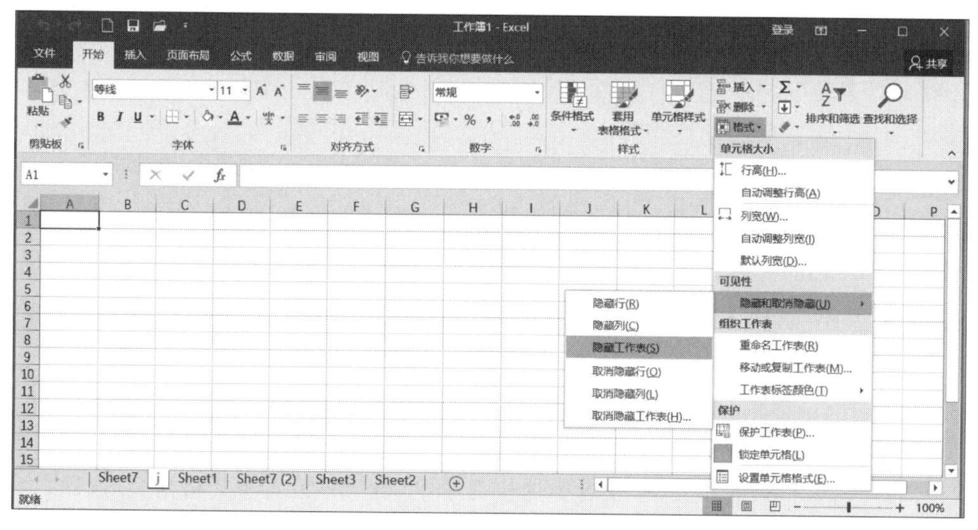

图 4-37 隐藏工作表命令

2. 显示工作表

重新显示隐藏的工作表时，在“开始”选项卡的“单元格”组中单击“格式”按钮，在下拉菜单中选中“隐藏和取消隐藏”|“取消隐藏工作表”选项，然后在弹出的“取消隐藏”对话框中选中要取消隐藏的工作表。也可以右击，在弹出的快捷菜单中选中“取消隐藏”选项，在弹出的“取消隐藏”对话框中选中要取消隐藏的工作表。

4.4 工作表的格式化

控制工作表数据外观的信息称为格式。用户在应用中可以通过改变工作表上单元格的格式来突出重要的信息。

4.4.1 使用格式刷

在“开始”选项卡的“剪贴板”工作组中，“格式刷”是非常实用的工具，如图 4-38 所示。当需要将多个单元格或单元格区域中的数据全部设置成与源单元格相同的格式，可以使用“格式刷”按钮，然后进行快速设置。

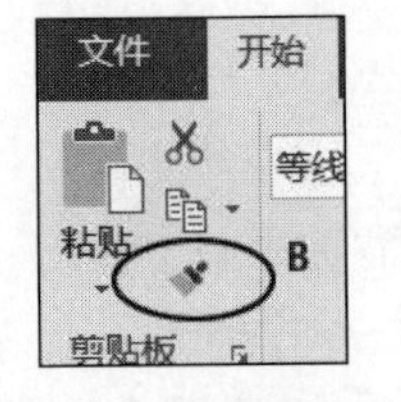

图 4-38 格式刷工具

使用格式刷的方法有两种，单击格式刷和双击格式刷。

方法 1：单击格式刷。选中某个单元格（称为源单元格）或单元格区域（称为源区域），在“开始”选项卡的“剪贴板”组中单击“格式刷”按钮，单击需要设置成与源单元格格式相同的单元格（称为目标单元格）或拖曳鼠标选中某个区域（称为目标区域）即可。

方法 2：双击格式刷。选中某个单元格（称为源单元格）或单元格区域（称为源区域），双击“格式刷”按钮，单击目标单元格或者拖曳鼠标选中目标区域，完成一次格式复制；同样，可以把相同格式复制到多个位置，直至再次单击该格式刷按钮可取消对于格式的复制。

4.4.2 设置字符格式

与 Word 2016 类似，Excel 2016 可对表格中文本内容的字体、字号、字形、上标、下标、斜体、加粗、颜色等进行格式化操作。设置方式有以下几种。

1. 通过“开始”选项卡设置

选定需要设置格式的单元格，然后通过“开始”选项卡的“字体”组中的工具进行设置即可。

2. 通过“设置单元格格式”对话框设置

右击需要设置格式的单元格，在弹出的快捷菜单中选中“设置单元格格式”选项，也可以在“开始”选项卡中单击“字体”组的对话框启动器按钮，弹出“设置单元格格式”对话框，然后进行设置，如图 4-39 所示。

3. 通过浮动工具条设置

右击需要设置格式的单元格，弹出如图 4-40 所示的浮动工具条，根据需要进行设置即可。

4.4.3 设置数字格式

Excel 2016 允许使用多种数字，并且提供了不同类型数据的格式。对于数字格式的设置，常用方法有以下两种。

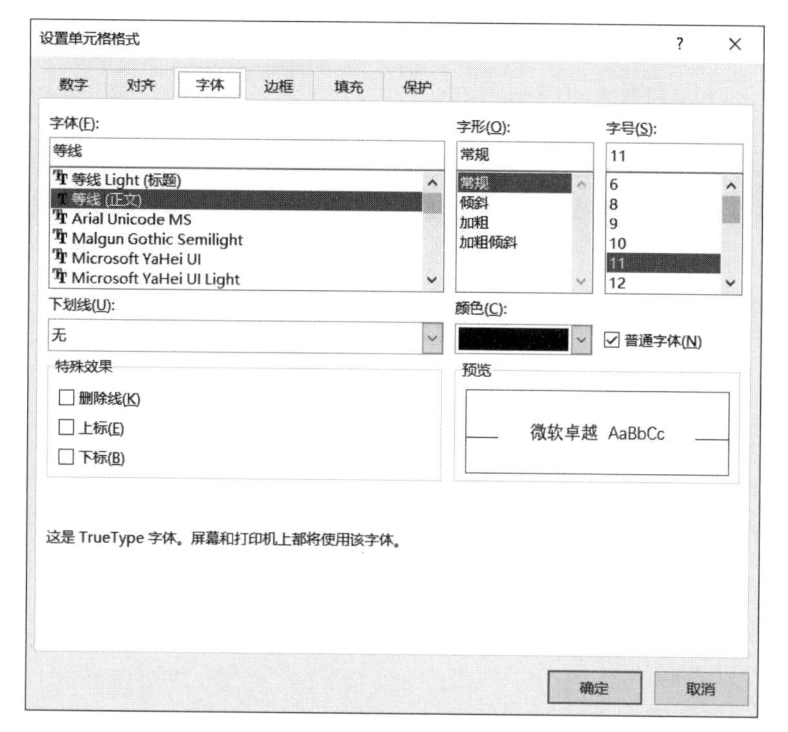

图 4-39 “设置单元格格式”对话框

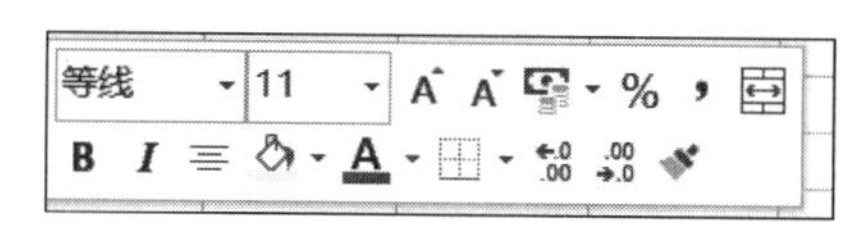

图 4-40 浮动工具条

1. 通过“开始”选项卡设置

选中需要设置格式的单元格，通过“开始”选项卡“数字”组中的工具进行设置。

2. 通过“设置单元格格式”对话框设置

选中需要设置格式的单元格，在“开始”选项卡中单击“数字”组的对话框启动器按钮，弹出“设置单元格格式”对话框，在“数字”选项卡中进行设置。

4.4.4 设置单元格对齐方式

默认情况下，Excel 2016 会根据输入的数据自动调节数据的对齐格式，例如文字内容左对齐、数值内容右对齐等，可以对单元格数据进行对齐方式的设置以满足用户的不同需求。

1. 通过快捷按钮设置

选定需要设置格式的单元格，在“开始”选项卡的“对齐方式”组中进行设置，如图 4-41 所示。在默认情况下，单元格中文字对齐方式为“水平对齐常规，垂直对齐靠下”的对齐方式。

图 4-41 “对齐方式”工作组

在“对齐方式”工作组按钮中，“合并后居中”使用频率较高，可用于多个单元格的合并，但是当选定的合并区域包含多重数值时，系统会出现如图 4-42 所示的提示。

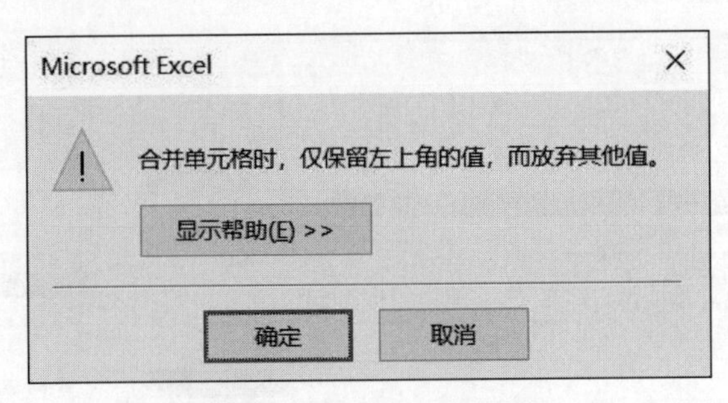

图 4-42 “合并单元格”提示

2. 通过“设置单元格格式”对话框设置

选中需要设置格式的单元格，在“开始”选项卡的“对齐方式”组中单击对话框启动器按钮，打开“设置单元格格式”对话框，如图 4-43 所示，然后在“对齐”选项卡中进行设置。

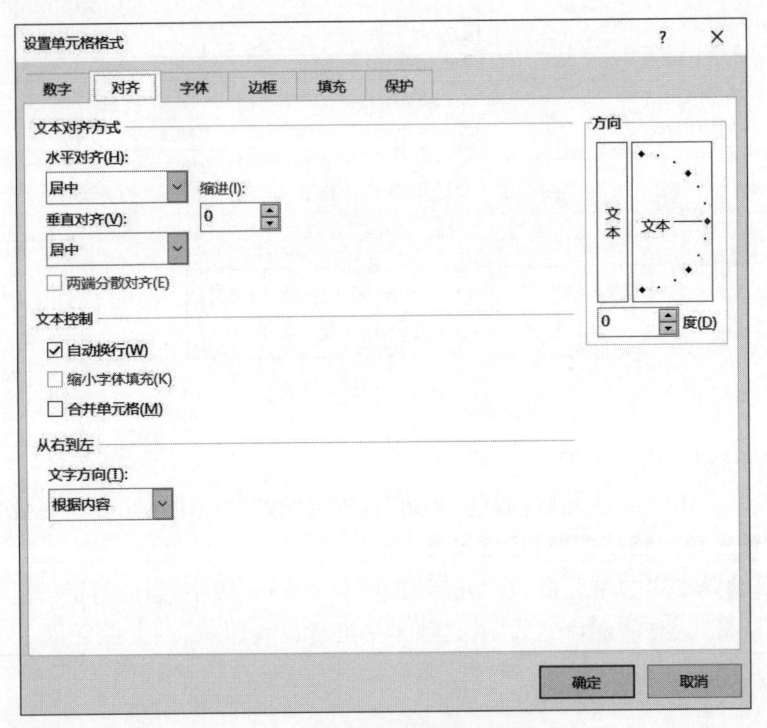

图 4-43 “设置单元格格式”对话框

对于各种对齐方式，用户可以尝试设置不同的对齐方式浏览效果，在此不再赘述。

4.4.5 设置边框和背景

1. 设置边框

单元格之间的灰色边框称为网格线，在绘制表格时，可以手动设置表格边框。边框的设置有如下方法。

方法 1：使用快捷按钮设置。选中需要设置边框的单元格区域，在“开始”选项卡的“字体”组中单击“边框”按钮，然后在下拉列表中选中所需要的边框线类型，如图 4-44 所示。

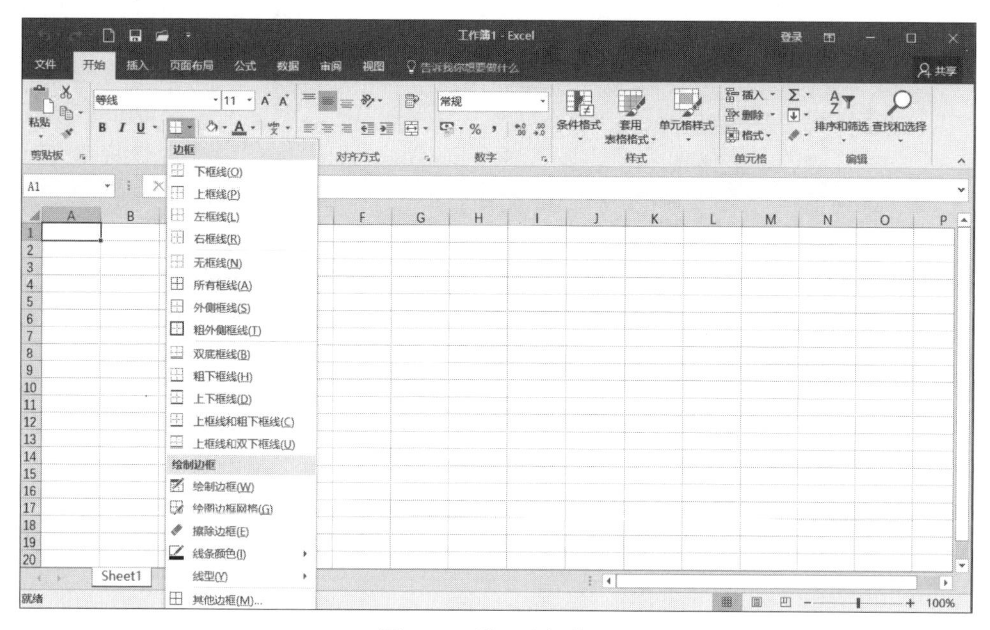

图 4-44　设置边框按钮

方法 2：使用对话框设置。选中需要设置边框的单元格区域，然后在“开始”选项卡中单击“字体”组的对话框启动器按钮，或者右击单元格，在弹出的快捷菜单中选中“设置单元格格式”选项，打开“设置单元格格式”对话框，其中“边框”选项卡如图 4-45 所示。值得注意的是，用户在使用时需要先单击选择线条样式和颜色，再选择预置线条样式，否则结果以默认的线条样式和颜色显示。

2. 设置背景

与设置边框的方法类似，可以为单元格或单元格区域设置不同颜色和图案的背景，两种方法如下。

(1) 选中需要设置边框的单元格区域，然后在“开始”选项卡中单击“字体”组的对话框启动器按钮，打开“设置单元格格式”对话框，在“填充”选项卡中根据需要进行设置。

(2) 选中需要设置边框的单元格区域并右击，在弹出的快捷菜单中选中“设置单元格格式”选项，打开“设置单元格格式”对话框，然后在“填充”选项卡中进行设置。

4.4.6　设置行高和列宽

默认情况下，新建工作表中的所有单元格都具有相同的宽度和相同的高度。右击行标号，在弹出的快捷菜单选中“行高”选项，弹出如图 4-46(a)所示的“行高”对话框，在“行高”框中可输入行高的值。右击列标号，在弹出的快捷菜单中选中“列宽”选项，弹出如图 4-46(b)所示的“列宽”对话框，在“列宽”框中输入列宽的值。

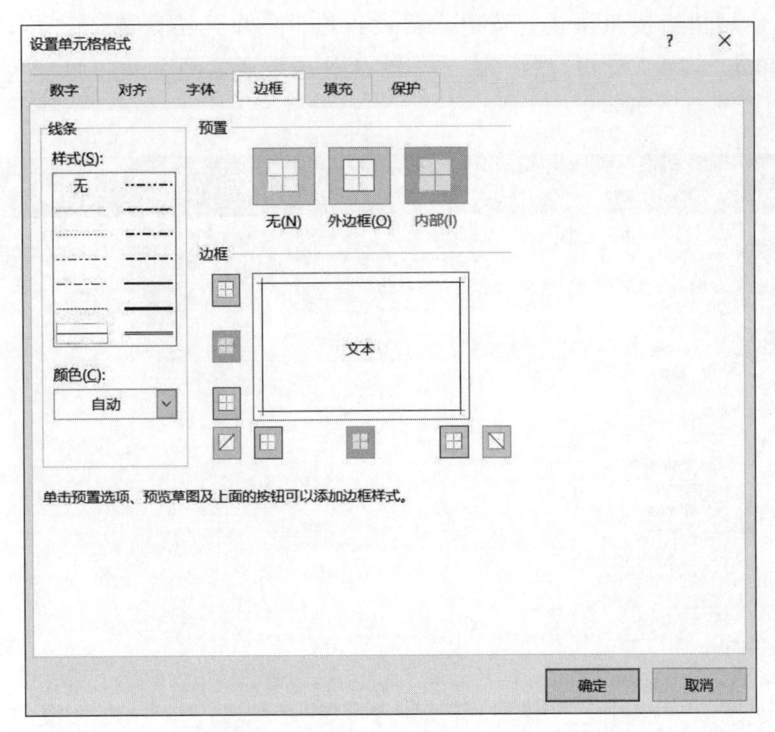

图 4-45 “设置单元格格式”对话框

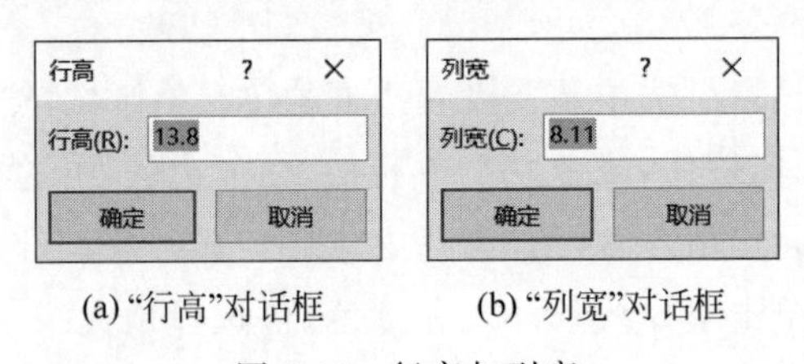

(a)“行高”对话框　(b)“列宽”对话框

图 4-46 行高与列高

通常情况下,当单元格中输入的字符串超过系统默认的列宽时,超出长度的部分不能够完整显示,如果是文字,则超出部分被截去,而数字则以科学计数法的形式显示。为便于数据的完整显示,可以调整行高和列宽。

改变行高和列宽的方法有以下两种。

方法 1:用鼠标拖曳。鼠标指向要调整行高或列宽的行标号或列标号的分隔线上,鼠标指针变成一个双向箭头,拖曳分隔线至适当位置即可。

方法 2:通过“开始”选项卡设置。在“开始”选项卡的“单元格”组中单击“格式”按钮,在下拉菜单中选中“行高”或者“列宽”选项,可以对行高和列宽进行精确调整。

4.4.7 自动套用样式

为了增强表格的视觉效果,可以使用 Excel 2016 提供的自动套用样式为工作表或单元格添加格式。

1. 自动套用表格样式

选中需要套用格式的单元格区域，在“开始”选项卡的“样式”组中单击“套用表格格式”按钮，在下拉列表中选中一种合适的样式为整个表格套用格式。如图 4-47 所示，单元格区域（$A$1:$G$10）为自动套用格式名字为“表样式中等深浅 10”之后的效果。

2. 自动套用单元格样式

选择需要套用格式的单元格区域，在“开始”选项卡的“样式”组中单击“单元格样式”按钮，在弹出的下拉列表中选中一种合适的样式为某些单元格区域套用格式。

4.4.8 条件格式

使用条件格式可以基于条件更改单元格区域的外观，如果条件为 True，则基于该条件设置单元格区域的格式；如果条件为 False，则不基于该条件设置单元格区域的格式。

可以对条件格式的以下内容进行设置。

1. 突出显示单元格

下面通过一个简单的例子加以说明。假设有 10 名学生的成绩，要对低于 60 分的数据突出显示，就可以使用条件格式工具。图 4-48 显示的是源数据和进行条件格式设置的结果数据。

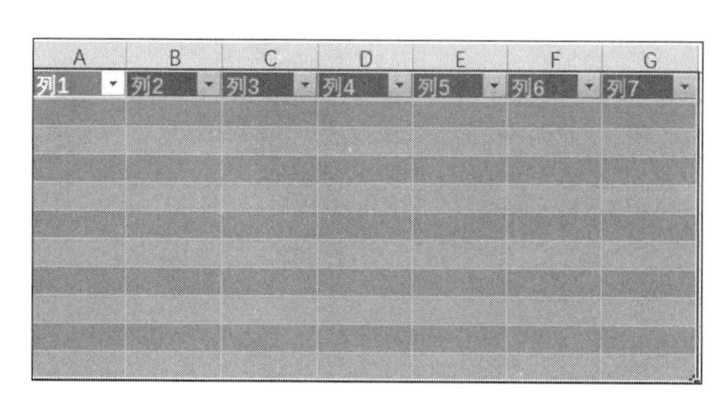

图 4-47 自动套用格式效果

学号	成绩
20153020101	60
20153020102	61
20153020103	62
20153020104	62
20153020105	63
20153020106	55
20153020107	65
20153020108	92
20153020109	32
20153020201	94

(a) 源数据

A	B
学号	成绩
20153020101	60
20153020102	61
20153020103	62
20153020104	62
20153020105	63
20153020106	55
20153020107	65
20153020108	92
20153020109	32
20153020201	94

(b) 条件格式设置结果

图 4-48 源数据和条件格式设置结果

使用条件格式突出显示单元格的步骤如下。

(1) 选中需要突出显示的单元格所在的区域。

(2) 在“开始”选项卡的“样式”组中单击“条件格式”按钮，在弹出的下拉列表中选中“突出显示单元格规则”|“小于”选项，如图 4-49 所示。

(3) 在弹出的“小于”对话框的“为小于以下值的单元格设置格式”文本框中输入“60”，如图 4-50 所示。默认情况下，系统为满足该条件的单元格设置成“浅红填充色深红色文本”，单击“确定”按钮，即完成设置。如果默认格式不符合要求，可以单击下拉列表，在弹出的菜单中选中系统提供的其他格式或者自定义格式，如图 4-51 所示。

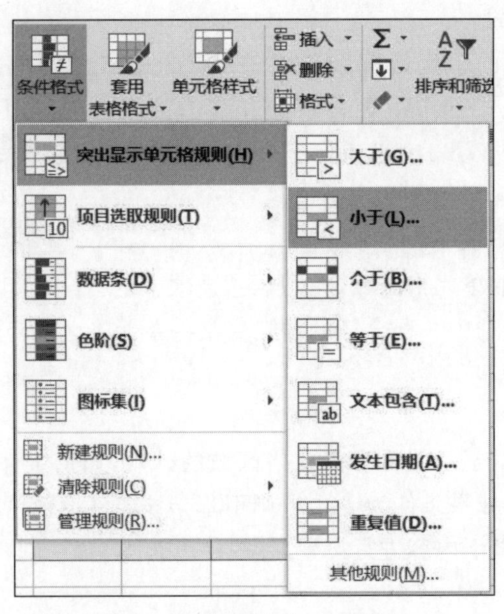

图 4-49　条件格式工具菜单

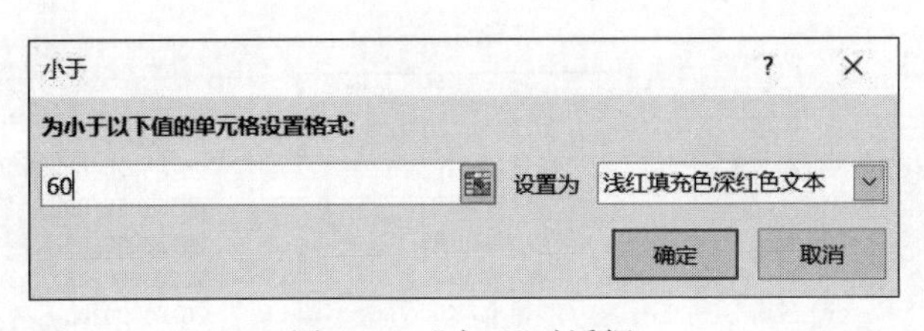

图 4-50　“小于”对话框

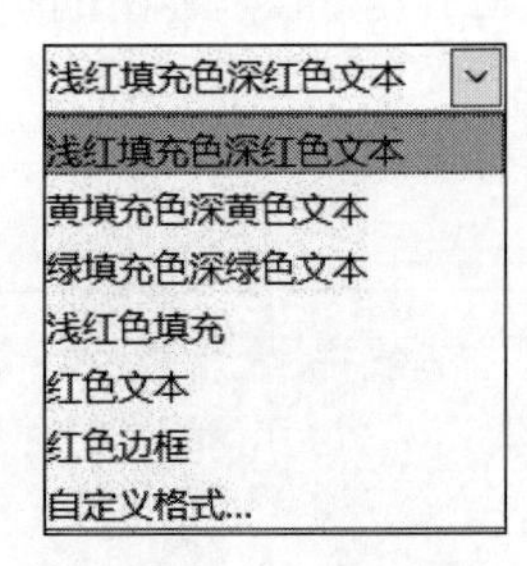

图 4-51　下拉列表

2. 项目选取规则

条件格式还可以利用其他的选取规则突出显示某些单元格。例如上例中要突出显示大于平均分的全部单元格的操作,可以通过以下步骤来完成。

选中需要突出显示的单元格所在区域,在“开始”选项卡的“样式”组中单击“条件格式”按钮,在下拉列表中选中“项目选取规则”|“高于平均值”选项,如图 4-52 所示。在弹出的“高于平均值”对话框中设置需要的格式,单击“确定”按钮,就能在结果中将所有满足“高于平均值”的记录突出显示,结果如图 4-53 所示。

3. 使用数据条、色阶和图标集

数据条、色阶和图标集的使用方法与上述两个内容基本相同,可以分别实现以不同长短的数据条、不同的色阶和不同的图标集将全部选中数据分别显示。例如图 4-54 所示为以不同色阶显示的结果。实现方法为,选中要添加数据条格式的单元格区域,在“开始”选项卡的“样式”组中单击“条件格式”按钮,在下拉菜单中选中“数据条”,在随后出现的数据条样式列表中选中一种合适的样式即可完成设置。色阶与图标集的使用与此类似,只需选择合适的色阶或图标集即可。

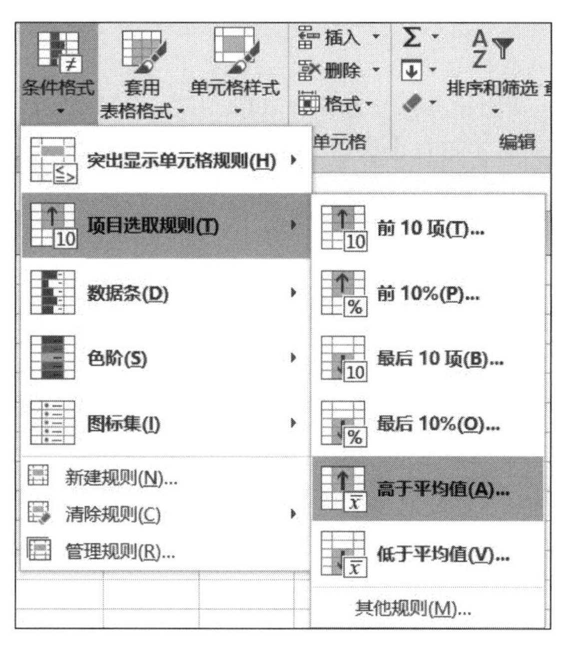

图 4-52　条件格式工具菜单

学号	成绩
20153020101	60
20153020102	61
20153020103	62
20153020104	62
20153020105	63
20153020106	55
20153020107	65
20153020108	92
20153020109	32
20153020201	94

图 4-53　项目选取规则结果

学号	成绩
20153020101	60
20153020102	61
20153020103	62
20153020104	62
20153020105	63
20153020106	55
20153020107	65
20153020108	92
20153020109	32
20153020201	94

图 4-54　不同色阶结果

4. 清除条件格式

选中设置条件格式的区域，在“开始”选项卡“样式”组中单击“条件格式”按钮，在下拉菜单中选中“清除规则”|“清除所选单元格的规则”选项，即可清除选择区域中的条件规则；选中“清除整个工作表的规则”选项，即可清除此工作表中所有设置的条件规则。

4.5　公式与函数

在 Excel 2016 中，可以使用公式与函数对工作表中的数据进行各种计算和分析，通过在单元格输入公式和函数，可以对表中数据进行求和、求平均、汇总及其他复杂的运算。

4.5.1 使用公式

公式是以“＝”开头，使用运算符号将各种数据、函数、区域、地址连接起来，用于对工作表中的数据进行计算或对文本进行操作。

1. 运算符

Excel 2016 提供了 4 种类型的运算符：算术运算符、比较运算符、文本运算符和引用运算符。使用公式进行统计或计算时，只要公式中有一个数据源发生了变化，系统会自动根据新的数据更新计算结果。

（1）算术运算符。使用算术运算符可以完成加、减、乘、除等基本的数学运算，如表 4-1 所示。

（2）比较运算符。比较运算符能够比较两个数值的大小关系，结果为逻辑值 TRUE 或 FALSE，如表 4-2 所示。

表 4-1　算术运算符的含义

运算符	含　义	示　例
＋	加	1＋3＝4
－	减	4－2＝2
*	乘	2*3＝6
/	除	10/2＝5
%	百分比	20%
^	乘方	2^3＝8

表 4-2　比较运算符的含义

运算符	含　义	示　例
＝	相等	A1＝5
＞	大于	A1＞5
＜	小于	A1＜5
＞＝	大于或等于	A1＞＝5
＜＝	小于或等于	A1＜＝5
＜＞	不等于	A1＜＞5

（3）文本运算符。文本运算符只有“&”，用于连接单元格中的文本。

（4）引用运算符。引用运算符有 3 个，用于对指定的区域进行合并运算。

① 区域运算符“:”。对两个引用之间的所有单元格进行计算。例如“A1:A5”表示参加运算的有 A1～A5 这 5 个单元格。

② 联合运算符“,”。将多个引用合并为一个引用。例如 SUM(A1:A5,B1:B5)表示计算 A1～A5 和 B1 ～B5 共 10 个单元格的总和。

③ 交叉运算符“ ”(空格符)。交叉运算符产生对两个引用共有的单元格的引用，例如 SUM(B1:B4 A2:C2)是对 B1:B4 和 A2:C2 共有的单元格 B2 求和。

2. 运算符的优先级

如果公式中用到了多个运算符，按照运算符的优先级顺序进行计算，表 4-3 由上至下以优先级从高到低的顺序列出了上述各种运算符。

表 4-3　公式中运算符的优先级

运　算　符	说　　明
区域(冒号)、联合(逗号)、交叉(空格)	引用运算符
－	用英文连字符表示负号
%	百分号

续表

运　算　符	说　　明
^	乘幂号
* /	乘号和除号
＋ －	加号和减号(用英文连字符表示)
&	文本运算符
＝、＞、＜、＞＝、＜＝、＜＞	比较运算符

对于不同优先级的运算，将按照运算符的优先级从高到低进行计算，而对于相同优先级的运算符，将按从左到右的顺序进行计算。使用“()”，可以强制改变计算的顺序，“()”中的表达式最先计算，如果嵌套使用，应首先计算内层的表达式，然后再计算外层的表达式。

3. 输入公式

公式的使用方法有两种。

方法 1：单元格直接输入。选定要显示公式结果的单元格，先输入“＝”，然后输入公式内容，最后按 Enter 键结束。

方法 2：编辑栏输入。编辑栏是位于 Excel 窗口工作区上方的条形区域，用于输入或编辑单元格或图表中的值或公式。要使用编辑栏，必须先选中要输入公式的单元格，然后通过编辑栏开始输入公式，例如图 4-55 所示，当输入完公式之后，按 Enter 键或单击“输入”按钮 ✔ 完成输入。

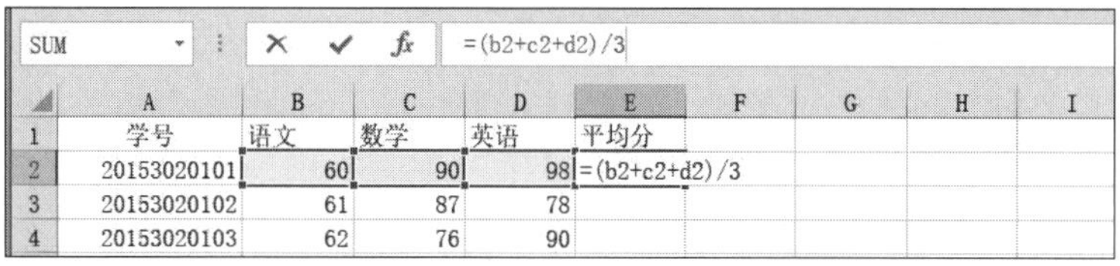

SUM　　✕ ✔ fx　=(b2+c2+d2)/3

	A	B	C	D	E	F	G	H	I
1	学号	语文	数学	英语	平均分				
2	20153020101	60	90	98	=(b2+c2+d2)/3				
3	20153020102	61	87	78					
4	20153020103	62	76	90					

图 4-55　使用公式

注意：公式输入结束后按 Enter 键，单元格中显示的是公式的计算结果，编辑栏中显示的是对应的公式。

4.5.2　单元格引用

单元格引用是指用单元格在表中的坐标位置的标识。单元格的引用包含相对引用、绝对引用和混合引用 3 种形式。

在公式中可以使用单元格引用来代替单元格中的具体数据。通过引用，可以在公式中使用工作表中不同部分的数据，也可以在多个公式中使用同一个单元格中的数据，而且可以引用同一个工作簿中不同工作表中的单元格数据或不同工作簿中的单元格数据。

1. 相对引用

默认情况下，单元格的引用是相对引用，其格式是“列号行号”，例如 A1。

在公式中，相对引用是指基于包含公式的单元格与被引用的单元格之间的相对位置的单元格地址。如果复制公式，相对引用将自动调整。包含相对引用的公式会因为将它从一个单元格复制到另一个而发生改变。例如 E2 单元格中的值使用(B2＋C2＋D2)/3 计算所得，如果复制 E2 单元格，并粘贴至 E3 单元格中后，从编辑栏可以看到，该求平均分的公式自动改写为(B3＋C3＋D3)/3，如图 4-56 所示。

E3 =(B3+C3+D3)/3

	A	B	C	D	E	F	G
1	学号	语文	数学	英语	平均分		
2	20153020101	60	90	98	82.56667		
3	20153020102	61	87	78	75.2		
4	20153020103	62	76	90	75.83333		
5	20153020104	62	54				

图 4-56 使用相对引用

2. 绝对引用

绝对引用是指被引用的单元格与公式所在的单元格位置是绝对的，绝对引用的格式是“＄列号＄行号”，例如＄A＄1。

使用绝对引用后，公式记录着被引用单元格的实际地址。因此，不管将公式粘贴到任何单元格，表达式不会改变，公式中所引用的还是原来单元格中的数据，即将公式粘贴到目标位置时，公式中固定单元格地址保持不变。

3. 混合引用

混合引用是指在一个单元格引用中，既包含绝对单元格地址引用，又包含相对单元格引用，即引用单元格的行和列之中有一个是相对的，一个是绝对的。

混合引用有两种，一种是行绝对，列相对，例如 A＄4；另一种是行相对，列绝对，例如＄D4。

粘贴含有混合引用的公式后，绝对引用部分不变化，而相对引用部分将根据偏移量来改变。

4.5.3 使用函数

为了便于计算、统计、汇总和数据处理，Excel 2016 提供了大量的函数。除了像求和、求平均值等常规计算的内置函数外，还提供了财务、时间与日期、统计、查找与引用、数据库、文本、逻辑等特殊用途的内置函数，为用户进行数据计算和分析带来了极大方便。注意，函数和公式的区别在于，函数是 Excel 内置的，而公式是用户根据自己的需求编写的。

Excel 函数的引用形式如下：

```
函数名(参数 1,参数 2,…)
```

其中，参数是用来执行操作或计算的数值，可以是文本、数值、单元格或区域引用等。函数可以有一个或多个参数，参数间用“,”分隔；函数也可以没有参数，但函数名后面的“()”必须有。

函数可以出现在公式中，也可以单独引用。如果单独使用函数，必须在函数名前输入“=”使其构成公式。

1. 常用函数的介绍

(1) 求和函数 SUM()。

函数格式：SUM(number1,number2,…)。

功能：返回所有参数的和。

(2) 求平均值函数 AVERAGE()。

函数格式：AVERAGE(number1,number2,…)。

功能：返回所有参数的平均值。

(3) 求最大值函数 MAX()。

函数格式：MAX(number1,number2,…)。

功能：返回所有参数的最大值。

(4) 求最小值函数 MIN()

函数格式：MIN(number1,number2,…)。

功能：返回所有参数的最小值。

(5) 取整函数 INT()。

函数格式：INT(number)。

功能：取不大于数值 number 的最大整数。

(6) 绝对值函数 ABS( )。

函数格式：ABS(number)。

功能：取 number 的绝对值。

(7) 计数函数 COUNT()。

函数格式：COUNT(value1,value2,…)。

功能：返回给定参数表中数值型参数的个数。

(8) IF()函数

函数格式：IF(Logical_test,value_if_true,value_if_false)。

功能：判断一个条件是否满足，如果满足则返回一个值，不满足则返回另一个值。

(9) 排名函数 RANK()。

函数格式：rank(number,ref,[order])。

函数名后面的参数中 number 为需要排名的数值或者单元格名称(单元格内必须为数字)，ref 为排名的参照数值区域，order 的值为 0 或 1，默认不用输入，值为 0，得到的就是从大到小的排名，若是想求从小到大的排名，order 的值应为 1。

功能：求某一个数值在某一区域内的排名。

2. 函数的使用

Excel 2016 的内置函数较多，下面以计算图 4-57 中的学生成绩为例，介绍使用函数的方法。

例 4-1 求平均成绩。

(1) 选中需要输入函数的单元格，本例选中 D12 单元格。

(2) 在“公式”选项卡的“函数库”组中单击“插入函数”按钮，在弹出的“插入函数”对话

	A	B	C	D	E	F	G	H	I
1	学号	姓名	班级	考勤成绩	实验成绩	机试成绩	总成绩	及格否	名次
2	20153020101	张三	电气1班	100	91	85	88		
3	20153020102	李四	电气1班	100	92	46	61		
4	20153020103	王五	电气1班	100	93	47	62		
5	20153020204	王一鸣	电气2班	100	94	48	62		
6	20153020205	李智	电气2班	100	95	49	63		
7	20153020301	刘家豪	电气3班	100	96	37	55		
8	20153020302	周明明	电气3班	95	97	51	65		
9	20153020303	周家一	电气3班	96	98	89	92		
10	20153020304	丁一乙	电气3班	97	99	3	32		
11	20153020305	朱丽	电气3班	98	100	91	94		
12			平均成绩						
13									

图 4-57 原始数据表

框的“或选择类别”下拉列表中选中“常用函数”选项，在“选择函数”列表中选中AVERAGE，如图 4-58 所示。

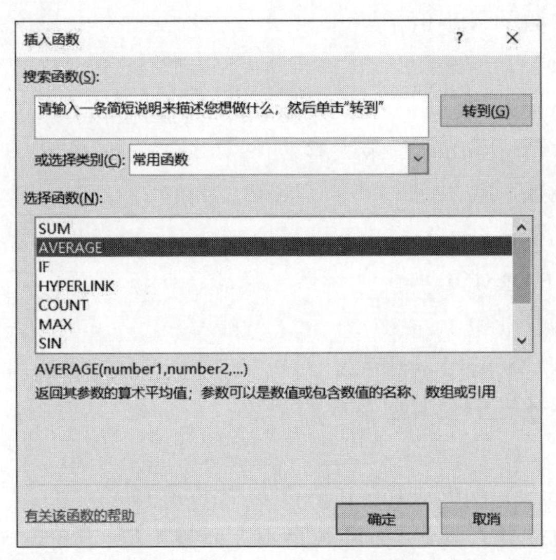

图 4-58 “插入函数”对话框

(3) 单击“确定”按钮后，弹出如图 4-59 所示的“函数参数”对话框。

(4) 在参数框(Number1 等)中输入常量、单元格或区域引用(此处为 D2:D11)，也可以单击参数框右侧的“折叠对话框”按钮，暂时折叠起对话框，然后在工作表中选中所需的单元格或区域后，再次单击折叠按钮继续“函数参数”对话框。

(5) 函数参数确定后，单击“确定”按钮即可完成设置。注意，此时编辑栏中内容为AVERAGE()函数，而 D12 单元格中显示的是该函数的结果，如图 4-60 所示。

(6) 若要继续计算其他成绩的平均值，可直接拖动 D12 单元格的填充柄至 G12，结果如图 4-61 所示。

除上上述方法，也可以直接在 D12 单元格输入函数“=average(d2:d11)”，输入完按Enter 键确认即可。

函数参数

AVERAGE

Number1 D2:D11 = {100;100;100;100;100;100;95;96;...

Number2 = 数值

= 98.6

返回其参数的算术平均值；参数可以是数值或包含数值的名称、数组或引用

Number1: number1,number2,... 是用于计算平均值的 1 到 255 个数值参数

计算结果 = 98.6

有关该函数的帮助(H) 确定 取消

图 4-59 “函数参数”对话框

D12 =AVERAGE(D2:D11)

	A	B	C	D	E	F	G	H	I
1	学号	姓名	班级	考勤成绩	实验成绩	机试成绩	总成绩	及格否	名次
2	20153020101	张三	电气1班	100	91	85	88		
3	20153020102	李四	电气1班	100	92	46	61		
4	20153020103	王五	电气1班	100	93	47	62		
5	20153020204	王一鸣	电气2班	100	94	48	62		
6	20153020205	李智	电气2班	100	95	49	63		
7	20153020301	刘家豪	电气3班	100	96	37	55		
8	20153020302	周明明	电气3班	95	97	51	65		
9	20153020303	周家一	电气3班	96	98	89	92		
10	20153020304	丁一乙	电气3班	97	99	3	32		
11	20153020305	朱丽	电气3班	98	100	91	94		
12			平均成绩	98.6					
13									

图 4-60 使用 AVERAGE()函数

例 4-2 IF()函数的使用。

成绩表中 H 列要填入“及格”或者“不及格”，选中 H2 单元格，在单元格中输入公式“=IF(g2>=60,"及格","不及格")”，按 Enter 键确认后，H2 单元格显示“及格”，拖动填充柄至 H11，结果如图 4-62 所示。

例 4-3 RANK()函数的使用。

成绩表 I 列需要填入名次，选中 I2 单元格，在其中输入公式“=RANK(G2,$G$2:$G$11)”，按 Enter 键后 I2 单元格显示为 3，拖动填充柄至 I11，结果如图 4-63 所示。注意，RANK()函数第二个参数要用绝对引用。

其他函数的使用，在此不再赘述，用户使用时可参照每个函数的使用说明。

4.5.4 错误值

当公式发生错误时，Excel 在相应单元格中显示错误代码，以便于用户查找原因。常见

D12 =AVERAGE(D2:D11)

	A	B	C	D	E	F	G	H	I
1	学号	姓名	班级	考勤成绩	实验成绩	机试成绩	总成绩	及格否	名次
2	20153020101	张三	电气1班	100	91	85	88		
3	20153020102	李四	电气1班	100	92	46	61		
4	20153020103	王五	电气1班	100	93	47	62		
5	20153020204	王一鸣	电气2班	100	94	48	62		
6	20153020205	李智	电气2班	100	95	49	63		
7	20153020301	刘家豪	电气3班	100	96	37	55		
8	20153020302	周明明	电气3班	95	97	51	65		
9	20153020303	周家一	电气3班	96	98	89	92		
10	20153020304	丁一乙	电气3班	97	99	3	32		
11	20153020305	朱丽	电气3班	98	100	91	94		
12			平均成绩	98.6	95.5	54.6	67.18		
13									

图 4-61 对函数使用填充柄

H2 =IF(G2>=60,"及格","不及格")

	A	B	C	D	E	F	G	H	I
1	学号	姓名	班级	考勤成绩	实验成绩	机试成绩	总成绩	及格否	名次
2	20153020101	张三	电气1班	100	91	85	88	及格	
3	20153020102	李四	电气1班	100	92	46	61	及格	
4	20153020103	王五	电气1班	100	93	47	62	及格	
5	20153020204	王一鸣	电气2班	100	94	48	62	及格	
6	20153020205	李智	电气2班	100	95	49	63	及格	
7	20153020301	刘家豪	电气3班	100	96	37	55	不及格	
8	20153020302	周明明	电气3班	95	97	51	65	及格	
9	20153020303	周家一	电气3班	96	98	89	92	及格	
10	20153020304	丁一乙	电气3班	97	99	3	32	不及格	
11	20153020305	朱丽	电气3班	98	100	91	94	及格	
12			平均成绩	98.6	95.5	54.6	67.18		
13									

图 4-62 IF()函数的使用

I2 =RANK(G2,$G$2:$G$11)

	A	B	C	D	E	F	G	H	I	J
1	学号	姓名	班级	考勤成绩	实验成绩	机试成绩	总成绩	及格否	名次	
2	20153020101	张三	电气1班	100	91	85	88	及格	3	
3	20153020102	李四	电气1班	100	92	46	61	及格	8	
4	20153020103	王五	电气1班	100	93	47	62	及格	7	
5	20153020204	王一鸣	电气2班	100	94	48	62	及格	6	
6	20153020205	李智	电气2班	100	95	49	63	及格	5	
7	20153020301	刘家豪	电气3班	100	96	37	55	不及格	9	
8	20153020302	周明明	电气3班	95	97	51	65	及格	4	
9	20153020303	周家一	电气3班	96	98	89	92	及格	2	
10	20153020304	丁一乙	电气3班	97	99	3	32	不及格	10	
11	20153020305	朱丽	电气3班	98	100	91	94	及格	1	
12			平均成绩	98.6	95.5	54.6	67.18			

图 4-63 RANK()函数的使用

的错误代码及对应的原因如下,用户在使用当中应当加以特别注意。

(1) #####!:公式的计算结果太长,单元格容纳不下,增加单元格列宽即可解决。

(2) #DIV/0!:试图除以 0。

（3）＃N/A!：公式中执行计算的数据不可用或缺少参数。

（4）＃NAME?：公式中正在使用一个不存在的名字。

（5）＃NULL!：使用了不正确的区域运算或者不正确的单元格引用。

（6）＃REF：公式中的单元格引用是错误的。

（7）＃NUM：公式中的数值参数存在问题。

（8）＃VALUE：公式中的参数类型或操作数不对。

4.6　数据管理

Excel在制作电子表格的同时，还具备简单的数据管理功能，在此介绍数据的排序、筛选和分类汇总3项功能。

4.6.1　筛选

数据筛选就是只显示数据清单中满足条件的记录，而将不满足条件的数据暂时隐藏起来。此时，数据并没有被删除，当筛选条件被删除时，隐藏的数据又会恢复显示。

Excel 2016 提供了“自动筛选”和“高级筛选”两种方法，一般情况下，“自动筛选”就能够满足大部分的需要，当需要利用复杂的条件筛选数据时，才会使用“高级筛选”命令。

1. 自动筛选

自动筛选就是按指定的内容进行筛选，适用于简单的情况。

（1）单条件筛选。单条件筛选是指只有一个筛选条件，以下以筛选“电气1班”的学生成绩为例说明筛选的方法。

在“数据”选项卡的“排序与筛选”组中单击“筛选”按钮，在每个列标题的右侧会出现一个下拉按钮，如图4-64所示。

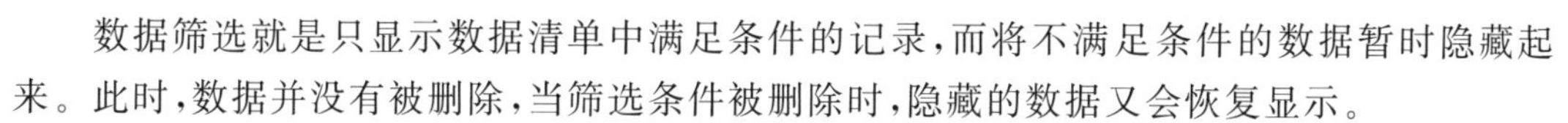

	A	B	C	D	E	F	G	H	I
1	学号	姓名	班级	考勤成	实验成	机试成	总成绩	及格否	名次
2	20153020101	张三	电气1班	100	91	85	88	及格	3
3	20153020102	李四	电气1班	100	92	46	61	及格	8
4	20153020103	王五	电气1班	100	93	47	62	及格	7
5	20153020204	王一鸣	电气2班	100	94	48	62	及格	6
6	20153020205	李智	电气2班	100	95	49	63	及格	5
7	20153020301	刘家豪	电气3班	100	96	37	55	不及格	9
8	20153020302	周明明	电气3班	95	97	51	65	及格	4
9	20153020303	周家一	电气3班	96	98	89	92	及格	2
10	20153020304	丁一乙	电气3班	97	99	3	32	不及格	10
11	20153020305	朱丽	电气3班	98	100	91	94	及格	1

图4-64　自动筛选状态

① 单击“班级”单元格右侧的下拉按钮，弹出如图4-65所示的下拉列表。

② 在列表中取消“全选”，再选中“电气1班”选项，单击“确定”按钮，结果如图4-66所示。

此时，符合条件的行标会以蓝色显示，并且不是连续的，不符合筛选条件的数据行暂时被隐藏。进行了筛选的列，列标题右侧的下拉按钮会出现一个筛选标志，将鼠标指向该标志，会显示筛选条件。

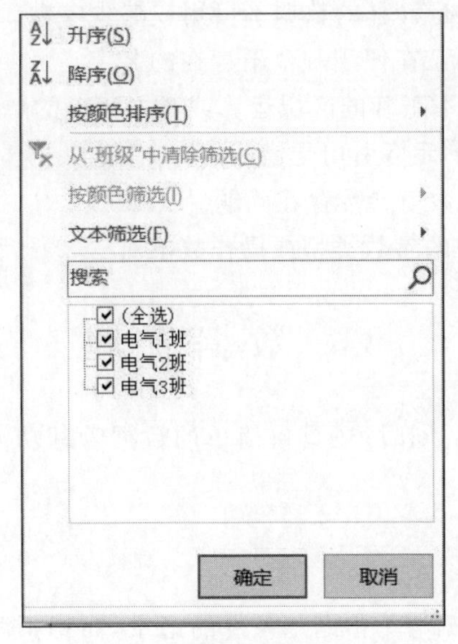

图 4-65　设置自动筛选条件

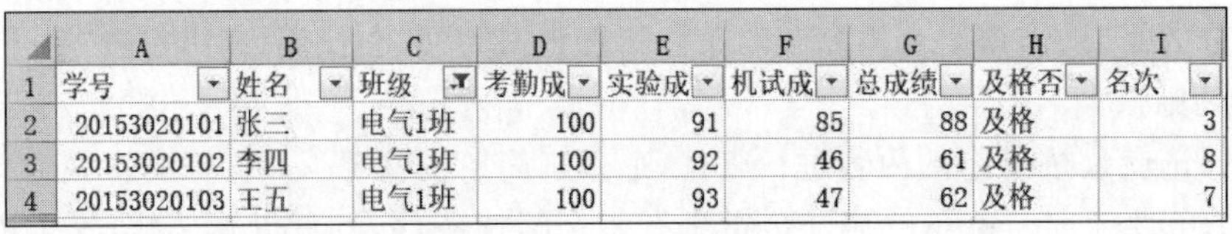

	A	B	C	D	E	F	G	H	I
1	学号	姓名	班级	考勤成	实验成	机试成	总成绩	及格否	名次
2	20153020101	张三	电气1班	100	91	85	88	及格	3
3	20153020102	李四	电气1班	100	92	46	61	及格	8
4	20153020103	王五	电气1班	100	93	47	62	及格	7

图 4-66　筛选结果

如果希望使用更多的选择条件,可以单击"文本筛选"右侧的按钮,弹出如图 4-67 所示的选项,可根据不同的筛选条件选中不同的选项。

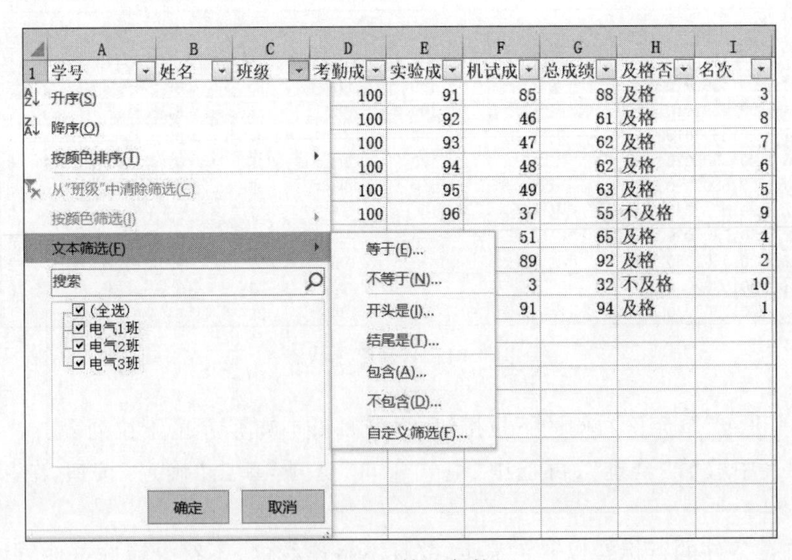

图 4-67　筛选条件

（2）多条件筛选。多条件筛选是指筛选出同时满足多个条件的数据，例如筛选出电气 1 班总成绩为 80 分以上的同学。

具体步骤如下。

① 先以“班级”为筛选条件，选出值为“电气 1 班”的课程。

② 在上一步的基础上，以“总成绩”为筛选条件，选出值为 80 分以上的课程。

（3）按颜色筛选。Excel 2016 不仅可以按照关键字筛选，还可以按照颜色筛选。当某些单元格以不同颜色填充时，单击“筛选”按钮，则在筛选菜单中出现“按字体颜色筛选”选项，如图 4-68 所示，根据需要进行选择即可。

图 4-68　按颜色筛选

（4）清除筛选结果。要清除筛选结果，可以在“数据”选项卡的“排序和筛选”组中单击“清除”按钮或者单击进行了筛选操作的列标题右侧的下拉按钮，在弹出的列表中选中“从中清除筛选”选项。

2. 高级筛选

利用“自动筛选”对各字段的筛选是逻辑与的关系，即同时满足所有条件。若要实现逻辑或的关系，则要使用高级筛选。下面通过一个例子介绍其使用方法。

例如要筛选出电气 1 班或者总成绩低于 60 分的学生。

操作步骤如下。

（1）将数据表中的所有列标题复制到其他位置，并在标题行下至少留一空行用于输入筛选条件。

（2）在新的标题行下输入筛选条件，如图 4-69 所示。

学号	姓名	班级	考勤成绩	实验成绩	机试成绩	总成绩	及格否	名次
		电气1班						
						<60		

图 4-69　筛选条件

条件的定义需要遵循下面的规则：同一行中的条件执行逻辑与操作，不同行中的条件执行逻辑或操作。例如在图 4-69 中，第一个条件行的含义是班级＝"电气 1 班"，第二个条件行的含义是总成绩低于 60 分，两个条件执行逻辑或操作。

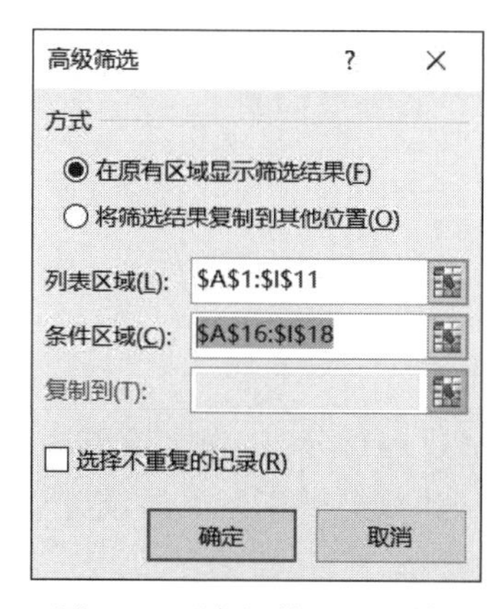

图 4-70　“高级筛选”对话框

（3）在“数据”选项卡的“排序与筛选”组中单击“高级”按钮，在弹出的“高级筛选”对话框中选中数据区域＄A＄1：＄I＄11 和条件区域＄A＄16：＄I＄18，如图 4-70 所示。条件区域包括标题行和下面的条件行。

（4）单击“确定”按钮，满足筛选条件的结果如图 4-71 所示。

4.6.2　数据排序

数据排序就是按照某种规律将数据进行重新排列，以便更好地分析和查看。使用排序的时候应当指定排序的字段（即关键字）和排序方式（即升序还是降序）。注意，对英

学号	姓名	班级	考勤成绩	实验成绩	机试成绩	总成绩	及格否	名次
20153020101	张三	电气1班	100	91	85	88	及格	3
20153020102	李四	电气1班	100	92	46	61	及格	8
20153020103	王五	电气1班	100	93	47	62	及格	7
20153020301	刘家豪	电气3班	100	96	37	55	不及格	9
20153020304	丁一乙	电气3班	97	99	3	32	不及格	10

图 4-71　筛选结果

文字母以字母顺序排序,汉字则以汉语拼音顺序排序。

1. 简单排序

简单排序是对一个字段进行排列,选中要进行排序的单元格区域。在“数据”选项卡的“排序与筛选”组中单击“升序”或者“降序”按钮即可完成操作。

需要特别强调的是,对单元格区域进行排序前,要全部选中需要排序的字段,而不能只选中某个作为排序关键字字段的列。

2. 复杂数据排序

复杂数据排序就是对多个字段进行排序。先按第一个关键字排序,第一个关键字称为主关键字,主关键字相同的记录按第二个关键字排序,第二个关键字称为次关键字。

例如,以“班级”为主关键字按升序排序,同一班级按“总成绩”降序排序的操作步骤如下。

(1) 在“数据”选项卡的“排序与筛选”组中单击“排序”按钮,在弹出的“排序”对话框中将“列”的“主要关键字”设置为“班级”,将“排序依据”设置为“数值”,将“次序”设置为“升序”,单击“添加条件”按钮,设置“次要关键字”为“总成绩”,设置“排序依据”为“数值”,设置“次序”为“降序”,如图 4-72 所示。

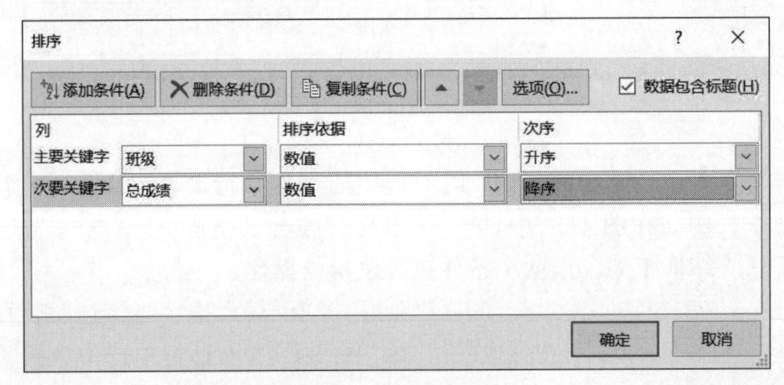

图 4-72　“排序”对话框

(2) 单击“确定”按钮,完成排序,结果如图 4-73 所示。

4.6.3　数据分类汇总

数据分类汇总包含两层含义。首先对数据清单按特定的字段进行分类,将字段值相同的记录归为一类,在此基础上,对各字段的值进行求和、求平均、计数等操作。下面,以成绩表为例来介绍数据汇总。

	A	B	C	D	E	F	G	H	I
1	学号	姓名	班级	考勤成绩	实验成绩	机试成绩	总成绩	及格否	名次
2	20153020101	张三	电气1班	100	91	85	88	及格	3
3	20153020103	王五	电气1班	100	93	47	62	及格	7
4	20153020102	李四	电气1班	100	92	46	61	及格	8
5	20153020205	李智	电气2班	100	95	49	63	及格	5
6	20153020204	王一鸣	电气2班	100	94	48	62	及格	6
7	20153020305	朱丽	电气3班	98	100	91	94	及格	1
8	20153020303	周家一	电气3班	96	98	89	92	及格	2
9	20153020302	周明明	电气3班	95	97	51	65	及格	4
10	20153020301	刘家豪	电气3班	100	96	37	55	不及格	9
11	20153020304	丁一乙	电气3班	97	99	3	32	不及格	10

图 4-73　排序结果

1. 简单汇总

简单汇总是对数据清单按照某个字段分类后，选择一种方式进行汇总。例如，求各班级学生各科成绩的平均成绩。即按“班级”字段进行分类，对各门成绩按“平均值”进行汇总。操作步骤如下。

(1) 以“班级”字段为关键字完成排序。

(2) 在“数据”选项卡的“分级显示”组中单击“分类汇总”按钮，打开“分类汇总”对话框，如图 4-74 所示。在对话框中设置“分类字段”为“班级”，“汇总方式”为“平均值”，设置“选定汇总项”为“考勤成绩”“实验成绩”“机试成绩”“总成绩”“及格否”“名称”。

(3) 单击“确定”按钮，结果如图 4-75 所示。

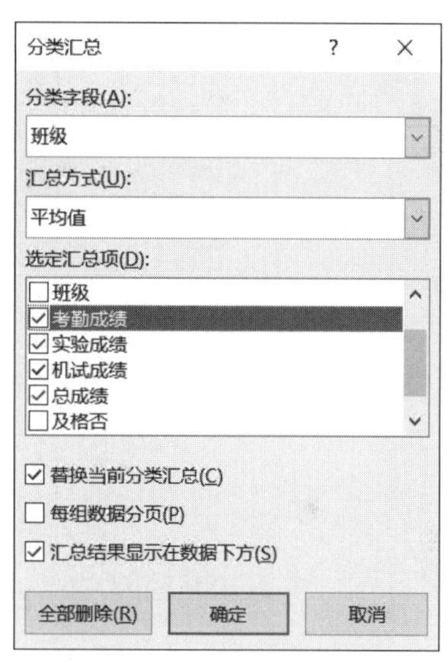

图 4-74　“分类汇总”对话框

2. 嵌套汇总

嵌套汇总是指对同一字段进行多种方式的汇总。若建立嵌套汇总，在建立第 2 个、第 3 个，…，第 n 个分类汇总时，需要在“分类汇总”对话框中取消选中“替换当前分类汇总”复选框。

例如，在求各班级学生各成绩平均成绩的基础上再统计各班级的人数时，必须先对班级进行排序，然后分两个步骤完成分类汇总。具体步骤如下。

(1) 设置“分类字段”为“班级”，“汇总方式”为“平均值”，“汇总项”为“考勤成绩”“实验成绩”“机试成绩”和“总成绩”。

(2) 设置“分类字段”为“班级”，“汇总方式”为“计数”，“汇总项”为“总成绩”，取消选中“替换当前分类汇总”复选框，此时“分类汇总”对话框如图 4-76 所示，结果如图 4-77 所示。

若要取消分类汇总，在“分类汇总”对话框中单击“全部删除”按钮即可完成操作。

4.6.4　数据透视表和数据透视图

数据透视表是一种可以快速汇总大量数据的交互式方法。数据透视图以图形形式表示数据透视表中的数据，此时的数据透视表称为相关联的数据透视表(相关联的数据透视表是为数据透视图提供源数据的数据透视表)。

A1 学号

	A	B	C	D	E	F	G	H	I
1	学号	姓名	班级	考勤成绩	实验成绩	机试成绩	总成绩	及格否	名次
2	20153020101	张三	电气1班	100	91	85	88	及格	3
3	20153020103	王五	电气1班	100	93	47	62	及格	9
4	20153020102	李四	电气1班	100	92	46	61	及格	10
5			**电气1班**	100	92	59.33333	70		
6	20153020205	李智	电气2班	100	95	49	63	及格	6
7	20153020204	王一鸣	电气2班	100	94	48	62	及格	8
8			**电气2班**	100	94.5	48.5	63		
9	20153020305	朱丽	电气3班	98	100	91	94	及格	1
10	20153020303	周家一	电气3班	96	98	89	92	及格	2
11	20153020302	周明明	电气3班	95	97	51	65	及格	5
12	20153020301	刘家豪	电气3班	100	96	37	55	不及格	11
13	20153020304	丁一乙	电气3班	97	99	3	32	不及格	12
14			**电气3班**	97.2	98	54.2	67		
15			**总计平均**	98.6	95.5	54.6	67		

图 4-75　汇总结果

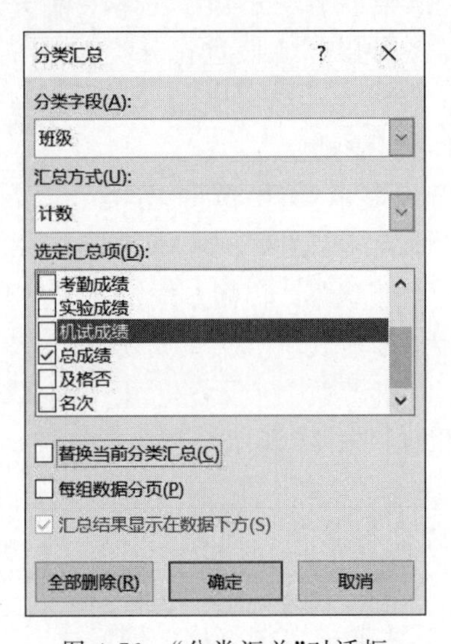

图 4-76　“分类汇总”对话框

A1

	A	B	C	D	E	F	G	H	I
1	学号	姓名	班级	考勤成绩	实验成绩	机试成绩	总成绩	及格否	名次
2	20153020101	张三	电气1班	100	91	85	88	及格	3
3	20153020103	王五	电气1班	100	93	47	62	及格	9
4	20153020102	李四	电气1班	100	92	46	61	及格	10
5			**电气1班 计数**				3		
6			**电气1班**	100	92	59.33333	70		
7	20153020205	李智	电气2班	100	95	49	63	及格	6
8	20153020204	王一鸣	电气2班	100	94	48	62	及格	8
9			**电气2班 计数**				2		
10			**电气2班**	100	94.5	48.5	63		
11	20153020305	朱丽	电气3班	98	100	91	94	及格	1
12	20153020303	周家一	电气3班	96	98	89	92	及格	2
13	20153020302	周明明	电气3班	95	97	51	65	及格	5
14	20153020301	刘家豪	电气3班	100	96	37	55	不及格	11
15	20153020304	丁一乙	电气3班	97	99	3	32	不及格	12
16			**电气3班 计数**				5		
17			**电气3班**	97.2	98	54.2	67		
18			**总计数**				10		
19			**总计平均**	98.6	95.5	54.6	67		

图 4-77　汇总结果

下面说明数据透视表的基础用法，数据透视图的使用限于篇幅在此不再赘述。

例如，要显示成绩表中每个班级的总成绩的最大值、最小值、平均值和人数，操作步骤如下。

(1) 选中成绩表中的数据单元格区域。

(2) 如图 4-78 所示，在“插入”选项卡的“表格”组中选中“数据透视表”选项，弹出“创建数据透视表”对话框。

(3) 在工作表中拖曳鼠标选中所有基础数据单元格区域，则在对话框中“表/区域”文本框中显示所选区域，如图 4-79 所示。

图 4-78　数据透视表命令

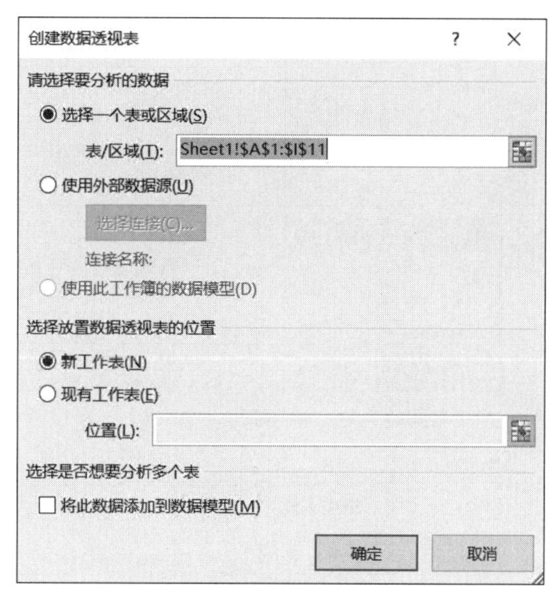

图 4-79　“创建数据透视表”对话框

(4) 单击“确定”按钮，在工作区右侧出现“数据透视表字段”列表，在“选择要添加到报表的字段”中选中“班级”并拖到“行区域”，如图 4-80 所示，表格中的结果如图 4-81 所示。再把“总成绩”拖到右下角的“值”区域，单击右下角的“值”区域选中“求和项：总成绩”右侧的下拉按钮，选中“值字段设置”选项，在弹出的对话框中选中“值汇总方式”为“求最大值”，如图 4-82 所示；单击“确定”按钮，结果如图 4-83 所示。

以同样的方式可以设置最小值、平均值和计数，结果如图 4-84 所示。

4.6.5　切片器

通过切片器可以直观地筛选表、数据透视表、数据透视图中的数据。

1. 创建切片器

下面，以工作表“成绩表”为例加以说明。

(1) 在“插入”选项卡的“表格”组中单击“表格”按钮，在弹出的“创建表”对话框中选中数据并单击“确定”按钮，如图 4-85 所示。

(2) 在“插入”选项卡的“筛选器”组中单击“切片器”按钮，在弹出的“插入切片器对话框”中单击选中“班级”复选框，如图 4-86 所示；单击“确定”按钮，插入“班级”切片器，如图 4-87 所示。

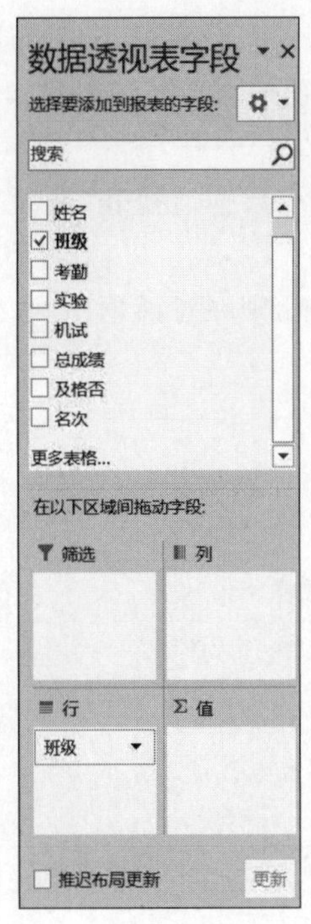

图 4-80 “数据透视表字段”列表

行标签
电气1班
电气2班
电气3班
总计

图 4-81 行标签

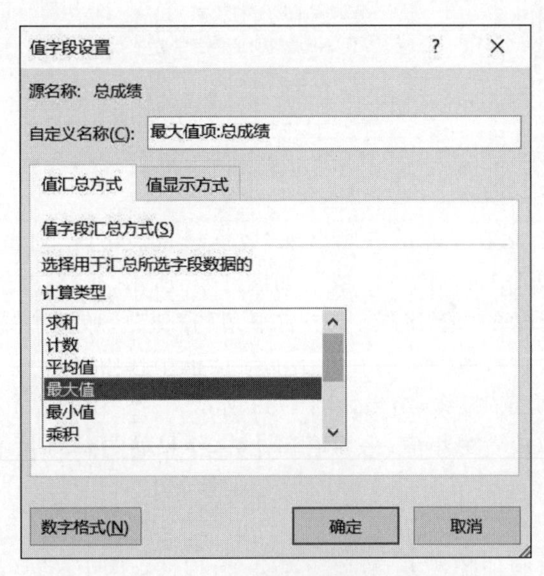

图 4-82 “值字段设置”对话框

行标签	最大值项:总成绩
电气1班	88
电气2班	63
电气3班	94
总计	**94**

图 4-83 数据透视表

行标签	最大值项:总成绩	最小值项:总成绩	平均值项:总成绩	计数项:总成绩
电气1班	88	61	70.33333333	3
电气2班	63	62	62.5	2
电气3班	94	32	67.6	5
总计	**94**	**32**	**67.4**	**10**

图 4-84　数据透视表

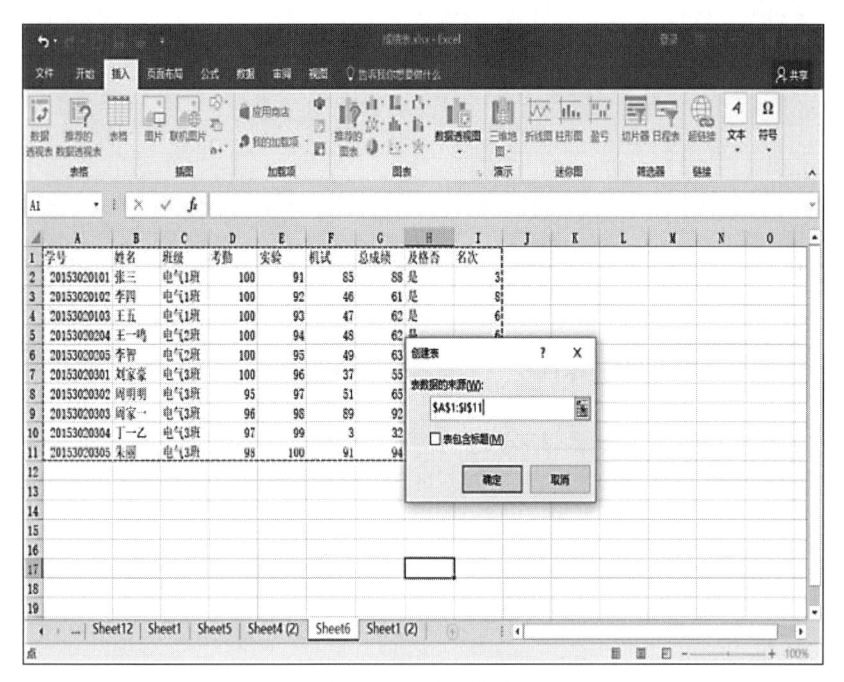

图 4-85　选择数据

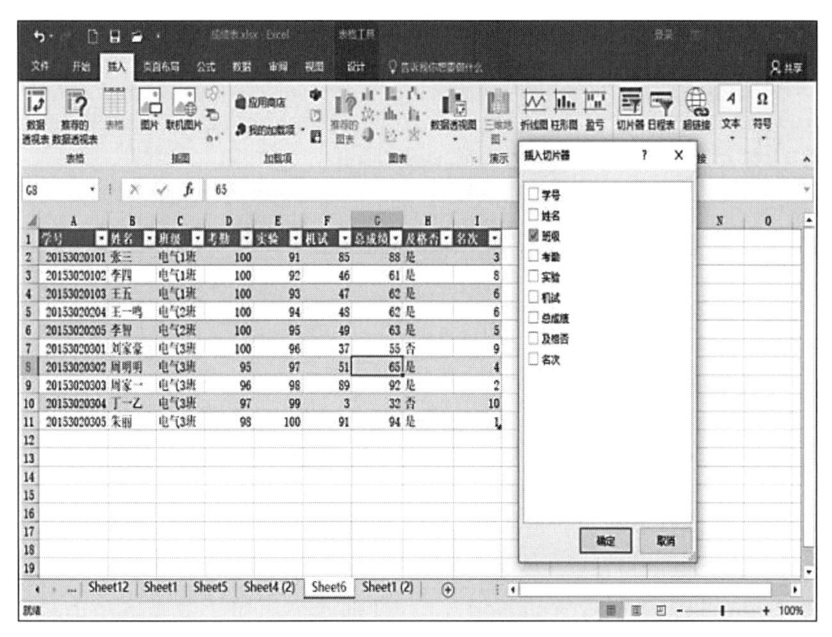

图 4-86　使用切片器工具

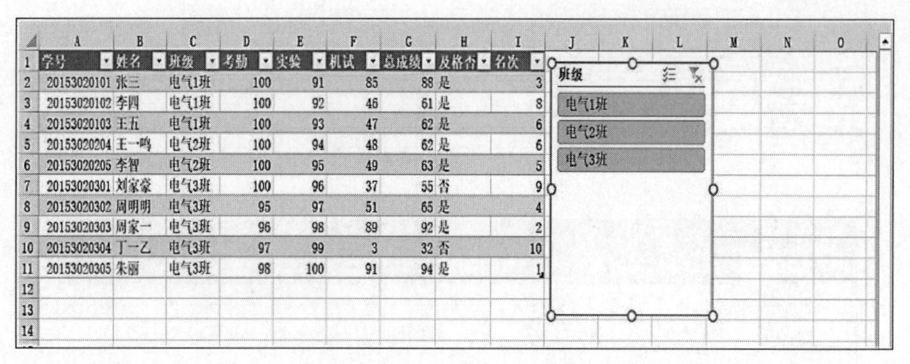

学号	姓名	班级	考勤	实验	机试	总成绩	及格否	名次
20153020101	张三	电气1班	100	91	85	88	是	3
20153020102	李四	电气1班	100	92	46	61	是	8
20153020103	王五	电气1班	100	93	47	62	是	6
20153020204	王一鸣	电气2班	100	94	48	62	是	6
20153020205	李智	电气2班	100	95	49	63	是	5
20153020301	刘家豪	电气3班	100	96	37	55	否	9
20153020302	周明明	电气3班	95	97	51	65	是	4
20153020303	周家一	电气3班	96	98	89	92	是	2
20153020304	丁一乙	电气3班	97	99	3	32	否	10
20153020305	朱丽	电气3班	98	100	91	94	是	1

图 4-87　“班级”切片器

(3) 在“班级”切片器中选中“电气 1 班”选项后,数据表中仅显示“电气 1 班”的学生信息,如图 4-88 所示。

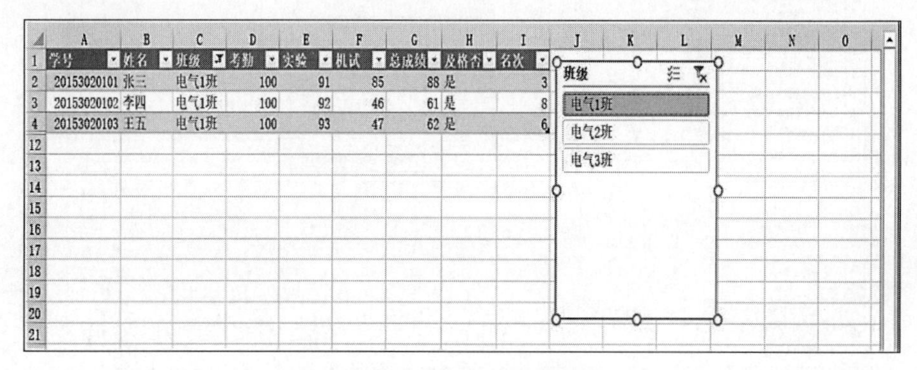

学号	姓名	班级	考勤	实验	机试	总成绩	及格否	名次
20153020101	张三	电气1班	100	91	85	88	是	3
20153020102	李四	电气1班	100	92	46	61	是	8
20153020103	王五	电气1班	100	93	47	62	是	6

图 4-88　使用切片器工具后的数据表

(4) 单击切片器右上角的“多选”按钮,就可以选中多个选项,例如同时选中“电气 1 班”和“电气 2 班”,结果如图 4-89 所示。

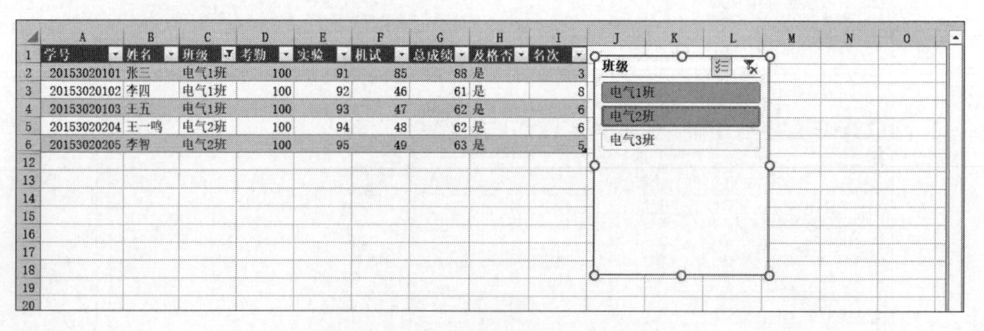

学号	姓名	班级	考勤	实验	机试	总成绩	及格否	名次
20153020101	张三	电气1班	100	91	85	88	是	3
20153020102	李四	电气1班	100	92	46	61	是	8
20153020103	王五	电气1班	100	93	47	62	是	6
20153020204	王一鸣	电气2班	100	94	48	62	是	6
20153020205	李智	电气2班	100	95	49	63	是	5

图 4-89　切片器中选择多个选项

(5) 单击切片器右上角的“清除筛选器”按钮将清除筛选,即在数据表中显示全部数据。

(6) 如果希望在数据透视表中插入切片器,可把光标定位于数据区域的任意一个单元格,在“插入”选项卡的“筛选器”组中单击“切片器”按钮即可完成操作。

2. 创建多个切片器

使用切片器还可以筛选多个项目,例如在打开学生表后,单击“插入”选项卡“筛选器”组中的“切片器”按钮,然后在弹出的“插入切片器对话框”中选中“班级”和“及格否”两个复选框,单击“确定”按钮,就插入了“班级”和“及格否”切片器,如图 4-90 所示。

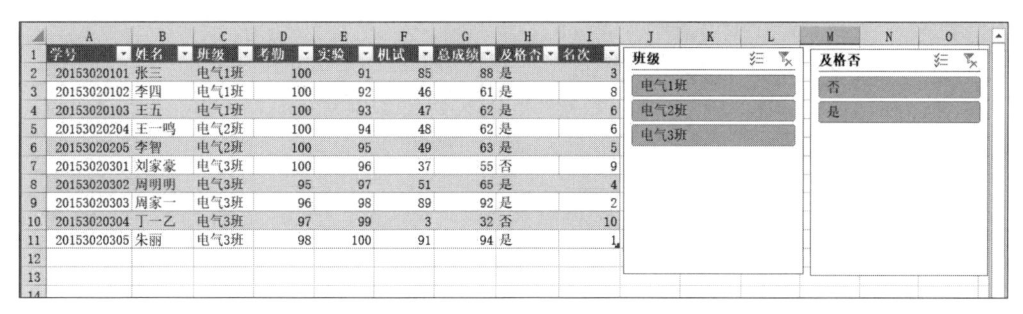

	A	B	C	D	E	F	G	H	I
1	学号	姓名	班级	考勤	实验	机试	总成绩	及格否	名次
2	20153020101	张三	电气1班	100	91	85	88	是	3
3	20153020102	李四	电气1班	100	92	46	61	是	8
4	20153020103	王五	电气1班	100	93	47	62	是	6
5	20153020204	王一鸣	电气2班	100	94	48	62	是	6
6	20153020205	李智	电气2班	100	95	49	63	是	5
7	20153020301	刘家豪	电气3班	100	96	37	55	否	9
8	20153020302	周明明	电气3班	95	97	51	65	是	4
9	20153020303	周家一	电气3班	96	98	89	92	是	2
10	20153020304	丁一乙	电气3班	97	99	3	32	否	10
11	20153020305	朱丽	电气3班	98	100	91	94	是	1

图 4-90　多个切片器

在“班级”切片器中选中“电气 3 班”,在“及格否”切片器中选中“是”,则在数据表中仅显示电气 3 班成绩及格的学生,如图 4-91 所示。

	A	B	C	D	E	F	G	H	I
1	学号	姓名	班级	考勤	实验	机试	总成绩	及格否	名次
8	20153020302	周明明	电气3班	95	97	51	65	是	4
9	20153020303	周家一	电气3班	96	98	89	92	是	2
11	20153020305	朱丽	电气3班	98	100	91	94	是	1

图 4-91　使用切片器工具后的数据表

3. 删除切片器

选择要删除的切片器,按 Delete 键就可以删除切片器。也可以右击切片器,在弹出的快捷菜单中选中“删除”选项。使用切片器筛选数据后,删除切片器数据表中仅显示筛选后的数据。

4.7　数 据 图 表

图表是指工作表中数据的图形表示方式。图表能更加形象、直观地反映数据的变化规律和发展趋势,有助于分析和比较数据。图表是与工作表数据链接的,当工作表中的数据源发生变化时,图表中对应的数据也自动更新,创建图表时可根据数据的具体情况选择图表类型。

4.7.1　创建图表

下面,用为成绩表建立图表的例子说明创建图表的方法。操作步骤如下。

(1) 选中要建立图表的数据。

(2) 在“插入”选项卡的“图表”组中根据需要进行选择。例如单击“柱形图”按钮，弹出图 4-92 所示的选项表。

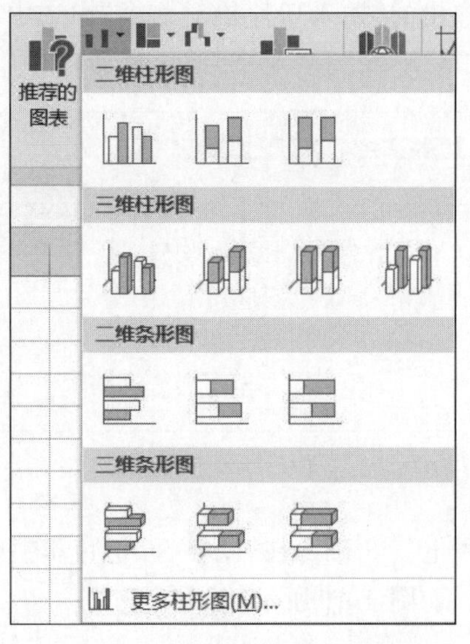

图 4-92　插入图表柱形图的选项

(3) 单击“二维柱形图”第一个样式，结果如图 4-93 所示。

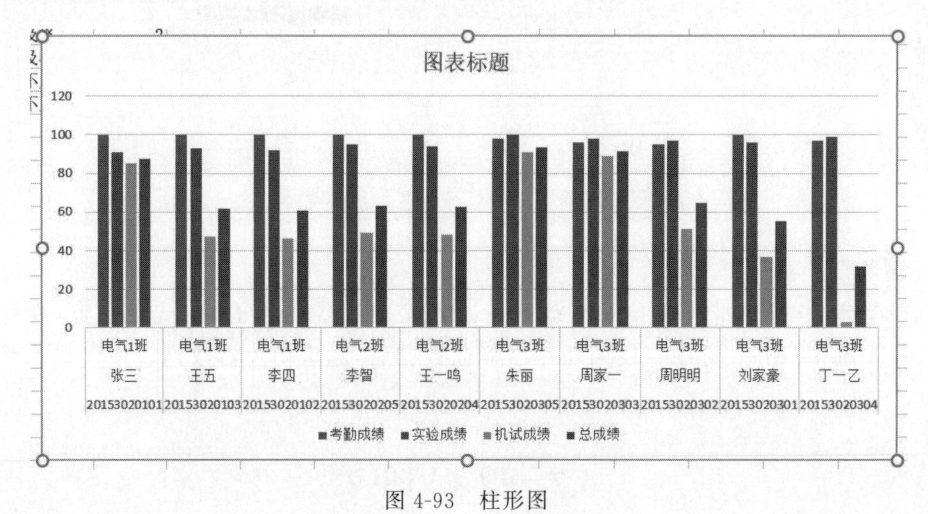

图 4-93　柱形图

4.7.2　修改图表

图表创建完毕后，为了使图表更加完善，还可以对图表利用“图表工具”从以下方面进行设计。

1. 更改图表类型

选中要更改类型的图表，功能区会出现“图表工具|设计”和“图表工具|格式”选项卡，在“图表工具|设计”选项卡的“类型”组中单击“更改图表类型”按钮，弹出如图 4-94 所示的“更改图表类型”对话框，选中需要的图表类型和子类型，例如选择雷达图，单击“确定”按钮，结

果如图 4-95 所示。

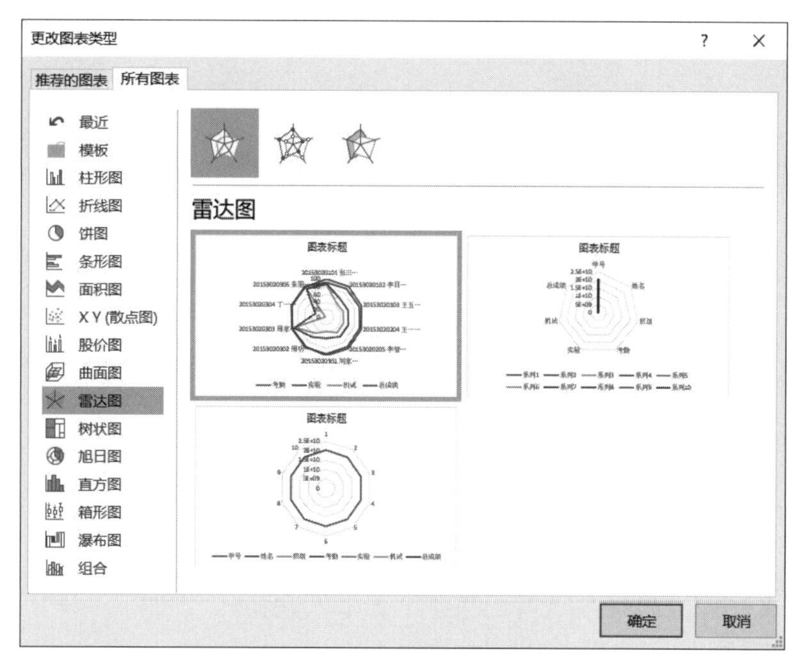

图 4-94 “更改图表类型”对话框

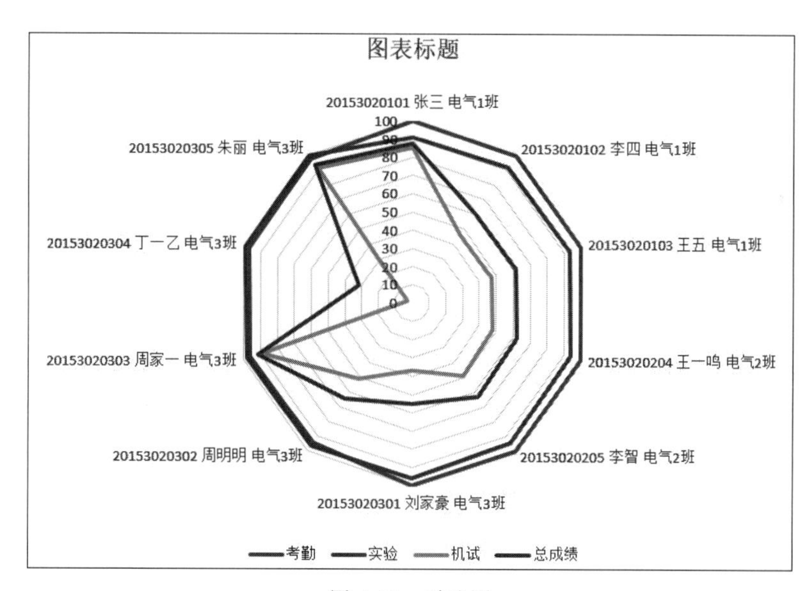

图 4-95 雷达图

2. 添加标题

单击要添加标题的图表，在“图表工具|设计”选项卡的“图表布局”组中单击“添加图表元素”按钮，在弹出的下拉列表中选中“图标标题”选项，如图 4-96 所示。

在该列表中选中一种显示方式，例如选中“图表上方”，在图表上方会出现“图表标题”文本框，在文本框中输入合适的标题即可。

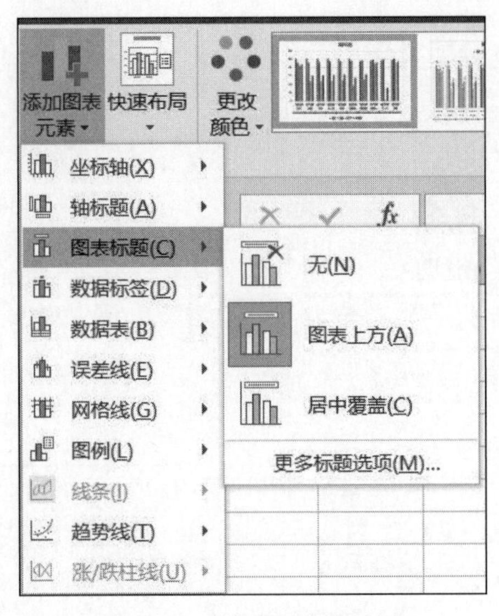

图 4-96　添加图表标题列表

添加横、纵坐标轴标题的方法与此类似，在此不再赘述。

3. 更改数据源

图表创建以后，可以更改源数据。

选中该图表，在“图表工具|设计”选项卡的“数据”组中单击“选择数据”按钮，弹出如图 4-97 所示的“选择数据源”对话框，重新选中所要体现在图表中的单元格区域，则新区域显示在“图表数据区域”文本框中，单击“确定”按钮就可生成新的图表系列。

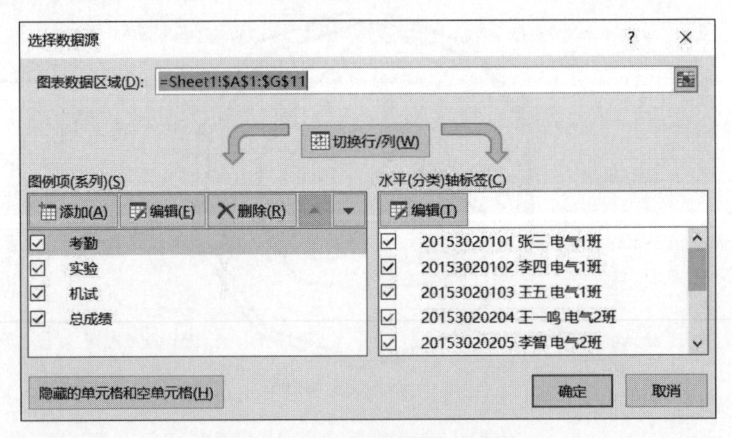

图 4-97　“选择数据源”对话框

也可以在“选择数据源”对话框的图例项和水平轴标签中更改数据源。例如图例项只想显示总成绩，选中考勤单击“删除”按钮，同样的操作删除实验和机试，水平轴标签只想显示姓名，单击“编辑”按钮，在弹出的“轴标签”对话框重新选择姓名区域，单击“确定”按钮，返回数据源对话框，再单击“确定”按钮，结果如图 4-98 所示。

4. 显示数据标签

为了方便查看，可以在图表上显示工作表中的数据。

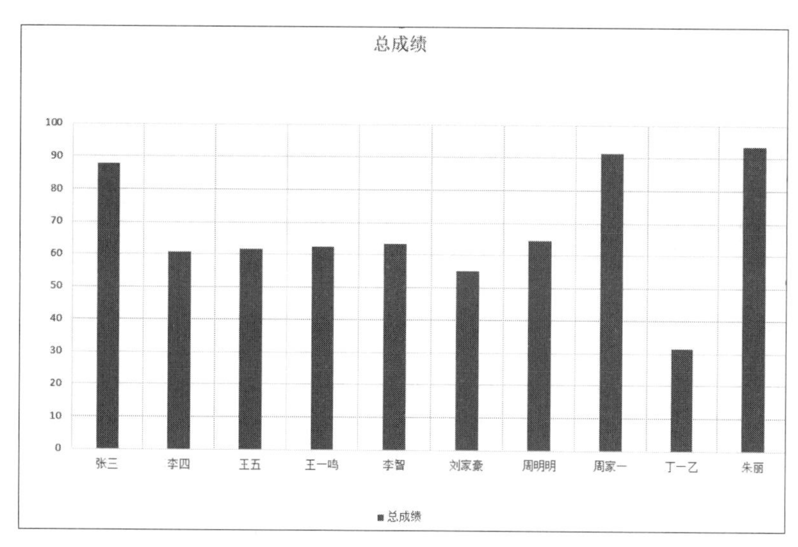

图 4-98　更改数据源

选中图表,在"图表工具|设计"选项卡的"图表布局"组中单击"添加图表元素"按钮,在弹出的下拉列表中选中"数据标签",在弹出的菜单中根据需要进行选择,例如选择数据标注,结果如图 4-99 所示。

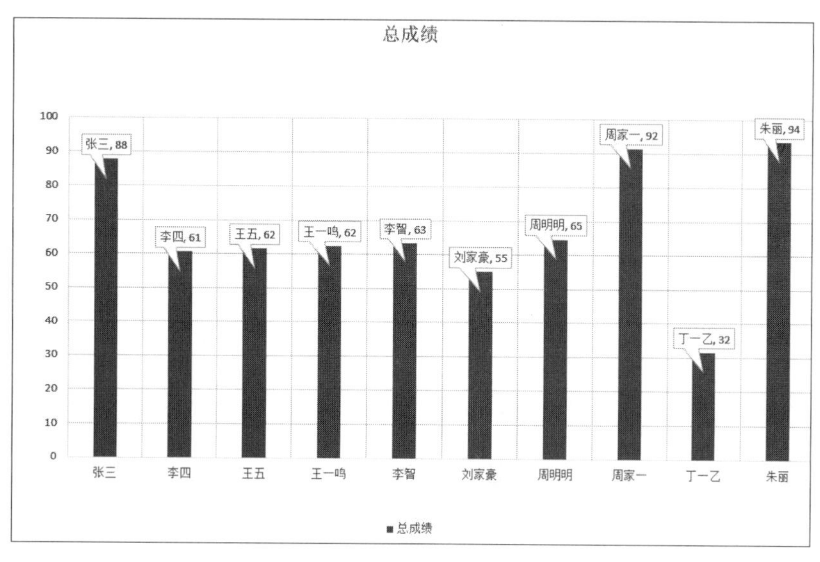

图 4-99　显示数据标签的图表

4.7.3　迷你图

迷你图是工作表单元格中的一个微型图表,用于显示数值系列中的趋势,可以直观地表示数据。

虽然行或列中呈现的数据很有用,但很难一眼看出数据的分布形态。迷你图可以通过清晰简明的图形表示方法显示相邻数据的趋势。

下面以"销售额"工作表为例,说明迷你图的使用步骤。

(1) 选中要插入迷你图的F3单元格,在“插入”选项卡的“迷你图”组中单击“折线图”按钮,如图4-100所示。

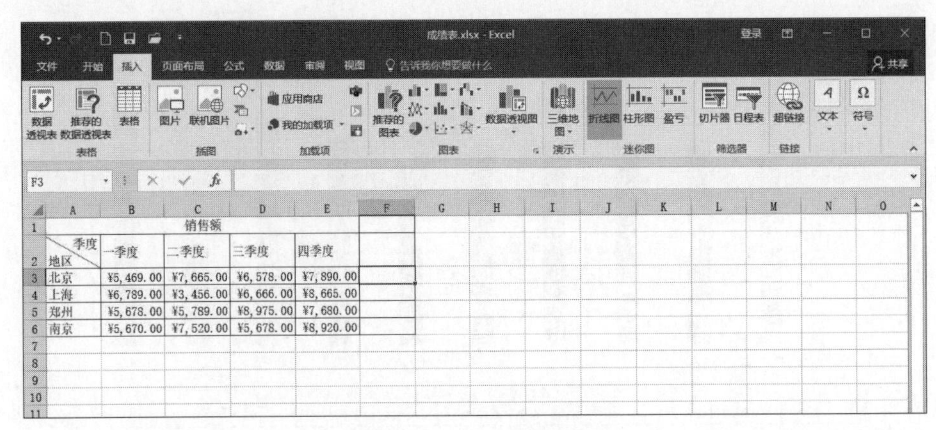

图4-100 插入迷你图

(2) 选中要生成迷你图的基础数据,即拖曳选中单元格区域(B3:E3)。也可以直接在弹出的“创建迷你图”对话框中“选择所需的数据”的“数据范围”文本框中输入“B3:E3”,单击“确定”按钮,如图4-101所示。

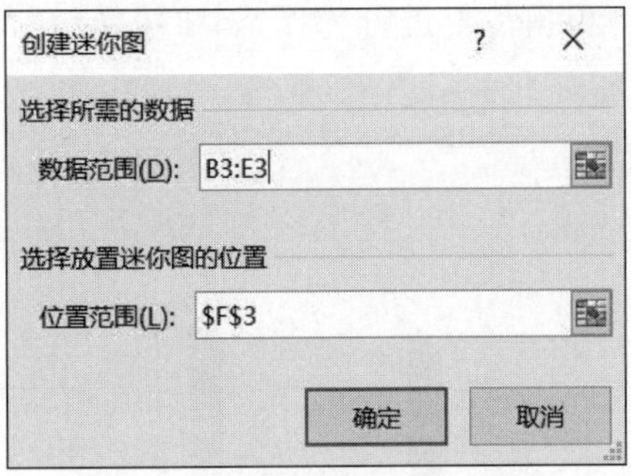

图4-101 “创建迷你图”对话框

(3) 此时,完成在F3单元格中插入迷你图中的“折线图”,使用同样的方法可以创建别的地区的迷你图,也可以直接拖动填充柄填充,结果如图4-102所示。

删除迷你图的方法是在单元格上右击,在弹出的快捷菜单中选中“迷你图”|“清除所选的迷你图”选项,即可删除已插入的迷你图。注意,按Delete键不能直接清除迷你图。

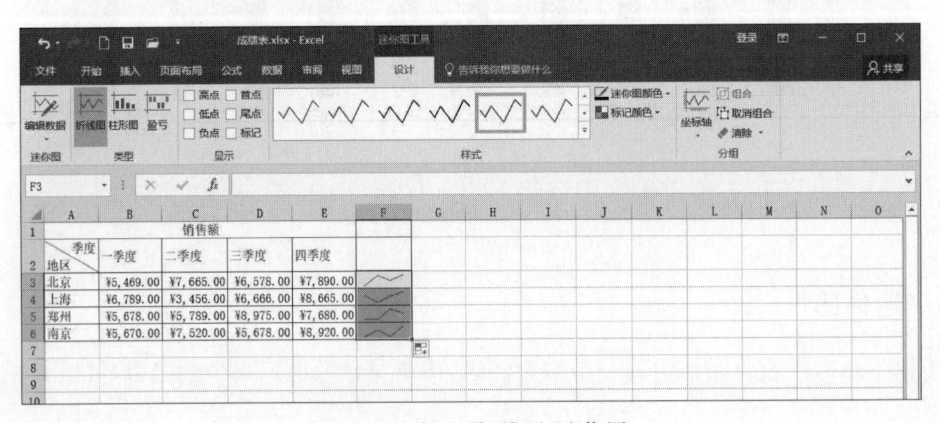

图4-102 插入“折线型”迷你图

4.8 页面设置与打印

对表格的各种操作完成后，可以将其打印输出。

4.8.1 页面设置

页面设置是打印操作的重要环节，在打印工作表之前，可根据要求对工作表进行打印的方向、纸张的大小、页眉或页脚和页边距等一些必要的设置。

单击“页面布局”选项卡的“页面设置”组右下角启动对话框按钮，打开“页面设置”对话框，如图 4-103 所示。在其中可根据需要进行设置即可。

4.8.2 打印预览

在“页面设置”对话框的所有选项卡中都有“打印预览”按钮，通过它可以在进行页面设置时方便地查看预览效果，在“打印预览”窗口显示的效果与打印出来的效果相同。

4.8.3 打印工作表

当把工作表的页面参数设置好，通过预览确认没有要修改的地方后，就可以开始打印了。在“文件”选项卡中选中“打印”选项，按照需要进行设置，设置完成后单击“打印”按钮，如图 4-104 所示。

图 4-103 “页面设置”对话框

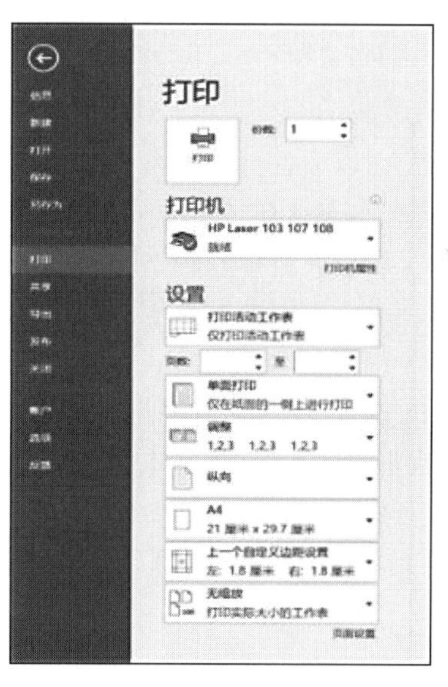

图 4-104 打印设置

4.10 本 章 小 结

本章介绍的是 Excel 2016 的应用，通过本章内容的学习，要能够理解工作簿、工作表、单元格的基本概念，掌握 Excel 2016 的基本操作，掌握公式和函数的用法，掌握数据管理的方法，掌握图表的创建与编辑，熟悉工作表的打印方法。

4.11 本章实训

实训 4.1 商品销售报表

【实训目的】

(1) 熟练掌握各种数据类型的输入方法。

(2) 熟练使用填充工具对数据进行完善。

(3) 对表格进行格式化编辑。

【实训环境】

Windows 10 操作系统、Excel 2016 办公软件。

【知识准备】

(1) 利用“设置单元格格式”的右键快捷菜单设置各种数据类型的格式。

(2) 利用“填充柄”快速输入大量数据。

(3) 利用“样式”对表格样式进行设置。

【实训步骤】

(1) 建立 Excel 工作表，将标签为 Sheet1 的工作表重命名为“业绩表”。

(2) 在 A1 单元格中输入“某商场空调销售业绩表”作为工作表标题。

(3) 在行标号为“2”的单元格中输入各列数据的字段名称，依次为“品牌”“型号”“生产批号”“单价(元)”“第一季度(台)”“第二季度(台)”“第三季度(台)”“第四季度(台)”和“总销售额(元)”。

(4) 在以下各行分别自行输入数据(与样表不同，首列及首行参考数据已给出)，“总销售额(元)”一列不输入数据，注意日期型和货币型数据的输入显示方式。

(5) 设置表格标题的字体、字号与颜色，使用“合并及居中”工具使标题位于居中位置。

(6) 设置表中各部分数据的字体、字号与颜色，表中所有内容的“对齐方式”为“居中”。

(7) 使用自动套用格式设置表格外观。

(8) 设置各行的“行高”值均为 18。

【实训结果】

实训结果如图 4-105 所示。

某商场空调销售业绩表								
品牌	型号	生产批号	单价（元）	第一季度（台）	第二季度（台）	第三季度（台）	第四季度（台）	总销售额（元）
美的	MD-2019-DF001	2019/3/12	¥2,899.00	50	40	35	25	
美的	MD-2019-DF002	2019/4/23	¥2,999.00	20	15	30	20	
美的	MD-2019-DF003	2019/5/20	¥3,999.00	50	60	10	30	
美的	MD-2019-DF004	2019/6/15	¥4,999.00	10	20	30	20	
格力	GL-2019-TN001	2019/2/21	¥3,999.00	20	10	18	25	
格力	GL-2019-TN002	2019/2/22	¥3,599.00	25	15	25	35	
格力	GL-2019-TN003	2019/5/20	¥4,999.00	30	18	30	45	
格力	GL-2019-TN004	2019/6/10	¥6,599.00	45	20	35	55	
格力	GL-2019-TN005	2019/7/5	¥6,999.00	50	25	40	60	
海尔	HR-2019-VR-001	2019/3/21	¥5,999.00	30	35	55	15	
海尔	HR-2019-VR-002	2019/4/12	¥4,999.00	40	45	60	20	

图 4-105 实训 4.1 结果

实训 4.2　数据管理

【实训目的】

（1）熟练使用公式或者函数完成数据管理。

（2）掌握对数据的排序、筛选和分类汇总。

【实训环境】

Windows 10 操作系统、Excel 2016 办公软件。

【知识准备】

利用“公式”选项卡“函数库”组中的工具按钮插入公式。

利用“数据”选项卡“排序和筛选”组中的工具按钮完成数据的排序、筛选和分类汇总。

【实训步骤】

（1）在 I3 单元格中使用插入公式“＝（E3＋F3＋G3＋H3）* D3”计算第一行的最后一列数据“总销售额(元)”。

（2）在“开始”选项卡“样式”组的“条件格式”中选中“数据条”，对总额一列进行“渐变填充”。

（3）利用“数据”选项卡“排序和筛选”组中的工具按钮完成按照销售总额的降序排序。

（4）利用“数据”选项卡“排序和筛选”组中的工具按钮筛选出某品牌（例如“格力”）的销售记录。

（5）利用“数据”选项卡“分级显示”组中的“分类汇总”工具按钮对表格中的数据完成分类汇总。

【实训结果】

（1）数据填充完毕后，带渐变填充数据条的结果如图 4-106 所示。

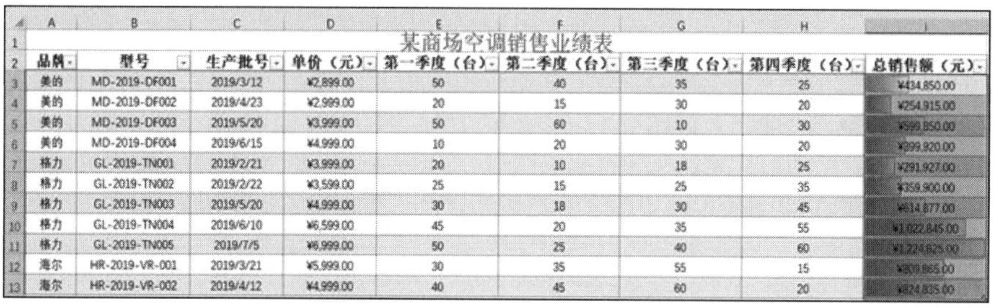

某商场空调销售业绩表

品牌	型号	生产批号	单价（元）	第一季度（台）	第二季度（台）	第三季度（台）	第四季度（台）	总销售额（元）
美的	MD-2019-DF001	2019/3/12	¥2,899.00	50	40	35	25	¥434,850.00
美的	MD-2019-DF002	2019/4/23	¥2,999.00	20	15	30	20	¥254,915.00
美的	MD-2019-DF003	2019/5/20	¥3,999.00	50	60	10	30	¥599,850.00
美的	MD-2019-DF004	2019/6/15	¥4,999.00	10	20	30	20	¥399,920.00
格力	GL-2019-TN001	2019/2/21	¥3,999.00	20	10	18	25	¥291,927.00
格力	GL-2019-TN002	2019/2/22	¥3,599.00	25	15	25	35	¥359,900.00
格力	GL-2019-TN003	2019/5/20	¥4,999.00	30	18	30	45	¥614,877.00
格力	GL-2019-TN004	2019/6/10	¥6,599.00	45	20	35	55	¥1,022,845.00
格力	GL-2019-TN005	2019/7/5	¥6,999.00	50	25	40	60	¥1,224,825.00
海尔	HR-2019-VR-001	2019/3/21	¥5,999.00	30	35	55	15	¥809,865.00
海尔	HR-2019-VR-002	2019/4/12	¥4,999.00	40	45	60	20	¥824,835.00

图 4-106　实训 4.2 渐变填充结果

（2）排序后结果如图 4-107 所示。

（3）筛选后结果如图 4-108 所示。

（4）分类汇总后结果如图 4-109 所示。

实训 4.3　创建图表

【实训目的】

掌握为表格数据创建图表的方法。

某商场空调销售业绩表

品牌	型号	生产批号	单价（元）	第一季度（台）	第二季度（台）	第三季度（台）	第四季度（台）	总销售额（元）
格力	GL-2019-TN005	2019/7/5	¥6,999.00	50	25	40	60	¥1,224,825.00
格力	GL-2019-TN004	2019/6/10	¥6,599.00	45	20	35	55	¥1,022,845.00
海尔	HR-2019-VR-002	2019/4/12	¥4,999.00	40	45	60	20	¥824,835.00
海尔	HR-2019-VR-001	2019/3/21	¥5,999.00	30	35	55	15	¥809,865.00
格力	GL-2019-TN003	2019/5/20	¥4,999.00	30	18	30	45	¥614,877.00
美的	MD-2019-DF003	2019/5/20	¥3,999.00	50	60	10	30	¥599,850.00
美的	MD-2019-DF001	2019/3/12	¥2,899.00	50	40	35	25	¥434,850.00
美的	MD-2019-DF004	2019/6/15	¥4,999.00	10	20	30	20	¥399,920.00
格力	GL-2019-TN002	2019/2/22	¥3,599.00	25	15	25	35	¥359,900.00
格力	GL-2019-TN001	2019/2/21	¥3,999.00	20	10	18	25	¥291,927.00
美的	MD-2019-DF002	2019/4/23	¥2,999.00	20	15	30	20	¥254,915.00

图 4-107　实训 4.2 排序结果

某商场空调销售业绩表

品牌	型号	生产批号	单价（元）	第一季度（台）	第二季度（台）	第三季度（台）	第四季度（台）	总销售额（元）
格力	GL-2019-TN005	2019/7/5	¥6,999.00	50	25	40	60	¥1,224,825.00
格力	GL-2019-TN004	2019/6/10	¥6,599.00	45	20	35	55	¥1,022,845.00
格力	GL-2019-TN003	2019/5/20	¥4,999.00	30	18	30	45	¥614,877.00
格力	GL-2019-TN002	2019/2/22	¥3,599.00	25	15	25	35	¥359,900.00
格力	GL-2019-TN001	2019/2/21	¥3,999.00	20	10	18	25	¥291,927.00

图 4-108　实训 4.2 筛选结果

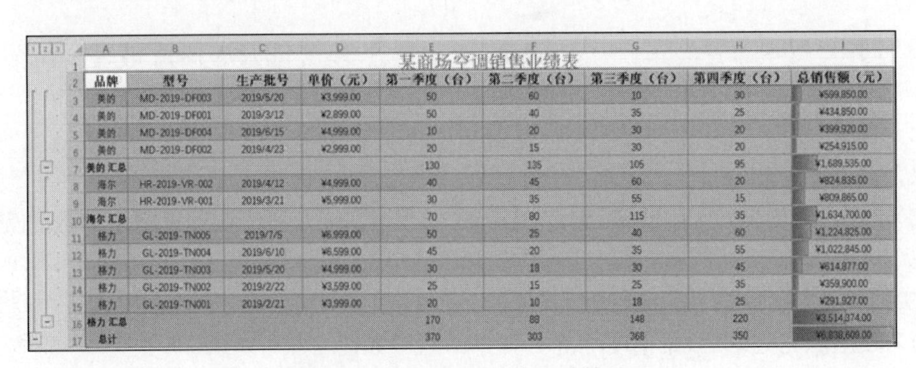

某商场空调销售业绩表

品牌	型号	生产批号	单价（元）	第一季度（台）	第二季度（台）	第三季度（台）	第四季度（台）	总销售额（元）
美的	MD-2019-DF003	2019/5/20	¥3,999.00	50	60	10	30	¥599,850.00
美的	MD-2019-DF001	2019/3/12	¥2,899.00	50	40	35	25	¥434,850.00
美的	MD-2019-DF004	2019/6/15	¥4,999.00	10	20	30	20	¥399,920.00
美的	MD-2019-DF002	2019/4/23	¥2,999.00	20	15	30	20	¥254,915.00
美的 汇总				130	135	105	95	¥1,689,535.00
海尔	HR-2019-VR-002	2019/4/12	¥4,999.00	40	45	60	20	¥824,835.00
海尔	HR-2019-VR-001	2019/3/21	¥5,999.00	30	35	55	15	¥809,865.00
海尔 汇总				70	80	115	35	¥1,634,700.00
格力	GL-2019-TN005	2019/7/5	¥6,999.00	50	25	40	60	¥1,224,825.00
格力	GL-2019-TN004	2019/6/10	¥6,599.00	45	20	35	55	¥1,022,845.00
格力	GL-2019-TN003	2019/5/20	¥4,999.00	30	18	30	45	¥614,877.00
格力	GL-2019-TN002	2019/2/22	¥3,599.00	25	15	25	35	¥359,900.00
格力	GL-2019-TN001	2019/2/21	¥3,999.00	20	10	18	25	¥291,927.00
格力 汇总				170	88	148	220	¥3,514,374.00
总计				370	303	368	350	¥6,838,609.00

图 4-109　实训 4.2 分类汇总结果

【实训环境】

Windows 10 操作系统、Excel 2016 办公软件。

【知识准备】

利用“插入”选项卡“图表”组中的工具按钮创建适当类型的图表。

【实训步骤】

(1) 利用“插入”选项卡“图表”组中的工具按钮创建图表。

(2) 选中图表，使用“图表工具｜设计”选项卡修改编辑图表的类型、数据、图表布局、图表样式以查看图表的变化。

(3) 选中图表，使用“图表工具｜设计”选项卡“图表布局”组为图表插入图表标题、坐标轴标题等内容。

(4) 选中图表，使用“图表工具｜格式”选项卡为图表更改形状样式、艺术字样式以及高度宽度等。

【实训结果】

实训结果如图 4-110 所示。

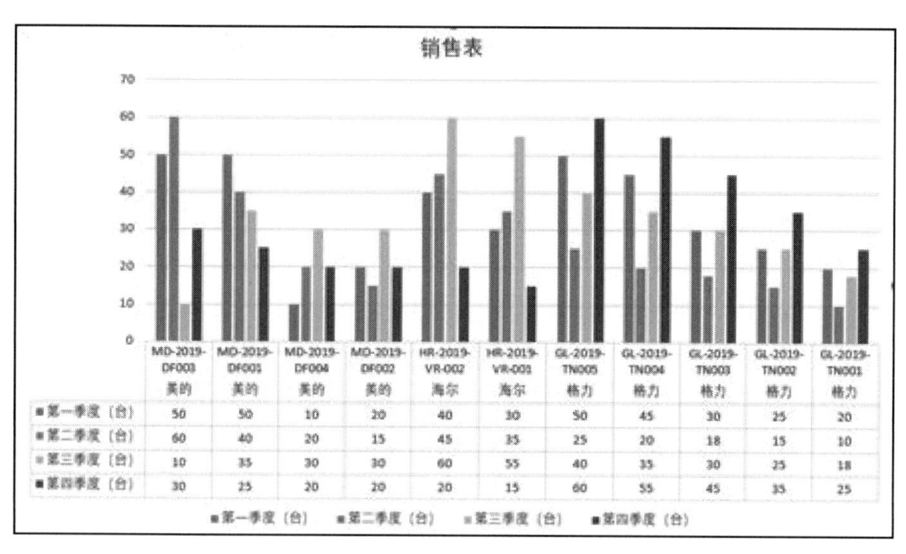

图 4-110　实训 4.3 结果

习　题　4

一、选择题

1. Excel 2016 工作表最多可有(　　)列。

A. 65 535　　B. 16 384　　C. 255　　D. 128

2. 在 Excel 2016 中,给当前单元格输入数值型数据时,默认为(　　)。

A. 居中　　B. 左对齐　　C. 右对齐　　D. 随机

3. 在 Excel 2016 工作表单元格中,输入的表达式中,(　　)是错误的。

A. =(15−A1)/3　　B. = A2/C1

C. SUM(A2:A4)/2　　D. =A2+A3+D4

4. 当向 Excel 2016 工作表单元格输入公式时,使用单元格地址 D$2 引用 D 列 2 行单元格,该单元格的引用称为(　　)。

A. 交叉地址引用　　B. 混合地址引用

C. 绝对地址引用　　D. 相对地址引用

5. Excel 2016 工作簿文件的默认类型是(　　)。

A. TXT　　B. XLS　　C. DOC　　D. XLSX

6. 在 Excel 2016 工作表中,不正确的单元格地址是(　　)。

A. C$66　　B. $C 66　　C. C6$6　　D. $C$66

7. 在 Excel 2016 工作表中,在某单元格内输入数值 123,不正确的输入形式是(　　)。

A. 123　　B. =123　　C. +123　　D. *123

8. 在 Excel 2016 工作表中进行智能填充时,鼠标的形状为(　　)。

A. 空心粗十字　　B. 向左上方箭头

C. 实心细十字　　D. 向右上方箭头

9. 在 Excel 2016 工作表中,正确的公式形式为(　　)。

A. =B3 * Sheet3!A2　　B. =B3 * Sheet3＄A2

C. =B3 * Sheet3:A2　　D. =B3 * Sheet3%A2

10. 在 Excel 2016 工作表中,单元格 D5 中有公式"=＄B＄2+C4",删除第 A 列后 C5 单元格中的公式为(　　)。

A. =＄A＄2+B4　　B. =＄B＄2+B4

C. =SA＄2+C4　　D. =＄B＄2+C4

11. 在 Excel 2016 工作簿中,有关移动和复制工作表的说法,正确的是(　　)。

A. 工作表只能在所在工作簿内移动,不能复制

B. 工作表只能在所在工作簿内复制,不能移动

C. 工作表可以移动到其他工作簿内,不能复制到其他工作簿内

D. 工作表可以移动到其他工作簿内,也可以复制到其他工作簿内

12. 在 Excel 2016 中,日期型数据"2003 年 4 月 23 日"的正确输入形式是(　　)。

A. 23-4-2003　　B. 23.4.2003

C. 23,4,2003　　D. 23:4:2003

13. 在 Excel 2016 工作表中,单元格区域 D2:E4 所包含的单元格个数是(　　)。

A. 5　　B. 6　　C. 7　　D. 8

14. 在 Excel 2016 工作表的某单元格内输入数字字符串"456",正确的输入方式是(　　)。

A. 456　　B. '456　　C. =456　　D. "456"

15. 在 Excel 2016 工作表中,单元格 C4 中有公式"=A3+＄C＄5",在第三行之前插入一行之后,单元格 C5 中 的公式为(　　)。

A. =A4+＄C＄6　　B. =A4+＄C＄5

C. =A3+＄C＄6　　D. =A3+＄C＄5

二、判断题

1. 在 Excel 2016 中,最小的工作单位是单元格。(　　)

2. 在 Excel 2016 工作簿中的系统默认扩展名是.xls。(　　)

3. Excel 2016 包含算术运算符、逻辑运算符、比较运算符和引用运算符 4 种类型的运算符。(　　)

4. 在分类汇总前,用户要先对进行分类的数据列排序。(　　)

5. 使用 Excel 2016 创建工作簿时,默认情况下,该工作簿包含 3 个工作表。(　　)

第5章 演示文稿处理软件 PowerPoint 2016

通过前面的学习，大家已经了解到文字处理软件可以帮助用户对文档进行输入、编辑和排版；电子表格制作软件可以帮助用户进行计算、统计和分析数据等数据处理工作。本章介绍的是电子文稿的演示、制作工具——PowerPoint 2016，它功能强大，可以轻松地将用户的想法变成极具专业风范和富有感染力的演示文稿，是人们在各种场合下进行信息交流的重要工具。

PowerPoint 2016 是微软公司推出的办公自动化软件 Microsoft Office 2016 中重要套装组件之一，专门用于设计、制作信息展示等领域（如演讲、做报告、各种会议、产品演示、商业演示等）的各种电子演示文稿。在 PowerPoint 2016 的升级改版中，它的改进显得更加耀眼，不仅功能更加完善、易用，而且新增了不少全新的幻灯效果；新增和改进的图像编辑和艺术过滤器使得图像变得更加鲜艳夺目；增加了全新的动态切换；通过改进的功能区，可以快速访问常用命令，创建自定义选项卡，可以设置个性化的工作界面。通过多媒体元素的加入，使得素材的选择空间更大。PowerPoint 2016 带来的是全新的用户体验。本案将介绍如何利用 PowerPoint 2016 制作和播放演示文稿。

与之前的 PowerPoint 版本相比，PowerPoint 2016 有以下新的特性。

1. 丰富的 Office 主题

Office 2016 除了保留之前版本中的白色（默认）、浅灰色、深灰色方案之外，还增加了彩色和中灰色，其中彩色是默认的。用于 PowerPoint 2016 的主题颜色为彩色、深灰色和白色。

2. Tell Me 功能

在 PowerPoint 2016 功能区有一个“告诉我您想要做什么”（Tell Me）搜索框。在这个搜索框中输入关键词，可以快速获得想要使用的功能和想要执行的操作以及相关的帮助。用户在使用一些不太熟悉的功能时，可以灵活地使用 Tell Me 功能，快速地定位相应的功能菜单，提高工作效率。

3. 屏幕录制功能

使用 PowerPoint 2016 自带的屏幕录制功能可在幻灯片中插入计算机的某些操作过程，而不再需要使用第三方软件。使用屏幕录制功能，不仅可以录制鼠标的移动轨迹，还可以录制音频。

4. 墨迹公式功能

教育、科研人员在制作演示文稿时，往往需要输入很多的公式。在 PowerPoint 2016 之前的版本中，输入公式比较烦琐。在 PowerPoint 2016 中，使用墨迹公式功能可以直接手写输入公式，输入后系统将自动识别公式，十分方便。

5. 新增 6 个图表类型

可视化对于有效的数据分析以及具有吸引力的故事分享至关重要。在 PowerPoint 2016 中添加了 6 种新的图表，可用于实现财务或分层信息的数据可视化，获得数据的统计属性。

5.1 PowerPoint 2016 的基础知识

安装 Office 2016 办公套件后，PowerPoint 2016 也就安装到计算机上了。PowerPoint 2016 的打开和 Windows 中其他的应用程序一样，可以通过多种方式打开，可以从“开始”菜单上打开，使用桌面的快捷图标打开，双击已有的演示文稿文档打开。

下面是使用第一种方式打开 PowerPoint 2016 的操作步骤如下。

在“开始”菜单中选中 PowerPoint 选项，打开 PowerPoint 2016，屏幕会弹出如图 5-1 所示的窗口。在对话框中有两个选项可供选择：新建演示文稿和打开已有的演示文稿。对于一个 PowerPoint 新手来说，PowerPoint 2016 可以使用模板较松快捷地创建新的演示文档，同时在主题获取上更加丰富，除了内置的几十款主题之外，还可以直接下载网络主题。这不仅极大地扩充了幻灯片的适用场景，还能使操作变得更加便捷。

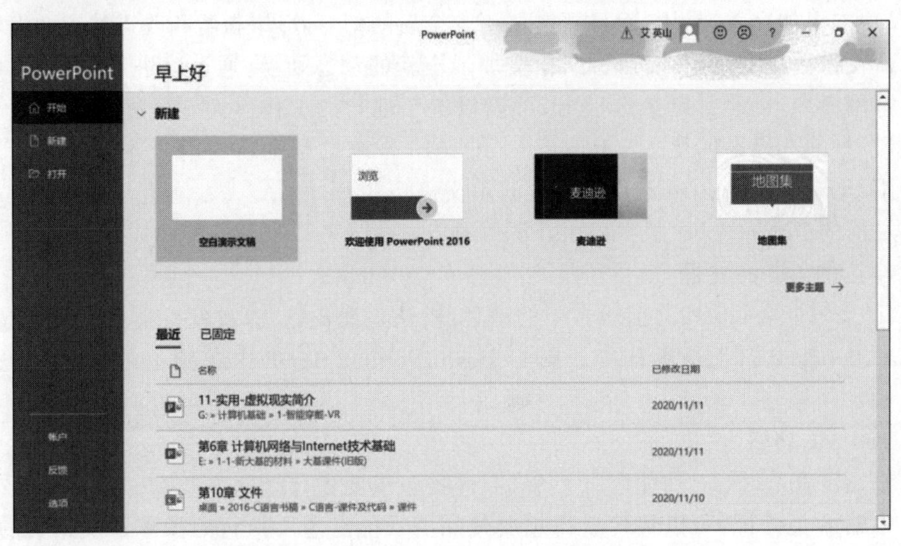

图 5-1　PowerPoint 窗口及对话框

5.1.1 PowerPoint 2016 的工作界面

工作界面是用户编辑演示文稿的工作平台，学习演示文稿制作之前先要了解 PowerPoint 2016 的工作界面。启动 PowerPoint 2016 后，就可进入如图 5-2 所示的工作界面。

工作界面自上而下分别是快速访问工具栏、标题栏、菜单栏、大纲区、工作区、备注区和状态栏。这里重点介绍工作区和大纲区。

1. 工作区

工作区就是幻灯片的编辑区，就像一个舞台，是进行文稿创作的区域。在这里可对幻灯片进行添加元素、输入对象、编辑文本等操作。

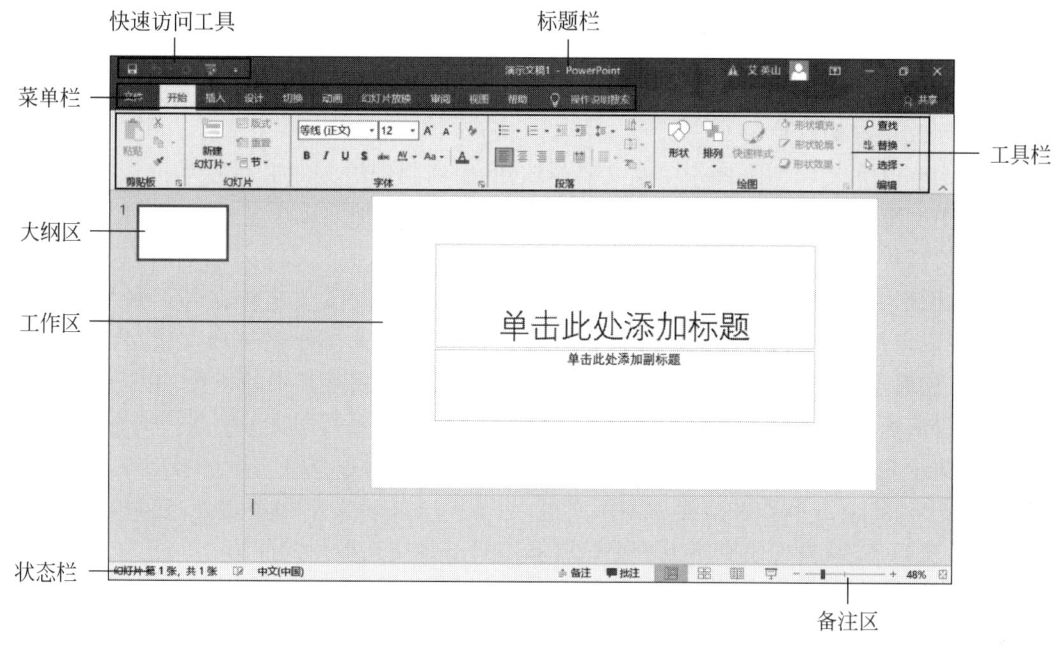

图 5-2　PowerPoint 2016 工作界面

2. 大纲区

大纲区可以让用户快速地查看、编排幻灯片内容。大纲区有大纲视图和幻灯片视图两种状态。在编辑幻灯片时，单击“大纲视图”按钮，就可以进入大纲显示方式，从不同视角查看和编辑幻灯片，如图 5-3 所示。

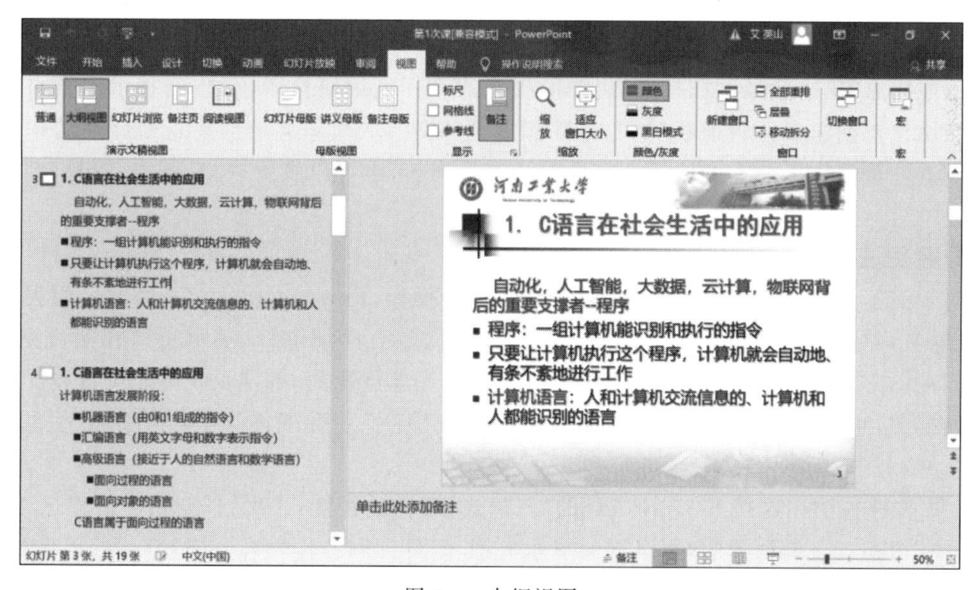

图 5-3　大纲视图

在大纲视图中，各幻灯片以图标形式出现，图标左侧的数字是幻灯片序号，其右侧就是该幻灯片的标题和内容。当光标移到某个幻灯片图标附近时，该页幻灯片的内容就显示在右侧的工作区中。用户还可以通过拖动幻灯片图标来改变其排列的先后顺序。

5.1.2 有关 PowerPoint 的基本概念

1. 演示文稿与幻灯片

PowerPoint 是专门用来制作演示文稿的软件,用其制作的文件扩展名为.pptx。该软件提供了几乎所有的演示工具,既包括将文本、图像、音频等各种多媒体整合到幻灯片的工具,也包括将幻灯片中的各种对象赋予动态演示的工具。

文字、图形、音频甚至视频等多媒体信息会按信息表达的需要组织在若干张“幻灯片”中,进而构成完整的演示文稿。这里的“幻灯片”一词只是用来形象的描绘文稿里的组成形式,实际上它表示一个“视觉形象页”。演示文稿中的幻灯片只是其中的一页,用于在计算机屏幕上进行演示。

制作演示文稿的过程实际上就是制作一张张幻灯片的过程。

PowerPoint 2016 制作的多媒体演示文稿,除了可以演示文字和图表外,还可以播放动画、声音和视频,以及与其他 Office 办公软件和 Internet 交互操作的能力。

2. 幻灯片中的对象

演示文稿是由一张张幻灯片组成的,每张幻灯片都是由若干个对象组成的,对象是幻灯片中重要的组成元素。在幻灯片中插入的文字、图表、组织结构图及其他可插入元素都是以对象的形式出现在幻灯片中。用户可以选择对象,修改对象的内容或大小,移动、复制或删除对象;还可以改变对象的颜色、阴影、边框等属性。制作一张幻灯片的过程,实际上是制作其中每一个特定对象的过程。

3. 幻灯片的版式

版式指的是幻灯片内容在幻灯片上的排列方式。版式由占位符组成,这里的占位符就是指先占住一个固定的位置,等待用户往里面添加内容。它在幻灯片上表现为一个虚框,虚框内部往往有“单击此处添加标题”之类的提示语。一旦用鼠标单击之后,提示语会自动消失。当用户要创建自己的模板时,占位符就显得非常重要,它能起到规划幻灯片结构的作用。在占位符的位置上既可放置文字和项目符号列表,也可以放置表格、图表、图片、剪贴画等对象。

4. 视图的类型

对于演示文稿中幻灯片的创建、编辑与浏览等操作,PowerPoint 2016 提供了两大类视图,演示文稿视图和母版视图,关于母版视图在下文中会详细解释,演示文稿视图可采用 5 种不同视图方式,分别是普通视图、大纲视图、幻灯片浏览视图、备注页视图和阅读视图。若要切换视图,可以在 PowerPoint“视图”选项卡的“演示文稿视图”组中选中合适的视图模式。

(1) 普通视图。这是 PowerPoint 的“三框式”结构的视图:“大纲”窗格、“工作区”窗格和“备注”窗格。在该视图中,可以同时显示大纲、幻灯片和备注内容,是最常用的工作视图,也是幻灯片默认的显示方式,图 5-2 所示的即为普通视图。

(2) 大纲视图。大纲视图含有大纲窗格、幻灯片缩图窗格和幻灯片备注页窗格。在大纲窗格中显示演示文稿的文本内容和组织结构,不显示图形、图像、图表等对象,如图 5-3 所示。

(3) 幻灯片浏览视图。图 5-4 所示为处于幻灯片浏览方式下的演示文稿,视图并排显示出 5 张幻灯片,可使用垂直滚动条来观看其余的幻灯片。在该视图下可以对幻灯片进行各种编辑操作。

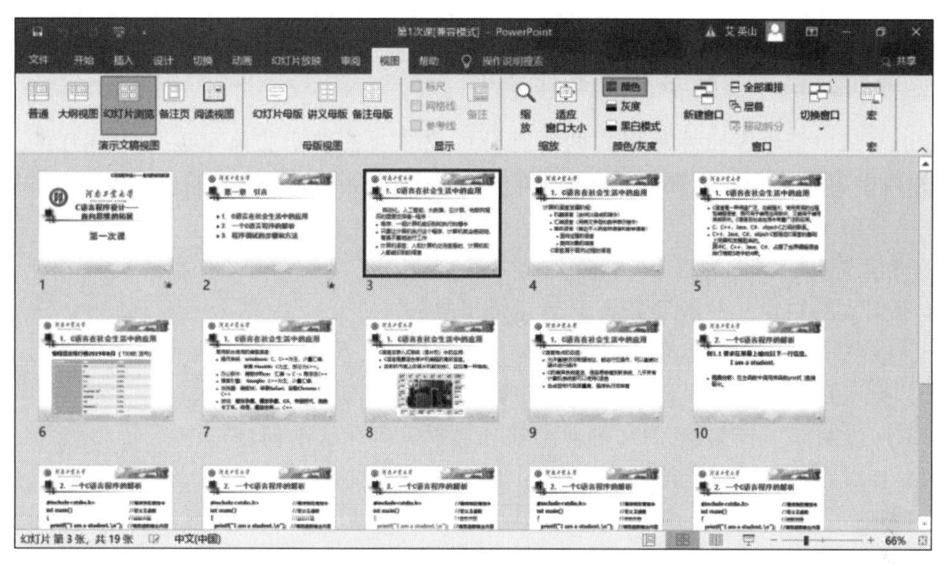

图 5-4 幻灯片浏览视图

(4) 阅读视图。阅读视图是 PowerPoint 2007 及其以后的版本才具有的新视图,但是该视图模式与之前版本中的幻灯片视图基本相似,在该视图方式下,一张幻灯片的内容占满整个屏幕,这也是将来制成胶片后用幻灯机放映出来的效果。如果用户要在放映过程中停止幻灯片的放映,可以按 Esc 键,如图 5-5 所示。

2019年8月	语言	占有率
1	Java	16.03%
2	C	15.15%
3	Python	10.02%
4	C++	6.06%
5	C#	3.84%
6	Visual Basic .NET	3.70%
7	JavaScripi	2.26%
8	PHP	2.08%
9	OBbjective-C	1.70%
10	SQL	1.63%

图 5-5 阅读视图

(5) 备注页视图。备注页视图用于配合演讲者解释幻灯片中的内容。在备注页视图中，页面的上半部分是当前幻灯片的缩略图，下半部分是一个文本框，可以向其中输入该幻灯片的详细注释，这些注释内容往往不适合出现在幻灯片正文中。若在普通视图的注释窗格中对幻灯片加入了注释，这些注释也会出现在这个文本框中。

上述5种视图方式在对幻灯片的操作中功能各异，但彼此之间又有联系。

5.1.3 演示文稿的制作过程及制作原则

演示文稿包括内容和外观形式两个部分。建立新的演示文稿可以从幻灯片的内容出发，确定讲演稿的基本框架和内容，然后再为演示文稿设计外观表现形式；另外一种思路则是首先确定演示文稿的外观、表现形式，然后再填充演讲的内容。

1. 演示文稿的制作过程

演示文稿的制作。一般要经历下面几个步骤。

(1) 准备素材。主要是准备演示文稿中所需要的一些图片、声音、动画等文件。

(2) 确定方案。对演示文稿的整个构架作一个设计。

(3) 初步制作。将文本、图片等对象输入或插入到相应的幻灯片中。

(4) 装饰处理。设置幻灯片中相关对象的要素(包括字体、大小、动画等)，对幻灯片进行装饰处理。

(5) 预演播放。设置播放过程中的一些要素，然后播放查看效果，满意后即可保存作品。

2. 演示文稿的制作原则

演示文稿的制作原则如下。

(1) 主题鲜明，文字简练。

(2) 结构清晰，逻辑性强。

(3) 和谐醒目，美观大方。

(4) 生动活泼，引人入胜。

5.2 创建演示文稿

在PowerPoint 2016中，新建文稿比之前的版本要更加方便快捷。在新建时，可以选择模板和主题，并根据提示可以选取空白演示文稿、样本模板、主题等，还可以根据需求选择证书奖状、日历、图标等。

5.2.1 创建空白文稿

在"文件"选项卡中选中"新建"选项，根据本机已有的内容也就是"主页"上的内容创建文稿，如图5-6所示。双击"空白演示文稿"按钮，系统将进入如图5-1所示的工作界面。

5.2.2 用模板来创建文稿

根据在线模板创建演示文稿。系统提供了35个在线模板，如果要使用该项功能，就必须接入互联网，然后将模板下载到本机，如图5-7所示。

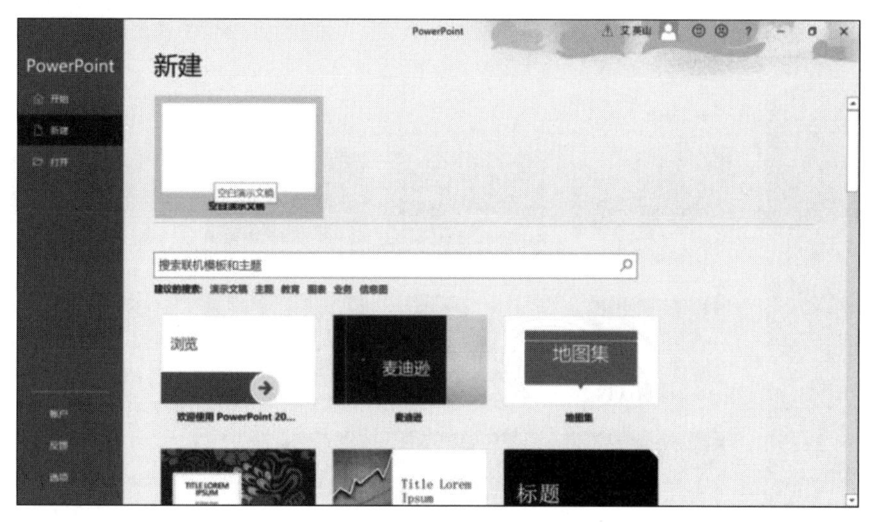

图 5-6 新建“空白演示文稿”

图 5-7 系统提供的模板

如果感觉系统已有的 35 个在线模板不符合使用要求，也可以根据主题进行在线搜索。例如，以“教育”主题时，系统提供的部分模板如图 5-8 所示。

5.2.3 幻灯片的制作与编辑

1. 新建幻灯片

在演示文稿中新建幻灯片的方法主要有以下 3 种。

方法 1：通过“文件”选项卡创建。在“文件”选项卡中选中“新建”选项，然后在“可用的模板和主题”窗格中选中一种幻灯片样式，例如，选中“空白”样式，就可新建一张普通幻灯片。

方法 2：通过快捷键创建。按 Ctrl+M 组合键，即可快速添加一张空白幻灯片。

方法 3：通过 Enter 键创建。将鼠标定位在左侧大纲视图窗格中，切换到“幻灯片”选项

图 5-8　以“教育”为主题的模板

卡下，然后按 Enter 键，同样可以快速插入一张新的空白幻灯片。

用后两种方法会立即在演示文稿的结尾出现一张新的幻灯片，该幻灯片直接套用前面那张幻灯片的版式。在使用第一种方法时所用的“新建幻灯片”命令按钮由两部分组成，该按钮的上半部分单击的效果与前两种方法相同，而按钮的下半部分单击时会出现下拉菜单，在下拉菜单中有系统提供的 11 种主题版式，可以非常直观地选择所需版式，如图 5-9 所示。

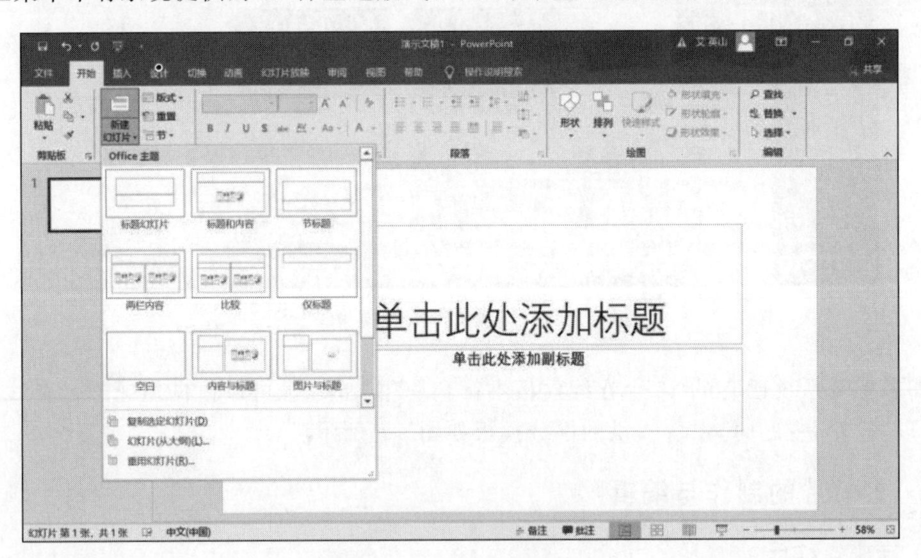

图 5-9　新建幻灯片的版式

用户创建好的演示文稿在第一次保存时，系统会要求用户为其命名，并选择保存的位置和文件类型。

常用的保存格式如下。

(1) .pptx：Office PowerPoint 2016 演示文稿。

(2) .potx：作为模板的演示文稿，可用于对将来的演示文稿进行格式设置。

(3) .ppt：可以在早期版本的 PowerPoint（如 PowerPoint 97、PowerPoint 2003）中打开的演示文稿。

(4) .pot：可以在早期版本的 PowerPoint（如 PowerPoint 97、PowerPoint 2003）中打开的模板。

(5) .pps：始终在幻灯片放映视图（而不是普通视图）中打开的演示文稿。

(6) .sldx：独立幻灯片文件。

2. 移动和复制幻灯片

可以根据需要调整幻灯片的位置，也可以通过复制功能快速制作出内容版式完全相同的幻灯片。

移动与复制幻灯片的步骤如下。

(1) 打开演示文稿，在左侧“大纲区”的“幻灯片”选项卡中选中要移动的幻灯片缩略图并将其拖动到所需要的位置，即可完成操作。

当然，也可以用“剪切”和“粘贴”操作来移动幻灯片。

(2) 与移动操作类似，若要复制幻灯片，可右击要复制的幻灯片，在弹出的快捷菜单中选中“复制”选项，然后将光标放到要复制到的目标位置，再右击，在弹出的菜单中选中“粘贴”选项即可完成操作。

3. 插入幻灯片

既可以在幻灯片浏览视图中添加新幻灯片，也可以在普通视图的大纲窗格中添加，最终效果是一样的。

插入幻灯片的方法与添加新幻灯片的方法非常相似。新建幻灯片是在演示文稿的最后添加新幻灯片，而插入幻灯片是在指定位置添加幻灯片，所以将光标定位于指定位置后，其余操作与新建幻灯片的方法完全一样。

4. 删除幻灯片

如果觉得演示文稿中的某些幻灯片是多余的，可以将其删除，删除幻灯片的步骤如下。

(1) 在幻灯片浏览视图或大纲视图中选中要删除的幻灯片。

(2) 右击大纲区中的幻灯片，在弹出的快捷菜单中选中“删除幻灯片”选项。也可以选中欲删除的幻灯片，然后按 Delete 键。

(3) 若要删除多张幻灯片，就必须切换到幻灯片浏览视图。按住 Ctrl 键并依次单击要删除的各幻灯片使之处于选中状态，然后将这些幻灯片同时删除。

5. 幻灯片文字的编辑

编辑和设置演示文稿中内容的方法包括文本的输入、声音、图片、视频的插入、使用备注、插入表格等。

(1) 添加文本。将文本添加到幻灯片有占位符、文本框和形状的方法如下。

① 在占位符中输入文字。占位符是一种带有虚线或阴影线边缘的框，绝大部分幻灯片版式中都有这种框。在这些框内可以放置标题、正文、图表、表格、图片等对象。例如，启动 PowerPoint 2016 时默认新建的标题幻灯片中用于输入文本内容的区域就是占位符。单击占位符的内部区域，将显示一个光标插入点，在此输入要插入的文本即可。在占位符虚框外单击，可停止对该对象的编辑。

如果选中的幻灯片版式是“标题和内容”，当光标进入到内容占位符之后，会自动为输入的文本添加项目符号，所谓项目符号就是输入文本前该行首部的黑色标识符，在输入一条文本信息并按 Enter 键后，下一个项目符号点便会自动生成。

取消或重新指定项目符号，可以参照以下方法进行。

方法 1：选中准备重新指定项目符号的对象。如果是重新指定某一行文字的项目符号，直接单击该行；如果要对整个文本框对象中的每行信息中新指定项目符号，则选中整个文本框。

方法 2：在“开始”选项卡的“段落”组中单击“项目符号”按钮 ☰ ▾，在下拉菜单中选择合适的项目符号，如图 5-10 所示。也可以选中“项目符号和编号”选项，在弹出的“项目符号和编号”对话框中进行自定义选择。

取消项目符号的方法是，在如图 5-11 所示的“项目符号和编号”对话框中，选中“无”，单击“确定”按钮。

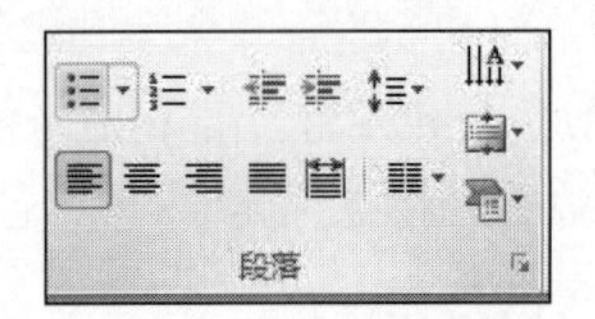

图 5-10 “段落”命令组

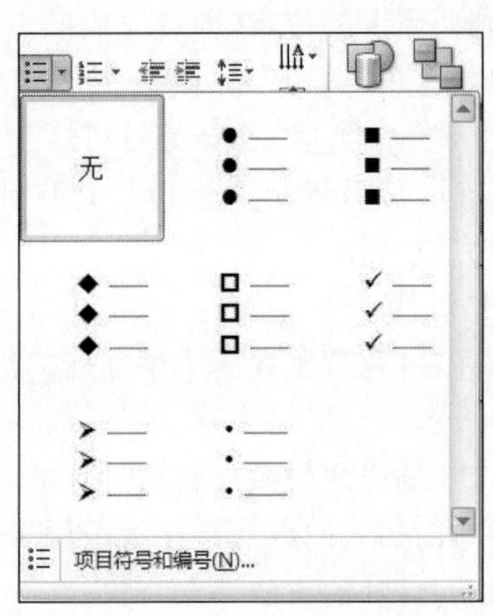

图 5-11 “项目符号”对话框

② 在文本框中输入文字。文本框是一种可移动和调整大小的文字或图形容器。通过文本框可以在一页上放置数个文字块，也可以使文字按与文档中其他文字不同的方向排列。

在文本框中输入文字的方法是，在“插入”选项卡的“文本”组中单击“文本框”按钮，从下拉菜单中选中“横排文本框/垂直文本框”选项，此时鼠标变成“细十字”形状，按住鼠标左键，在“工作区”中拖动，即可插入一个文本框，然后将文本输入其中。

③ 在图形框中输入文字。右击希望输入文字的图形，在弹出的快捷菜单中选中“编辑文字”选项。

在插入文本框等元素时，工具栏会出现“绘图工具|格式”选项卡，使用此选项卡可以为文本框或其他对象设置形状填充，形状轮廓和形状效果等形状样式；可以插入、更改和编辑形状；还可以设置各个对象的层次关系及对象的尺寸大小，如图 5-12 所示。

注意：文本框和占位符的区别是，占位符受母版控制，而文本框不受限制。

(2) 文本框的调整与移动。

① 调整大小。将鼠标移至文本框的 8 个控制点(空心圆圈)上，成双向拖拉箭头时，按住左键拖曳，即可调整文本框的大小。

图 5-12　格式选项组

② 移动定位。将鼠标移至文本框边缘处成四向箭头时，按住鼠标左键拖曳，将其定位到幻灯片合适位置上即可。

③ 旋转文本框。选中文本框，然后将鼠标移至上端控制点（绿色实心圆点），此时控制点周围出现一个圆弧状箭头，按住左键拖动鼠标，即可对文本框进行旋转操作。

（3）文字的其他格式设置。PowerPoint 2016 中字体、字号、颜色、加粗、倾斜、阴影以及对齐方式等有关文字格式的调整方法与 Word 2016 相似。首先选中准备设置格式的文字，然后在“开始”选项卡中单击“字体”或“段落”组的功能按钮进行设置。

注意：若要更改单个段落或短语的字体，必须选中要更改字体的文本。若要更改某一占位符中所有文本的字体，则必须选中该占位符中的所有文本或单击该占位符。

5.3　插入对象

PowerPoint 2016 的演示文稿是一组幻灯片的有序集合。每张幻灯片由若干个文本、表格、图片、组织结构及多媒体等多种对象组合而成，最终目的是创建一个美观、生动、简洁、准确表达演讲者意图的演示文稿。

绝大部分对象都有适合的版式与之对应，制作幻灯片时只需要选中相应的版式，然后按提示操作即可。在“开始”选项卡的“幻灯片”组中选中“新建幻灯片”选项，在下拉菜单选中“标题和内容”选项，该版式内容的占位符内显示了幻灯片能够插入的对象，如图 5-13 所示。

图 5-13　两栏版式内容

幻灯片中通常包括文本、图形和多媒体等对象。图形对象包括图表、图片和剪贴画；多媒体对象包括声音、视频剪辑以及 Internet 网页的超文本链接等。

选中或撤销选中一个对象，改变对象的大小和移动对象的位置，删除选中对象，这些操作与 Word 中相似，对于幻灯片中的对象是通用的。

5.3.1 插入图片和剪贴画

在演示文稿中添加图片可以增强演讲的效果，极大地提升幻灯片的说服力和感染力，为此 Microsoft Office 提供了剪辑库。演示文稿中添加图片分为两类，一类图片来自文件，另一类图片来自剪辑库，它们都能插入演示文稿中使用。

在"插入"选项卡的"图像"组中单击"图片"按钮，可插入用户选中的图片，如图 5-14 所示。在弹出的"插入图片"对话框中，定位到图片所在的文件夹，选中需要的图片，单击"插入"按钮（或直接双击所选图片），即可将图片插入到幻灯片中。

在"插入"选项卡的"图像"组中单击"联机图片"按钮，可插入剪贴画，在新窗口中"必应图像搜索"中搜索"剪贴画"，在出现的各种剪贴画中单击其中所需图片，即可将该图片添加到幻灯片中，如图 5-15 所示。

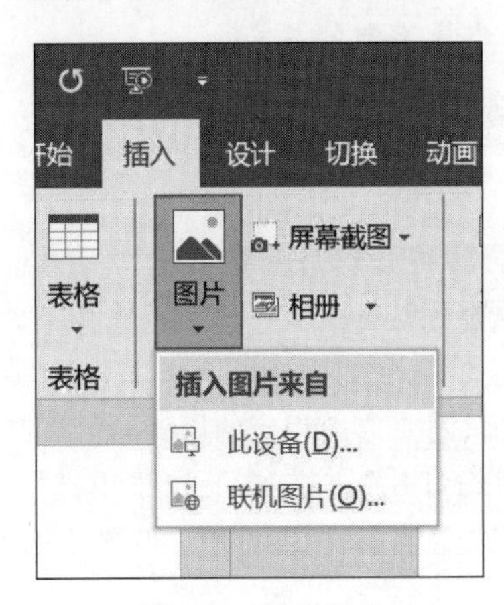

图 5-14 插入图片

图 5-15 插入剪贴画

如果在幻灯片上设置占位符，插入图片会非常方便，因为当使用幻灯片图标插入时，图片会进入包含该图标的占位符内。

插入图片后，可能需要调整图片的大小或者为它设置特殊效果。首先选中幻灯片上的图片，这时会在功能区上出现"图片工具"|"格式"选项卡，可以使用此处的各项设置来修饰图片，包括为图片设置直角边缘或曲线边缘、应用阴影或发光、添加彩色边框、裁剪图片或调整图片大小等。

5.3.2 插入表格和图表

1. 插入表格

在 PowerPoint 2016 中可以处理类似于 Word 2016 和 Excel 2016 中的表格对象，方法也类似。创建表格有两种方法。

方法 1：从包含表格对象的幻灯片自动版式中双击占位符启动，在弹出的"输入表格"对话框中输入表格的行数和列数。

方法 2：在“插入”选项卡的“表格”组中单击“表格”按钮，在下拉菜单中可以选中插入表格行、列以及其他的一些选项，这方面的内容与 Word 2016 中插入表格是一样的，如图 5-16 所示。

图 5-16　插入表格

2. 插入图表

与文字数据相比，形象直观的图表更容易让人理解。在幻灯片中插入图表可以使显示效果更加清晰。PowerPoint 2016 中附带了一种称为 Microsoft Graph 的图表生成工具，它能提供 15 类不同的图表来满足用户的需要，这使得制作图表的过程简便而且自动化。

在幻灯片中插入图表时，通常是先在样本数据表中输入自己的数据，然后根据输入的数据，自动地生成样本图表的形状。

在“插入”选项卡的“插图”组中单击“图表”按钮或者将鼠标放在内容区域，直接单击内容区域中 的图标，可以打开“插入图表”对话框，如图 5-17 所示。选中合适的图表类型，例如在“柱形图”中选中“簇状柱形图”，单击“确定”按钮即可插入一个图表。

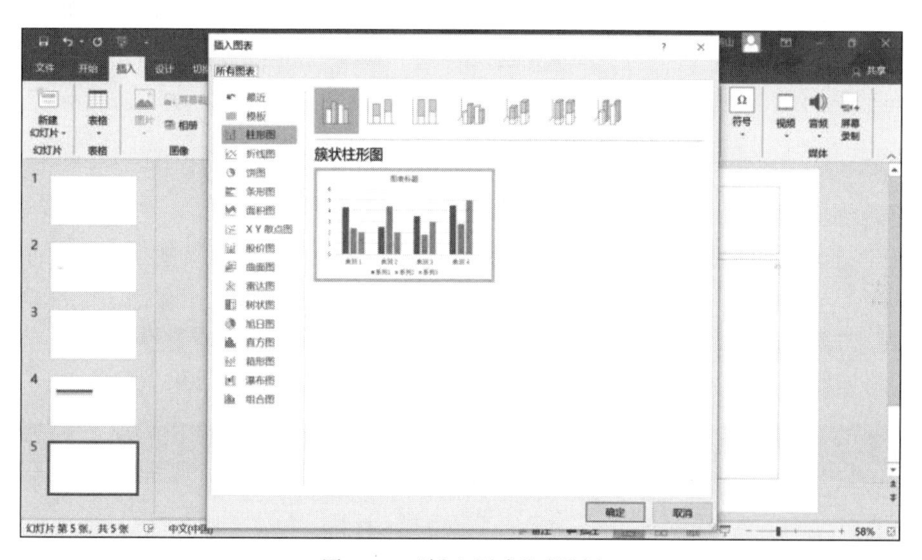

图 5-17　“插入图表”对话框

在插入图表的同时，图表上方会同时打开一个 Excel 数据表格，在根据需要输入横轴和纵轴的类别以及相应的数值后，关闭 Excel 表格，会自动创建对应的数据图表，如图 5-18 所示。

图表中显示的元素和图表的外观样式都可以设置，设置图表外观样式的步骤如下。

(1) 单击创建的图表，在如图 5-19 所示的“图表工具｜设计”选项卡中进行如下设置。

① 在“类型”组中可以更改图表类型或将图表保存为模板，以便将来重复使用。

② 在“数据”组中可以互换图表中行数据和列数据的位置，还可以重新选择用于创建图

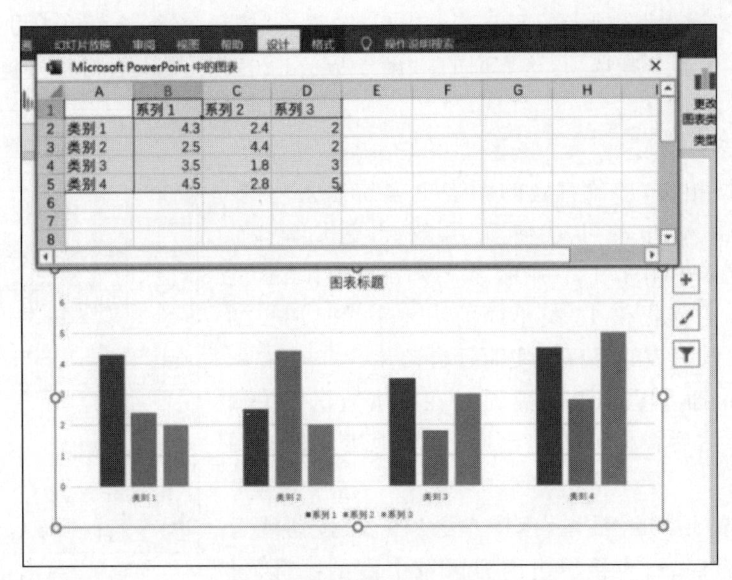

	A	B	C	D
1		系列 1	系列 2	系列 3
2	类别 1	4.3	2.4	2
3	类别 2	2.5	4.4	2
4	类别 3	3.5	1.8	3
5	类别 4	4.5	2.8	5

图 5-18　插入图表后的效果

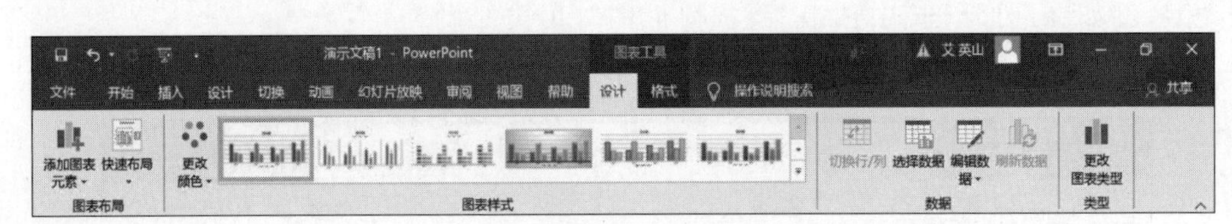

图 5-19　“图表工具|设计”选项卡

表的数据范围。

③ 在“图表布局”组中,可以把图表的布局设置为 PowerPoint 2016 提供的各种布局类型。

④ 在“图表样式”组中,可以套用 PowerPoint 2016 提供的各种图表样式。

(2) 在如图 5-20 所示的“图表工具”|“格式”选项卡中可进行如下设置。

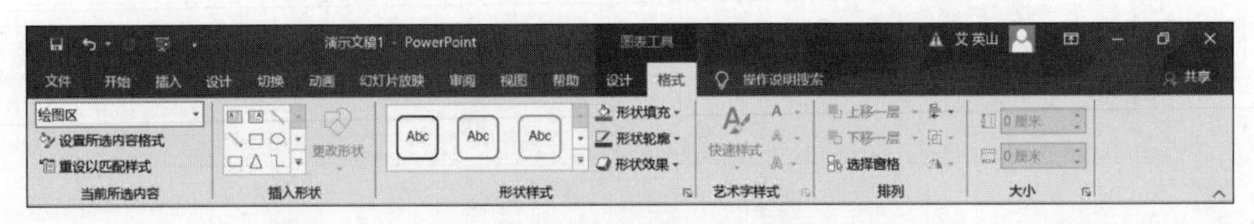

图 5-20　“图表工具|格式”选项卡

① 在“当前所选内容”组中可以选中图表中的不同元素,并且可以设置所选内容的格式。

② 通过“插入形状”组,可以向图表中插入各种图形。

③ 在“形状样式”组,可以设置图表的填充色、边框颜色和特殊效果,以及选中 PowerPoint 2016 提供的各种外观样式。

④ 在“艺术字样式”组中可以设置图表中文字标题的外观样式。

⑤ 在“排列”和“大小”组中，可以设置图表在文档中的排列方式以及图表的大小。

5.3.3 插入 SmartArt 图形

SmartArt 图形常用于将文字量少、层次较明显的文本转换为更有助于读者理解、记忆的文档插图。在 PowerPoint 2016 中可以插入 SmartArt 图形，以便快速制作出专业的组织结构图等图形图示。SmartArt 图形分为列表、流程、循环、层次结构、关系、矩阵、棱锥图和图片 8 种类型。

插入 SmartArt 图形的方法与插入图表的方式相同，在“插入”选项卡的“插图”组中单击 SmartArt 按钮，在弹出的“选择 SmartArt 图形”对话框中选中合适的图形种类，如图 5-21 所示。

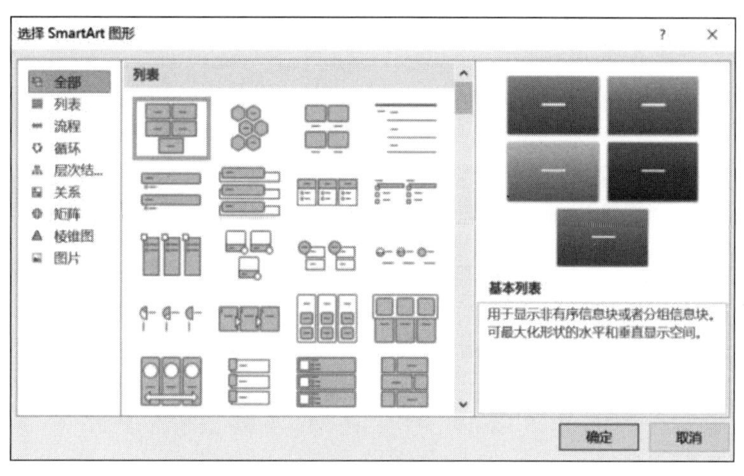

图 5-21 “选择 SmarArt 图形”对话框

选中合适的图形种类后双击，在对应的“[文本]”占位符中添加图片和文字。如果需要输入的内容行数多于系统提供的行数，则可以在最后一行输入完后按 Enter 键继续添加。如果图形的复杂程度达不到要求，可以在“SmartArt 工具｜设计”选项卡的“创建图形”组中单击“添加形状”按钮，为图形添加新的形状，如图 5-22 所示。在插入新的 SmartArt 图形之后，在其占位符中输入内容即可。

选中插入的 SmartArt 图形，在出现的“SmartArt 工具｜设计”和“SmartArt 工具｜格式”选项卡中，可以设置 SmartArt 图形的布局和外观样式。其操作与 Word 2016 中设置 SmartArt 图形的操作相同，在此不再赘述。

如果文本内容的等级关系需要更改，也可以通过弹出的“SmartArt 工具｜设计”和“SmartArt 工具｜格式”选项卡对插入的图形进行编辑操作，如更改布局、套用样式、添加或删除形状，还可以设置形状样式及形状内文本的格式，通过单击“创建图形”组中的“升级”“降级”“上移”和“下移”按钮来调整等级和前后关系，如图 5-23 所示。

5.3.4 插入页眉页脚及幻灯片编号

在演示文档创建完成后，可以为全部幻灯片添加编号，操作方法如下。

在“插入”选项卡的“文本”组中单击“页眉页脚”或“幻灯片编号”按钮，弹出“页眉和页

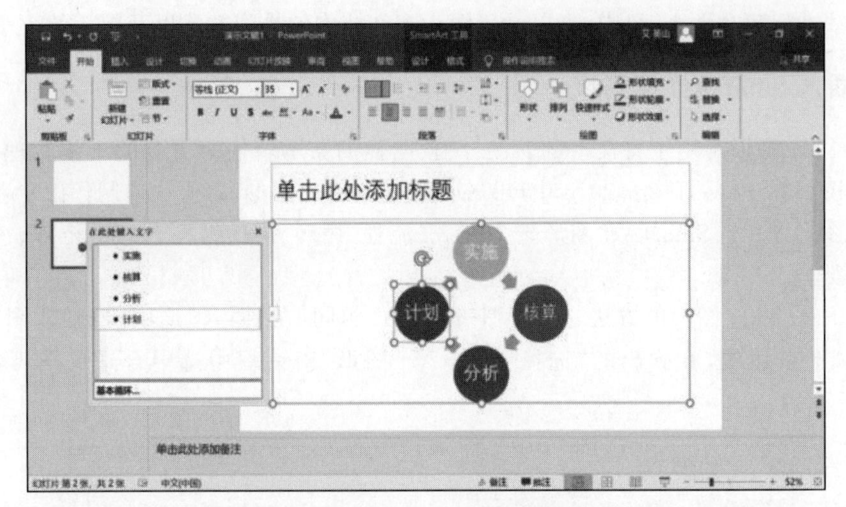

图 5-22　在 SmartArt 图中编辑文字

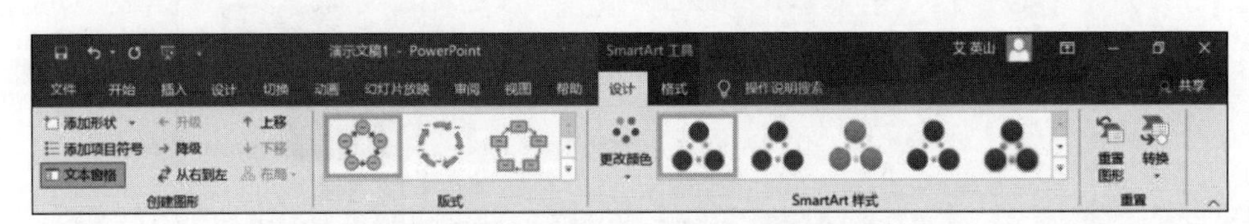

图 5-23　“SmartArt 工具|设计”选项卡

脚”对话框，如图 5-24 所示，也可以单击对话框中的“备注和讲义”选项卡，为备注和讲义添加编号信息。

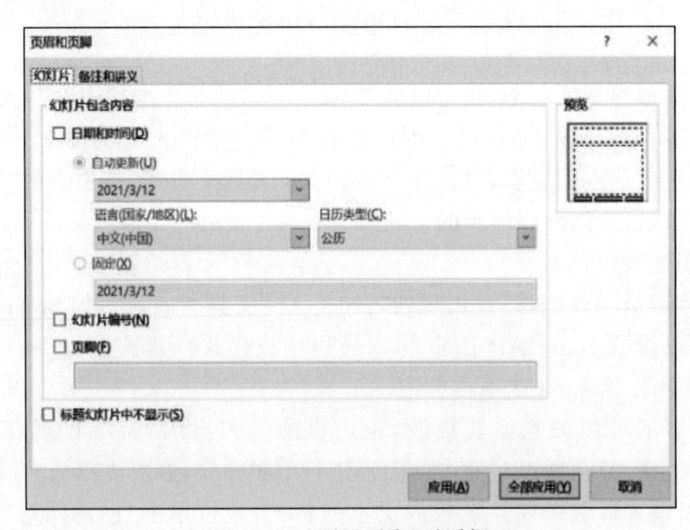

图 5-24　“页眉页脚”对话框

5.3.5　插入屏幕截图

在 Office 2016 以前的版本中，在 Word、Excel 或 PowerPoint 的文档中插入屏幕截图时必须使用专门的截图软件或使用 PrintScreen 键。Office 2016 已经内置了屏幕截图功能，可将截图即时插入到文档中，方法如下。

在“插入”选项卡的“图像”组中单击“屏幕截图”按钮，在下拉菜单中看到当前所有已开启的窗口缩略图，如图 5-25 所示。单击其中一个缩略图，即可将该窗口完整截图并自动插入到文档中。

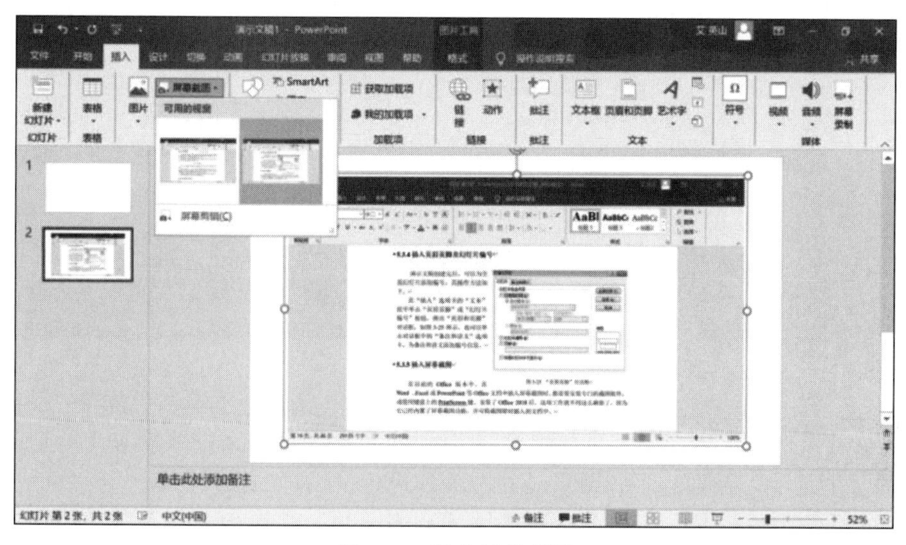

图 5-25　插入屏幕截图

如果只想截取屏幕上的一部分区域，则需要先将要截取的部分置于桌面顶层，再单击“屏幕截图”下拉菜单中的“屏幕剪辑”选项，然后就可以手动截取想要的部分，截取完成后，图片会自动地添加到该幻灯片中。

如果想将截取的图片独立保存，可以右击该图，在弹出的快捷菜单中选中“另存为图片”选项，然后保存图片。保存的图片类型有 PNG、JPG、GIF、TIF 和 BMP 这 5 种。

5.3.6　插入超链接和动作设置

通过超链接可以使演示文稿与用户进行交互，大大提高其表现能力，被广泛应用于教学、报告会、产品演示等方面。

1. 插入超链接

创建超链接时，起点可以是文本、图形等对象，如果图形中有文本，可以为图形和文本分别设置超链接。激活超链接的方式可以是单击或鼠标移过，通常采用单击的方式，鼠标悬停的方式常用于提示；还可以把两个不同的动作指定给同一个对象，例如，使用单击激活一个链接，使用鼠标悬停激活另一个链接。值得注意的是只有在演示文稿放映时，超链接才能激活。

设置好超链接后，代表超链接的文本会添加下画线，并显示指定的颜色，从超链接跳转到指向的对象后，文本的颜色就会改变，这样就可以通过颜色来分辨访问过的链接。

通过对象建立超链接：选中建立超链接的对象，然后在“插入”选项卡的“链接”组中单击“链接”按钮，弹出如图 5-26 所示的“插入超链接”对话框，其中包含的主要功能如下。

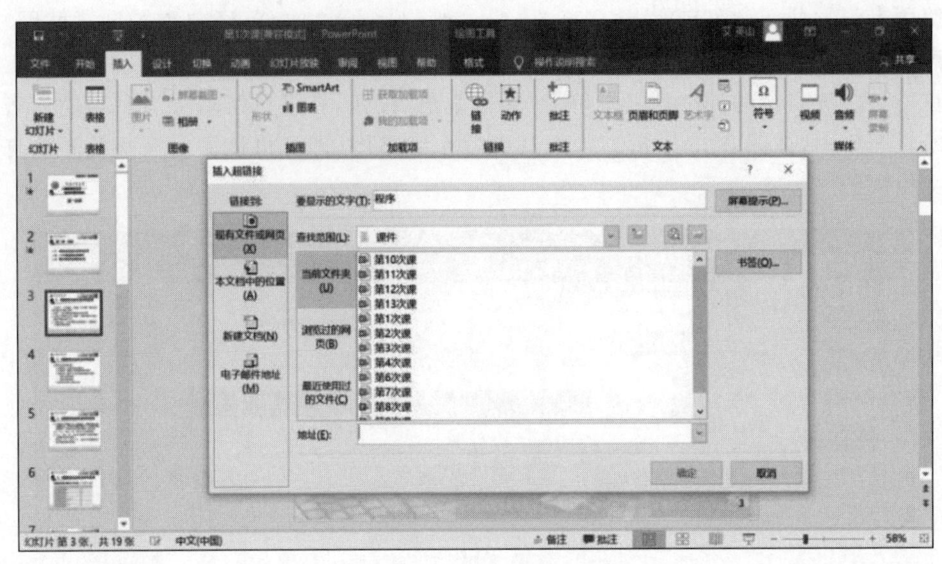

图 5-26　插入超链接

(1) 现有文件或网页。用于将超链接链接到计算机现有的文件或网页上,其中包含了最常见的 3 个选项,当前文件夹、浏览过的网页和最近使用过的文件。

(2) 本文档中的位置。用于将超链接链接到当前演示文稿的某一页上,这种链接是幻灯片在播放时各页面之间的相互切换。

(3) 新建文档。用于将超链接关联到新建的文档上。

(4) 电子邮件地址。用于将超链接关联到某一电子邮件地址上。

(5) 要显示的文字。超链接显示的文字可以在此输入更改。

在 PowerPoint 2016 中,可以为幻灯片中的文本、图片、图表等对象设置超链接。通过为幻灯片中的对象设置超链接和动作可以制作出交互式的演示文稿。

2. 使用"动作设置"创建超链接

打开演示文稿,进入幻灯片视图,找到要添加超链接的幻灯片。选择用于代表超链接的对象,在"插入"选项卡的"链接"组中单击"动作"按钮,弹出如图 5-27 所示的"操作设置"对话框,其中含有"单击鼠标"和"鼠标悬停"两个选项卡。若要以单击方式启动跳转,则单击"单击鼠标"选项卡;若要以鼠标悬停方式启动跳转,则单击"鼠标悬停"选项卡。单击"超链接到",再选择跳转目标,单击"确定"按钮。在"动作设置"对话框中还可以设置运行的程序、运行宏、对象动作和播放声音等选项。

图 5-27　"操作设置"对话框

也可以将超链接添加到现有按钮上,PowerPoint 2016 中提供了一些按钮,将这些按钮添加到幻灯片中,可以快速设置超链接。在

“插入”选项卡的“插图”组中单击“形状”按钮，显示“动作按钮”级联菜单，包括12个动作按钮，并预设了相应的功能，用户只需要将其添加到幻灯片中即可使用。选择所需的按钮，光标变成十字形状，用鼠标把按钮拖动到幻灯片上合适的位置，然后打开“动作设置”对话框，通过设置并确认，就可以把跳转的目标确定下来。

5.3.7 插入音频和视频文件

PowerPoint 2016 在幻灯片放映时可以同时播放音频和视频，增强了演示文稿的感染力和说服力。使用 PowerPoint 2016 向演示文稿中嵌入音频和视频后，不必担心在复制演示文稿到其他位置的过程中会丢失文件，这使得演示文稿在转移时更加安全，可靠。

1. 插入声音或音乐

在幻灯片中可插入音频或播放时的背景音乐，具体方法如下。

(1) 搜索并选定与演示文稿相适合的音频文件，并将它与幻灯片放在同一个文件夹下。如果不将音频文件与幻灯片放在同一文件夹下，那么在移动文件时，可能遇到找不到音频文件从而影响播放的情况，所以最好将音频文件与幻灯片放在同一文件夹下，并在移动文件时同时移动。

(2) 选择要插入音频的幻灯片。在“插入”选项卡的“媒体”组中单击“音频”按钮🔊，下拉菜单中弹出两个选项：PC上的音频、录制音频。录制音频为用户提供了通过外部录入设备进行声音采集作为背景音乐的方法。

(3) 插入音频文件后，幻灯片页面会出现可以一个喇叭样的图标。插入的音频可以做进一步的播放设定，如图5-28所示。单击该图标，在“音频工具｜播放”选项卡内进行如下设置。

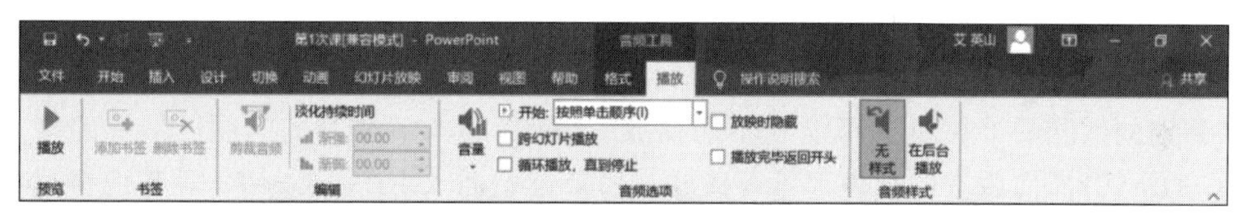

图5-28　音频播放的设定

① 预览。在编辑状态下播放声音试听。

② 书签。为幻灯片添加和删除书签。

③ 编辑。可以对音频进行剪辑，以及音频淡入和淡出的设定。

④ 音频选项。该选项应用的内容更加常见，主要包括以下设置。

- “音量”按钮。用于调节插入音频的音量大小。
- “开始”下拉列表。用于设定音频播放的方式，包括自动、单击时和按单击顺序；“自动”播放模式是在幻灯片播放到音频插入的页面时，音频自动播放；“单击时”播放模式是单击音频图标时才开始播放。
- “放映时隐藏”复选框。如果选中，在幻灯片播放时音频图标将会隐藏。
- “跨幻灯片播放”复选框。正常情况下，音频在幻灯片切换页面后会自动停止，选用此项后，能够在幻灯片切换时连续播放音频。
- “循环播放，直到停止”复选框。用来解决当幻灯片的播放时间超过音频的时间长度时重复播放音频的问题。

- “播完返回开头”复选框。在播放完毕后返回至音频编辑。

PowerPoint 2016 支持内嵌 MP3 音频文件，因此不必再担心音频文件丢失问题，但是它不支持兼容模式，如果将文件另存为 97-2003 兼容文件，音频文件会自动转换成图片，无法播放。

在编辑时，这些音频还具备剪辑功能。裁剪后的文件，只是遮盖了不想要听到的部分，并未真正丢失。选中音频图标后，在“音频工具 | 播放”选项卡的“编辑”组中单击“剪裁音频”按钮，在弹出的“剪裁音频”对话框中可以通过拖动滑动柄调整音频播放的起止时间，如图 5-29 所示。

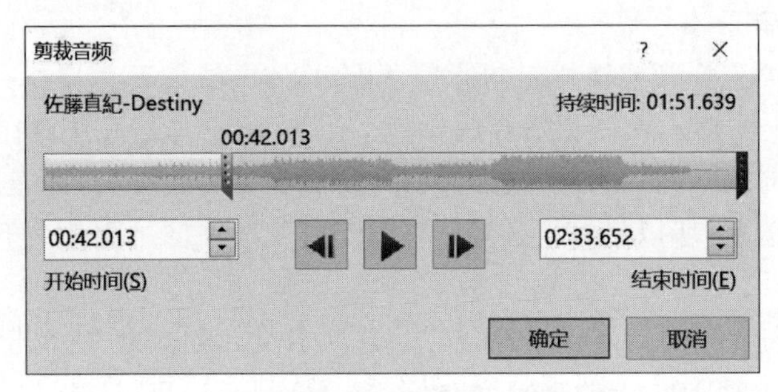

图 5-29　音频剪辑

2. 插入视频

将视频文件添加到演示文稿，可增强演示文稿的播放效果。

PowerPoint 2016 支持的视频格式十分有限，一般可以插入 WMV、MPEG-1（VCD 格式）、AVI。但由于 AVI 的压缩编码方法很多，并不是所有的 AVI 格式都支持。一般建议使用 WMV 和 MPEG-1 格式。但是 WMV 格式也存在高低版本的问题，有时在本机能正常播放，到别的低配的计算机上可能就不能播放，这就是版本不兼容的问题。最好的格式是 MPEG-1 格式，任何版本的软件都可以播放。如果还想插入 FLV 或 SWF 等其他格式的视频，就必须安装相应的控件。

插入视频的方法如下。

(1) 选中要插入视频的幻灯片。在“插入”选项卡的“媒体”组中单击“视频”按钮，在下拉菜单中弹出 3 个选项：“此设备”“库存视频”“联机视频”，其中联机视频可为用户提供来自互联网的视频。

(2) 插入视频文件后，选中插入的视频窗口，系统会弹出“视频工具 | 格式”和“视频工具 | 播放”两个新的选项卡。

① “视频工具 | 格式”选项卡。该选项卡主要用于对插入的视频窗口进行外形设置，分为“预览”“调整”“视频样式”“排列”和“大小”5 个组，如图 5-30 所示。

- “预览”组。该组只包括“播放”按钮。
- “调整”组。该组主要包括“更正”“颜色”“海报框架”和“重置设计”4 个按钮。“更正”按钮主要用来设置播出视频的亮度和对比度；“颜色”按钮是对播出的视频进行重新着色；“海报框架”按钮是对播出前的视频窗口进行外形修饰；“重置”按钮是把窗口设置为初始的大小。

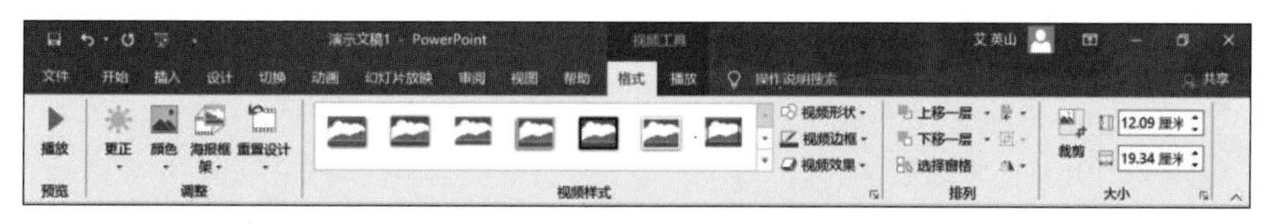

图 5-30　视频格式的设定

- “视频样式”组。该组是对播放视频的窗口边框的形状和颜色进行设定，包括视频形状、视频边框和视频效果 3 类。
- “排列”组。该组是对视频窗口的排列方式和层次安排进行设置。
- “大小”组。该组主要功能是对视频窗口进行大小的设定以及播放区域的裁剪。

② “视频工具｜播放”选项卡。该选项卡中的设置操作与音频的设置基本相同，在此不再赘述，如图 5-31 所示。

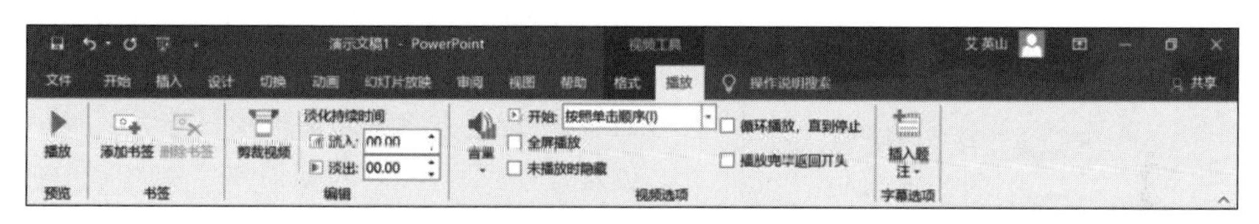

图 5-31　视频播放的设定

说明：PowerPoint 2016 支持内嵌视频文件，可以嵌入来自剪贴画库的 GIF 动画文件，也可以嵌入网络视频文件和音频文件。

5.4　修饰幻灯片

PowerPoint 2016 可以使演示文稿中的所有幻灯片具有一致的外观。控制幻灯片外观的方法分为母版、主题设计和背景样式 3 种。此外，它还提供了很多模板和特定的配色方案，规定了多种幻灯片的版式。用户可以在创建演示文稿时选用模板和版式，在创建之后再根据需要随时修改演示文稿的外观。

为了让演示文稿中的每张幻灯片都有统一的外观样式，就需要设计并使用母版。如果在新建 PowerPoint 2016 演示文稿时使用设计好的母版样式，就可以直接通过该模板创建风格统一的演示文稿。母版分为幻灯片母版、讲义母版、备注母版 3 种。幻灯片母版一般用来设置幻灯片的显示风格；讲义母版用来设置讲义和大纲的打印风格；备注母版则是用来设置备注的打印风格。

5.4.1　幻灯片母版

幻灯片母版是存储关于模板信息的一种设计模板，这些模板信息包括字体、占位符大小、位置、背景设计和配色方案。PowerPoint 2016 演示文稿中的每一个关键组件都拥有一个母版，如幻灯片、备注和讲义。母版是一类特殊的幻灯片，幻灯片母版控制了某些文本特征如字体、字号、字形和文本的颜色；还控制了背景色和某些特殊效果，如阴影和项目符号。包含在母版中的图形及文字将会出现在每一张幻灯片及备注中，所以在演示文稿中使用幻灯片母版，就可以做到整个演示文稿格式统一，这样可以减少工作量，提高演示文稿的制作效率。

1. 创建幻灯片母版

创建幻灯片母版步骤如下。

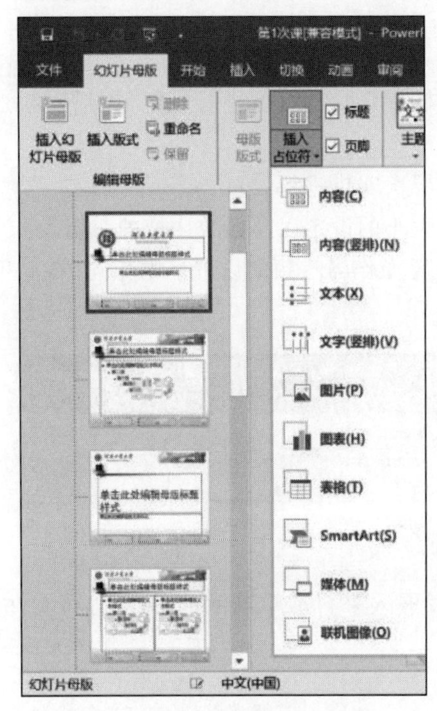

图 5-32 “幻灯片母版”选项卡

在打开的演示文稿中选中要进行母版设置的幻灯片页面，在“视图”选项卡的“母版视图”组中单击“幻灯片母版”按钮，弹出“幻灯片母版”选项卡，在“幻灯片母版”视图的左侧列表中显示了当前演示文稿中的母版和各种版式，如图 5-32 所示。

2. 设置母版的版式内容

幻灯片母版是所有母版的基础，它控制了演示文稿中除标题幻灯片之外所有幻灯片、讲义和备注的外观。幻灯片母版控制文字的格式、位置、项目符号的字符、配色方案以及图形项目等。

创建好母版后，可以根据需要定制母版中各种版式的内容和位置。这些内容包括占位符、编辑母版主题、设置背景样式和设置页面格式。设置母版内容的步骤如下。

(1) 选中要编辑内容的母版，在“幻灯片母版”选项卡的“母版版式”组中单击“插入占位符”按钮，在弹出的菜单中选中要添加的占位符，如图 5-33 所示。

图 5-33 插入占位符

(2) 在幻灯片中添加占位符，并输入相应的信息。

(3) 在“编辑主题”“背景”和“大小”选项组中根据具体需要设置幻灯片的主题、背景以及页面设置。为了让设置的“母版”易于辨认，可以右击该母版版式，在弹出的快捷菜单中选中“重命名版式”选项，在弹出的“重命名版式”对话框中为版式命名，然后单击“重命名”按钮确认。

(4) 在设置好母版内容后，在“幻灯片母版”选项卡中单击“关闭母版视图”按钮即可完成操作。

3. 使用母版

使用母版的方法如下。

新建幻灯片时，在“新建幻灯片”的级联菜单下会显示已经设置好的各个母版版式，只需单击即可。

此外，也可以改变已有幻灯片的版式。方法是右击要设置的幻灯片，在弹出的快捷菜单中选中“版式”选项，就可以为幻灯片应用新的版式。

打开幻灯片母版后，母版就处于编辑状态。在编辑窗口的左侧列表中列出当前幻灯片的所有母版样式，但是这些样式并没有完全应用于当前幻灯片，如图 5-34 所示。用户将光标放悬停在左侧对应母版上，系统会弹出消息显示当前母版应用于哪些幻灯片，或者并未被使用。

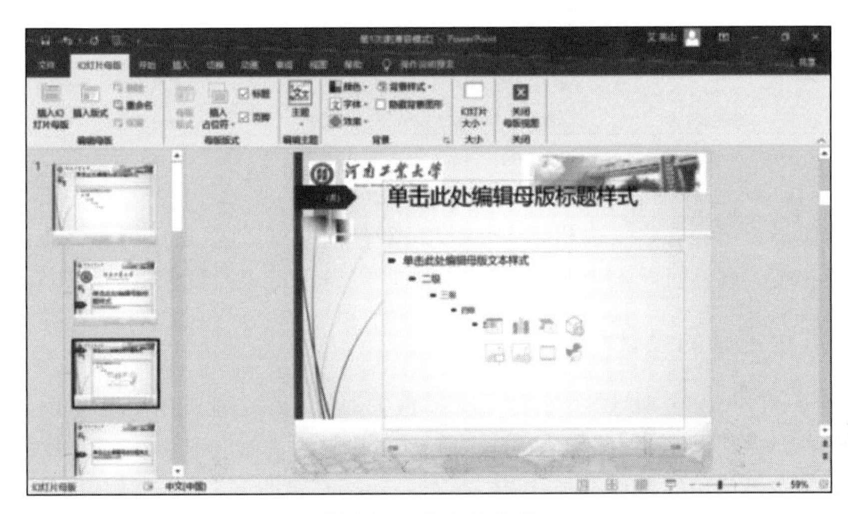

图 5-34　幻灯片母版

母版就像是模具，基于母版可以生成外观相同、动画一致的多张幻灯片，如在幻灯片母版上改变了文本的颜色、大小或背景色，演示文稿中所有基于该母版的幻灯片都将反映所做的更改。如果在幻灯片母版上添加了图形，该图片将出现在相应的幻灯片上。同样，如果修改了标题母版的版式，指定为标题幻灯片的幻灯片也将被修改。

如果要使个别幻灯片的外观与母版不同，可以直接修改幻灯片，但是对于已经改动过的幻灯片，在母版中的改动就不对其起作用了，因此在制作演示文稿前，应该先改动母版来满足大多数幻灯片的要求，再修改个别的幻灯片。在该幻灯片对应的版式上单击下拉菜单，从中选中“重新应用样式”即可完成操作。

“幻灯片母版”是最常用的母版，通过在“幻灯片母版”中预设格式的占位符实现对标题、正文、页眉和页脚内容特征的控制（如字体、字号、颜色、项目符号样式等），设置好的外观效果将统一应用到所有幻灯片上。

5.4.2 讲义母版与备注母版

可以在创建演示文稿时创建辅助幻灯片的备注页和讲义。每张幻灯片都有一个备注页,其中包含幻灯片的缩略图及供演讲者用来添加备注的空间。也可以为听众创建幻灯片的讲义,在一个页面内可以包含1张、2张、3张、4张、6张或者9张的讲义,也可以创建大纲形式的讲义,用来帮助听众了解文稿内容。

讲义母版提供讲义的版面布局设置和“页眉与页脚”样式的设定。

备注母版向各幻灯片设定“备注”文本的统一样式。

无论是设定讲义还是备注内容的格式,都需要编辑母版,该文件中的所有幻灯片都会统一应用其格式,当然也可以对每一张幻灯片再做进一步的修改。

设置讲义母版与备注母版的方法与幻灯片母版类似,方法是在“视图”选项卡的“母版视图”组中单击“讲义母版”按钮,在弹出如图5-35所示的“讲义母版”选项卡中进行设置。

图5-35 讲义母版

讲义母版是为了设置讲义的格式,而讲义一般是用来打印的,所以讲义母版的设置大多和打印页面相关。备注页一般也是用来打印的,所以备注母版的设置也和打印页面有关。

5.4.3 幻灯片主题的设计

使用PowerPoint 2016制作出的演示文稿最大的特色就是能使幻灯片呈现出一致的外观。更换一种新的演示文稿主题,是快速改变幻灯片外观的最佳选择。幻灯片的设计主题包括演示文稿中所使用的项目符号、字体、字号、占位符、背景形状、颜色配置、母版等多种组件,只有统一配置这些组件才能生成风格统一、比较专业的幻灯片外观。

1. 应用主题

PowerPoint 2016为用户提供了多种应用主题,下面介绍一下主题应用的方法。

打开需要设定主题的幻灯片,选中第一张幻灯片,在“设计”选项卡中的“主题”组中有可供选择的主题样式,在主题库当中可以轻松地选择某一个主题,也可以单击右侧的上下滚动条按钮来选择合适的主题;将鼠标悬停在某一个主题上,就可以实时预览到相应的效果。最后单击某一个主题,就可以将该主题快速应用到整个演示文稿当中,如图5-36所示。

执行上述操作,选中的主题会应用于所有幻灯片,如果只想改变一张或几张幻灯片的主题,可以选中要更改的幻灯片(配合Ctrl键可多选),然后在选定的主题上右击,在弹出的快捷菜单中选中“应用于选定幻灯片”选项。

PowerPoint 2016除了这些系统提供的主题外,还可以通过互联网更新本机主题库或是使用用户自己定义的主题,用户可以在“主题”组中的下拉菜单中进行选择,如图5-37所示。

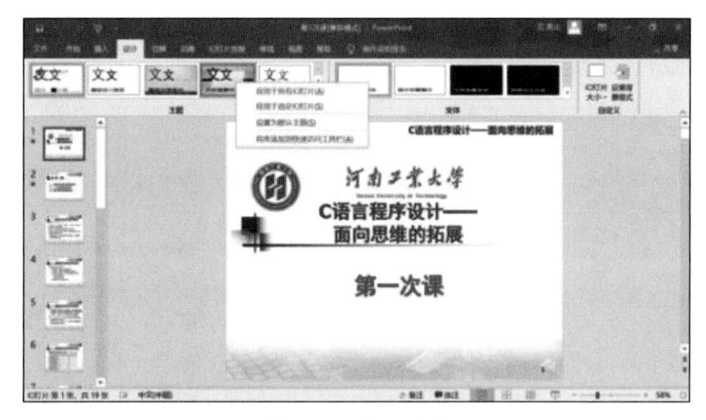

图 5-36　应用主题

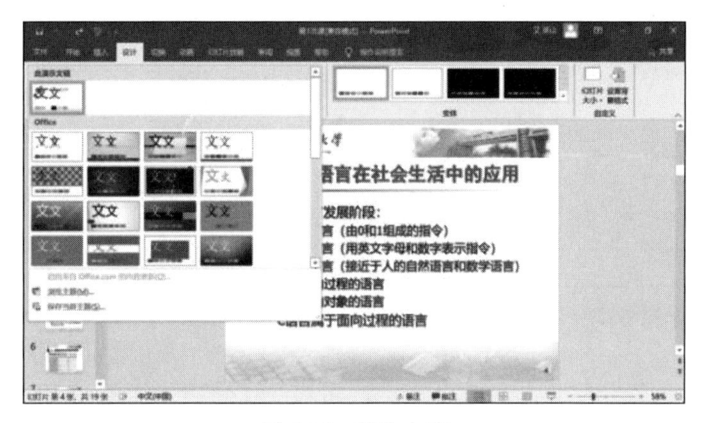

图 5-37　其他主题

在进行文档编辑时，可对正在使用的主题进行适当的编辑，在完成演示文稿后，把刚才加工过的主题进行保存，具体方式如下：首先选中需要保存主题所在的幻灯片页面，然后单击“主题”组右侧的按钮，从下拉菜单中选中保存当前主题，在弹出的对话框内输入保存的名字，然后单击“确定”按钮，这个主题就被保存下来。在下次单击“主题”组右侧的按钮时，下拉菜单中就会多一项“自定义”选项，而自定义列表中就会有用户之前保存的主题。

2. 主题颜色

PowerPoint 2016 中的主题颜色配置包括了 12 种样式，都是由所应用的演示文稿设计主题所决定的，每一种内置的颜色都是经过精心设置的，而且用户还可以根据需要自行修改。

修改主题颜色的方式是打开需要设定主题颜色的幻灯片，选中第一张幻灯片，在“设计”选项卡的“变体”组中单击“颜色”按钮，从下拉菜单中选中合适的颜色，如图 5-38 所示。若要改变颜色，也可以选中“自定义颜色”选项，然后在弹出的“新建主题颜色”对话框中进行设置，设定完成后输入名称，并单击“确定”按钮进行保存，如图 5-39 所示。

通过“设计”选项卡中的“变体”组还可以设置字体、效果，这两项的设定也是主题设定的重要组成部分，设定的方法与颜色设定的方法相同，在此不再赘述。

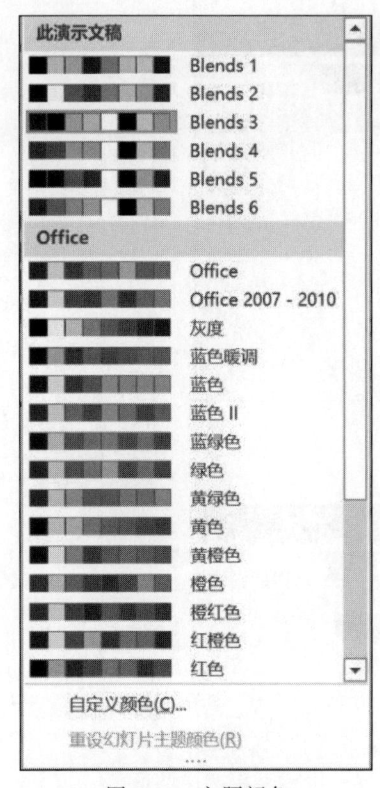

图 5-38 主题颜色

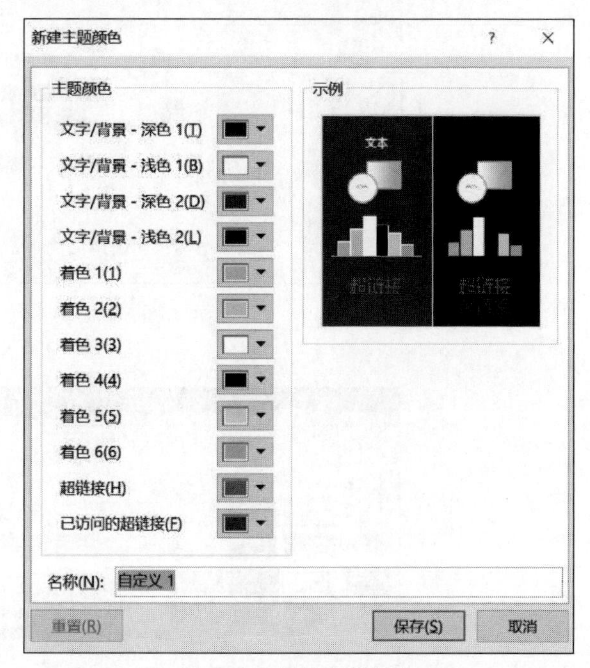

图 5-39 新建主题颜色

3. 背景样式

虽然主题颜色和幻灯片背景均与颜色有关，但二者仍有差别，主题颜色针对的是所有与颜色相关的项目，而背景只针对幻灯片背景。换而言之，主题颜色包含背景颜色，而背景只是主题颜色的组件之一。

设定背景样式的方法是，在“设计”选项卡的“变体”组中单击“背景样式”按钮，在下拉列表中选中合适的背景样式。对于不同的主题，系统提供不同的背景样式，一般情况下系统为每个主题提供 12 种背景样式，如图 5-40 所示。如果系统提供的样式仍然不能满足用户需要，也可以从下拉菜单中选中“设置背景格式”选项，在弹出的“设置背景格式”对话框中进行设定。

同样，背景样式的设定，也分为“全部应用”和“应用于所选幻灯片”。

“设置背景格式”对话框包括“纯色填充”“渐变填充”“图片及纹理填充给”“图案填充”和“隐藏背景图形”5 个选项，用于对背景进行进一步设置，如图 5-41 所示。

若对主题效果的某部分元素仍不满意，则可以通过颜色、字体或其他效果进一步设置；若满意，则可以将其保存，供将来使用。当前主题被保存之后，不仅在 PowerPoint 2016 当中可以使用，在 Word 2016、Excel 2016 中同样可以使用。例如，在 Excel 2016“页面布局”选项卡的“主题”组中单击主题按钮，就可以在打开的下拉列表中找到 PowerPoint 2016 中定义的主题。

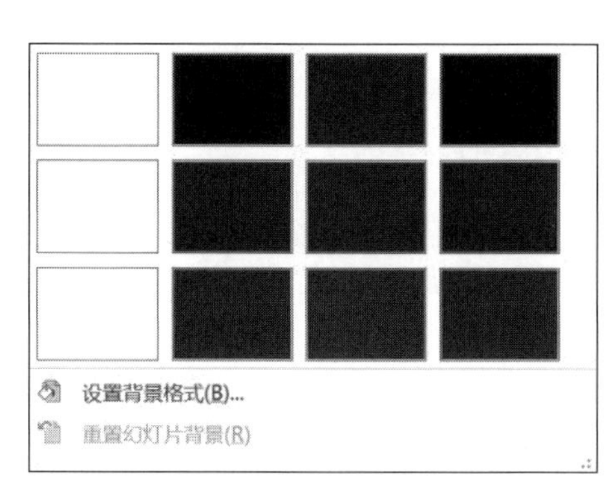

图 5-40　背景样式

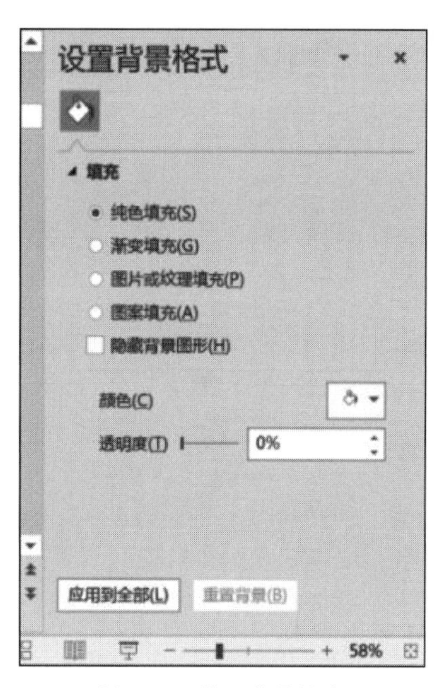

图 5-41　设置背景格式

5.5　设置动画效果

动画效果是演示文稿的特色之一。合理使用动画效果可以令演示文稿更加生动活泼，激发观看者的兴趣，增强演示效果。与之前的版本相比，PowerPoint 2016 的动画效果和类型没有任何增减，但是动画设置更方便和高效了。

动画效果主要分为进入效果、强调效果、退出效果、动作路径 4 类。其中进入效果在播放时是由“不可见到可见”的，共有 52 种效果；相对应的，退出效果在播放时是由“可见到不可见”的，同样也有 52 种效果；强调效果和路径动画效果在播放时始终处于“可见状态”，前者共有 31 种效果，后者包括 64 种预设效果和 4 种自定义效果，如图 5-42 所示。

特定动画效果的实现，需要精心设计和巧妙组合。同时，为了增强动画特效，也可以尝试使用触发器对动画对象加以控制。

PowerPoint 2016 中 4 种不同类型的动画效果各有特点。

(1) “进入”效果。使用此类效果可以使对象逐渐进入焦点，从边缘飞入幻灯片或者跳入视图中。

(2) “退出”效果。使用此类效果包括使对象飞出幻灯片、从视图中消失或者从幻灯片旋出。

(3) “强调”效果。使用此类效果的示例包括使对象缩小或放大、更改颜色或沿着其中心旋转。

(4) 动作路径。使用此类效果可以使对象上下移动，左右移动或沿着星形、圆形图案移动。

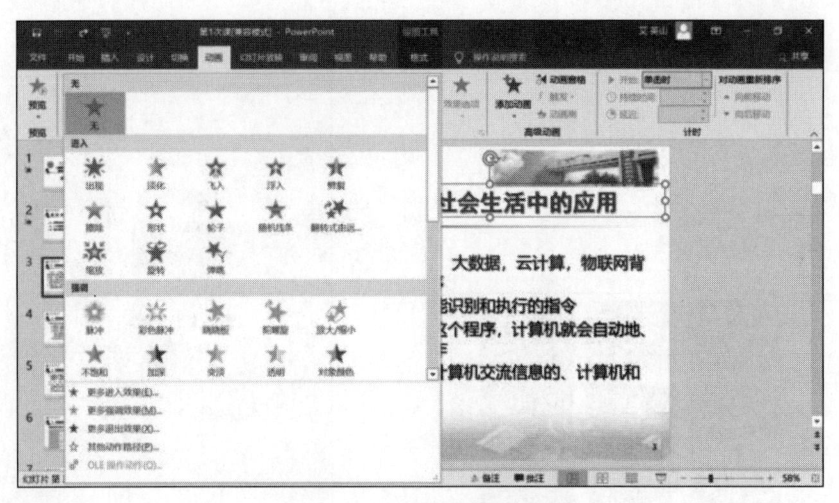

图 5-42　动画效果的设置

1. 进入效果

进入效果用于设定幻灯片中插入的对象在幻灯片播放时出现的形式。设定动画效果的方法如下。

(1) 选中要添加动画的对象。

(2) 在“动画”选项卡中的“动画”组中选中需要的动画方案，可以通过拖动右侧的滚动条辅助进行动画效果的浏览。也可以单击右侧滚动条下端▾按钮，在下拉菜单的“进入”栏中选择合适的效果。

(3) 如果这些效果不能满足用户需要，可以在下拉菜单中选中“更多进入效果”选项，然后在弹出的“更改进入效果”对话框中进行更多的设置，如图 5-43 所示。

选中动画效果后，对象左上角将显示类似“2”这样的标志，该编号表示动画播放的顺序。在“动画”选项卡中单击“预览”按钮，可预览设置的动画效果。

说明：“更改进入效果”对话框中的“预览效果”复选框一般情况下系统默认是选中的，这样，用户在选择窗口中的特效时，演示文档会立刻进行效果的展示，对于用户效果的选择有直观的体验，如果不想对效果进行预览，也可将其选中状态去掉。

2. 强调效果和退出效果

强调效果是用户通过设定使演示文稿上已经存在的文字以动画的形式进行强调，通常是演示文稿中的重点内容或词汇。

退出效果是用户将演示文稿中出现的文字隐去，通常用于演示文稿中内容较多的页面，可能出现多个对象出现在同一位置的情况，需要前面出现的对象先行隐去，后面的对象才能出现。设定的方法与进入特效的方式完全一样，不同的是效果选项不一样，如图 5-44 和图 5-45 所示。

3. 动作路径

除了前面介绍的各种效果外，还可为对象设置特定的运动路径，其设定的方式与其他几种效果非常相似，方法是单击右侧滚动条下端的▾按钮，在下拉菜单中选中“其他动作路径”选项，然后在弹出的“更改动作路径”对话框中选中合适的路径效果，如图 5-46 所示。

图 5-43　进入效果

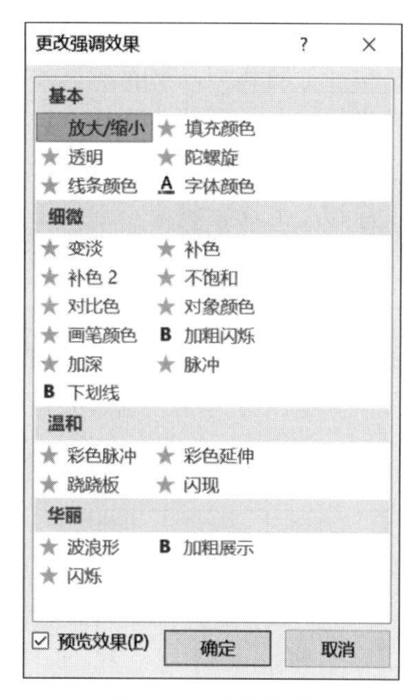

图 5-44　强调效果

图 5-45　退出效果

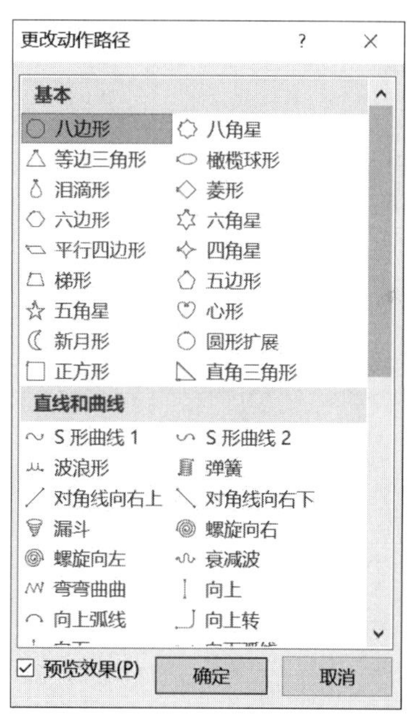

图 5-46　更改动作路径

如果系统提供的路径不能满足需要，用户还可以从下拉子菜单中选中“动作路径”栏中的“自定义路径”选项，用户可以随意指定对象的运动轨迹，如图 5-47 所示。

具体的方法如下。

(1) 选中要添加动作路径的对象，单击右侧滚动条下端的按钮，在下拉菜单中选中“动作路径”栏中的“自定义路径”选项。

（2）在演示文稿的相应位置单击，设定自定义路径的起点，移动鼠标后再次单击，设定移动的结点（通常是路径的方向发生变化的结点），设定路径结点的操作可以反复操作。注意，两个结点之间的路径默认为直线。

（3）在路径设定中也可以设定任意曲线，其方式是单击设定起点后按住鼠标左键进行拖曳，此时鼠标移动的路径将完全记录下来作为对象的移动路径。

（4）在设定路径时（2）、（3）两种方式可以结合使用，在路径设定结束时双击，双击的位置就是路径结束的位置。

在“动画”组的右侧，还有一个“效果选项”按钮，该按钮在动画的不同方式下，弹出的菜单不尽相同，但都是在设定完动画效果后对动画方案进一步的修改和设定，如图 5-48 所示。

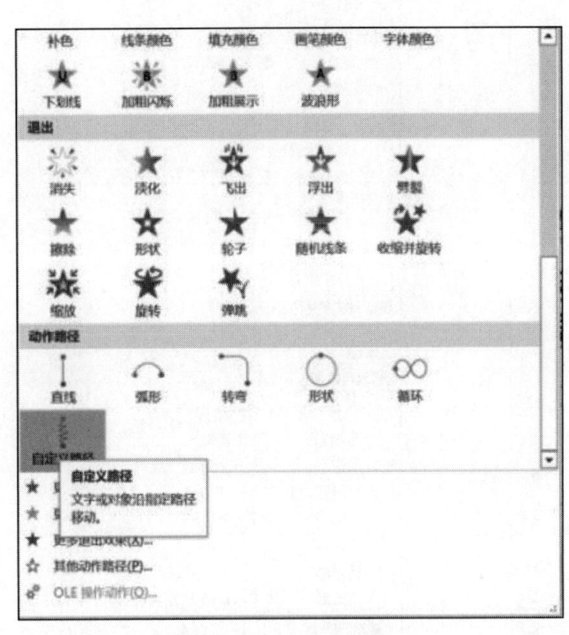

图 5-47　自定义路径

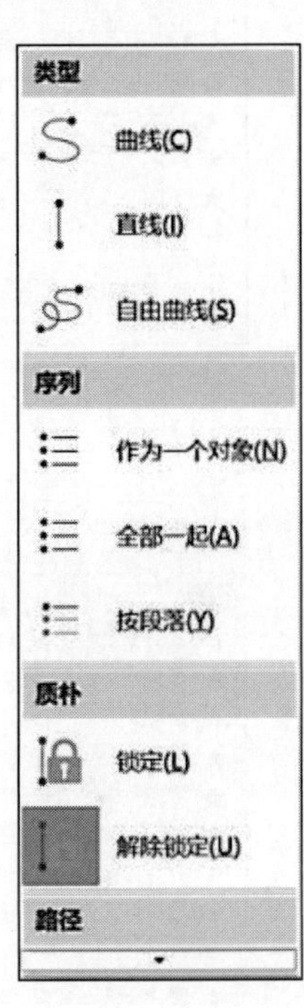

图 5-48　效果选项

① “类型”栏的功能是设定动作路径的种类，包括直线、曲线和自由曲线。

② “序列”栏的功能是解决设定的对象由多部分组成的情况，也就是说设定组成对象的多个部分在完成动作路径时，作为一个整体共同完成还是每个部分各自完成。

③ “路径”栏包括两个功能，动作路径上结点的位置调整以及路径的反方向设置（起点和结点颠倒）。

4. 动画的高级设定

在“动画”选项卡中还有“高级动画”和“计时”两个组。下面介绍一下这两个组的功能。

（1）“高级动画”组。该组包括“添加动画”“动画窗格”“触发”和“动画刷”4 个按钮。

① “添加动画”按钮。用于为演示文稿新添加一个动画，新添加动画的对象可以是已经有动画的对象也可以是新对象，其过程与前面讲的添加动画效果完全一样。

② “动画窗格”按钮。单击该按钮，会在桌面的右侧弹出一个“动画窗格”窗口，其中显

示了当前演示文稿页面的所有动画效果，并对每个效果添加了顺序编号，也就是播放顺序的编号，如图 5-49 所示。可以用上端的播放按钮对列表中的动画效果进行预览；也可以通过底端的左右方向按钮来设定动画效果的时间；“重新排序”两侧的上下按钮可以对页面中多个动画效果的播放顺序进行调整。当然，所有设定都需要首先选定要调整的动画对象。

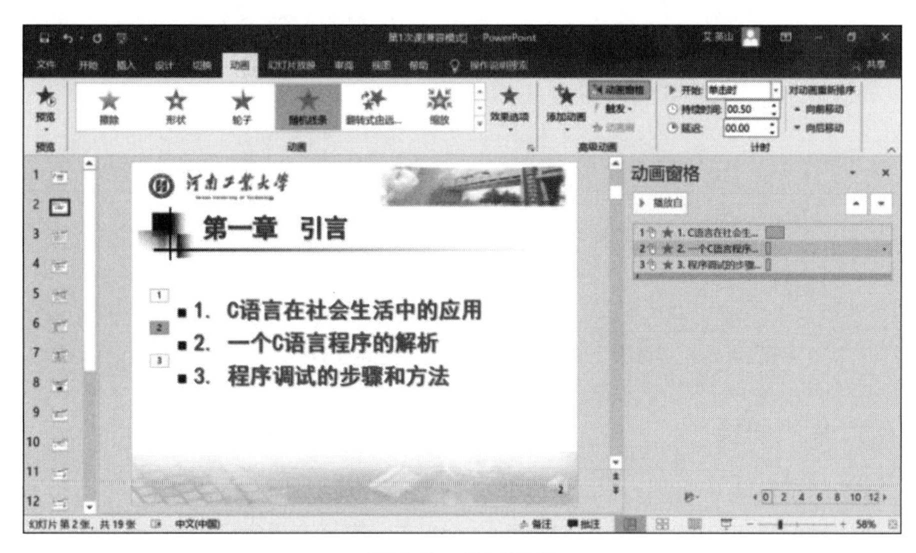

图 5-49 动画窗格

③ “触发”按钮。用于设定动画的特定开始条件，可以通过单击开始动画，也可以通过放置书签设定播放动画。设定单击开始动画时，用户要指定单击的对象，它可以是动画的对象，也可以是其他对象。

④ “动画刷”按钮。动画刷的效果与文档编辑时的格式刷非常相似，只需先选中要作为效果模板的动画，然后单击“动画刷”按钮，最后单击要设定相同效果的对象即可完成操作。

(2) “计时”组。在“计时”组中可以对动画效果的时间进行设定，包括动画开始的方式、持续的时间、延迟播放的时间以及动画顺序的重新排列。

① “开始”下拉列表。在其中可以设置当前动画与前一动画播放时间的关系，包含“单击”“与上一动画同时”和“上一动画之后”3 个选项。

② “持续时间”列表。用于设定动画播放的时间，与动画窗格中的设置效果相同。

③ “延迟”列表。用于设定动画播放之前的延迟时间。

④ “对动画重新排序”栏。与动画窗格中的重新排序功能相同。

“动画窗格”窗口中还可以进行更多设置，在其中选中要设置的动画名称后，单击其右侧出现的下拉箭头，可以看到下拉列表框中出现了很多选项，其中前 3 项的设置与计时组中的设置一致，选中“效果”选项，弹出如图 5-50 所示的对话框，在其中用户可以对动画做一些相关调整，并且可以为动画添加声音。在对话框的“计时”选项卡中，用户可以对动画进行时间及重复效果的设置。

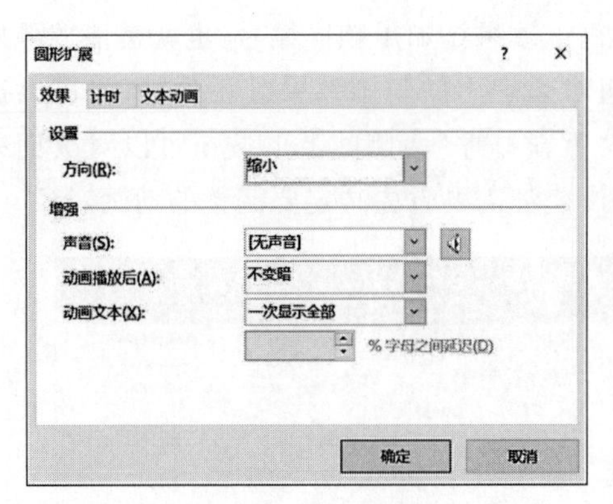

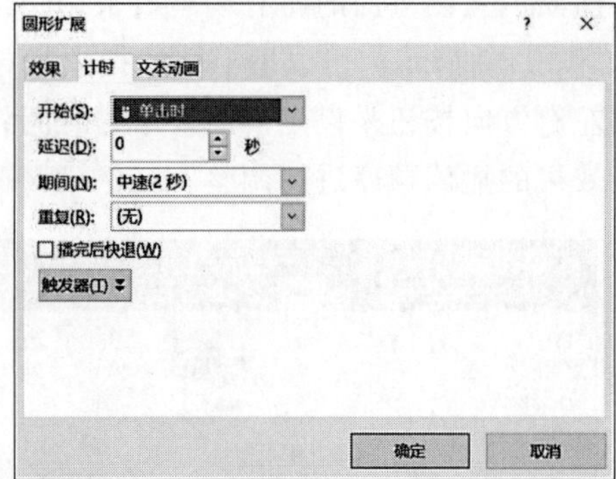

图 5-50　动画效果

5.6　幻灯片切换和放映

5.6.1　幻灯片的切换

幻灯片的切换是指一张幻灯片变换到另一张幻灯片的过程,也称为换页。如果没有设置幻灯片的切换效果,则放映时,只是简单地播放下一张。添加幻灯片切换效果后,在切换的过程中就会出现特定的动画效果。

在播放时,为了使幻灯片之间的切换具有更好的视觉效果,可以对切换的切换方式、切换声音、切换速度等进行设置,其操作方法如下。

(1) 选中要切换的幻灯片页面。

(2) 在"切换"选项卡中的"切换到此幻灯片"组中选中所需的切换方案。也可以单击右侧滚动条下端的按钮,下拉框中为用户提供两大类、16 种切换方案,如图 5-51 所示。

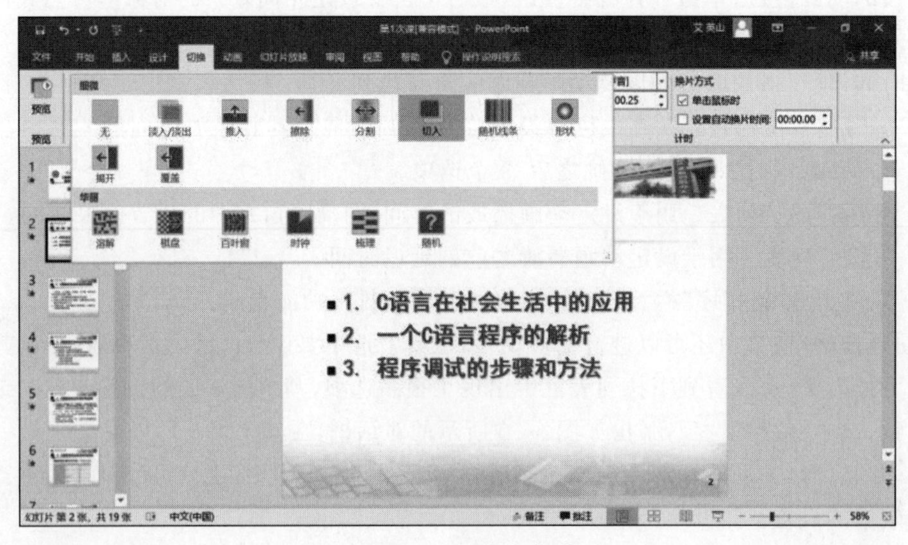

图 5-51　切换方案

选中切换效果后，还可以单击旁边的“效果选项”按钮，在下拉菜单中对切换方式进一步设定。

(3) 在“计时”选项卡中进行设置。该选项卡主要用于设置切换的声音、持续时间、换片方式等。

① “声音”下拉列表。添加幻灯片切换时的声音，系统提供了若干种声音，当然还可以选中下拉菜单中的“其他声音”选项，从中选择自己需要的声音。

② “持续时间”列表。设定幻灯片切换的时间长度。

③ “全部应用”按钮。一般情况下切换方式设定后只对当前页面有效，单击该按钮可以使切换方式应用于整个文档。

④ “换片方式”栏。切换方式包含“单击鼠标时”和“设置自动换片时间”两种。当然，也可以两种方式同时使用。

幻灯片切换技巧的熟练掌握，能够加强幻灯片放映的生动性。需要注意，设置切换效果后务必放映预览，以便验证效果是否符合主题需要。例如，在严肃场合的切换效果如果过于花哨反而使观者不悦，此外还要注意切换声音的选取，过于响亮的声音并不适合所有场合。

5.6.2 幻灯片的放映

将幻灯片正确放映是制作演示文稿的最终目的，不同的应用场景要设置不同的放映方式，选取合适的放映方式能够增强演示效果。

1. 放映设置

在“幻灯片放映”选项卡的“设置”组中单击“设置幻灯片放映”按钮，就会弹出“设置放映方式”对话框，如图 5-52 所示。

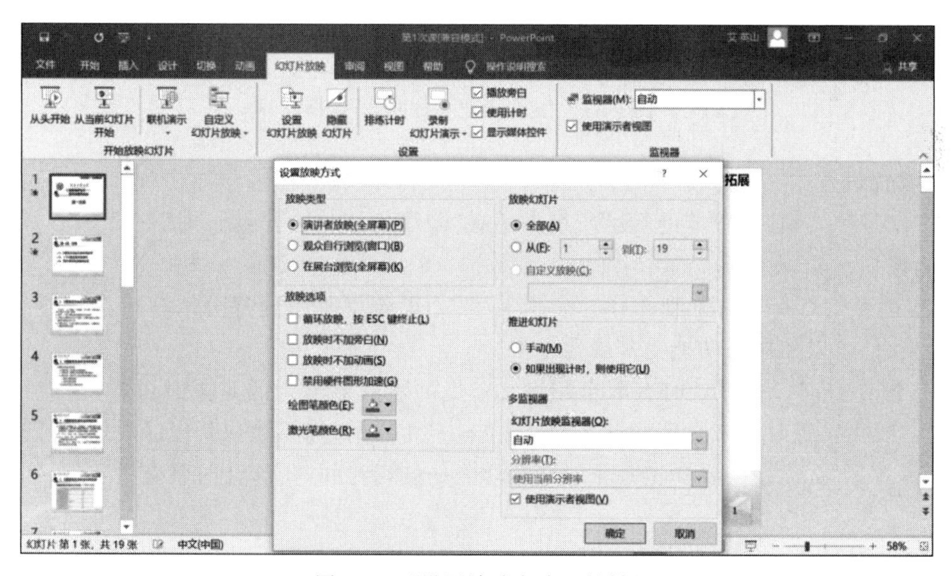

图 5-52 “设置放映方式”对话框

(1) “演讲者放映”方式是常规的全屏幻灯片放映方式，在放映过程中既可以人工控制幻灯片的放映，也可以使用“排练计时”功能让其自动放映。

(2) 如果允许观众自己动手操作，使用“观众自行浏览”方式。

(3) 如果放映幻灯片展示的位置无人操作,可以使用“在展台浏览”方式,只需选中“循环放映,按 Esc 键终止”复选框即可。

通过“设置放映方式”对话框的“放映选项”栏可设置放映时的旁白、动画,以及绘图笔和激光笔的颜色;通过“放映幻灯片”栏可以设定幻灯片放映是全部内容或者是局部放映,选中“自定义放映”单选按钮可以从原幻灯片中选取某些不一定连续的幻灯片页面放映。当需要幻灯片在不同的情况下放映时,自定义放映可以根据目标观众或讨论主题,为一类观众提供演示文稿的概要,而为另一类观众提供同一演示文稿的详细内容,而此时所有的幻灯片仍包含在一个演示文稿中。自定义放映只不过是为不同的观众放映不同的幻灯片列表而已。

设置自定义幻灯片的方法是,在“幻灯片放映”选项卡的“开始放映幻灯片”组中单击“自定义幻灯片放映”按钮,从下拉菜单中选中“自定义放映”选项,在弹出的“自定义放映”对话框中单击“新建”按钮,在弹出的“定义自定义放映”对话框左侧是幻灯片的完整列表,右侧是要放映的幻灯片的方框,可以通过其中的添加按钮或双击的方式将左侧方框中的幻灯片添加到右侧的方框中,也可以通过删除按钮将右侧方框中的幻灯片删除,最后在上方的文本框内输入名称后,单击“确定”按钮,一个自定义放映就建成了,如图 5-53 所示。

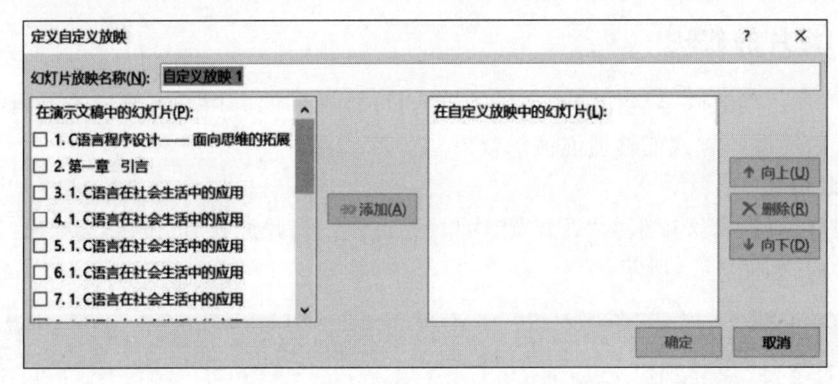

图 5-53 “定义自定义放映”对话框

2. 其他设置

在“幻灯片放映”选项卡的“设置”组中还有“隐藏幻灯片”“排练计时”以及“录制幻灯片演示”等按钮。

(1) 隐藏幻灯片。对于制作好的演示文稿,如果希望其中的部分幻灯片在放映的时候不显示出来,可以使用该功能将其隐藏起来。

(2) 排练计时。排练计时有两个用途:一是讲述者要进行的是限时讲解,因此在练习讲稿时需要用排练时间来自我测试;二是为了设定切换的时间,如果希望播放幻灯片时不让其自动播放,那么用户需要知道每张幻灯片切换的确切时间,排练计时就是设定切换时间的演练。

(3) 录制幻灯片演示。该功能可以记录幻灯片的放映时间,同时用户可以使用鼠标或激光笔为幻灯片添加注释,也就是制作者对幻灯片的注释都可以使用“录制幻灯片演示功能”记录下来,从而使幻灯片的互动性大大提高,并且以这样方式录制好的幻灯片可以脱离讲演者单独放映。

5.7　演示文稿的输出

PowerPoint 演示文稿有多种输出方式,对于不同的用途和环境,用户可以采取不同的输出方式,尤其在打印时,合理的选用输出方式才能保证演示文稿打印的正确与完整。

5.7.1　打包成 CD

利用 PowerPoint 2016 的打包成 CD 功能,可以将一个或多个演示文稿及附件刻录到 CD 上,即使没有刻录机,也可将其复制到本地文件夹或网络上,方便共享。当制作与放映幻灯片的 Office 版本不统一时,为了确保幻灯片能正常播放,必须进行打包处理。

将演示文稿打包成 CD 的方法如下。

(1) 在"文件"选项卡中选中"导出"选项,接着选中"将演示文稿打包成 CD"选项,然后单击"打包成 CD"按钮,弹出"打包成 CD"对话框,如图 5-54 所示。

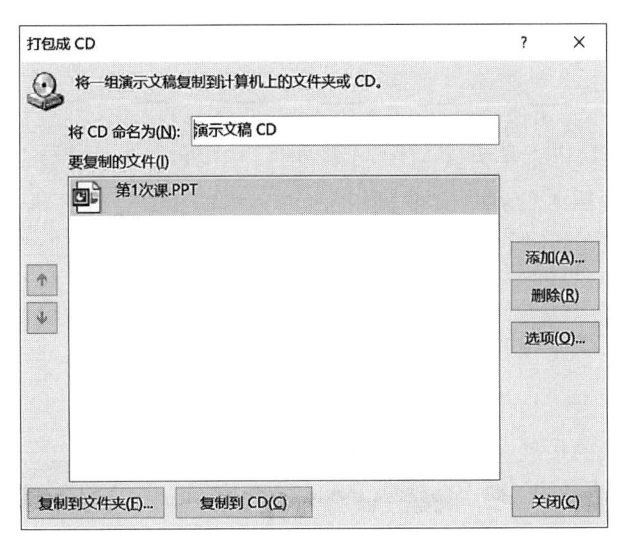

图 5-54　"打包成 CD"对话框

(2) 在"打包成 CD"对话框中,用户可以添加更多的 PowerPoint 文档一起打包,也可以删除不需要打包的 PowerPoint 文档,窗口左侧的上下按钮用来调节多个 PowerPoint 文档的播放顺序,单击"选项"按钮,用户可以在出现的"选项"对话框中输入打开和修改的密码为演示文稿加密。

(3) 在"选项"对话框中选中"链接的文件"复选框,会自动将幻灯片中调用的文件(包括音频文件、视频文件等)自动添加到打包的文件夹下,选中"嵌入的 TrueType 字体选项"复选框,会将该幻灯片中用到的特殊字体文件自动添加到打包的文件夹下,以上两选项的目的都是为了保证幻灯片在打包后放到其他计算机上能够完整地实现其原来的播放效果,如图 5-55 所示。

(4) 在"选项"对话框中单击"复制到文件夹"按钮,在弹出的"复制到文件夹"对话框中可以确定演示文稿打包后的文件夹名称及要想存放的位置,也可以选择默认不变。系统默

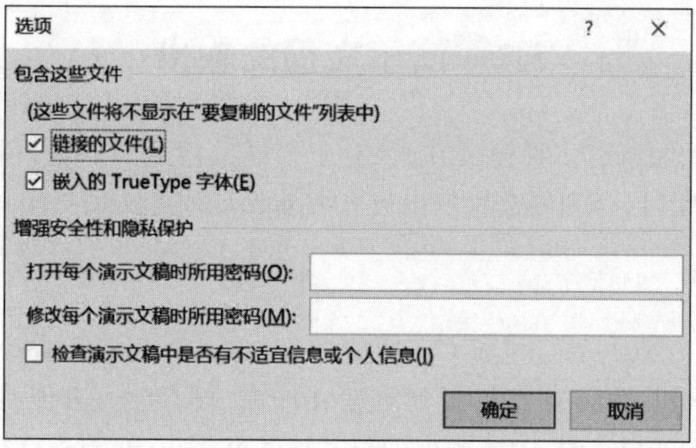

图 5-55 “选项”对话框

认是“在完成后打开文件夹”的功能。单击“确定”按钮后，会运行打包复制到文件夹程序，在完成之后弹出打包好的 PowerPoint 文件夹，其中可以看到一个 AUTORUN.INF 自动运行文件，如果希望打包到 CD 光盘，则文件具备自动播放功能。

PowerPoint 2016 能够嵌入大多数音频格式，在 PowerPoint 的早期版本中只支持 WAV 格式文件的嵌入，其他格式的音频文件均是链接，必须一起打包音频文件。对于 PowerPoint 2016 来说，可直接内嵌 MP3 音频文件，不用再担心音频文件丢失的问题。在打包后文件夹内不包含插入的音频文件，但将文件夹移动到其他计算机时，音频仍然可以播放，原因就是音频文件内嵌到了 PowerPoint 文件之中，这一点可以通过 PowerPoint 文件在嵌入音频之后，文件大小的变化得到验证。

5.7.2 PowerPoint 文件的其他输出

1. PPSX 文件

PowerPoint 文件的扩展名有两种：PPTX 和 PPSX。如果是 PPSX 文件，双击之后它将会直接开始放映演示文稿，而不会进入 PowerPoint 编辑界面，放映结束之后，PowerPoint 窗口将会自动关闭。如果要编辑 PPTX 文件的内容，要先打开 PowerPoint 2016，然后在“文件”选项卡中通过“打开”选项打开文件。如果想直接放映 PPTX 文件，可以右击该文件名，在弹出的快捷菜单中选中“显示”选项即可。在“另存为”窗口中选择保存类型为“PowerPoint 放映”可将文件保存成 PPSX 格式，如图 5-56 所示。

2. 其他格式的输出

PowerPoint2016 有多种输出方式，对于不同的用途和环境，可以采取与之对应的输出方式。“文件”选项卡中的“共享”选项提供了 3 种保存和发送的方式，主要是在连网模式下的应用，如图 5-57 所示。“文件”选项卡的“导出”选项提供了单机保存及使用的方式，如图 5-58 所示。

（1）以电子邮件发送。用于将演示文稿以电子邮件的方式发送。

（2）保存到 Web。用户使用 Windows Live ID 登录后，将幻灯片保存到 Web 页面。

（3）保存到 SharePoint。用于将幻灯片文件保存到 SharePoint 网站，可以同其他的用户共享。

（4）发布幻灯片。用于将幻灯片发布到幻灯片库或 SharePoint 网站。

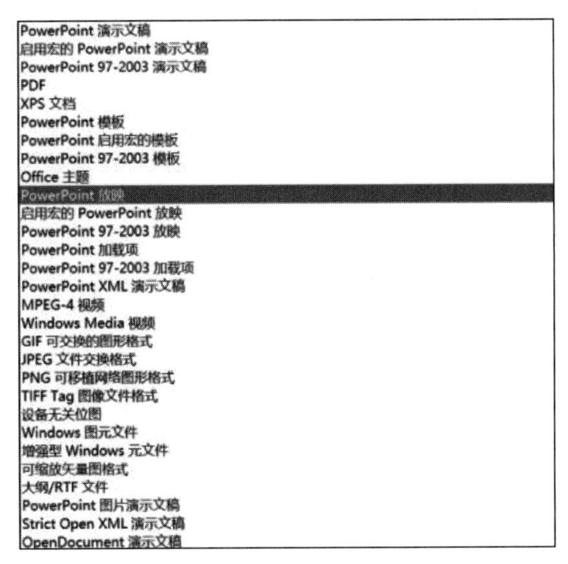

图 5-56　保存为 PPSX 格式的文件

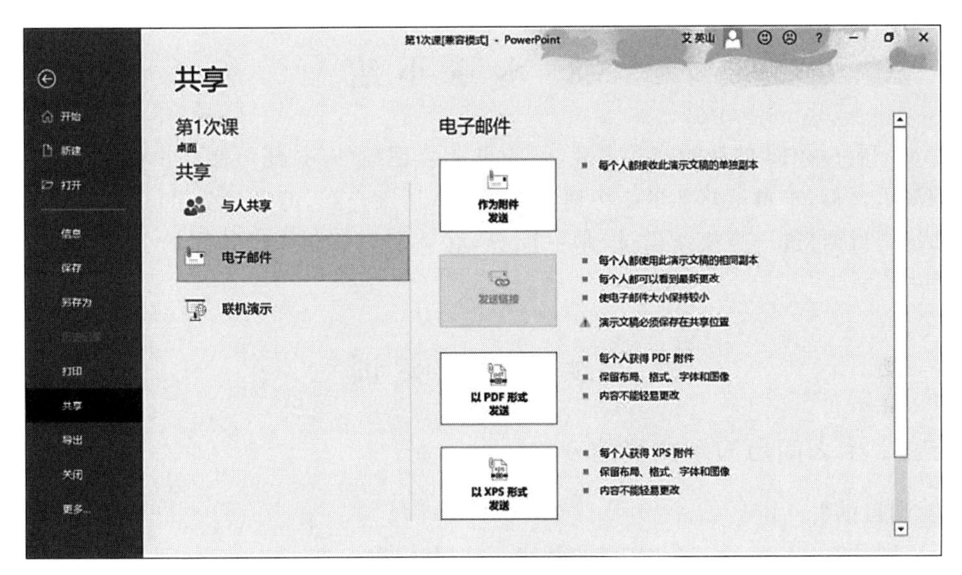

图 5-57　幻灯片的“共享”

(5) 更改文件类型。用户可以将幻灯片保存为多种其他文件类型，例如 PPSX 格式。

(6) 创建 PDF/XPS 文档。用于以 PDF 或 XPS 格式保存文档。

(7) 根据演示文稿创建一个视频。此视频可以通过光盘、Web 或邮件分发，其中的内容可以包括计时、旁白、激光笔以及动画和切换的效果，同时还可以设定视频的分辨率和幻灯片的切换时间。

(8) 将演示文稿打包成 CD。参见 5.7.1 节。

(9) 创建成讲义。创建可在 Word 中编辑使用的讲义文件。

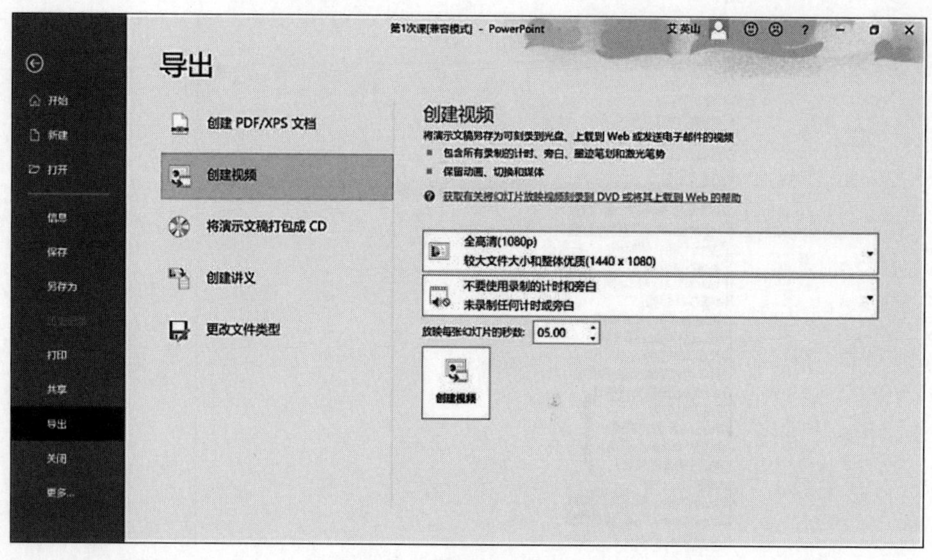

图 5-58　幻灯片的“导出”

5.8　本章小结

PowerPoint2016 的功能非常丰富，若能灵活合理地使用，便可制作出画面和播放效果俱佳的演示文稿，本章虽然不可能将其所有功能都详细介绍，但是只要用户掌握了上述基础操作知识，自己再进一步摸索尝试，举一反三，就一定能够制作出精彩的 PowerPoint 演示文稿。

5.9　本章实训

实训 5.1　个人简历演示文稿的制作

【实训目的】

(1) 掌握 PowerPoint 演示文稿的创建、打开和保存的方法。

(2) 掌握在演示文稿中插入和编辑文本，设置文本和文本框的格式的方法。

(3) 掌握在演示文稿中插入和编辑图片、图表、艺术字的方法。

【实训环境】

Windows 10 系统、Office 2016 办公软件。

【知识准备】

1. 演示文稿的组成

演示文稿通常由若干张幻灯片组成，这些幻灯片通常分为首页、概述页、过渡页、内容页和结束页。

(1) 首页。首页的主要功能是显示演示文稿的主标题、副标题、作者和日期等信息，从而向观众传递演示文稿要讲什么，作者是谁等信息。

(2) 概述页。概述页用于分条概述演示文稿的内容，让观众对演示文稿的全局有所了解。

(3) 过渡页。过渡页用于在篇幅比较长的演示文稿中添加一些过渡性的内容，以引导下一部分内容。

(4) 内容页。首页、概述页和过渡页构成了演示文稿的框架，接下来的是内容页，通常需要在内容页中列出与主标题相关的子标题和文本内容。

(5) 结束页。结束页是演示文稿的最后一张幻灯片，通常会在其中显示“谢谢”“再见”和“谢谢观看”等用于表明演示文稿到此结束的文字。

2. 演示文稿的制作

确定内容、收集素材、开始制作。

【实训内容】

(1) 创建“×××的个人简介.pptx”并保存，按照样文输入并编辑，对演示文稿设置应用主题。

(2) 创建第 1 张幻灯片，采用“标题幻灯片”版式，标题为“×××的名字”，副标题为“×××的专业名称”。

(3) 创建第 2 张幻灯片，标题为“个人简介”，介绍自己的基本情况，图片为制作者的照片。

(4) 创建第 3 张幻灯片，标题为“爱好与特长”，介绍×××的爱好和特长。

(5) 创建第 4 张幻灯片，标题为“专业介绍”，介绍就读专业的基本情况。

(6) 创建第 5 张幻灯片，标题为“学院简介”，组织结构图为学院的组织结构图(即学院下设哪些系，各个系下设哪些专业)。

(7) 创建第 6 张幻灯片标题为“课程表”，内容为自己本学期的课程安排。

(8) 在幻灯片上插入自动更新的日期与页码，并且日期和页码在标题幻灯片中不显示。效果如图 5-59 所示。

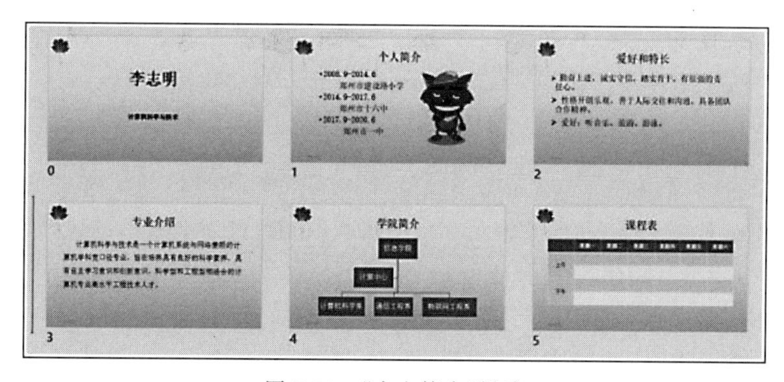

图 5-59 “个人简介”样稿

【实训步骤】

1. 创建演示文稿并保存为“×××.pptx”

启动 PowerPoint 2016，新建一个“空白演示文稿”。单击快速访问工具栏中的“保存”按钮，打开“另存为”对话框，选中演示文稿的保存位置，并以自己的名字作为文件名保存。

2. 在幻灯片中输入文字并编辑文本

要在幻灯片中添加文本，方法有两种：一种是在占位符中直接输入，另一种是利用文本框进行添加。

幻灯片首页的版式默认为“标题幻灯片”，可以直接在占位符中输入文本，单击占位符中的示意文字，示意文字消失的同时光标闪动，输入所需的文字，然后单击占位符外的区域退出编辑状态。

演示文稿是由一张张幻灯片组成的。默认情况下，新建的演示文稿只包含一张幻灯片。若演示文稿的内容需要用多张幻灯片来表达，就需要添加新的幻灯片，新建幻灯片的版式从“新建幻灯片”的对话框中选取。此外还可以从大纲区改变幻灯片的顺序或将不需要的幻灯片删除。

本例中在制作好第1张幻灯片后，就可以添加新的幻灯片，在“开始”选项卡的“幻灯片”组中单击“新建幻灯片”按钮右侧的下拉按钮，在弹出的列表中选中需要的幻灯片版式，如图5-60所示。

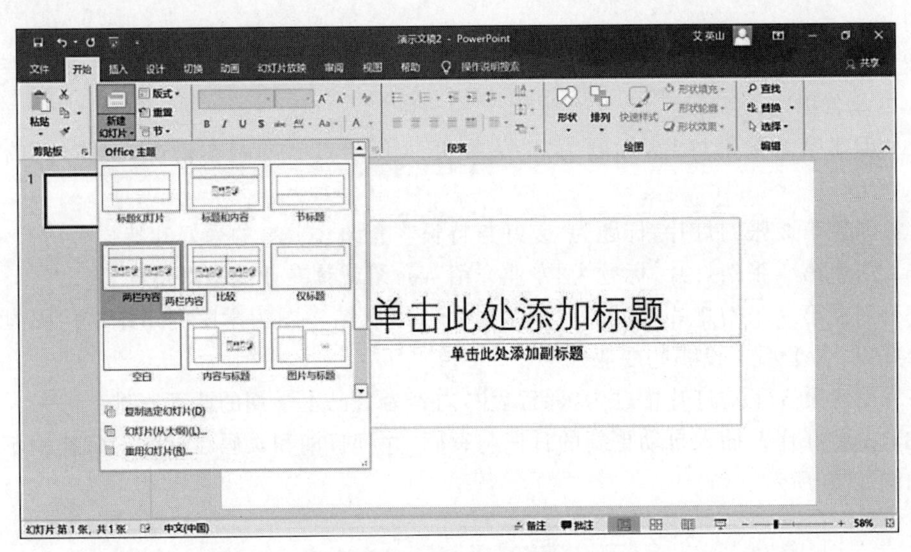

图 5-60　幻灯片版式

3. 为幻灯片设置主题

除了在创建演示文稿时选择特定的主题外，还可以为已创建的演示文稿更改当前的主题或者重新设置幻灯片的背景，从而使演示文稿中所有的幻灯片具有统一的风格和漂亮的外观。

在 PowerPoint 2016 中，主题是主题颜色、主题字体和主题效果等各种修饰的集合。当用户为演示文稿中的幻灯片应用了某个主题之后，这些幻灯片将自动应用该主题设定的背景，并且在这些幻灯片中插入的图形、表格、图表、艺术字或文字等对象都将自动应用该主题设定的修饰，从而使演示文稿中的幻灯片具有一致而专业的外观。

为演示文稿的所有幻灯片应用系统内置的某一主题，可在“设计”选项卡的“主题”组中单击“其他”按钮，在展开的主题列表中单击选中要应用的主题，如图5-61所示。

如果对主题效果的某一部分元素仍不满意，可以通过调整颜色、字体或其他效果进一步对其进行修饰。

可以将主题应用于演示文稿的所有幻灯片，也可以只应用于部分幻灯片，操作方法如

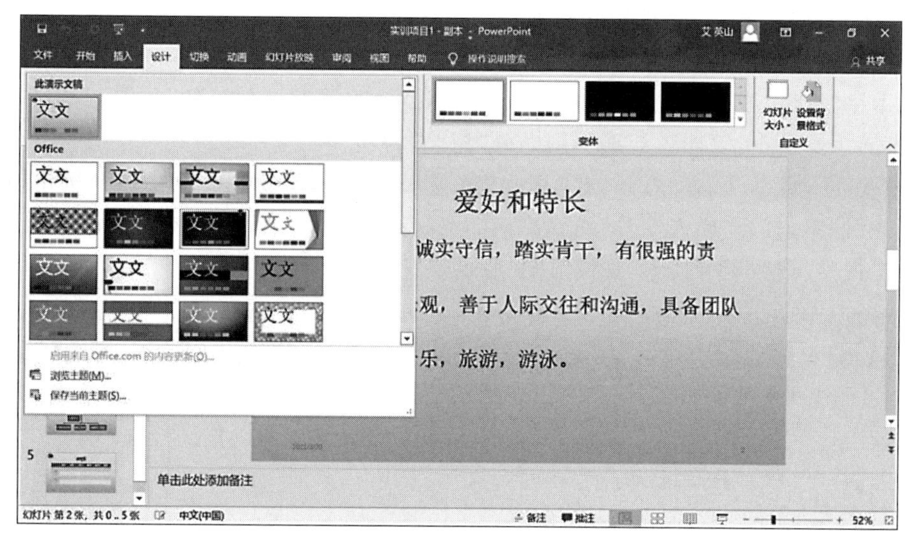

图 5-61　主题样式

下：先选择要修饰的幻灯片，在幻灯片"设计"选项卡上的"主题"组里找到想要的主题，然后单击"应用选定的幻灯片"即可。

4. 设置幻灯片背景

在应用了主题后，如果对幻灯片的背景依然不满意，可以通过背景样式来调整其中某一张或所有幻灯片的背景。

在"自定义"选项组中单击"设置背景格式"按钮，弹出"设置背景格式"对话框，如图 5-62 所示。

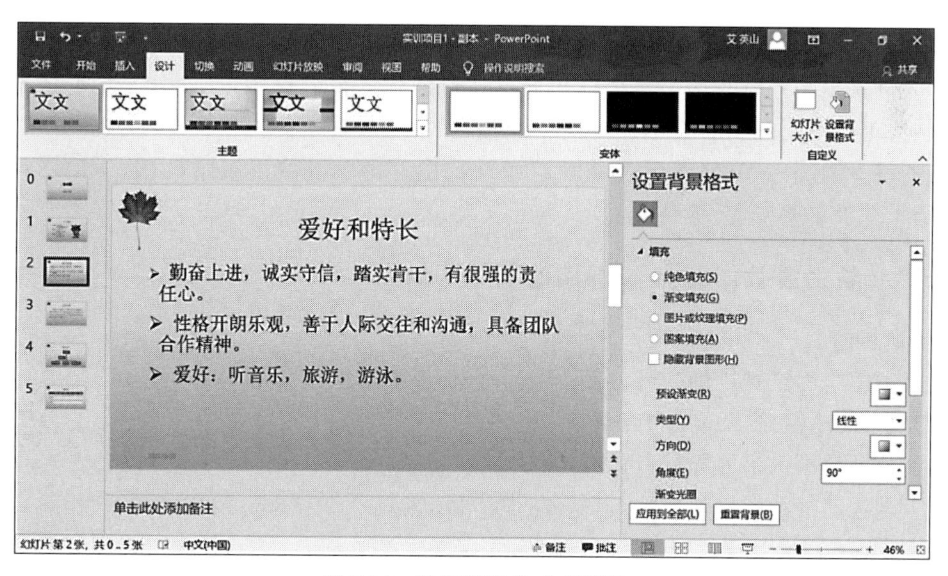

图 5-62　设置背景格式对话框

选定某种填充方案，则选中的背景只被应用到当前幻灯片中；若单击"应用到全部"按钮，则可将所选的背景应用到整个演示文稿中。

5. 插入剪贴画、表格、图形和艺术字

利用 PowerPoint 2016“插入”选项卡中提供的选项，可在演示文稿中方便地插入图片、图形、艺术字、表格、音频和视频等多媒体元素，以达到增强演示效果的目的。

在本演示文稿中，以插入与编辑剪贴画“树叶”为例。

选中要插入剪贴画的幻灯片，在“插入”选项卡的“图像”组中单击“图片”按钮，再单击“联机图片”按钮，打开“插入图片”对话框，在“必应图像搜索”编辑框中输入“剪贴画 树叶”，然后单击“搜索”按钮进行搜索，如图 5-63 所示。

图 5-63　联机搜索图片

系统会自动搜索符合要求的剪贴画，并显示在任务窗格下方，单击所需的剪贴画，即可将其插入到选定的幻灯片中。将鼠标指针移到剪贴画一角的控制点上，待光标变成双向箭头形状时，可改变剪贴画的大小。

在幻灯片中插入表格(课程表)和“组织结构图”(即学院的组织结构图，学院下设哪些系，各个系下设哪些专业)等略。

实训 5.2　学生会社团竞选演讲稿的制作

【实训目的】

(1) 利用绘图工具栏创建各种图形并设置文字效果。

(2) 掌握“超链接”的制作方法。

(3) 掌握动画效果的添加和设置方法。

(4) 掌握幻灯片的放映方法，理解不同的显示方式。

【实训环境】

Windows 10 系统、Office 2016 办公软件。

【知识准备】

1. 选择、复制和删除幻灯片

要选择单张幻灯片，可直接在“幻灯片”窗格中单击该幻灯片；要选择连续的多张幻灯片，可按住 Shift 键，单击第一张和最后一张幻灯片；要选择不连续的多张幻灯片，可按住 Ctrl 键，依次单击要选择的幻灯片。

要复制幻灯片，可在“幻灯片”窗格中右击要复制的幻灯片，在弹出的快捷菜单中选中“复制”选项，接着在“大纲区”中右击要插入幻灯片的位置，在弹出的快捷菜单中选中“粘贴”|“使用目标主题”选项，即可将复制的幻灯片插入到目标位置。

要删除不需要的幻灯片，可先在“大纲区”中选中要删除的幻灯片，然后按住 Delete 键；或右击要删除的幻灯片，在弹出的快捷菜单中选中“删除幻灯片”选项。删除幻灯片后，系统会自动调整剩余幻灯片的序号。

2. 调整幻灯片的顺序

在播放制作好的演示文稿时会按照幻灯片在“大纲区”中的排序进行播放。若要调整幻灯片的播放顺序，可在“大纲区”或在幻灯片浏览视图下，选中要调整顺序的幻灯片，然后按住鼠标左键将其拖到需要的位置。图 5-64 所示的就是在幻灯片浏览视图下调整幻灯片顺序的操作。

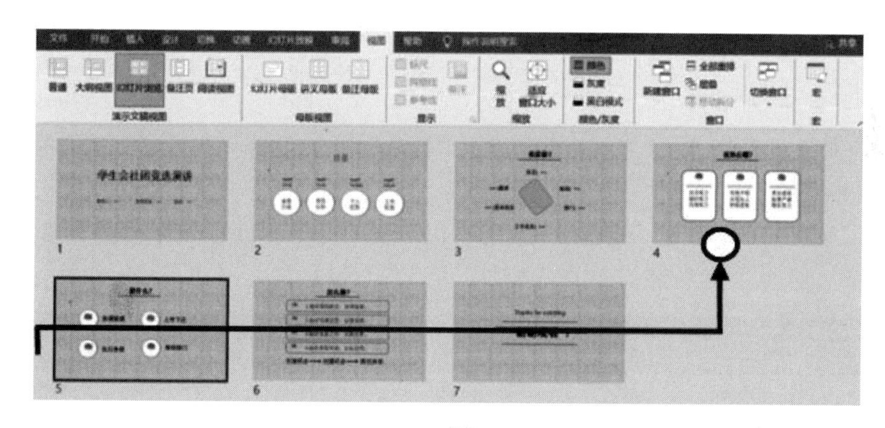

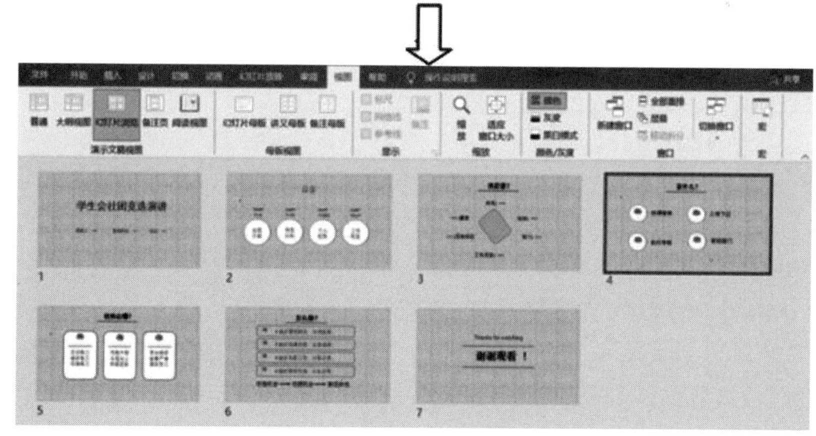

图 5-64　调整幻灯片的位置

【实训内容】

(1) 创建“学生会社团竞选演讲”的演示文稿。

(2) 在幻灯片中添加“超链接”。

(3) 在幻灯片中添加动作。

(4) 为幻灯片设置动画效果。

(5) 设置幻灯片的切换效果。

【实训步骤】

(1) 新建一个空白演示文稿,以文件名“学生会社团竞选演讲.pptx”保存。

(2) 为幻灯片选择一个合适的背景。

(3) 以样稿为参考制作演示文稿,输入相应的文字,并添加图片,形状等对象。

(4) 为幻灯片设置“百叶窗”切换效果,设置自动切换时间为 5s。

在“切换”选项卡的“切换到此幻灯片”组中选中“百叶窗”选项,并通过右侧的选项组设置切换时间,如图 5-65 所示。

图 5-65　设置“百叶窗”切换效果

(5) 为对象设置超链接,把第 2 张幻灯片“目录”中“自我介绍”“岗位认知”等设置超链接,连接到相应的幻灯片。

先选中文本“自我介绍”,在“插入”选项卡的“链接”组中单击“链接”按钮,弹出“插入超链接”对话框,如图 5-66 所示。

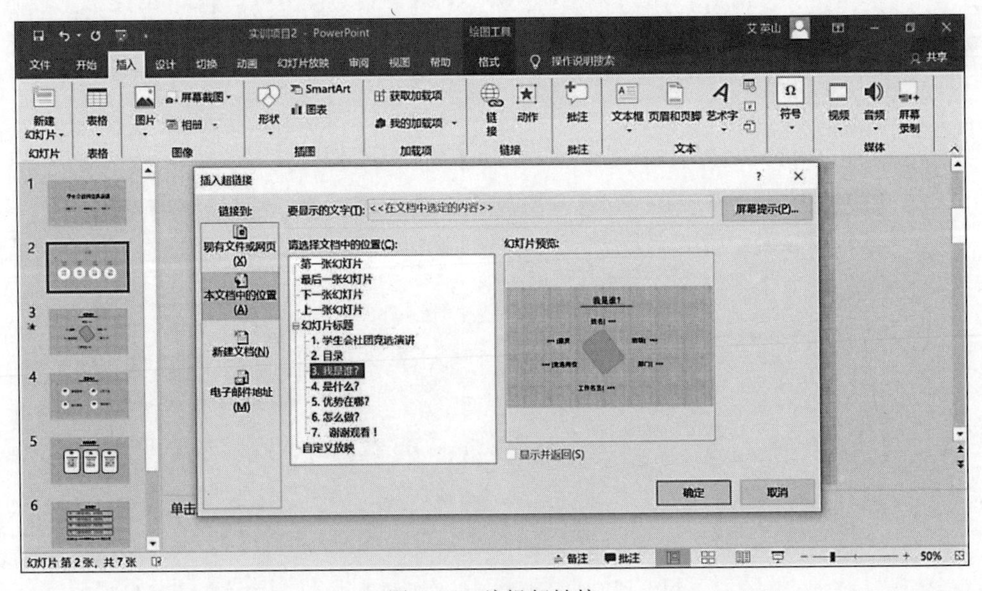

图 5-66　编辑超链接

选中“本文档中的位置”选项,找到相应的幻灯片,单击“确定”按钮即可。

除了超链接外,还可以在幻灯片中绘制动作按钮。在放映演示文稿时,单击相应的按钮,就可以切换到指定的幻灯片或启动其他相应的程序。

（6）为幻灯片添加动画效果。为第 1 张幻灯片的主标题添加“劈裂”动画效果，为副标题添加“飞入”动画效果。可以通过“高级动画”和“计时”选项组来设置动画效果，如图 5-67 所示。

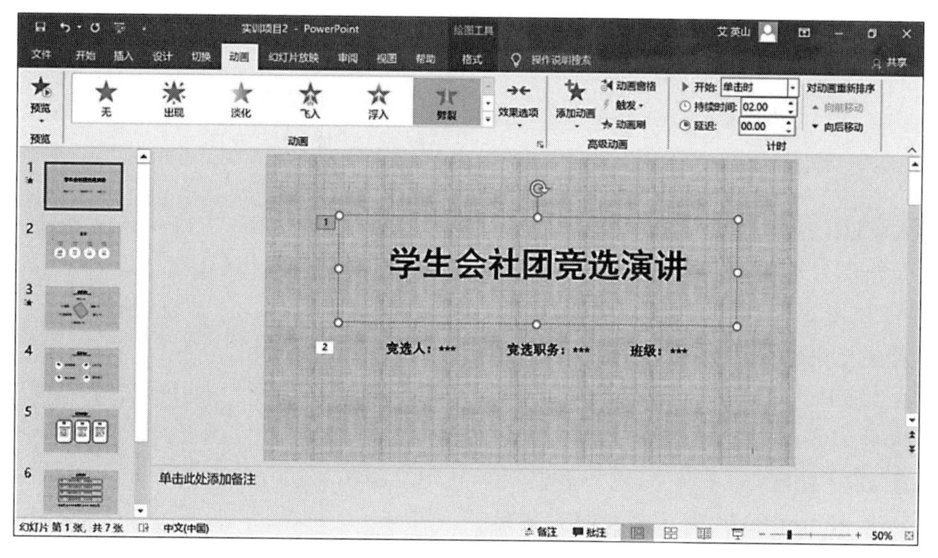

图 5-67　为幻灯片添加动画

在“高级动画”选项组中单击“添加动画”按钮，弹出“添加动画”对话框，在其中可选择更多的动画效果，可以充分利用这些动画效果使幻灯片的播放更加丰富多彩，引人入胜。

至此就完成了本文档的设置，按 F5 键观看播放效果。演示文稿的最终制作效果如图 5-68 所示。

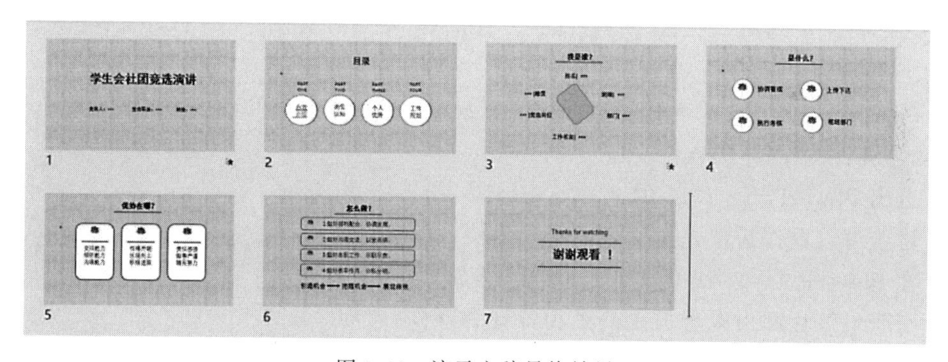

图 5-68　演示文稿最终效果

习　题　5

一、选择题

1. PowerPoint 2016 是(　　)公司的产品。

   A. IBM　　B. Microsoft　　C. 金山　　D. 联想

2. 关闭 PowerPoint 2016 的正确操作是(　　)。

   A. 关闭显示器

B. 拔掉主机电源

C. 按 Ctrl+Alt+Delete 组合键重启计算机

D. 按 PowerPoint 标题栏右上角关闭按钮

3. (　　)用于来播放演示文稿的所有幻灯片。

A. 大纲视图　　B. 幻灯片放映视图

C. 普通视图　　D. 幻灯片浏览视图

4. PowerPoint 2016 演示文稿的扩展名是(　　)。

A. txt　　B. docx　　C. xlsx　　D. pptx

5. 单击图片对象,利用图片四周的 8 个控制点,可以调整图片的(　　)。

A. 位置　　B. 大小　　C. 形状　　D. 颜色

6. 若想结束幻灯片放映,可按(　　)键。

A. Tab　　B. End　　C. Esc　　D. 空格

7. PowerPoint 2016 是用来处理(　　)的软件。

A. 文字处理　　B. 电子表格　　C. 演示文稿　　D. 电子邮件

8. PowerPoint 2016 默认的视图方式是(　　)。

A. 大纲视图　　B. 幻灯片放映视图

C. 普通视图　　D. 幻灯片浏览视图

9. 下面选项中,不是幻灯片中的对象的是(　　)。

A. 文字　　B. 视频　　C. 字体　　D. 图片

10. PowerPoint 中,在(　　)视图中,可以轻松地按顺序组织幻灯片,进行插入、删除、移动等操作。

A. 备注页视图　　B. 浏览视图　　C. 幻灯片视图　　D. 黑白视图

二、判断题

1. PowerPoint 2016 是美国微软公司 Office 2016 中办公套件的一个组件,是一个以幻灯片展示文稿内容的应用软件。(　　)

2. 退出 PowerPoint 2016 的一种方法是按 Alt+F4 组合键。(　　)

3. 母版可以看作是预先定义好的演示文稿。(　　)

4. 在 PowerPoint 2016 的组织结构图中不能输入汉字。(　　)

5. 每张幻灯片都可以看成是前景和背景的组合。(　　)

6. 在 PowerPoint 2016 中,对于已经建立的演示文稿不可以改用新的模板。(　　)

7. 在 PowerPoint 2016 母版中的图形可以随时由用户改动。(　　)

8. 对于剪贴画中的图片,因为是预先存储在计算机中的,在应用时只能对它进行拉伸、压缩,而不能旋转 90°。(　　)

9. 在 PowerPoint 2016 中,设计模板的扩展名是 potx。(　　)

10. 在 PowerPoint 2016 中,背景模板是必需的,所以不能使用“白纸”似的模板。(　　)

第6章　计算机网络与因特网技术基础

计算机网络是计算机技术与通信技术紧密结合的产物，涉及通信与计算机等领域。计算机网络是以能够相互共享资源的方式互连起来的自治计算机系统集合。网络技术对信息产业的发展有着深远影响。目前，计算机网络的应用已渗透到社会生活的各个方面。本章主要介绍计算机网终的基本概念、原理、网络安全、因特网应用。

6.1　计算机网络基础

从20世纪60年代的单机通信系统发展至今，计算机网络已逐步形成了开放式的网络体系结构，高速化、智能化和应用综合化的网络技术也逐渐成熟。

6.1.1　通信基础知识

1. 数据通信的基本概念

数据通信是通信技术与计算机技术相结合的一种全新的通信方式。数据要在两地之间进行传输就必须有信道。根据传输媒体的不同，数据通信可分为有线数据通信与无线数据通信。它们都是通过传输信道将数据终端与计算机进行连接，使不同地点的数据终端实现软件、硬件和信息资源的共享。

通信的完成必须具备信源、信道和信宿3个要素。信源就是信息来源，即发送方（发送信息的人或电子设备）。信道是提供消息传送途径的介质。信宿是信息送达的目的地址，即接收方（接收信息的人或电子设备），由接收方负责接收并解释信息。

目前，网络交换信息的方式都是以二进制数字信号表示的，即用来发送和接收信息的计算机或终端设备都是数字式的。但是，在数据通信过程中，数字信号以何种方式传输，是由通信信道的性质决定。只允许传输模拟信号的通信信道为模拟信道，允许传输数字信号的通信信道为数字信道，因此产生了频带传输和基带传输这两种数据传输技术。基带传输根据通信距离和成本的需求不同，还可分为串行和并行两种传输模式。在进行串行传输时，根据配置不同，还分为单工、半双工和双工通信方式。在数据的串行传输中，数据发送和接收的定时性（即同步方式）也十分重要。

（1）信息和数据。信息是能够通过文字、图像、声音、符号、数据等被人类认知的知识。一般来说，信息是指与客观事物相联系，能够反映客观事物的运动状态，并可通过一定的物质载体被发出、传递和感受，对接收对象的思维产生影响并用来指导其行为的一种描述。从本质上说，信息是反映现实世界的运动、发展和变化状态及规律的信号与消息。数据是信息的具体表现形式，即传递信息的载体。

信息和数据是有区别的。总体来说，信息是客观事物属性的反映，是经过加工处理并对人类客观行为产生影响的数据表现形式；数据是反映客观事物属性的记录，是信息的具体表现形式。任何事物的属性都是通过数据来表示的。数据经过加工处理之后才能成为信息；

而信息必须通过数据才能传播，才能对人类有影响。数据通信系统关心的是数据的表示方式和传输方法。数字信号是在时域上离散的，而模拟信号则是在时域上连续变化的。

(2) 数据通信。两个实体之间的数据交换过程就是数据通信。数据分为数字数据(也称离散数据)和模拟数据两种。信号也可分为数字信号和模拟信号，这些信号必须通过传输介质(通信信道)才能传送。数字数据、模拟数据都可以使用数字信号传送也可用模拟信号传送，这样数据传送就有4种形式。在计算机网络中，基带局域网采用数字数据及数字信号直接传送，宽带局域网和广域网多采用数字数据及模拟信号传送。日常生活中的普通电话采用的是模拟数据及模拟信号传送，而数字电话则采用的是模拟数据及数字信号传送。

(3) 数字通信。数字通信传送的是数字信号，即离散的二进制信号0和1，它实际上指代表0、1的脉冲信号的传送。由于数字通信包括数据通信中的数字数据-数字信号和模拟数据-数字信号两种传送形式中的数字信号的传送，所以数据通信和数字通信还是有一定区别的。

(4) 信道。信道是两个或多个通信设备之间的通信通道，也称为链路、线路、电路和路径。在主机环境中，信道是指主机和控制设备之间的通路。在网络中，信道分为物理信道和逻辑信道。物理信道是指用来传送信号或数据的物理通路，由传输介质及有关通信设备组成。逻辑信道是网络上的一种通路，是通过结点内部的逻辑连接实现的。因此，通常把逻辑信道称为“连接”。

根据传输介质的不同，物理信道可分为有线信道(如电话线、双绞线等)、无线信道和数字信道。按照信道中传输的数据信号类型不同，物理信道又可分为模拟信道和数字信道。模拟信道传输的是模拟信号，数字信道传输的是二进制数字脉冲信号。

如果要在模拟信道上传输计算机直接输出的二进制数字脉冲信号，就必须在信道两端分别安装调制解调器，用于数字信号对模拟信号之间的调制和解调。

(5) 数据通信系统中主要技术指标。

① 比特率。比特率是数字信号的传输速率，表示单位时间内所传送的二进制代码的有效位数，单位为比特每秒(b/s)或千比特每秒(kb/s)。

② 波特率。波特率是调制速率，也称波形速率，是指在模拟信号传输过程中，从调制解调器输出的调制信号，表示每秒载波调制状态改变的次数，即在数据传输过程中，线路上每秒传送的波形个数，其单位为波特(Baud)。

③ 误码率。误码率是指信息在传输中的错误率，是数据通信系统在正常工作状况下传输的可靠性指标。如果传输的信息以码元为单位，则在网络通信系统中，一般要求误码率应低于10^{-6}。而1000Base-T网络(千兆以太网)制定的可接受的最高限度误码率为10^{-10}。

(6) 带宽和数据传输率。在模拟信道中，“带宽”表示信道传输信息的能力，即传送信息信号的高低频率之差，单位为赫兹(Hz)、千赫兹(kHz)、兆赫兹(MHz)、吉赫兹(GHz)，例如，电话信道的带宽为300～3400Hz。在数字信道中，数据传输率表示信道传输信息的能力，即每秒传输的位数，单位为比特每秒(b/s)、千比特每秒(kb/s)、兆比特每秒(Mb/s)、吉比特每秒(Gb/s)。

在现代网络技术中，人们总是以“带宽”来表示信道的数据传输速率，“带宽”与“速率”几乎成了同义词。信道带宽与数据传输速率的关系可以奈奎斯特(Nyquist)准则与香农(Shanon)定律描述。需要注意的是，网络服务供应商所言的宽带上网，单位一般为比特每秒(b/s)。例如,某宽带公司提供8Mb/s的宽带网络接入,经过单位转换就是1MB/s。

2. 同步方式

电信号在传输线路上的传输可以采用串行通信和并行通信方法。并行通信将一组数据同时传输,其特点是信号传输速度快,但需要使用较多的传输线路;而串行通信是将数据一位一位地依次传输,只需要少数几条线就可以在系统间交换信息,特别适用于计算机与计算机、计算机与外设之间的远距离通信,但是串行通信付出的代价是通信速率低,由于要经过编码,进行串-并行转换,所以通信控制复杂。即使如此,目前通信系统中基本上都采用串行传输方式。在串行通信中,往往按照某种规则把通信信号中的数据单元分成一些数据块,把这些数据块称为帧,并且用一些标志来对帧的边界进行识别。

在进行串行通信时,发送方在发送时钟的作用下把信号一位一位地传出,接收方在接收时钟的作用下把信号一位一位地接收。发送与接收双方是不同的系统,在串行信号传输中有可能会发生通信不同步的情况,因此串行通信控制中首先要解决的就是串行通信的同步问题。

3. 数据传输技术

(1) 基带传输与频带传输。

① 基带传输。未进行载波调制的待传信号称为基带信号,它是原始电信号固有的频带。直接将基带信号送到信道进行传输的方式,称为基带传输。计算机网络中所指的基带传输是特指对基带数字信号的传输。在进行数字信号传输时,最简单的方法就是用高低电平来表示二进制数字1和0。

② 频带传输。频带传输是在计算机网络系统的远程通信中常用的一种传输技术,是一种利用调制器对传输信号进行频率转换的传输方式。

(2) 数据编码技术。在数据通信中,数据编码是一种把需要传输的信息,用特定的数字格式或规则进行表示的技术,数据在传输之前必须先编码成数字(或模拟)信号。根据信源数据信道特性的不同编码技术可分为如下4种。

① 把数字数据编码成数字信号的技术。此类技术有单极性不归零(NRZ)编码技术和曼彻斯特编码方式及差分曼彻斯特编码等。

② 把数字数据编码成模拟信号的技术。此类有调幅(ASK)、调频(FSK)和调相(PSK)3种。

③ 模拟数据编码为数字信号。这个过程一般包括采样、量化和编码3个步骤。

④ 模拟数据编码为模拟信号。为了利用频带传输模式传递模拟数据,需要对模拟数据进行处理,调制为适合信道特性的模拟信号。

(3) 多路复用技术。多路复用是指两个或多个信号共享一条信道的机制。通过多路复用技术,可实现多个终端共享一条高速信道,即利用一个物理信道同时传输多个信号,从而达到节省信道资源的目的。多路复用有频分多路复用(FDM)、时分多路复用(TDM)和码分多路复用(CDM)3种。

① 频分多路复用(FDM)。与用立交桥将交通空间划分成多个子空间,使各个方向车辆在上面通行类似,FDM是将传输频带分成多个部分,每一个部分均可作为一个独立的传输信道使用,这样就能实现在一对传输线路上进行多对话路信息传送,而每一对话路所占用的只是其中的一个频段。频分制通信又称载波通信,是模拟通信的主要手段。

② 时分多路复用(TDM)。与用红绿灯控制交通时,将交通时间分成多个时间窗,使各个方向的车辆在不同的时段通行,避免冲突类似,TDM 是把一个传输通道进行时间分割以传送若干话路的信息,把多个话路设备接到一条公共的通道上,按一定的次序轮流给各个设备分配一段使用通道的时间。当轮到某个设备时,这个设备与通道接通,执行操作。与此同时,其他设备与通道的联系均被切断。待指定的使用时间间隔一到,则通过时分多路转换开关把通道连接到下一个设备上。这种时分制通信也称时间分割通信,是实现数字电话多路通信的主要方法,因而脉冲编码调制通信常称为时分多路通信。

③ 码分多路复用(CDM)。作为一种多址方案,每个用户可在同一时间使用同样的频带进行通信,但使用的是基于码型的分割信道的方法,即每个用户分配一个地址码,各个码型互不重叠,通信各方之间不会相互干扰,且抗干扰能力强。它已经成功地应用于卫星通信和蜂窝电话领域,并且显示出许多优于其他技术的特点。

4. 数据交换技术

在数据通信系统中,当计算机与计算机之间不是直通专线连接,而是要按照某种方式动态分配通信资源,并通过通信网建立连接时,两端系统之间的传输通路就是通过通信网络中若干结点转接而成的所谓"交换线路"。

采用电路交换方式的典型系统就是电话系统,而电报收发则采用的是报文存储转发技术,基于计算机通信的特点,计算机通信网络一般采用分组存储转发方式。

(1) 电路交换。在打电话时,先拨号建立连接,当拨号的信令通过许多交换机到达被叫用户所连接的交换机时,该交换机就向用户的电话机振铃;在被叫用户摘机且摘机信号传送回到主叫用户所连接的交换机后,呼叫即完成,这时从主叫端到被叫端就建立了一条连接。通话结束挂机后,挂机信令告诉这些交换机,使交换机释放刚才这条物理通路。这种必须经过"建立连接-通信-释放连接"3 个步骤的连网方式称为面向连接的。电路交换必定是面向连接的,在通话过程中,电路一直被占用。电路交换延迟小但信道利用低。

(2) 报文交换。在两个通信终端之间以报文交换方式进行通信时,过程中的每个结点都会接收整个报文,检查目标结点地址,然后根据网络中的交通情况在适当的时候转发到下一个结点。经过多次的存储和转发,最后到达目标。报文交换传输的线路利用率高,但是实时性差。

(3) 分组交换。分组交换仍采用存储转发传输方式。它是先将一个长报文分割为若干个较短的分组,然后把这些分组(携带源、目的地址和编号信息)逐个地发送出去,因此分组交换除了具有报文的优点外,还有效地降低了延迟。

5. 差错控制方式

在通信过程中,一般会出现两类差错:一类是由热噪声引起的随机错误;另一类是由冲突噪声引起的突发错误。为了减少通信差错,出现了多种差错避免和控制技术。例如,尽可能采用较好的电磁屏蔽来避免信号干扰等。差错控制是在数字通信中利用编码方法对传输中产生的差错进行控制,以提高数字消息传输的准确性。差错控制中有采用纠错码的前向纠错和采用检错码的反馈重传纠错等方法。

6.1.2 计算机网络的定义与功能

1. 计算机网络的定义

计算机网络(Computer Network)是利用通信线路和通信设备,把分布在不同地理位置的具有独立功能的多台计算机、终端及其附属设备利用通信设备和通信线路连接起来,并配置网络软件(如网络协议、网络操作系统、网络应用软件等),以实现信息交换和资源共享的一个复合系统。它是计算机技术与通信技术相结合的产物,如图 6-1 所示。

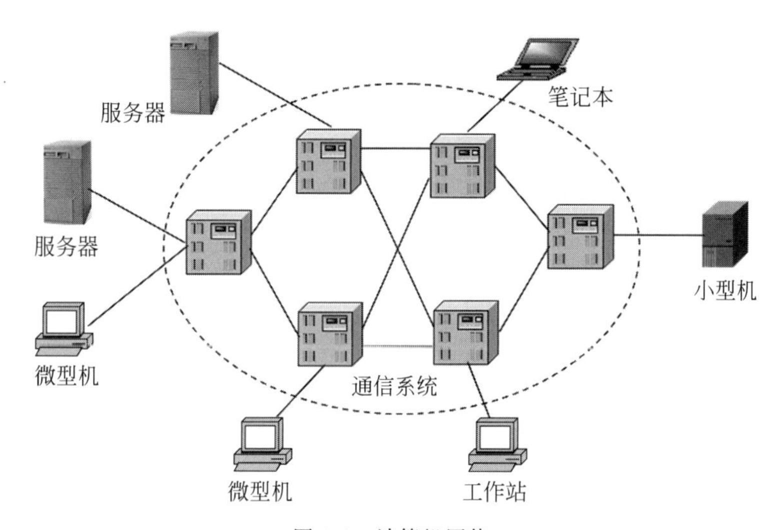

图 6-1 计算机网络

网络不仅是一项技术或应用,更代表着一个时代和时尚。如今,不会使用网络就等于没有融入信息社会。

2. 计算机网络的功能

计算机网络最主要的功能是资源共享和通信,具体功能如下。

(1) 实现网上资源的共享。资源共享是计算机网络最基本的功能之一。用户所在的单机系统,无论硬件资源还是软件资源总是有限的。单机用户一旦连入网络,就可以在网络操作系统的控制下,使用网络中其他计算机的资源来处理自己的问题,例如使用局域网网中的打印机打印报表、文档,使用网络中存储器存放自己的数据信息。对于软件资源,用户则可以共享各种程序、各种数据库系统等。

(2) 实现数据信息的快速传递。计算机网络是现代通信技术与计算机技术结合的产物,分布在不同地域的计算机系统可以及时、快速地传递各种信息,极大地缩短了计算机之间数据传输的时间。这对于股票和期货交易、电子函件、网上购物、电子贸易是必不可少的传输平台。

(3) 提高可靠性。在一个计算机系统内,可能会发生单个部件或单台计算机暂时失效的情况,因此希望通过改换资源的方法来维持系统的继续运行。建立计算机网络后,重要资源可以通过网络在多个地点互做备份,用户可以通过多条路由访问网内的特定资源,从而有效避免因单个部件、单台计算机或通信链路故障影响系统的正常运行。

(4) 提供负载均衡与分布式处理能力。

① 负载均衡是计算机网络的一大特长。例如,一个大型因特网内容提供者(ICP)为了支持更多的用户访问其网站,在全世界多个地方放置了相同内容的 WWW 服务器,通过特定技术使不同地域的用户看到放置在位置最近的服务器上的相同页面,这样可以实现各服务器的负荷均衡,同时也方便了用户。

② 分布处理是把任务分散到网络中不同的计算机上进行并行处理,而不是集中在一台大型计算机上,从而使整个计算机网络具有解决复杂问题的能力,大大提高了处理速度,降低了时间成本。

(5) 集中管理。对于地理位置分散的组织或部门的事务,可以通过计算机网络实现集中管理。例如,飞机与火车订票系统、银行通存通兑业务系统、证券交易系统、数据库远程检索系统、军事指挥决策系统等。由于业务或数据分散于不同的地区且需要对数据信息进行集中处理,因此普通的计算机系统是无法解决的,此时就必须借助于网络完成集中管理和信息处理。

(6) 综合信息服务。网络的未来发展趋势之一便是多维化,即在一套系统上提供集成的信息服务,包括来自政治、经济、文化、生活等各方面的信息资源,同时还提供如图像、语言、动画等多媒体信息。

6.1.3 计算机网络的组成与分类

1. 计算机网络的组成

计算机网络需要完成数据处理与数据通信两大基本功能。与之对应,它在结构上也可以分为负责数据处理的计算机与终端和负责数据通信的通信控制处理机(CCP)与通信线路两个部分。因此从计算机网络结构和系统功能看,计算机网络可以分为资源子网和通信子网两部分,如图 6-2 所示。

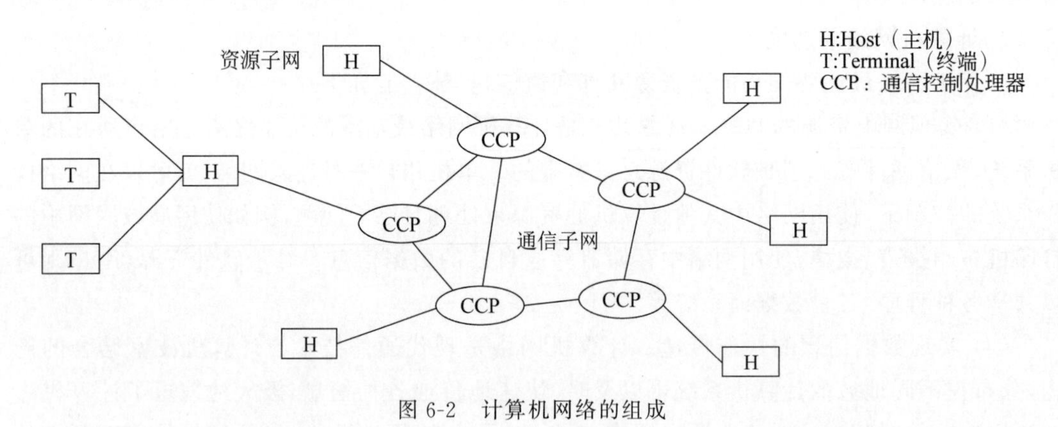

图 6-2 计算机网络的组成

(1) 资源子网。资源子网负责全网的数据处理业务,并向网络用户提供各种网络资源和网络服务。资源子网由主计算机、终端以及相应的 I/O 设备、各种软件资源和数据资源构成,如图 6-3 所示。

① 主机(Host)可以是大型计算机、中型计算机、小型计算机、工作站或微型计算机。主机是资源子网的主要组成单元,除了为本地用户访问网络中的其他主机与资源提供服务外,

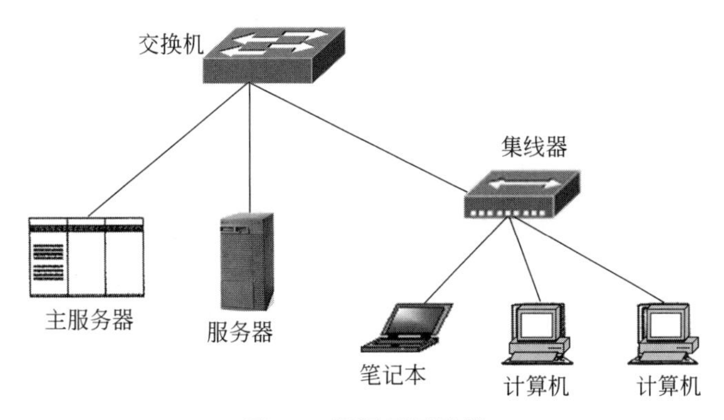

图 6-3 资源子网局部

还要为网络中的远程用户共享本地资源提供服务。主机通过高速通信线路与通信子网中的通信控制处理器相连。

② 终端(Terminal)是用户进行网络操作时所使用的末端设备,它是用户访问网络的接口。终端可以是简单的输入输出设备,如显示器、键盘、打印机、传真机,也可以是带有微处理器的智能终端,例如可视电话、手机、数字摄像机等。智能终端除了基本的输入输出功能外,本身还具有信息存储与处理能力。终端设备可以通过主机连入网内,也可以通过终端控制器或通信控制处理机连入网内。

(2) 通信子网。通信子网负责为资源子网提供数据传输和转发等通信保障,主要由通信控制处理机、通信链路及其他通信设备(如调制解调器等)组成,如图 6-4 所示。

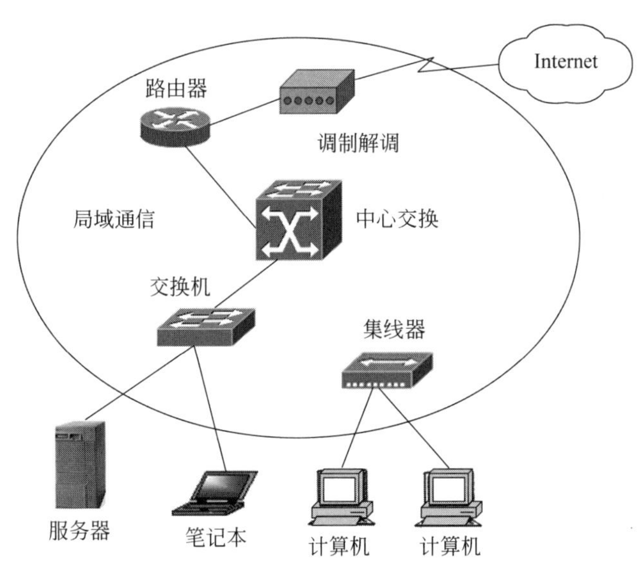

图 6-4 局部通信子网

① 通信控制处理机(CCP)是一种处理通信控制功能的计算机,按照其功能和用途,可以分为存储转发处理机、网络协议变换器和报文分组组装和拆卸设备等。通信控制处理机的主要功能如下。

- 网络接口功能。实现资源子网和通信子网的接口功能。

• 存储和转发功能。对进入网络传输的数据信息提供转发功能。

• 网络控制功能。为数据提供路径选择、流量控制等功能。

② 通信链路用于为通信控制处理机之间、通信控制处理机与主机之间提供通信信道,一般来说,通信子网中的链路属于高速线路,所用的信道类型可以是有线信道或无线信道。

③ 通信设备主要指数据通信和传输设备,包括调制解调器、集中器、多路复用器、中继器、交换机和路由器等设备。

(3) 软件组成。从系统组成的角度看,计算机网络由计算机网络硬件和计算机网络软件两部分构成。在网络系统中,除了包括各种网络硬件设备外,还应该具备网络软件。因为在网络上,每一个用户都可以共享系统中的各种资源、系统该如何控制和分配资源、网络中各种设备以何种规则实现彼此间的通信、网络中的各种设备该如何被管理等,都离不开网络的软件系统。因此,网络软件是实现网络功能必不可少的软环境。通常,网络软件包括以下几种。

① 网络协议软件。实现网络协议功能,例如 TCP/IP、IPX/SPX 等。

② 网络通信软件。用于实现网络中各种设备之间进行通信的软件。

③ 网络操作系统。实现系统资源共享,管理用户的应用程序对不同资源的访问,常见的网络操作系统有 UNIX、Linux、NetWare、Windows 2000 等。

④ 网络管理软件和网络应用软件。网络管理软件是用来对网络资源进行管理以及对网络进行维护的软件,而网络应用软件是为网络用户提供服务的,是网络用户在网络上解决实际问题的软件。

2. 计算机网络的分类

计算机网络类型的划分标准各种各样,但是从地理范围划分是一种大家都认可的通用网络划分标准。按这种标准可以把各种网络类型划分为局域网、城域网和广域网 3 种。

(1) 局域网(Local Area Network,LAN)。局域网络是指在一定的范围之内,例如同一层楼、同一栋建筑物甚至数栋建筑物的区域内,将计算机、通信设备等通过适当的连接,达到资源共享、数据共享、数据交换的目的所结构起来的网络系统。一般来说,局域网是 2km 范围内的网络结构。一般如办公室、住宅社区乃至校园网络系统都属于局域网络。

(2) 城域网(Metropolitan Area Network,MAN)。MAN 与 LAN 相比扩展的距离更长,连接的计算机数量更多,在地理范围上可以说是 LAN 网络的延伸,连接距离可达 10～100km。在一个大型城市或都市地区,一个 MAN 网络通常连接着多个 LAN 网。如连接政府机构的 LAN、医院的 LAN、电信的 LAN、公司企业的 LAN 等。

(3) 广域网(Wide Area Network,WAN)。广域网络所涵盖的范围可以是各县市间与各国间所结构的通信网络系统。互联网(Internet)、中国教育科研网(CERNET)等都属于广域网络。

上面讲述的几种网络类型中,用得最多的是局域网,因为它距离短、速度高,无论是在企业还是家庭实现起来都比较容易,应用也最广泛。

不同的局域网、城域网和广域网可以根据需要互相连接,形成规模更大的网际网,例如 Internet(因特网)。无论从地理范围,还是从网络规模来讲,Internet 都是最大的计算机网络。从地理范围来说,它可以是全球计算机的互连,这种网络的最大的特点就是不确定性,整个网络的计算机每时每刻都随着网络用户的接入与退出在不断地变化。它的优点也是非常明显的，就是信息量大、传播广，无论身处何地，只要联上互联网就可以对任何可以联网用户发出你的信函和广告。由于这种网络的复杂性，其实现技术也非常复杂。

6.2 计算机网络协议与体系结构

随着 Internet 在全球取得的巨大成功，计算机网络已经成为一个海量的、多样化的复杂系统。计算机网络的实现需要解决很多复杂的技术问题，例如支持多厂商和的各种机型互连、支持多种业务、支持多种通信介质等。

在计算机网络系统中，为了保证通信双方能正确而自动地进行数据通信，针对通信过程的各种情况，制定了一整套约定，这就是网络系统的通信协议。

6.2.1 协议的基本概念

1. 网络协议的定义

计算机网络中互相连接的计算机就是进行交换的一个个结点。网络上的多台计算机体系结构各有不同，采用不同的数据存储格式，以不同的速率收发信息，彼此之间不兼容性，使得相互通信变得十分困难。为了确保不同类型的计算机之间能够顺利地交换信息，连网的计算机必须共同遵守一些事先约定好的规则。这些在计算机网络中用于规定信息的格式以及如何发送和接收信息的规则体系称为协议(Protocol)。

通信协议是一套语义和语法规则，用来规定有关功能部件在通信过程中的操作。简单地说，协议是指通信双方必须遵循的控制信息交换的规则的集合。实际上，为了实现人与人之间的交互，通信规则无处不在。例如，在使用邮政系统发送信件时，信封必须按照一定的格式书写，否则信件可能不能到达目的地；同时，信件的内容也必须遵守一定的规则(如使用中文书写)，否则收信人可能不能理解信件的内容。在计算机网络中，信息的传输与交换也必须遵守一定的协议，而且协议的优劣直接影响网络的性能，因此协议的制定和实现是计算机网络重要组成部分。

常见的网络协议有 TCP/IP、NetBEUI、IPX/SPX、NWLink 等。

2. 网络协议的组成

网络协议通常由语义、语法和定时关系 3 部分组成。语义定义做什么，语法定义怎么做，而定时关系则定义何时做。

(1) 语法。语法确定通信双方“如何讲”，指数据的结构或格式以及数据表示的顺序。例如，一个简单的协议可以定义数据的头部(前 8 位)是发送者的地址，中部(第二个 8 位)是接收者地址，而尾部就是消息本身。

(2) 语义。语义确定通信双方“讲什么”，指传输的比特流每一部分的含义，它规定了需要发出何种控制信息、完成何种动作以及做出何种应答，对发布请求、执行动作以及返回应答予以解释，并确定用于协调和差错处理的控制信息。

(3) 同步。同步就是通信双方的“讲话的次序”，包括两方面的特征：数据何时发送以及以多快的速率发送。例如，如果发送方以 100Mb/s 的速率发送数据，而接收方仅能处理 1Mb/s 速率的数据，这样的传输会使接收者负载过重，并导致大量数据丢失。

6.2.2 网络协议的分层结构

为了减少协议设计的复杂性,大多数网络都按层(Layer)或级(Level)的方式来组织,每一层都建立在它的下层之上。网络不同,层的数量,各层的名字、内容和功能也不尽相同。然而,在所有的网络中,每一层的目的都是向它的上一层提供特定的服务,而把如何实现这一服务的细节对上一层加以屏蔽。

一台计算机上的第 N 层与另一台计算机上的第 N 层进行对话时,通话的规则就是第 N 层协议,协议基本上是通信双方关于通信如何进行达成的一种约定。

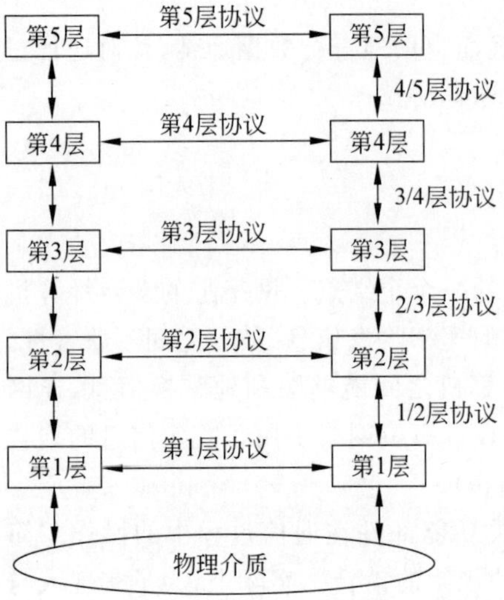

图 6-5 说明了一个 5 层的协议,不同机器里包含对应层的实体称为对等(Peer to Peer)进程。对等进程利用协议进行通信。

数据不是从一台计算机的第 N 层直接传送到另一台计算机的第 N 层,而是每一层都把数据和控制信息交给它的下一层,直到最下层,第一层下面是物理介质(Physical Medium),利用它进行实际的通信。

图 6-5　协议和接口

在分层结构中,每一层协议的基本功能都是实现与另外一个层次结构中对等实体(可以理解为进程)间的通信,因此称之为"对等层协议"。另一方面,每层协议都提供与同一个计算机系统中相邻的上层协议的服务接口,如图 6-6 所示。

为了更好地理解分层模型及协议等概念,下面以如图 6-7 所示的邮政系统进行类比说明。假设处于 A 地的用户 A 要给处于 B 地的用户 B 发送信件,为了实现这封信件的传递,需要涉及用户、邮局和运输部门 3 个层次:用户 A 写好信的内容后,将其装入信封并投入邮筒交由邮局 A 寄发,邮局在收到信件后,首先进行分拣和整理,然后装入一个统一尺寸的邮包交付 A 地运输部门进行运输,例如航空信交民航部门,平信交铁路或公路运输部门等,A 地的运输部门把邮包装入货箱并进行运输;B 地相应的运输部门在收到装有该信件的货箱后,将邮包从其中取出,并交给 B 地的邮局,B 地的邮局将信件从邮包中取出投到用户的信箱中,用户 B 从信箱中取出来自用户 A 的信件。

在此过程中,写信人和收信人都是最终用户,处于整个邮政系统的最高层。而邮局处于用户的下一层,是为用户服务的。对于用户来说,只需知道如何按邮局的规定将信件内容装入标准信封并投入邮局设置的邮筒即可,而无须知道邮局是如何实现寄信过程的,这个过程对用户来说是透明的。处于整个邮政系统最底层的运输部门是为邮局服务的,并且负责实际的邮件运送。邮局只需将装有信件的邮包送到运输部门的货物运输接收窗口,而无须关心邮包作为货物是如何到达异地的。

采用分层模型后,通常将计算机网络系统中的层、各层中的协议以及层次之间的接口的集合称为计算机网络体系结构。

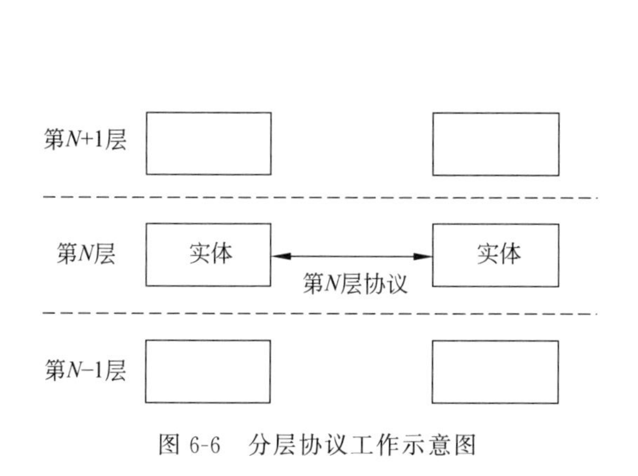

图 6-6　分层协议工作示意图

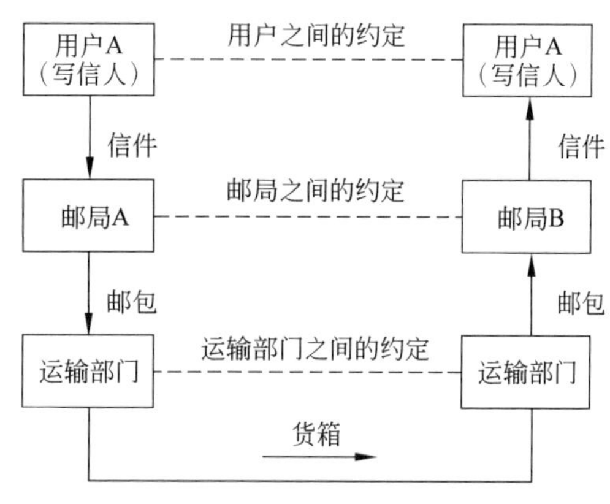

图 6-7　网络分层模型与邮政系统模型的类比

6.2.3　网络体系结构

网络中的层次和各层的协议以及层间接口的集合，称为网络体系结构（Network Architecture）。网络体系结构的描述必须包含足够的信息，以使开发人员可以为每一层编写程序或设计硬件。协议实现的细节和接口的描述都不是体系结构的内容，因此体系结构是抽象的，只供人们参照，而实现则是具体的，由正在运行的计算机软件和硬件来完成。

目前，主要有开放系统互连参考模型和因特网参考模型两种网络体系结构参考模型。

1. 开放系统互连参考模型

开放系统互连参考模型是国际标准化组织（ISO）提出的开放系统互连参考模型（Open Systems Interconnection Reference Model，OSI-RM），它从功能上划分为 7 层，从底层开始分别为物理层、数据链路层、网络层、传输层、会话层、表示层和应用层。

OSI-RM 的核心包含三大层次。高三层有应用层、表示层和会话层组成，面向信息处理和网络应用；低三层由网络层、数据链路层和物理层组成，面向通信处理和网络通信；中间层次为传输层，为高三层的网络信息处理应用提供可靠的端到端通信服务。

在实际中，当两个通信实体通过一个通信子网进行通信时，必然会经过一些中间结点，一般来说，通信子网中的结点只涉及低三层，因此两个通信实体之间的层次结构如图 6-8 所示。

这 7 层的主要功能如下。

- 物理层（Physical Layer）。透明地按位传送数据。
- 数据链路层（Data Link Layer）。在两个相邻结点间的线路上无差错地传送数据帧。
- 网络层（Internet Layer）。分组传送、路由选择和流量控制。
- 传输层（Transport Layer）。端到端经网络透明地传送报文。
- 会话层（Session Layer）。建立、组织和协调两个进程之间的相互通信。
- 表示层（Presentation Layer）。主要进行数据格式转换和文本压缩。
- 应用层（Application Layer）。直接为用户的应用进程提供服务。

制定开放系统互连参考模型的目的之一就是为协调有关系统互连的标准开发，提供一个共同基础和框架，因此允许把已有的标准放到总的参考模型中；目的之二是为以后扩充和

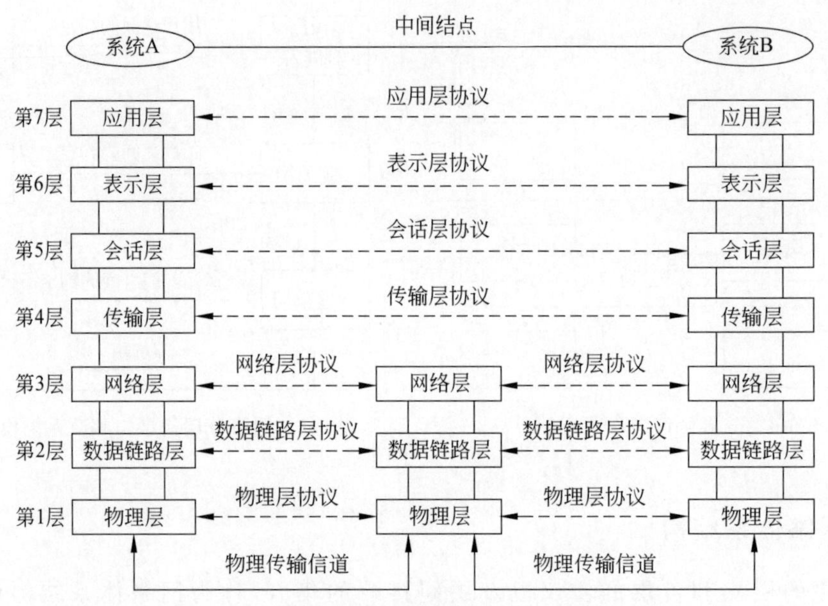

图 6-8 两个通信实体间的层次结构

修改标准提供一个范围，同时为保持所有有关标准的兼容性提供一个公共参考。

开放系统互连参考模型是脱离具体实施而提出的一个参考模型，对于具体实施有一定的指导意义，但是和具体实施仍有很大差别。另外，由于它过于庞杂，因此到目前为止还没有任何一个组织能够把开放系统互连参考模型付诸实现。

2. 因特网参考模型

因特网参考模型又称 TCP/IP 参考模型。与开放系统互连参考模型不同，它只有 4 层。从下往上依次是网络接口层(Network Interface Layer)、互联网络层(internet Layer)、传输层(Transport Layer)和应用层(Application Layer)。

因特网参考模型的 4 层与开放系统互连参考模型的 7 个层次之间大致存在以下功能对应关系：因特网参考模型的网络接口层对应开放系统互连参考模型的物理层和数据链路层，因特网参考模型的互联网络层对应开放系统互连参考模型的网络层，因特网参考模型的传输层对应开放系统互连参考模型的传输层，因特网参考模型的应用层对应开放系统互连参考模型的会话层、表示层和应用层。因特网参考模型更侧重互连设备之间的数据传送，而不是严格的功能层次划分。目前应用最广泛的因特网就是基于因特网参考模型构建的。

(1) 网络接口层。这是因特网参考模型的最底层，这一层并没有定义特定的协议，只是指出主机必须使用某种协议与互联网络连接，以便能在其上传递 IP 分组。它支持所有的网络，如以太网、令牌环和 ATM 连入互联网络。

(2) 互联网络层。互联网络层用来屏蔽各个物理网络的差异，可使传输层和应用层将互联网络看作一个同构的“虚拟”网络。互联网协议(Internet Protocol，IP)是这层中最重要的协议，是一个无连接的报文分组协议，用于处理来自传输层的分组发送请求、路径选择、转发数据包等，但并不具有可靠性，也不提供错误恢复等功能。在使用 TCP/IP 的网络上，传输的基本信息单元是 IP 数据包。

(3) 传输层。在因特网参考模型中，传输层的主要功能是提供从一个应用程序到另一个应用程序的通信，即端到端的会话。现在的操作系统都支持多用户和多任务操作，一台主机上可能运行多个应用程序(并发进程)，所谓的端到端会话，就是指从源进程发送数据到目的进程。传输层定义了 TCP 和 UDP 这两个端到端协议。

① 传输控制协议(Transmission Control Protocol，TCP)是一个面向连接的无差错传输字节流的协议。在源端把输入的字节流分成报文段并传给互联网络层。在目的端则把收到的报文重新组装成输出流传给应用层。TCP 还要进行流量控制，以避免出现由于快速发送方向低速接收方发送过多报文，而使接收方无法处理的问题。

② 用户数据报协议(User Datagram Protocol，UDP)是一个不可靠的、无连接的协议。它没有报文排序和流量控制功能，所以必须由应用程序自己来完成这些功能。使用 UDP 进行数据传输时，在传输数据之前不需要先建立连接，在目的端收到报文后，也不需要应答。UDP 通常用于需要快速传输机制的应用中。

(4) 应用层。因特网参考模型的应用层相当于开放系统互连参考模型的会话层、表示层和应用层，它包含所有的高层协议。这些高层协议使用传输层协议接收或发送数据。应用层常见的协议有 Telnet、FTP、SMTP 以及 HTTP 等。远程登录(TELNET)协议允许一台计算机上的用户登录到远程计算机上并进行工作；文件传送协议(FTP)提供了有效地把数据从一台计算机送到另一台计算机上的方法；简单邮件传送协议(SMTP)用于发送电子邮件；超文本传送协议(Hypertext Transfer Protocol，HTTP)则用于在万维网(WWW)上浏览网页等。

计算机网络系统采用层次结构，可以有以下几个好处。

(1) 各层之间相互独立。高层并不需要知道低层是如何实现的，而仅需要知道该层通过层间的接口所提供的服务。

(2) 灵活性好。当任何一层发生变化时，例如由于技术的进步促进实现技术的变化，只要接口保持不变，则在这层以上或以下各层均不受影响。另外，当某层提供的服务不再需要时，甚至可将这层取消。

(3) 各层都可以采用最合适的技术来实现，各层实现技术的改变不影响其他层。

(4) 易于实现和维护。因为整个系统已被分解为若干个易于处理的部分，这种结构使得一个庞大而又复杂系统的实现和维护变得容易控制。

(5) 有利于促进标准化。各国的一些研究机构或大公司都十分重视研究计算机网络的体系结构。例如，美国国防部提出的 TCP/IP、IBM 公司提出的系统网络体系结构(SNA)、DEC 的数字网络体系结构(DNA)、国际电报电话咨询委员会(CCITT)提出的公共数据网 x.25 等。这些网络体系结构共同之处在于它们都采用了分层技术，但层次的划分、功能的分配与采用的技术术语均不相同。国际标准化组织于 1981 年推出了开放系统互连参考模型希望所有的网络系统参照，以消除系统之间因协议不同而造成的通信障碍。

6.3 局域网的基本技术

局域网能够实现在一个单位或企业各部门之间的信息共享，也能够通过因特网实现因特网资源共享。局域网在有限的地理范围内将大量的主机和各种设备互连在一起，实现数据传输和资源共享，具有结构简单、造价低廉、容易实现的优点，在当今的计算机网络技术中，局域网已经占据了十分重要的地位。

6.3.1 局域网的特点及关键技术

1. 局域网的特点

局域网是建于一座建筑物或一组建筑物之中的计算机网络，与广域网相比它有以下特点。

(1) 地理分布范围较小，一般为数百米至数千米。可覆盖一幢大楼、一个校园或一个企业。

(2) 数据传输速率高，带宽一般不小于 10Mb/s，最快可达到 1Gb/s 或 10Gb/s。通常情况下为 100Mb/s。目前，局域网正向着更高速率发展，可交换各类数字和非数字(如语音、图像和视频等)信息。

(3) 误码率低，一般为 10^{-10}～10^{-8}。这是因为局域网通常采用基带传输技术且距离较短，所以经过的网络设备较少，进而误码率很低。

(4) 局域网的归属较为单一，所以局域网的设计、安装、使用和操作等不受公共网络的约束，其连接较为规范，严格遵循 LAN 相关标准。

(5) 一般采用分布式控制和广播式通信。

(6) 协议简单、结构灵活、建网成本低、周期短、便于管理和扩充。

(7) 局域网的线路一般是专用的，因此具有很好的保密性，被广泛地使用在机关、学校、银行、商店等部门，是实现办公自动化的重要环节。

2. 局域网的关键技术

决定局域网特征的主要技术有连接网络的拓扑结构、传输介质及介质访问控制方法 3 种。这 3 种技术在很大程度上决定了传输数据的类型、网络的响应时间、吞吐量、利用率以及网络的应用环境。

6.3.2 局域网的组成

一般局域网由 3 部分组成：计算机及智能性外部设备(如文件服务器、工作站等)，网络接口卡及通信介质(网卡、通信电缆等)，网络操作系统及网管系统。其中前两部分是局域网的硬件部分，第三部分是局域网的软件部分。

1. 局域网的硬件部分

文件服务器是整个局域网的硬件部分的核心，起中央控制器的作用，负责整个网络的运行与管理。由于文件服务器要同时服务于多个用户，因此对性能要求较高，通常都会配备大容量的内存和硬盘。

一个局域网中可有数台至数十台工作站。这些工作站除了可由本身的磁盘或文件服务器取得大量数据。在网络文件服务器和各工作站中都必须配备网卡，只有通过网卡，计算机之间才能互相通信。此外，还要通过通信传输介质将所有设备连接起来。局域网中常用的传输介质有同轴电缆、双绞线、光缆等。下面对常用的设备进行简单介绍。

(1) 服务器。服务器通常是一台运算速度快、存储容量大的计算机，是网络资源的提供者。在局域网中，服务器对工作站进行管理并提供服务，是局域网系统的核心。在因特网中，服务器之间互通信息和提供服务，地位都是对等的。通常情况下，服务器需要专门的技术人员进行管理和维护，以保证整个网络的正常运行。

(2) 工作站。工作站是用户向服务器申请服务的终端设备。用户可以在工作站上处理日常工作，随时向服务器索取各种信息及数据，请求服务器提供传输文件、打印文件等各种服务。

(3) 网络适配器。网络适配器(Network Interface Card，NIC)又称为网络接口卡，简称网卡，是安装在计算机主板上的电路板插卡。一般情况下，无论是服务器还是工作站都应安装网卡。网卡的作用是将计算机与通信设施相连接，将计算机的数字信号转换成能够在通信线路传送的信号。

按照与传输介质接口形式的不同，网卡可以分为连接双绞线的 RJ-45 接口网卡和连接同轴电缆的 BNC 接口网卡等；按照连接速度的不同，网卡可以分为 10Mb/s 网卡、100Mb/s 网卡、10/100Mb/s 自适应网卡、千兆网卡等；按照与计算机接口的不同可以分为 ISA、PCI、PCMCIA 网卡等。

(4) 调制解调器。调制解调器(Modem)，是一种信号转换装置，它可以把计算机的数字信号调制成通信线路的模拟信号，也可以将通信线路的模拟信号解调回计算机的数字信号。调制解调器的作用是将计算机与公用电话线相连接，使得现有网络系统以外的计算机用户，能够通过拨号的方式利用公用电话网访问计算机网络系统。这些计算机用户被称为计算机网络的增值用户，增值用户的计算机上可以不装网卡，但必须配备一个调制解调器。

2. 局域网的软件部分

局域网的软件部分主要是指网络操作系统，是计算机网络的核心，用于对网络中的所有资源进行管理和控制。在结构上，网络操作系统有许多模块，其中大部分驻留在网络服务器中，提供数据、打印机和通信服务。有时为了特殊的需要，一些重要的程序模块也会装入网络中的每个工作站或有关设备中。在局域网操作系统发展过程中，NetWare 和 Windows NT 系列最为著名。目前应用广泛的网络操作系统为 Windows Server、UNIX 和 Linux 等系列产品。

6.3.3 局域网的拓扑结构

为了应付复杂的网络结构设计，人们引入了网络拓扑结构，将服务器、工作站等网络单元抽象为点，将网络中的电缆抽象为线，形成点和线的几何图形，从而形成了计算机的网络拓扑结构。

网络的拓扑结构是网络的基本结构，通常有总线结构、星形结构和环形结构。计算机网络中常见的拓扑结构如图 6-9 所示。

1. 总线结构

总线结构是将各个结点设备与一条总线相连，如图 6-9(a)所示。每一个结点发送的信号都沿着传输介质传播而且能被其他结点接收。总线结构的优点是结构简单、安装使用方便、价格相对便宜、可靠性高、成本低等；缺点是网络延伸距离有限、网络容纳的结点数有限，若总线上某一结点出现故障将导致整个网络瘫痪。

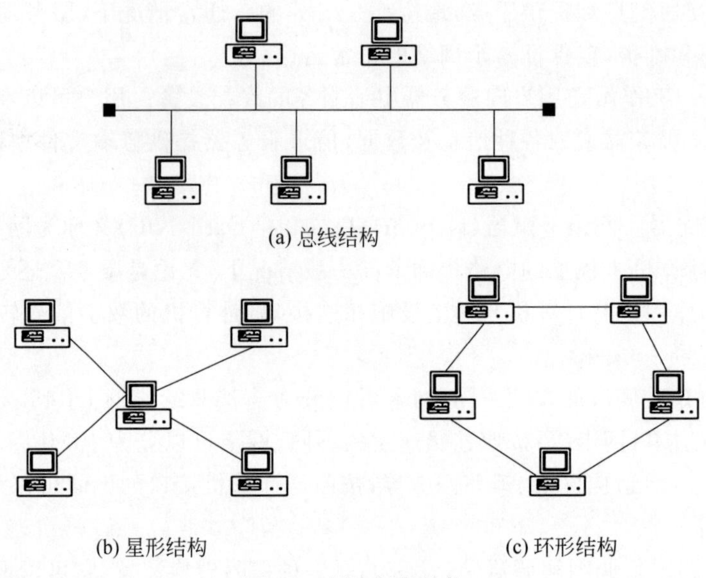

图 6-9 网络拓扑结构

2. 星形结构

星形结构是以一个结点为中心的网络结构,网络中每个结点设备都以中心结点为中心,通过连接线与中心结点相连,如图 6-9(b)所示。其他结点间不能直接通信,必须通过中心结点转发。星形结构的优点是结构简单、易于实现、便于管理和控制;缺点是主机负载过重、可靠性低、中心结点的故障可能造成全网瘫痪。

3. 环形结构

环形结构是各结点相连形成的一个闭合环。在该结构中,信息按顺时针方向或逆时针方向流动,如图 6-9(c)所示。环形结构的优点是结构比较简单、实时性强、无信号冲突等;缺点是网络扩充复杂,结点过多时影响传输速率,环中任何一个结点出现故障,都可能造成全网瘫痪。

这种网络由 IBM 研制成功,称为 Token Ring(令牌环)网。

4. 树状结构

树状结构就像一棵"根"朝上的树,与总线结构相比,主要区别在于总线结构中没有"根"。这种拓扑结构的网络一般采用同轴电缆。树状结构具有容易扩张、故障也容易分离的优点。使用于军事单位、政府部门等上下界限相当严格的部门。树状结构的缺点是整个网络对根的依赖性很大,一旦网络根发生故障,整个系统就不能正常工作。

5. 混合结构

混合结构是将多种拓扑结构的局域网连在一起形成的,它吸取了不同拓扑结构的优点。

6.3.4 网络的传输介质

局域网中常用的传输介质有双绞线、同轴电缆、光纤、无线介质等。双绞线由于价格低廉、带宽较大而得到了广泛的应用。光纤主要用于架设企业或者校园的主干网。在某些特殊的应用场合中若不便采用有线介质,也可以利用微波、卫星等无线通信媒体来传输信号。

1. 有线传输介质

计算机网络中常用的有线传输介质有双绞线、同轴电缆和光纤,如图 6-10 所示。

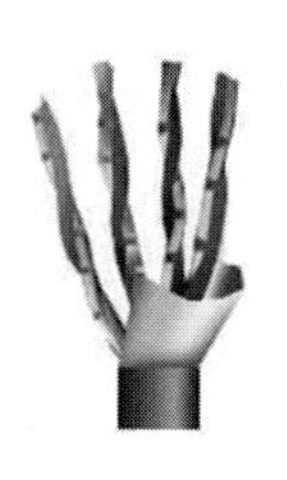

(a) 双绞线

(b) 同轴电缆

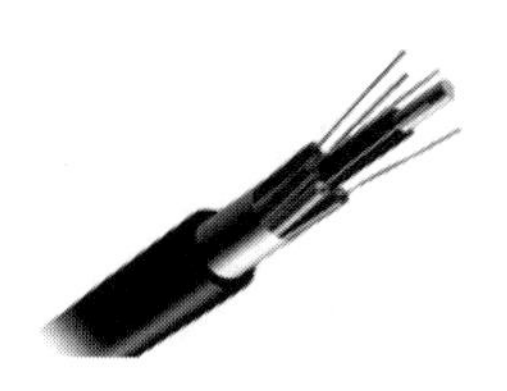

(c) 光纤

图 6-10　常用有线传输介质

（1）双绞线。生产双绞线时，先把两根绝缘导线扭绞在一起构成双绞线的基本单元，一般的双绞线是把多对这样的扭绞线单元做在一起，外面再包上保护层，如图 6-10(a)所示。双绞线最早用于公共电话网络，作为用户的入户线。把导线扭绞在一起的好处是能较好地屏蔽电磁干扰和使之有较好的特性。双绞线的优点是价格低、连接方便，一般采用 RJ-45 插头，连接可靠性高；缺点是屏蔽差、抗干扰能力低、传输距离短。现在，经过专门设计的系统，已能用双绞线在短距离内使传输速率达到 1Gb/s。为了提高双绞线的抗电磁干扰能力，会在双绞线的外面再加上一个用金属线编成的屏蔽层，即屏蔽双绞线(Screened Twisted Pair,STP)，但价格比无屏蔽双绞线要贵。

（2）同轴电缆。同轴电缆(Coaxial Cable)的中心是在实心或多芯铜线电缆外包上一根圆柱形的绝缘皮，外导体为硬金属或金属网，既可作为屏蔽层又可作为回路，如图 6-10(b)所示。在外导体外还有一层绝缘体，最外面由一层塑料皮包裹。由于外导体屏蔽层的作用，同轴电缆具有较高的抗干扰能力。同轴电缆能够传输比双绞线更宽频率范围的信号。

计算机网络中使用的同轴电缆有两种：粗缆和细缆。无论是粗缆，还是细缆均用于总线结构的网络。

由同轴电缆构造的网络，很小的变化都可能要改动电缆。另外，由于单总线结构，网络中只要有一处出现连接故障，都会造成整个网络的瘫痪。

（3）光纤。光纤(Optical Fiber)又称光导纤维，它是发展最为迅速的传输介质，如图 6-10(c)所示。光纤通信是利用光纤传递光脉冲信号实现的，由单条或多条光纤构成的缆线称为光缆。现代的生产工艺已可以制造出超低损耗的光纤，光信号可以在纤芯中传输数千米而损耗极小，在 6～8km 的距离内不需要中继器进行信号放大，这也是光纤通信得到飞速发展的关键因素。

与其他传输介质相比，光纤的低损耗、高带宽和高抗干扰性是其最主要优点。目前光纤的数据传输率已达到 2.4Gb/s，更高速率的 5Gb/s、10Gb/s 甚至 20Gb/s 的系统也正在研制过程中。1989 年建成的跨越太平洋的海底光缆全长为 13200km，目前在大型网络系统的主干或多媒体网络应用系统中，几乎都采用光纤作为网络传输介质。

2. 无线传输介质

最常用的无线介质有微波、红外线、无线电、激光和卫星。无线介质的带宽最多可以达到几十吉比特每秒，如微波为 45Gb/s，卫星为 50Gb/s。室内传输距离一般在 200m 以内，室外为几十千米至上千千米。无线介质和相关传输技术是网络的重要发展方向之一，方便性是其最主要的优点；其主要缺点是容易受到障碍物、天气和外部环境的影响。

6.3.5 网络互连设备

局域网技术的日趋完善使得计算机技术向网络化、集成化方向迅速发展,越来越多的局域网之间需要相互连接,实现更广泛的数据通信和资源共享。网络互连是指通过采用合适的技术和设备,将不同地理位置的计算机网络连接起来,形成一个范围、规模更大的网络系统,最常选用的网络设备主要有网卡、调制解调器、中继器、集线器、网桥、交换机、路由器等,如图 6-11 所示。

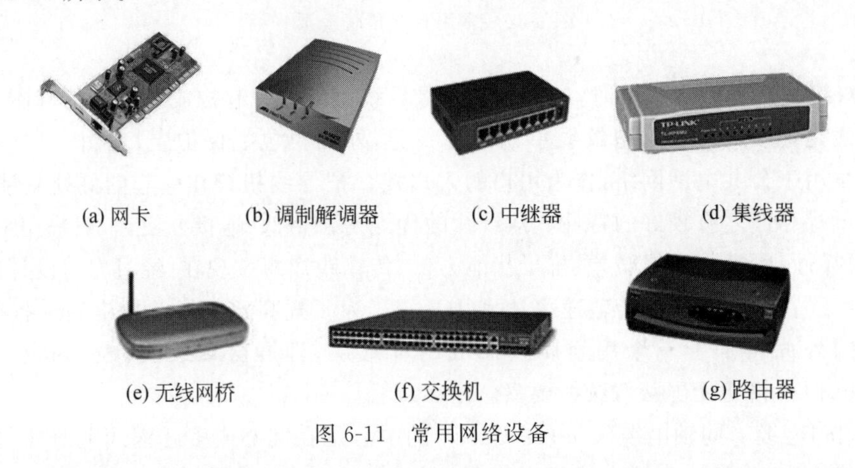

图 6-11 常用网络设备

1. 网卡

网卡(Network Adapter)也称为网络接口卡(NIC)或网络适配器,它是计算机与物理传输介质之间的接口设备。每块网卡都有一个全世界唯一的编号进行标识,即网卡物理地址(也称 MAC 地址,它由厂家设定,一般不能修改)。计算机主要是以中断方式与网卡通信(部分采用 DMA 方式)。因而,在计算机系统中配置网络时,必须准确地指定该块网卡使用的中断号(IRQ)和输入输出(I/O)地址范围。

2. 调制解调器

调制解调器(Modem)是一种辅助网络设备,用来对模拟信号和数字信号进行转换,一般用于通过普通电话线进行远距离信号的传输。例如,有一个网络需要利用电话线路接入电信部门的 x.25 分组交换网或数字数据网(DDN),此时就必须使用调制解调器。当然,个人计算机也可以使用调制解调器通过电话网络接入某个计算机局域网。

3. 中继器

中继器(Repeater)用于扩大局域网的传输距离,可以连接两个以上的网络段,通常用于同一幢建筑内局域网之间的互连。在 IEEE 802.3 中,MAC 协议规定的最长电缆长度可达 2.5km,但是传输线路仅能提供传输 500m 的能量,因此必须使用中继器放大电缆传输的信号。

4. 集线器

集线器(Hub)是局域网中常用的连接设备,具有多个端口,可连接多台计算机。在局域网中常以集线器为中心,将所有分散的工作站与服务器连接在一起,形成星形拓扑结构的局域网系统。集线器的优点除了能够互连多个终端以外,其中一个结点的线路发生故障时不会影响到其他结点。

根据工作方式的不同，集线器可以分为无源集线器(Passive Hub)、有源集线器(Active Hub)和智能集线器3种。

(1) 无源集线器。这种集线器只把多个结点互连，对信号不做任何处理。

(2) 有源集线器。这种集线器除了能互连多个结点，还可对每个结点的信号整形、放大和转发。

(3) 智能集线器。这种集线器具有有源集线器的所有功能，支持多协议，可以堆叠，具有高纠错能力和管理功能。

5. 网桥

网桥(Bridge)也是局域网中常用的连接设备。网桥的作用是扩展网络的距离，减轻网络的负载。在局域网中，每条通信线路的长度和连接的设备数量都有最大的限度，如果超载就会降低网络的工作性能。对于较大规模的局域网，可以采用网桥将负担过重的网络分成多个网络段，每个网段的冲突不会被传播到相邻网段，从而减轻整个网络的负担，而由网桥隔开的网络段仍属于同一局域网。网桥的另外一个作用是自动过滤数据包，根据包的目的地址决定是否转发该包到其他网段。

6. 路由器

路由器(Router)是互联网中常用的连接设备。它可以将两个网络连接在一起，组成更大的网络。被连接的网络可以是局域网也可以是互联网，连接后的网络都可以称为互联网。

在互联网中，两台计算机之间传递数据的通路会有很多条，数据包(或分组)从一台计算机出发，中途要经过多个站点才能到达另一台计算机。这些中间站点通常是由路由器组成的，路由器的作用就是为数据包(或分组)选择一条合适的传送路径。用路由器隔开的网络属于不同的局域网，具有不同的网络地址。

7. 网关

网关(Gateway)也称为网间协议转换器，工作于开放系统互连参考模型的会话层、表示层和应用层，用来实现不同类型网络间协议的转换，从而对用户和高层协议提供一个统一的访问界面。网关的功能既可以由硬件实现，也可以由软件实现。网关可以设在服务器、微型计算机或大型计算机上。

8. 交换机

交换机(Switch)的功能类似于集线器，除了具有集线器的全部特性外，还具有自动寻址、数据交换等功能，可使网络的每个结点都可以拥有和上游结点相同的带宽，是一种高性能的多端口网络设备。同时，它可将传统的共享带宽方式转变为独占方式。

6.3.6 局域网的常用组网技术

确定了局域网的拓扑结构，也就确定了传输介质和终端之间的连接方式以及接口标准。当多个站点共享同一个介质时，如何将带宽合理地分配给各站点是介质访问控制协议的主要功能。介质访问控制方法中最常用的有两种，一种是IEEE 802.3这样的轮询型访问方式，即带有冲突检测的载波侦听多路访问(CSMA/CD)，它也是以太网的核心技术；另一种是IEEE 802.5这样的轮询型访问方式，即令牌(Token)技术，主要用在IBM的令牌环网和FDDI类型的网络上。由于局域网大多为广播型网络，因而介质访问控制协议是局域网所特有的，而广域网采用的是点对点通信，因此不需要此类协议(广域网的路由协议是其设计的关键)。目前,比较流行的局域网有以太网、令牌环网、ATM、FDDI等。

1. 以太网

以太网的标准是由IEEE 802.3工作组制定的,因此以太网也被称为IEEE 802.3局域网,是应用最广泛、发展最成熟的一种局域网。以太网(Ethernet)的标准化程度非常高,并且价格低廉,得到业界几乎所有厂商的支持。

传统的以太网有10Base-5、10Base-2和10Base-T这3种。10Base-5被称为粗缆以太网,10Base-2被称为细缆以太网,10Base-T被称为双绞线以太网。名称中的"10"表示信号在电缆上的传输速率为10Mb/s。

以太网物理拓扑结构可以分为总线结构、星形结构和树状结构3种,但其逻辑上却都是总线结构。例如10Base-T、100Base-T网络,虽然用双绞线连接时在外表上看是星形结构,但连接双绞线的集线器内部仍是总线结构,只是连接每个计算机的传输介质变长了,这种以太网称为共享式以太网。共享式以太网采用CSMA/CD介质访问控制方式,当站点过多时,由于冲突将导致传输速率和网络性能急剧下降。

以太网结构简单,易于实现,技术相对成熟,网络连接设备的成本也非常低。此外,以太网虽然类型较多,但互相兼容,不同类型的以太网可以很好地集成在一个局域网中,其扩展性也很好。因此,在组建局域网、校园网和企业网时,很多的单位还是把以太网作为首选。

2. 令牌环网

与传统总线结构的网络不同,令牌环网(Token Ring)以环形拓扑结构为基础。它不是采用竞争机制获取信道的使用权,而是通过集中方式控制,通过一个称作令牌(Token)的位控制信号来控制环网连接的计算机有序地访问信道。令牌控制信号在环上逆时针绕行,站点如果需要发送数据,则在得到这个令牌并且令牌状态为"空"的情况下就可以发送数据,同时把令牌置"忙",发送完毕以后再将令牌置"空"。

3. 异步传输模式

与传统的以太网或者令牌环网不同,异步传输模式(Asynchronous Transfer Mode, ATM)使用的是固定大小的信元(Cell)分组来传输所有的信息。信元大小为53B,其中5B为信元头,48B为有效载荷,因为长度固定,所以信元交换可以由硬件来实现,速度可达数百吉比特每秒。ATM技术的高带宽使宽带ISDN(Broadband Integrated Services Digital Network,综合业务数字网)成为可能,ISDN的目标是将语音、数据、图像、视频等各种业务综合在一个网络中进行传送,提供全方位的媒体服务,这一切都将通过电话线来传输。

4. 光纤分布式数据接口

光线分布式数据接口(Fiber Distributing Data Interface,FDDI)是由ANSI(美国国家标准协会)X3T9.5委员会定义的标准,但同时也借用了IEEE 802.2的LLC层协议标准,采用了多帧访问方式,提高了信道的利用率。FDDI采用了令牌环网的访问控制技术,并且使用双环机制解决了网络中站点故障导致信道中断的问题,提高了容错性,但因为硬件投入高、技术复杂,价格昂贵等缺点限制了其使用,并且FDDI网络升级或者转换为ATM或Ethernet较为困难。

5. 快速以太网

1993年,3Com、Intel等公司提出了快速以太网(Fast Ethernet)模型,之后IEEE采纳了该模型并标准化,通常被称为100Base-T。其特点如下。

(1) 应用继承性好，使用了与10Base-T相同的CSMA/CD介质访问标准。

(2) 拓扑结果采用广泛应用的星形，升级方便，布线系统基本不需要改动就可以由10Base-T升级到100Base-T。

(3) 升级到ATM或者千兆以太网方便。

6. 千兆以太网

1996年以来，千兆以太网产生并不断发展，在快速以太网的官方标准提出不到一年，对千兆以太网的研究工作也开始了，千兆以太网的速率可以达到1Gb/s。1998年IEEE 802.3标准工作组完成了标准的制定并命名为IEEE 802.3a/b。

目前，IEEE 802.3委员会正致力于10Gb/s和1Tb/s的以太网技术研究。

7. 虚拟局域网

在一个较大的局域网中，如果广播帧太多，轻则造成网络效率下降，重则发生广播风暴，使局域网崩溃。解决这一问题的传统办法只能通过路由器把一个较大的局域网划分为若干个较小的广播域。那么还有没有其他的方法解决这一问题呢？可以采用虚拟局域网(VLAN)技术来解决。VLAN技术产生的另一个原因是，当前高性价比的LAN交换设备给用户提供了非常好的网络分段能力，并具有极低的帧转发延迟和极高的传输带宽。这为实现VLAN技术提供了有利的基础保证。

VLAN技术是一种不用路由器就可实现对广播包进行抑制的解决方案。在VLAN中，对数据包的抑制由具有路由功能的交换机来完成。VLAN交换设备能够将整个物理网络逻辑上划分为若干个虚拟的工作组，这种逻辑上划分的虚拟工作组通常被称为虚拟局域网。

8. 无线局域网

无线局域网络(Wireless Local Area Networks, WLAN)是一种无线的数据传输系统，它利用射频(Radio Frequency,RF)技术，基于IEEE 802.11标准在局域网络环境中使用未授权的2.4GHz或5.8GHz射频波段进行无线连接，从而取代有线介质构成的局域网。无线局域网技术便于在建筑物内部进行组网，并且使得用户可以随时随地访问网络。

无线局域网的优点如下。

(1) 灵活性和移动性。普通的局域网中、网络设备的安放位置易受限制，而无线局域网在无线信号覆盖区域内的任何一个位置都可以接入网络。无线局域网的另一个最大的优点在于移动性，连接到无线局域网的用户可以移动时保持与网络的连接。

(2) 安装便捷。无线局域网可以减免网络布线的工作量，一般只要安装一个或多个接入点(Access Point,AP)设备，就可建立覆盖整个区域的局域网络。

(3) 易于进行网络规划和调整。使用有线网络时，办公地点或网络拓扑的改变通常意味着重新建网。重新布线是一个昂贵、费时、浪费、琐碎的过程，而无线局域网可以避免或减少以上情况的发生。

(4) 故障定位容易。有线网络一旦出现物理故障，尤其是由于线路连接不良而造成的网络中断，往往很难查明，且检修线路需要付出很大的代价，而无线网络则很容易定位故障，只需更换故障设备就可恢复网络连接。

(5) 易于扩展。无线局域网有多种配置方式，可以很快从只有几个用户的小型局域网扩展到拥有上千用户的大型网络，并且能够提供结点间“漫游”等有线网络无法实现的特性。

无线局域网的缺点如下。

(1) 性能。无线局域网是依靠无线电波进行传输的。这些电波通过无线发射装置进行发射,而建筑物、车辆、树木和其他障碍物都可能阻碍电磁波的传输,所以会影响网络的性能。

(2) 速率。与有线信道相比,无线信道的传输速率要低得多。目前,无线局域网的最大传输速率为150Mb/s,只适合个人终端和小规模网络应用。

(3) 安全性。虽然无线电波不要求建立物理的连接通道,但是无线信号是发散的。从理论上讲,容易被监听,发生泄密。

6.3.7 组网工程

随着信息化进程的推进,许许多多的企业建立了自己的企业网络。对于大中型企业,由于组网规模和成本的限制,一般都会提出网络布局灵活、满足整体信息需求并且兼顾未来扩展等要求。随着互联网的发展和企业的扩大,企业网的组网要求不再局限于数据传输、信息共享,而是更加注重企业网络信息管理、安全和运行维护,网络从企业办公、生产等信息化建设的附属,转而成为企业IT基础设施建设的重要工程环节。

企业网络建设必须满足如下几点。与现代企业管理相统一,设计网络系统时增加对信息统一管理的要求;满足现代企业自动化办公对网络带宽的苛刻需求,提供高性能的网络处理能力;满足现代企业部门多,资源分配有限的现状,合理规划网络层次,实现最优的资源共享;满足现代企业的发展及科技进步的需要,提供拓展能力强、升级灵活的网络环境;满足现代企业对信息资源的共享与安全,提供完善的网络安全解决方案;满足现代企业对办公效率及成本控制的需求,形成一套高效的网络应用解决方案。

组网工程不仅涉及技术,而且包括拥有网络设施、应用平台、信息资源、专业应用、人员素质等众多成分的综合化以及信息化工作环境系统。因此,在总体上如何筹划、组织网络建设和开发应用是企业网络建设中最重要的问题。

1. 网络建设总体设计

总体设计是企业网络建设的总体思路和工程蓝图,是搞好企业网络建设的核心任务。进行企业网络总体设计的步骤如下。

(1) 进行对象研究和需求调查,弄清企业性质、任务和发展的特点,对企业信息化环境进行准确的描述,明确系统建设的需求和条件。

(2) 在应用需求分析的基础上,确定企业内部网服务类型和网络设施、站点设置、开发应用和管理等系统建设的具体目标。

(3) 确定网络拓扑结构和功能,根据应用需求、建设目标和企业主要建筑分布特点,进行系统分析和设计。

(4) 确定技术选型、布线设计、设备选择、软件配置等技术设计的原则要求。

(5) 规划安排企业网络建设的实施步骤。

科学的企业网络总体设计方案应满足以下基本要求。

(1) 有整体的规划。整体规划网络建设方案要从企业建设的全局和全面工作需要出发,考虑部门的地理分布和通信条件,对网络系统的目标、总体结构、服务功能、经费预算、建设步骤等重大问题做出规定。

(2) 先进性、开放性和标准化相结合。网络建设要尽量采用符合国际工业标准的成熟技术,兼顾网络技术的发展方向,选择结构化、可扩充、多用途的网络产品,保证网络在较长时间内不落后。

(3) 结构合理。在通信网络、资源配置、系统服务和网络管理上要有良好的分层设计,使网络结构清晰,便于使用、管理和维护。

(4) 高效实用。要着眼于生产、研发和管理的实际需要,用有限的资金优先解决工作急需的问题,设备要易于使用和维护等。

(5) 支持宽带多媒体业务。支持远程会议、企业园区视频监控等多媒体业务是企业网络的一项重要功能。

(6) 有企业网络安全防控体系。部署安装包括防火墙、入侵检测和计算机病毒杀防软件在内的安全管理系统,制定企业信息安全管理规章制度,落实信息管理人员的岗位职责,定期进行信息安全检查。

2. 网络建设整体内容

一个完整的企业网络建设根据软硬件结合的原则,主要包括网络技术方案设计和应用信息系统资源建设。下面着重介绍网络技术方案设计。企业网络技术方案设计主要包括以下两个方面。

(1) 网络技术选型。在网络系统设计时需要考虑如下特点。

① 稳定可靠的网络。只有运行稳定的网络才是可靠的网络,而网络的可靠运行取决于诸多因素,如网络的设计、产品的可靠性,而选择一个具有此类规模网络运营经验的网络合作厂商更为重要。这类厂商应具有物理层、数据链路层和网络层的备份技术。

② 高带宽。为了支持数据、话音、视频、图像等多媒体的传输能力,在技术上要达到当前的国际先进水平。要采用最先进的网络技术,以适应大量数据和多媒体信息的传输,既要满足目前的业务需求,又要充分考虑未来的发展。为此应选用高带宽的先进技术。

③ 易扩展的网络。系统要有可扩展性和可升级性,随着业务的增长和应用水平的提高,网络中的数据和信息流将按指数增长,这就要求网络要有很好的可扩展性,并能随着技术的发展不断升级。易扩展不仅仅指设备端口的扩展,还指网络结构的易扩展,即只有在网络结构设计合理的情况下,新的网络结点才能方便地加入已有网络。此外还应注意网络协议的易扩展性,无论是选择第三层网络路由协议,还是规划第二层虚拟网的划分,都应注意其扩展能力。

④ QoS 保证。随着网络中多媒体的应用越来越多,这类应用对服务质量的要求较高,本网络系统应能保证 QoS,以支持这类应用。

⑤ 安全性。网络系统应具有良好的安全性,由于网络连接园区内部所有用户,安全管理十分重要。选择网络设备时应尽量选择支持安全管理的设备,从而减少人工管理成本,降低人工管理漏洞风险。

⑥ 容易控制管理。因为企业上网用户很多,如何进行管理,做到既保证一定的用户通信质量,又合理地利用网络资源,是建好一个网络所面临的重要问题。

⑦ 系统易于扩展。对于现代企业,信息化设备和技术已成为企业密不可分、必不可少的基础设施和管理手段,也是投入巨大的企业成本。企业网络建设必须紧跟 IT 发展步伐,在企业网络新建或改建中尽量选择处于技术发展领导地位的网络厂商和集成商。只有这

样，企业的网络建设才具有面向未来发展的保证。

(2) 综合布线系统。建筑物结构化综合布线系统(SCS)又称开放式布线系统，其设计应满足以下目标。

① 满足建筑物内各项主要业务的需求，兼顾未来长远发展。

② 综合布线系统要在现在和将来适应技术的发展，实现数据通信、语音通信和图像传递。

③ 符合最新国际标准 ISO/IEC 11801 和 ANSI EIA/TIA 568A 标准，充分保证计算机网络高速、可靠的信息传输要求。

④ 除固定于建筑物内的线缆外，其余所有的接插件都应是模块化的标准件，以方便将来将设备的扩展。

⑤ 能满足灵活应用的要求。任意一个信息点能够连接不同类型的计算机或微型计算机设备。

⑥ 能够支持 100MHz 的数据传输，可支持以太网、快速以太网、令牌环网、ATM、FDDI、ISDN 等网络及应用。

对于结构化布线方案设计，一般布线系统由建筑群间子系统、设备间子系统、工作区子系统、水平干线子系统、垂直主干线系统、管理子系统 6 个子系统组成。

6.4 因特网技术与应用

因特网(Internet)是把计算机网络、数据通信网络及公用电话交换网等全世界各个地方已有的各种网络互连起来，组成一个跨越国界的庞大互联网。因特网已在世界范围内得到广泛的普及与应用，正在改变人们的生活方式和工作方式。人们可以利用因特网浏览信息、查找资料、读书、购物、娱乐、交友。

6.4.1 因特网的基本技术

Internet 是由成千上万个不同类型、不同规模的计算机网络和主机组成的覆盖世界范围的巨型网络。

从技术角度来看，Internet 包括了各种计算机网络，既包括局域网、城域网，又包括广域网。计算机主机包括 PC、专用工作站、小型计算机、中型计算机和大型计算机。这些网络和计算机通过电话线、高速专用线、微波、卫星、光缆等通信线路和路由器连接在一起，在全球范围内构成了一个四通八达的“网间网”。路由器是 Internet 中最为重要的设备，可借助统一的 TCP/IP 实现 Internet 中各种异构网络之间的互连，具有最佳路径选择、负载平衡和拥塞控制等功能。如果将通信线路比作道路，那么路由器就好比是十字路口的交通指挥警察，指挥和控制车辆的流动，防止交通阻塞。

从应用角度看，Internet 是一个世界规模的信息和服务资源网络，能够为每一个 Internet 用户提供有价值的信息和其他相关的服务。也就是说，通过使用 Internet，人们可以在世界范围互通消息、交流思想，从中获得各方面的知识、经验和信息。

1. TCP/IP 协议簇

TCP/IP 是 Internet 采用的协议标准，也是全世界采用的最广泛的工业标准。TCP/IP

实际上是一个协议系列，包含了一百多个协议，用来将计算机和数据通信设备组成计算机网络。这个系列的正确名字是 Internet 协议系列，传输控制协议（Transmission Control Protocol，TCP）和互联网协议（Internet Protocol，IP）是其中的两个主要协议。因此，通常用 TCP/IP 来代表整个 Internet 协议系列。在 TCP/IP 协议簇中，IP 与 TCP 一起，组成了 TCP/IP 协议簇的核心。

2. 因特网的工作方式

Internet 采用分组交换技术作为通信方式，这种通信方式是把数据分割成一定大小的数据包进行传输。为了便于在不同的局域网之间进行通信，Internet 通过网络之间安装的路由器将以太网、令牌网或通信网等不同的网络互相连接。

通信网或以太网中的数据包仿佛是邮件传输系统中的运输车。它们把邮件从一个地方送往另一个地方，而路由器就像各邮政分局，给出的路径数据就像一个邮政分局给出邮件的路线一样。因为每个邮政分局并未与某一地方直接连接，而是由一个邮局送往另一个邮局，再由这个邮局送往下一个邮局，一直将信件送到目的地。也就是说，每个邮政分局只需要知道哪一条邮政线路可以用来完成传输任务，而且距离目的地最近就可以了。与此类似，Internet 也是要选择一条最好的路径来完成传输任务。

在 Internet 中，根据 TCP 将某台计算机发送的数据分割成一定大小的数据包，并加入一些说明信息。然后，根据 IP 为每个数据包打包并标上地址，然后这些数据包就可以“上路”了。在 Internet 上，这些数据包经过一个个路由器的指路，就像信经过一个个邮局，最后到达目的地。这时，再依据 TCP 将数据包打开，利用“装箱单”检查数据是否完整。若安全无误，就把数据包重新组合并按发送前的顺序还原；如果发现某个数据包有损坏，就会要求发送方重新发送该数据包。这种方式称为无连接数据包服务。

与此相对应的还有连接数据包服务，典型的比喻就像是两个人打电话，拨号时在两个电话之间经过一系列的电话局和电话分局的交换机临时建立起一条实际连接的通信线路，供两个人进行话音通信，通话结束后挂断电话，线路自动断开。

6.4.2 IP 地址与域名

Internet 中含有各种复杂的网络和许多类型的计算机，将它们连接在一起又能互相通信，依靠的是 TCP/P。按照这个协议，接入 Internet 上的每台计算机和路由器都要拥有一个唯一的地址标识，这个地址标识称为 IP 地址。要把计算机联到 Internet 上，就要从 Internet 有关管理部门获得 IP 地址。

IP 地址具有固定、规范的格式，且具有唯一性，即所有连接到 Internet 上的计算机都具有唯一的 IP 地址。为了保证数据包的路由选择和传送得以实现，发送方计算机在通信之前必须知道接收方的 IP 地址。

1. IP 地址

网络数据传输是根据通信协议进行的，不同的局域网可能采用不同的通信协议，但要使它们在 Internet 上进行通信，就必须遵从统一的协议，这就是 TCP/IP。该协议中要求网上的每台计算机拥有自己唯一的标志，这个标志就称为 IP 地址。

（1）IPv4。Internet 上最早使用的是第 4 版互联网协议（IPv4），它由 32 位二进制组成，每 8 位为一组共分 4 组，每一组用 0～255 的十进制表示，组与组之间以圆点分隔，如 202.

103.0.68。IP 地址标明了网络上某一计算机的位置，类似城市住房的门牌号码，所以在同一个遵守 TCP/IP 的网络中，不应出现两个相同的 IP 地址，否则将导致混乱。IP 地址不是随意分配的，在需要 IP 地址时，用户必须向网络中心 NIC 提出申请。中国的顶级 IP 地址管理机构是中国互联网络信息中心(CNNIC)。

IP 地址划分为 A、B、C、D、E 类 5 类，其中分配给网络服务提供(ISP)和网络用户的是前 3 类地址。下面，以最常用的 A、B、C 类地址为例，来看看这些地址是如何构成的。

① A 类地址。A 类地址中第一个 8 位组最高位始终为 0，其余 7 位表示网络地址，共可表示 128 个网络，但有效网络数为 126 个，因为其中全“0”表示本地网络，全“1”保留作为诊断用。后面 3 个 8 位组代表连入网络的主机地址，每个网络最多可连入 16 777 214 台主机。A 类地址一般分配给拥有大量主机的网络使用。最高位为 0，主要是为大型网络而设计的，它提供的网络地址字段的长度仅仅为 7 个二进制位，主机地址字段的长度达到 24 个二进制位，其格式如下：

```
nnn.nnn.hhh.hhh(128.001.hhh.hhh.….191.254.hhh.hhh)
```

其中，127.0.0.1 是一个特殊的，IP 地址，表示主机本身，用于本地机器上的测试和进程间通信。

② B 类地址。B 类地址第一个 8 位组前两位始终为 10，剩下的 6 位和第二个 8 位组，共 14 位二进制表示网络地址，其余位数共 16 位表示主机地址。因此 B 类有效网络数为 16382，每个网络有效主机数为 65 534，这类地址一般分配给中等规模主机数的网络。其格式如下：

```
nnn.nnn.hhh.hhh(128.001.hhh.hhh.….191.254.hhh.hhh)
```

③ C 类地址。C 类地址第一个 8 位组前三位为 110，剩下的 5 位和第二、三个 8 位组，共 21 位二进制表示网络地址，第四个 8 位组共 8 位表示主机地址。因此 C 类有效网络数为 2097150，每个网络有效主机数为 254。C 类地址一般分配给小型的局域网使用。这种分配方式在很大程度上限制了同一网络中所能容纳的主机数目，其格式如下：

```
nnn.nnn.nnn.hhh(192.000.001.hhh.….223.255.254.hhh)
```

A、B、C 类 IP 地址结构如图 6-12 所示。

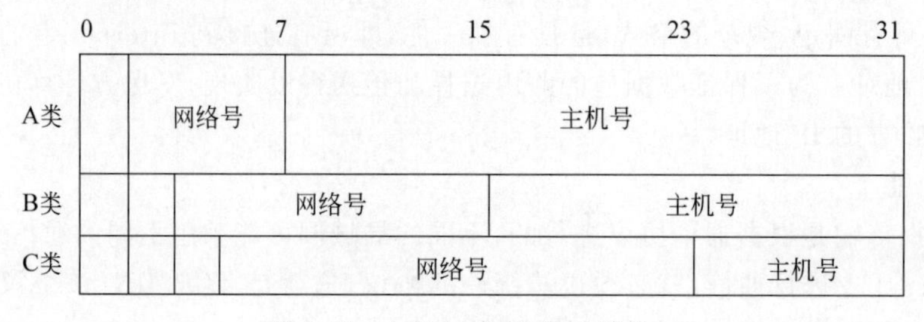

图 6-12　A、B、C 类 IP 地址结构

④ D、E 类地址。IP 地址中还有 D 类和 E 类地址，D 类是多址广播(Multicast)地

址，E类是试验(Experimental)地址。这两类地址没有前三类地址常用，因此不过多介绍。

⑤ 子网掩码。还有一个概念与IP地址密切相关，那就是子网掩码。子网掩码也是一个32位的二进制数，它用来区分网络地址和主机地址。将IP地址和子网掩码按位做“与”运算，就得到该IP所属的网络地址。例如，如果用户获得了一个210.109.4.1的IP地址，且其子网掩码是255.255.255.0，那么表示IP地址中的210.109.4是网络地址，而1表示该网络中主机的地址。

(2) IPv6。前面已经介绍现有的Internet是建立在IPv4的基础上。IPv6是新版的互联网协议，它的提出最初是因为随着互联网的迅速发展，IPv4定义的有限地址空间将被耗尽，地址空间的不足必将影响互联网的进一步发展。IPv4采用32位地址长度，只有大约43亿个地址，2019年11月25日已被分配完毕，而IPv6采用128位地址长度，几乎可以不受限制地提供地址。按保守方法估算IPv6实际可分配的地址，整个地球每平方米面积上可分配1000多个地址。

IPv6除了一劳永逸地解决地址短缺问题以外，还有很多IPv4所不具有的优势。IPv6的主要优势体现在以下几方面：扩大地址空间、提高网络的整体吞吐量、改善服务质量(QoS)、安全性有更好的保证、支持即插即用和移动性、更好实现多播功能等。

2. 子网

如果网段内的主机数目不多，可以用主机的一些地址把网段划分成更小的单元即子网，子网的划分为网络管理员提供了更大的灵活性。

举例来说，某网络采用的是B类网络的地址格式，这时网络中的所有结点的地址都必须与B类网络的地址格式一致。如果当前网络地址采用点分十进制表示为128.10.0.0，其中主机地址字段内的两位0表示整个网络。如果只用8位表示主机地址时，并没有必要将所有的地址改变成其他类型的网络号，网络管理员可以采用子网的方法将整个网络划分成若干个部分。从主机地址字段中借若干位用来表示子网的地址，如图6-13所示。

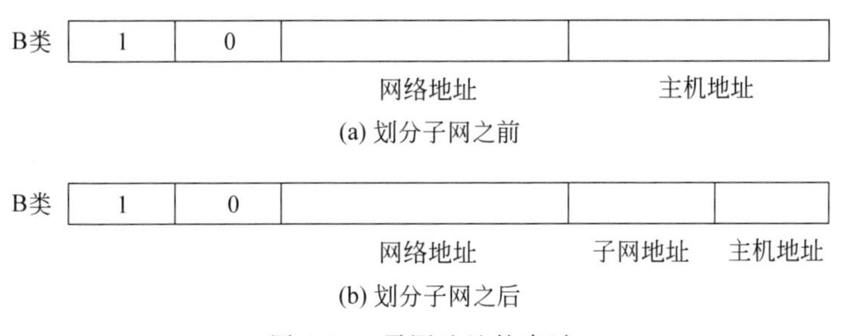

图6-13　子网地址的表示

如果网络管理员决定选择8个二进制位用做子网的地址，则B类网络地址中第3字节的内容就是子网的地址。

例如，地址128.10.1.0指的是网络128.10中的子网1，而地址128.10.2.0则指的是网络128.10中的子网2，以此类推。

3. 子网掩码

主机地址中用来表示子网地址的长度是可以改变的。为了指定表示子网地址的二进制位数,IP 协议中提供了子网掩码的概念。子网掩码使用了与 IP 地址相同的格式和表示方法,并将 IP 地址格式中除了被指定为主机地址之外的所有二进制位均设置为 1。

例如,当 A 类网络地址 34.0.0.0 中使用 8 个二进制位作为子网地址时,它的子网掩码为 255.0.0.0;在 B 类网络地址 134.0.0.0 中使用 8 个二进制位作为子网地址时,它的子网掩码为 255.255.0.0。在同一网段内,各个主机的子网掩码原则上应相同。

默认情况下,A、B、C 类网络的掩码如下。

A 类地址:255.0.0.0;

B 类地址:255.255.0.0;

C 类地址:255.255.255.0。

4. 域名

虽然 IP 地址适合计算机辨认,但是却不适合人的辨认和记忆,所以人们把 IP 地址用一串有一定意义的字符来代替,称为域名。例如,河南工业大学主页(实际上就是这个服务器)的 IP 地址为 202.196.16.2,其域名为 www.haut.edu.cn。其中 www 说明这是个 www 服务器,haut 是河南工业大学的缩写,edu 说明处于中国教育科研网中,cn 代码中国。显然这比 202.196.16.2 容易记忆。当然,直接使用 IP 地址时,系统的响应速度要快得多,但是几乎所有的因特网应用软件都不要求用户直接输入主机的 IP 地址,而是直接使用具有一定意义的域名。

每个域名地址包含几个层次,每部分称为域,并用"."隔开。域名地址是从右至左来表述其意义的,最右边的部分为顶层域,最左边的则是某台主机的机器名称。一般情况下,域名的格式如下:

主机名.机构名.网络名.最高层域名

顶层域一般是组织机构或国家/地区的名称缩写。顶层域中的组织机构的代码一般由 3 个字符组成,用于表示域名所属的领域和机构性质,如表 6-1 所示。

表 6-1 常见组织机构的代码

域名代码	机构性质	域名代码	机构性质
com	商业机构	net	网络组织
edu	教育机构	int	国际机构
gov	政府部门	org	其他非营利组织
mil	军事机构		

顶层域中的国家或地区的代码一般用两个字符表示,世界上每个申请加入 Internet 的国家或地区都有自己的域名代码。除了美国以外,其他国家的最高层域名为这个国家的缩写,如中国为 cn,德国为 de,日本为 jp 等,如表 6-2 所示。

表 6-2 部分国家的代码

域名代码	国　　家	域名代码	国　　家
ar	阿根廷	cn	中国
au	澳大利亚	nl	荷兰
at	奥地利	nz	新西兰
br	巴西	ni	尼加拉瓜
ca	加拿大	no	挪威
fr	法国	pk	巴基斯坦
de	德国	ru	俄罗斯
gr	希腊	sa	沙特阿拉伯
is	冰岛	sg	新加坡
in	印度	se	瑞典
ie	爱尔兰	ch	瑞士
il	以色列	th	泰国
it	意大利	tr	土耳其
jm	牙买加	uk	英国
jp	日本	us	美国
mx	墨西哥	vn	越南

域名的管理由 Internet 的域名系统(Domain Name System,DNS)分域管理模式完成。只要在自己的域中不出现重名,在整个 Internet 中就不会出现重名。

5. 主机名的书写方法

主机名的书写方法与邮政系统中的地址书写方法非常相似。在邮政系统中,如果是国际之间的书信往来,在书写地址时必须包括国家、省(或州)、城市及街道门牌号(或单位)等,采用这种书写方式,即使两个城市有相同的街道门牌号,也不会把信送错,因为它们属于不同的城市。所以一台主机的主机名应由它所属的各级域的域名与分配给该主机的名字共同构成,顶级域名放在最右面,分配给主机的名字放在最左面,各级名字之间用"."隔开,例如 www.nankai.edu.cn,这种主机名的书写方法允许在不同的域下面可以有相同的名字,如在 cn edu nankai 下和 edu yale 下都有一个 cs,它们的名字分别为 cs.nankai.edu.cn 和 cs.yale.edu,不会造成混淆。

6. 域名服务器与域名解析

因特网域名系统的提出为用户提供了极大的方便。通常情况下,构成主机名的各个部分(各级域名)都会具有一定的含义,这比记住主机的 IP 地址更容易。主机名只是方便于记忆的一种手段,计算机之间不能直接使用主机名进行通信,完成数据的传输仍然要用 IP 地址。所以当因特网应用程序收到用户输入的主机名后,必须先找到与该主机对应的 IP 地址,然后根据找到的 IP 地址将数据送到目的主机。

那么到哪里去寻找一个主机名所对应的 IP 地址呢?这就要借助一组既独立又协作的域名服务器来完成,因特网中存在着大量的域名服务器,每台域名服务器都保存着其管辖区域内所有的主机名字与 IP 地址对照表,这组名字服务器是解析系统的核心。

在因特网中,对应域名结构,域名服务器也构成一定的层次结构,如图 6-14 所示,这个属性的域名服务器的逻辑结构是域名解析算法赖以实现的基础。

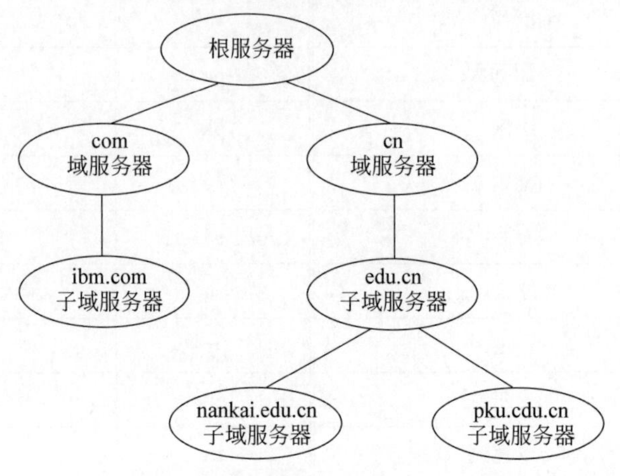

图 6-14　域名服务器层次结构方案

总地来说,域名解析采用自顶向下的算法,从根服务器到叶服务器的某个结点上一定能找到所需的名字地址映射。当然,由于拓扑结构中双亲与孩子的上下管辖关系,名字解析的过程只需走过一条从树中某个结点开始到另一结点的一条自顶向下的单向路径,无须回溯,更不用遍历整个服务器树。

通常情况下,请求域名解析的软件知道如何访问一个服务器,而每台域名服务器都至少知道根服务器地址及其双亲服务器的地址。域名解析可以有两种方式,第一种称为递归解析,要求域名服务器系统一次性完成全部名字、地址交换。第二种称为反复解析,每次请求一个服务器,不行再请求别的服务器。

6.4.3　上网方式

目前,接入 Internet 的方式主要有普通拨号上网、ADSL 宽带上网、ISDN 宽带上网、VDSL 宽带上网、Cable-modem 宽带上网、LAN 宽带上网、无线上网等。无论选择哪种上网方式,都需要选择提供互联网接入因特网服务提供方,我国目前能够提供互联网接入服务的营运商主要包括中国网通公用互联网(CNCNET)、中国联通互联网(UNINET)、中国移动、中国电信。

1. 拨号上网

普通拨号上网即利用电话线上公用电话交换网(Published Switched Telephone Network,PSDN),其优点是,只要有电话线和调制解调器(Modem),到网络服务公司申请一个账号和口令即可上网。拨号上网不受地点限制,只要能打有线电话的地方均可用同一账号和口令接入。其缺点是上网时不能再打电话。

2. ADSL 上网

ADSI(Asymmetrical Digital Subscriber Line,非对称数字用户线路)技术是直接通过现有用户的电话线,利用分频技术将普通电话线路所传输的低频信号和高频信号分离,低频信号供电话使用,高频信号供上网使用,数据信号不需要通过电话交换机设备,即提供了高速的网络服务,上网同时可以打电话,互不影响,而且上网时不需要另交电话费,只需要在普通电话线上加装 ADSL Modem,在计算机上装上网卡即可。其优点是比普通拨号上网速度提高很多。

3. ISDN 上网

ISDN(Integrated Services Digital Network,综合业务数字网)上网,又称"一线通",该业务利用一条普通电话线不仅接入因特网,还可以提供可视电话、电视会议、传真等多种数据传输的业务。其优点是传输的信息误码率低,用于打电话,声音清晰度高。其缺点是接入费用比电话高。ISDN 分窄带和宽带两种方式。

4. VDSL 上网

VDSL(Very Hight-bit Digital Subscriber Line,甚高比特数字用户线)可被视为不对称用户线(ADSL)的下一代,短距离内(约 1.5km),它在一对普通电话线上提供上下行对称的10～30Mb/s 速率。VDSI 网络快车是中国电信为广大客户提供的一种甚高速接人互联网的一种服务。

5. Cable-modem 上网

Cable-modem(线缆调制解调器)是一种高速的调制解调器。它利用有线电视网进行数据传输。Cable-modem 宽带上网可以提供视频会议、视频点播和远程教育 IP 电话等功能。

6. 小区宽带上网

小区宽带上网是目前大部分单位、学校、公司和家庭采用的主要上网方式。小区宽带上网同拨号上网比较具有不占用电话线、收费低廉和速度快等优点。用户除了要有一块10Mb/s 或 100Mb/s 的以太网卡外,还要从网络供应商申请到 IP 地址及相应的服务器地址和网关地址等。

7. 无线上网

利用无线连接设备将上网的计算机连接到 Internet 被称为无线上网。无线上网可以使用户利用手机或笔记本计算机实现上网浏览、发送电子邮件、参加视频会议等,从而实现移动办公。

6.4.4 电子邮件

通过计算机网络,从 Web 浏览到信息搜索和查询,从软件下载到课件照片等文件的上传,从电子邮件、网络论坛到即时通信和交流,再到电子商务、网上交易等都可以轻而易举地实现。

20 世纪 70 年代出现了电子邮件(E-mail),它改变了人们传统的通信方式,是当今世界传递信息的重要方式。E-mail 是 一项重要的 Internet 服务项目,使用电子邮箱不仅可以在 E-mail 中输入信息,也可以转发 Web 文档和各种附件。

要给 Internet 上的某个用户发送电子邮件,必须知道这个人的电子邮件地址。电子邮件地址的格式如下:

```
username@hostname
```

其中,username 表示用户名,hostname 是某主机的地址,符号“@”读作“at”,表示名为 username 的用户在 hostname 主机上有一个信箱。例如,以下就是一个有效的电子邮件地址：hautjszx@163.com。

1. 电子邮件信箱的申请与使用

目前,提供免费信箱的网站很多,它们一般都提供更大的容量空间,在不同的网站,申请免费信箱的方法有所不同,但申请的步骤基本相同。

以 163 邮箱为例申请免费电子邮箱,具体步骤如下。

(1) 登录免费信箱网站 http://www.163.com,进入网易主页,单击主页上的“注册免费邮箱”按钮,打开注册网易免费邮箱页面,如图 6-15 所示。

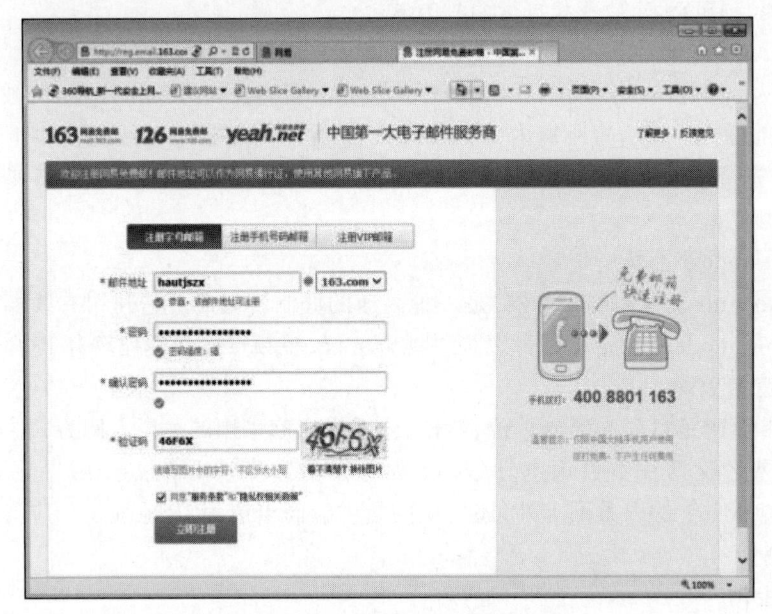

图 6-15 “注册网页免费邮箱”页面

(2) 在邮箱地址后输入邮箱名称,若已注册,会提示“该邮件地址已被注册”,需要重新输入,如 hautjszx,后面选中“163.com”。

(3) 在密码框里输入密码,若根据密码内容显示密码强度,在“确认密码”里输入密码框里的密码并确认,保证两次输入密码一致。

(4) 在验证码框中输入提示的验证码。

(5) 选中“同意‘服务条款’和‘隐私权相关政策’”复选框。

(6) 单击“立即注册”按钮。

(7) 在新打开的页面中根据提示输入内容,单击“提交”按钮。

免费信箱即申请成功,然后用申请到的信箱用户名和密码进行登录,收发邮件。

2. 撰写和发送电子邮件

信箱不同,发送、接收信件的方法不尽相同,下面以 163 信箱为例,介绍发送、接收信件的方法。

发送邮件步骤如下。

(1) 登录163电子信箱。

方法1：在浏览器的地址栏，http://www.163.com/，进入网易主页，在主页上面可以单击“登录”按钮，在打开的下拉对话框中输入要登录的邮箱名、密码，单击“登录”按钮。如图6-16所示，若用户名和密码一致，登录邮箱成功，单击 hautjszx@163.com ▾，在弹出的下拉列表框中，选中“进入我的邮箱”选项。

图6-16 “网易邮箱”登录

方法2：在浏览器的地址栏输入 http://mail.163.com/，并按Enter键，出现163网易免费邮页面，输入相应的邮箱账号和密码，单击“登录”按钮。

出现登录后的信箱页面，如图6-17所示。

(2) 单击窗口左部的“写信”按钮，出现邮件书写页面，如图6-18所示。

(3) 在“收件人”文本框中输入收信人邮箱地址，也可在右侧的通讯录中选中联系人。如果收件人多于一个，各邮箱地址之间用“，”或“；”隔开。

图6-17 “网易邮箱”登录成功窗口

如果要将信件抄送给另外的收信人，或者密送给另外的收信人，可以单击“添加抄送”和“添加密送”。然后在“抄送”文本框中输入抄送给其他收件人的地址。或在“暗送”文本框中输入不想让“发给”和“抄送”栏收件人知道的收件人的地址。

(4) 在“主题”文本框中输入信件的主题。

(5) 在页面下方的空白文本框内输入信件的内容，或者直接从Word、写字板等软件中把写好的信件内容粘贴过来。

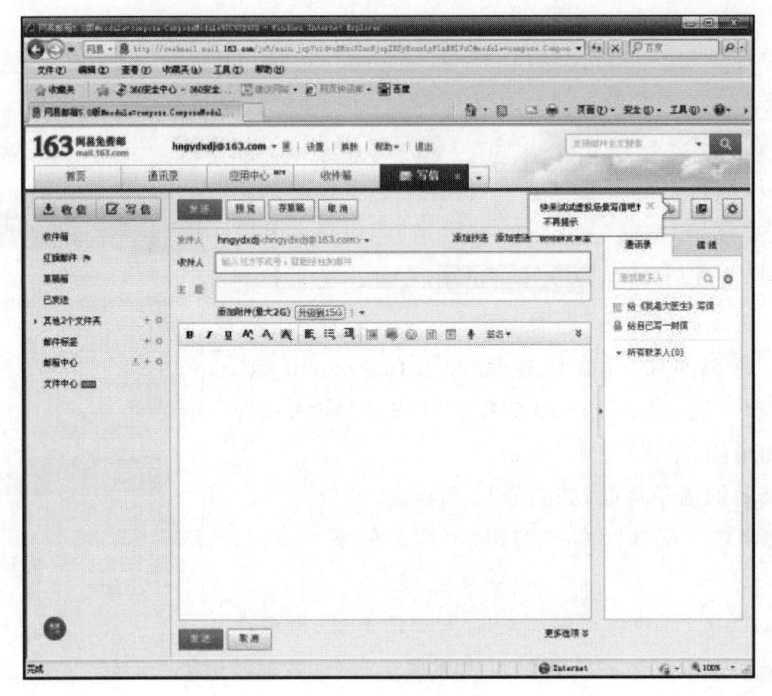

图 6-18　撰写邮件页面

(6) 若需要添加附件,则单击“添加附件(最大 2G)”,在弹出的对话框中选中需要上传的文件,单击“确定”按钮返回。若一次需要添加多个附件,则可以多次单击“添加附件”。

(7) 信件内容输入结束后,单击“发送”按钮,完成邮件发送如图 6-19 所示。

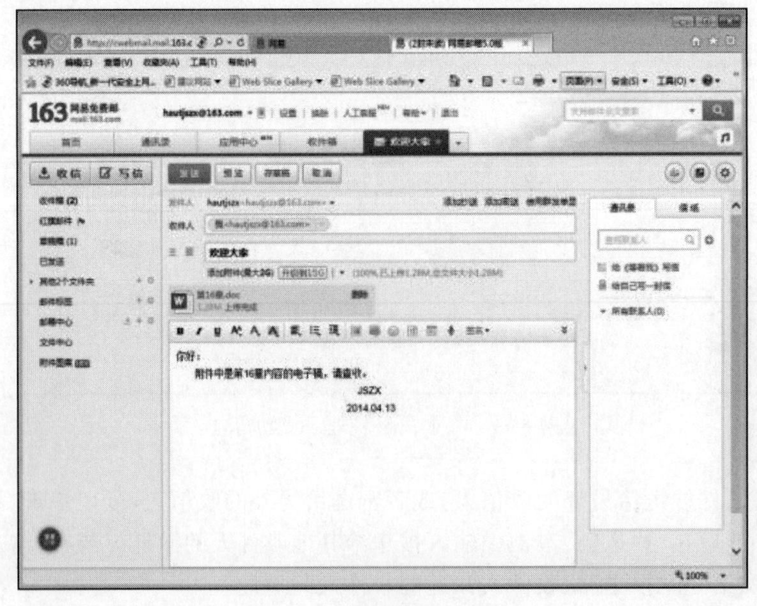

图 6-19　撰写邮件成功页面

3. 接收和阅读电子邮件

如图 6-17 所示单击窗口左侧列表中的“收件箱”标签或“收信”。单击中间列表中的“主题”下的邮件主题名，此时可在信件区阅读邮件；如果有附件，单击附件后的“查看附件”，附件显示出来，将鼠标放在附件所在位置，根据弹出的提示信息选择“下载”“打开”“预览”“存网盘”，若选中“下载”，则在出现的文件下载窗口单击“保存”按钮，在弹出的“新建任务”对话框选择要下载文件的保存位置，单击“立即下载”按钮，即可将附件保存到相应位置。

4. 回复与转发电子邮件

如果要回复邮件发信人，可以在阅读信件窗口直接单击“回复”按钮，然后在信件区输入信件的内容，最后单击“发送”按钮。

如果要将信件转发给其他人，可以在阅读信件窗口直接单击“转发”按钮，然后在“发给”地址栏中输入收件人的信箱地址，并在信件区输入内容，最后单击“发送”按钮完成发送。

5. 接收附件和发送附件

(1) 接收附件。附件是指程序、图片、图像、文档、数据和音乐等存储在外存上的文件。

进入收件箱，单击有带附件的信件的主题，在打开的新窗口中，单击显示附件框右边的“下载附件”按钮，在出现的文件下载窗口单击“保存”按钮，然后在“另存为”对话框中选中保存的位置，最后单击“保存”按钮。

(2) 发送附件。如果要发送附件，首先单击“写信”按钮进入发信窗口，然后选中主题框下方的“添加附件”选项，打开“选择要加载的文件”对话框，选中文件所在路径，从出现的浏览窗口中寻找并选中文件的名字，单击“打开”按钮，即可完成一个文件的添加。如果一次要发送多个附件，可以多次单击“添加附件”，也可根据需要单击某一附件后的“删除”按钮，删除附件。最后单击“发送”按钮，完成邮件的发送。

6. 删除邮件

不再需要的信件可以删除，以腾出信箱的空间。删除邮件的方法是，单击“收信”按钮进入收件窗口，单击被删除邮件左边的复选框，选中被删邮件，然后单击“删除”按钮即可完成邮件的删除。如果要删除当前页面所有邮件，可以选中信件列表下方的“全选”复选框，然后再单击“删除”按钮。

7. 创建通讯录并利用通讯录发邮件

163 邮箱中创建通讯录的步骤是，进入信箱后单击“通讯录”按钮，再单击“新建联系人”按钮⊕，在“新建联系人”对话框中输入姓名、邮箱地址、手机/电话，若需要添加联系人分组，单击对话框中的分组后的“请选择”标签，在打开的对话框中，单击“新建分组”按钮，在出现的文本框中输入分组名，单击“保存”按钮创建新的分组，同时把新建联系人保存到新建分组中，单击“确定”按钮。

在发邮件时输入信箱地址时，可以选择组的名称，然后一封邮件就会发送到组中每一个成员的邮箱中。

如果通讯录中存有收件人的信箱地址，发送邮件时可以不在“发件人”框中输入收件人的信箱地址，可以直接在通讯录中选择收件人的信箱地址，单击即可添加收件人，若需要发给多个人，则可以在通讯录中选择多个联系人。

6.4.5 浏览网站

打开浏览器，地址栏输入一个网站的地址(通常是以 http://开头)后按 Enter 键，就可以打开并浏览相应的网页内容。例如,在地址栏输入 http://www.chinaedunet.com/,按 Enter 键,打开"中国教育网"主页,在该网页上,当鼠标的光标由箭头变成小手状时,单击后可打开链接的相应页面,以浏览更多信息,如图 6-20 所示。

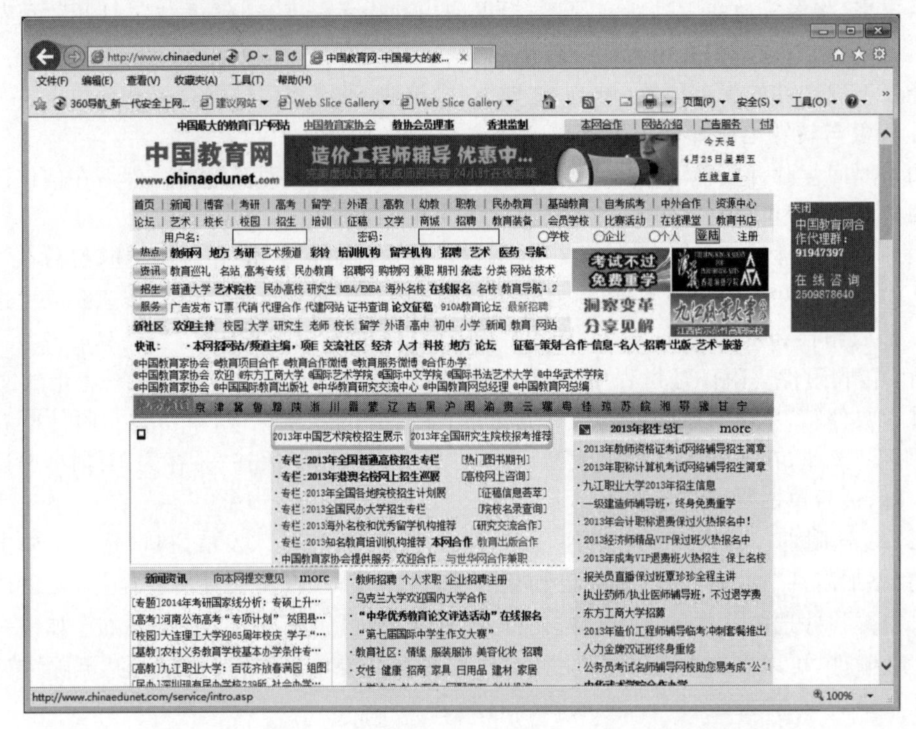

图 6-20　网站主页

1. 万维网站

万维网站(Web Site 或 WWW Site)中的每个结点都可以存放不同的内容,是用来在互联网上发布信息的载体,这样其他人就可以通过 WWW 访问站点内容。在网络飞速发展的今天,不但机构、企业可以构建自己特定用途的站点,任何连接到万维网的个人都可以拥有自己的站点。

2. 网页

网页(Web Page)是网站的基本信息单位。通常一个网站是由众多不同内容的网页组成的。网页一般由文字和图片构成,复杂一些的网页还会有声音、图像、动画等多媒体内容,还可以和数据库链接,进行信息的实时更新。

用户通过客户端浏览器可以浏览到存放在 Web 服务器上的网页内容。网页通常有以下 3 种类型。

(1) 静态网页。这种网页一般只显示文字信息,用户只能浏览服务器上事先编辑好超级链接的内容,信息量受限制。

(2) 图文并茂的网页。网页上不仅可以浏览到文字,还可以浏览到精美的图像或声音等多媒体,网页上可进行简单查询和网页访问计数等功能。

(3) 有实时数据更新和数据查询服务功能的网页。

几乎所有的网页都包含超级链接(简称"链接")通过单击网页上的超链接(简称"链

接”),可以方便地跳转到其他相关网页或相关网站。超链接就是从一个对象指向另一个对象的指针。当用户单击原对象,通过超链接就跳转到目标对象。

用户在浏览网页时,为了区别超链接和非链接对象,通常当鼠标指向这些具有超链接属性的对象时,鼠标的指针就会变成小手形图标。

6.4.6　搜索引擎

互联网上有大量的信息资源,通过网络可以找到需要的任意信息。下面,以获得教育教学信息为例,常用方法如下。

搜索引擎就是一种用于帮助 Internet 用户查询信息的搜索工具,它以一定的策略在 Internet 中搜集和发现信息,并对信息进行理解、提取、组织和处理,为用户提供检索服务,从而起到信息导航的目的。

搜索引擎是 Internet 上的一个网站,主要任务是在 Internet 中主动搜索其他站点中的信息并对其自动索引,其索引内容存储在可供查询的大型数据库中。当用户利用关键字查询时,该网站会显示包含该关键字信息的网址和链接。

目前国内用户使用的搜索引擎分为英文引擎和中文引擎。常用的英文搜索引擎有 Google、Yahoo!、Infoseek 等,常用的中文搜索引擎主要有百度、搜狐等。

1. 网页搜索

以百度为例,介绍搜索引擎的使用,如图 6-21 所示。

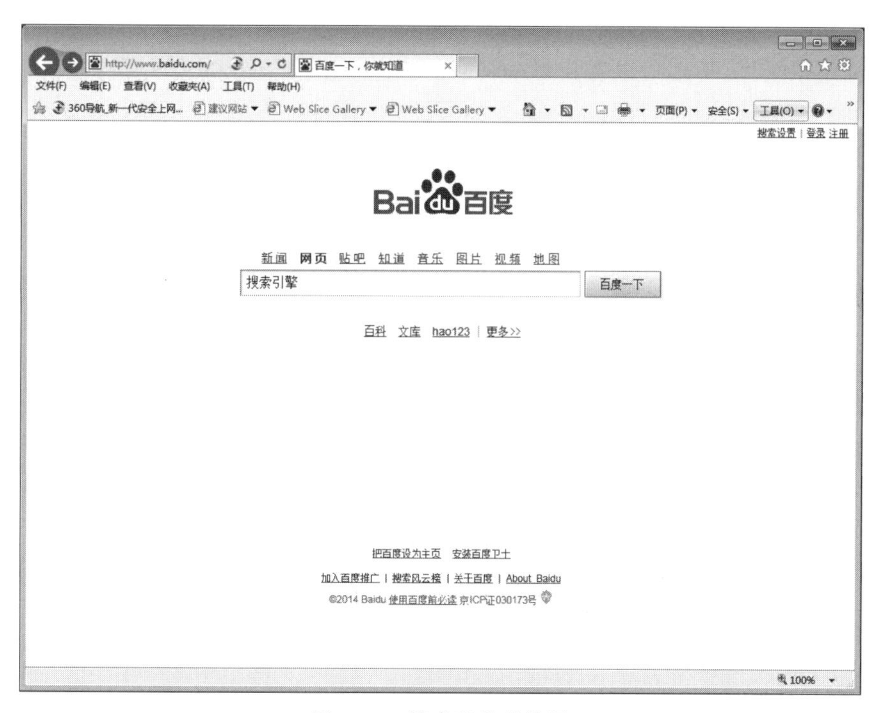

图 6-21　搜索引擎的使用

在“百度一下”按钮左边的文本框中输入要搜索的关键词,如“搜索引擎”,单击“百度一下”按钮,会弹出搜索到的结果页面,如图 6-22 所示。

图 6-22 “搜索引擎”搜索结果

在搜索结果页面，不仅可以看到每个页面的标题，还可以看到其中的大概内容。直接单击相应网站的超链接，即可打开该页面，找到所需要的内容。搜索的关键词在结果页面上会有特别标识，一般以红色字体引起用户的注意。

2. 其他搜索技巧

如果针对某种类型的内容进行检索，则只需选择查询文本框上方的不同分类即可。如想搜索图片，可先单击查询文本框上方的“图片”进行分类，再在文本框中输入拟查找图片的关键词，单击“百度一下”按钮。

还可以通过百度进行音乐搜索、文库搜索、新闻搜索等专用搜索功能。除此之外，还可在指定网站内搜索、在标题中搜索、在 url 中搜索等多种功能。

在进行站内搜索时，在一个网址前加“site:”，可以限制只搜索某个具体网站、网站频道或某域名内的网页。例如，关键字“数学试题 site: www.chinaedunet.com”表示在 www.chinaedunet.com 网站内搜索和“数学试题”相关的页面；“高考数学试题 site:com”表示在以“.com”结尾的网站内搜索和“高考数学试题”相关的资料。

6.4.7 下载与上传

将网上(其他服务器)的资料(文字、图片、文档、软件、电影、录像、报告)保存到本地计算机的硬盘称为下载。下载的方法可分为使用 HTTP 下载(在线下载)和使用 FTP 下载。下面分别介绍使用 HTTP 下载软件和网页页面的过程。将自己的资料传送到网上称上传。

1. 使用 HTTP 下载网页

下载网页经常使用的有 3 种：一种是下载网页全部，包括文字、图片和动态文字和图片；第二种是保留网页的结构及其中的文字和图片，但不包括动态文字和图片；第三种是只下载文字。

（1）下载网页全部。进入下载网页，选中“文件”|“另存为”菜单项，在弹出对话框中的“保存类型”下拉列表框中选中“网页选项，全部选项”，在“文件名”文本框中输入文件名，在“保存在”文本框中选中文件的保存位置，最后单击“保存”按钮。该方法下载的内容是网页的全部，包括新建一个文件夹和该页面的图标。当需要打开时，可以双击该网页的图标，可在浏览器窗口打开该页面。下载网页的好处是，不论是否连接网络，都可直接从自己的硬盘中打开曾保存的网页。

（2）下载网页，但不包括动态部分。有些信息在相应的信息网上已经公布，例如成绩证明、身份证明、奖励文件、EI 收录公告等，为了将这些页面下载下来用作证明，可以使用该方法。其操作步骤是，进入下载网页，右击页面非图片处，在弹出的快捷菜单中选中“全选”选项，再右击，在弹出的快捷菜单中，选中“复制”选项，然后打开 Word，就可以将此网页粘贴到 Word 中，最后用 Word 文档文件保存即可。

（3）下载网页上的文字。有时只需要下载网页上的文字，可用该方法。其操作步骤是，进入下载网页，选中“文件”|“另存为”菜单项，在“保存类型”文本框中，选中“文本文件”选项，在“文件名”下拉文本框中输入文件名，最后单击“保存”按钮。

（4）下载部分文字。只需要下载网页上部分文字时，可使用此方法。其步骤如下：先选中要下载的文字，然后右击，在弹出的快捷菜单中选中“复制”选项，然后打开 Word 或者写字板进行粘贴操作即可。

2. 使用 HTTP 下载文件和软件

下面，以从太平洋电脑网下载 PDF 阅读器为例，介绍下载的具体步骤如下。

（1）登录太平洋电脑网（http://www.pconline.com.cn/）。

（2）在太平洋电脑网的主页上选中“下载中心”|“软件下载”选项，在软件分类的应用工具中选中“电子阅读”。

（3）在打开的页面中，单击“PDF 阅读器”，在列出的 PDF 阅读器列表中，可以选择网友推荐度较高的软件，如“Adobe Reader XI（PDF 阅读器）11.0.00 简体中文版”，单击 下载地址 ，打开该软件的下载页面。

（4）单击页面中的“下载地址”按钮，打开下载的地址列表页面，单击“本地网通”按钮，打开“下载文件”对话框，选中 PDF 软件要保存的位置，单击“保存”按钮完成文件的下载。

3. 使用下载软件下载

以上介绍的下载方法，只适用于下载容量较少的文件和软件，如果要下载容量较大的文件或软件，需要专门的下载软件。目前使用较广泛的下载软件有很多，而这些软件可以从网上免费下载，用户只要将这些软件下载到自己的计算机上，并安装成功，便可使用。

4. 文件传输服务

文件传送协议（File Transfer Protocol，FTP）是用于在网络上进行文件传输的一套标准协议，用以完成从一个系统到另一个系统的文件完全复制。

FTP 并不是针对某种具体操作系统或某类具体文件而设计的文件传送协议。它可以通过一些规程，利用网络低层提供的服务，屏蔽各种计算机系统的细节来完成在异构网中任意计算机间文件的传送，可以有效地减少或消除在不同操作系统下处理文件的不兼容性。

FTP的主要功能包括两个方面。

(1) 文件的下载。文件的下载就是将远程服务器上提供的文件下载到本地计算机上。使用FTP实现的文件下载与HTTP相比较,具有使用简便、支持断点续传和传输速度快的优点。

(2) 文件的上传。文件的上传是指客户机可以将任意类型的文件上传到指定的FTP服务器上。

FTP服务支持文件上传和下载,而HTTP仅支持文件的下载功能。

与大多数Internet服务一样,传统的文件传输服务也是采用客户-服务器模式。用户通过一个支持FTP的客户端程序,连接到远程主机上的FTP服务器端程序。用户通过客户端程序向服务器程序发出命令,服务器程序执行用户所发出的命令,并将执行的结果返回到客户机。例如,用户发出一条命令,要求服务器向用户传送某一个文件的副本,服务器会响应这条命令,将指定文件送至用户的计算机上。客户机程序代表用户接收到这个文件,并将其存放在用户指定的目录中。

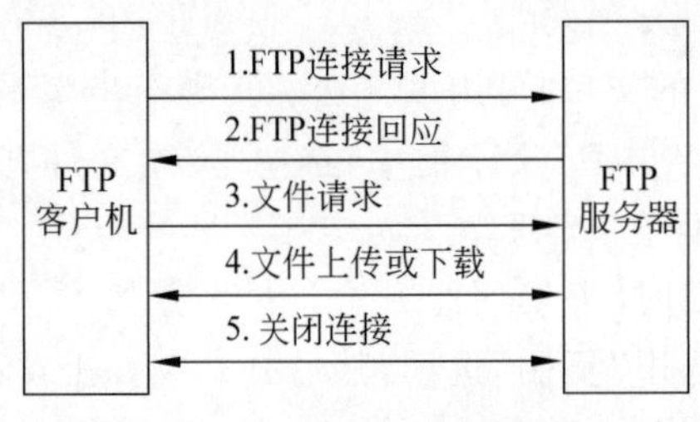

图 6-23　文件下载和上传

如图6-23所示,访问FTP服务器时必须首先通过身份验证,并在远程主机上获得相应的权限以后,方可上传或下载文件。在FTP服务器上一般有两种用户:普通用户和匿名用户。普通用户是指注册的合法用户,必须先经过服务器管理员的审查,然后由管理员分配账号和权限。匿名用户是FTP系统管理员建立的一个特殊用户ID,名为Anonymous,任意用户均可用该用户名进行登录。当一个匿名用户登录到FTP服务器时,用户可以用E-mail地址或任意字符串作为口令。

当FTP客户端程序和FTP服务器程序建立连接后,会首先自动尝试匿名登录。如果匿名登录成功,服务器会将匿名用户主目录下的文件清单传给客户端,然后用户可以从这个目录中下载文件。如果匿名登录失败,一些客户端程序会弹出对话框要求用户输入用户名和密码,进行普通用户方式的登录。

客户端可以直接通过WWW浏览器实现FTP访问“ftp://FTP站点的IP地址或DNS域名”,只需注意URL中的“协议类型”为ftp而不是http。

6.4.8　网盘

网盘,又称网络优盘、网络硬盘,是由互联网公司推出的在线存储服务,向用户提供文件的存储、访问、备份、共享等文件管理等功能。用户可以把网盘看成一个放在网络上的硬盘或优盘,不管是在家中、单位或其他任何地方,只要连接到因特网,就可以管理、编辑网盘里的文件。不需要随身携带,更不怕丢失。

当今社会,每天都有大量的信息需要存储,较为常见的存储设备有光碟、软盘、硬盘、磁带、优盘等,但软盘、优盘容量有限,硬盘较贵,计算机还有崩溃的可能,对于移动存储设备,还需要随身携带,具有一定的局限性。

随着计算机网络的发展,用户开始把添加了附件的邮件再发给自己,这种方式简单易操作也不需要客户端并且安全、方便、可靠,但空间受限比较严重。后来有了一种在论坛发帖的时候添加附件在帖子里的方式，一定程度上缓解了空间受限的问题，但帖子有可能被管理员删除致使资料丢失。通过论坛发帖与论坛里的网友共享资料则可以算作网盘共享服务的初级形态。

随着云技术的发展，网络硬盘迎来了新的快速发展期，云计算在互联网的相关服务的基础上延伸和发展了云存储，它通过集群应用、网格技术或分布式文件系统等功能，将网络中大量各种不同类型的存储设备通过应用软件集合起来协同工作，共同对外提供数据存储和业务访问功能的一个系统。这样不仅大大提高了空间的利用率，也极大地加强了存储的安全性，使得网络硬盘迎来了新的快速发展期。

目前的网盘分为两大类：面向大众用户网盘的和面向企业的网盘。面向大众用户的网盘主推娱乐和方便，大多免费使用，因此称为“用户级网盘”；面向企业的网盘注重数据安全和专业，会像云算服务一样收费，因此称为“企业级网盘”。

目前的网盘普遍具有 PC 同步功能。PC 同步是通过 PC 客户端将本地文件与网盘关联起来，这样做的好处是免去了上传和下载的麻烦。一旦形成同步关联，在 PC 端关联文件夹(或盘符)里的任何文件改动，都会实时同步到网盘保存。同样的，网盘里的文件改动，也会直接同步到 PC 端。这样，网盘是真正作为一个“盘”在使用，只不过这个盘是虚拟的，它寄生在网络，不会因为计算机的故障而受到任何影响。

目前我国常见的网盘有华为网盘、百度网盘、共享盘、城通网盘、T 盘(金山网络出品)、云诺(YUNIO)、EverBox(盛大网盘)、115 网盘、微软 skydrive、迅载网盘、千军万马网盘、PocketDisk 启明网盘、360 云盘等。

下面以 360 云盘为例，介绍网盘的应用。360 云盘是一款分享式云存储服务产品。为广大普通网民提供了大存储容量的免费、安全、便携、稳定的跨平台文件存储，可提供备份、传递和共享服务。360 云盘为每个用户提供 36GB 的免费初始容量空间，360 云盘最高上限是没有限制的，在手机客户端登录后，目前可达 36TB 的容量。

1. 云盘的登录、注册

(1) 网页版云盘。在浏览器的地址栏中输入 http://yunpan.360.cn/，打开如图 6-24 所示网页，若有账号，直接登录。

若没有注册账号，单击“注册 360 账号”，打开如图 6-25 所示的注册页面，根据提示输入注册用的邮箱名、密码，单击“立即注册”按钮。

网页版网盘注册成功后的页面，如图 6-26 所示，可以根据提示安装云盘 PC 客户端，和手机版，获得更大容量的云盘空间。

(2) 通过客户端访问云盘。在图 6-24 中，单击 PC客户端下载，可以下载客户端安装包，也可以在网页版注册成功后，单击图 6-26 中的 下载至电脑，下载客户端，下载完成后，双击安装包安装，安装成功后，打开如图 6-27 所示的登录界面，若已有账号，输入账号、密码后单击“登录”按钮进行登录。

若没有账号，单击“还没有 360 账号？免费注册＞＞”，打开如图 6-28 所示的注册窗口，输入相关信息，单击“注册”按钮。

注册成功后，打开如图 6-29 所示窗口。注册成功后，可以利用云盘进行文件的上传、下载操作。

图 6-24　云盘登录页面

图 6-25　云盘注册页面

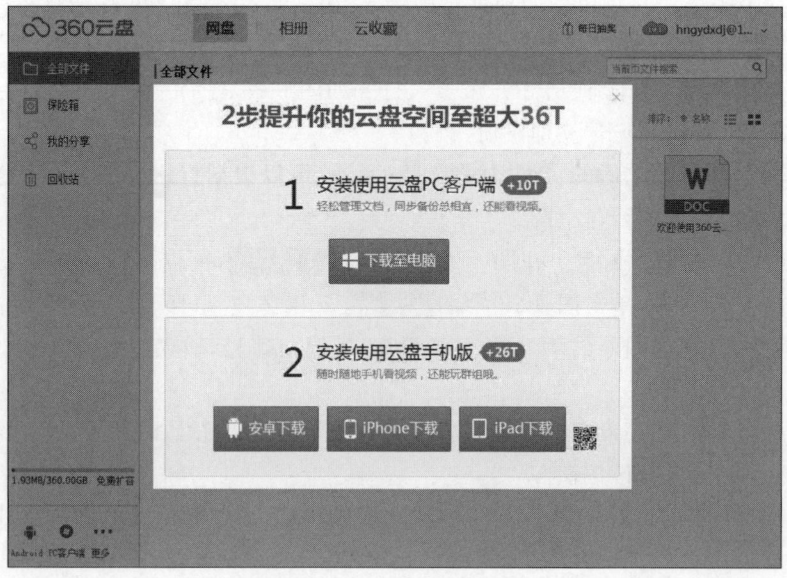

图 6-26　云盘注册成功页面

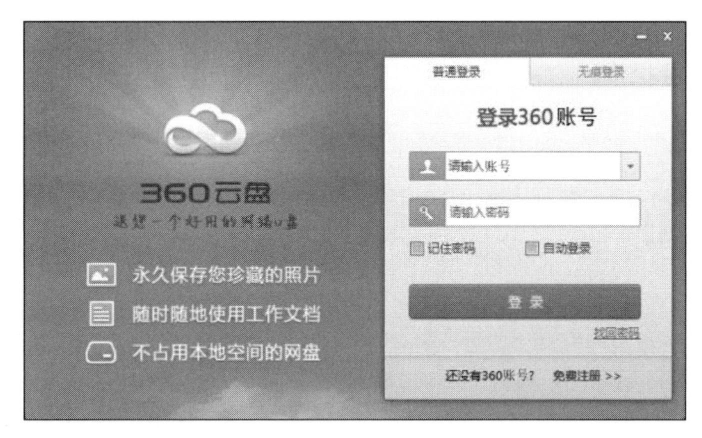

图 6-27　客户端云盘

图 6-28　客户端云盘注册

图 6-29　客户端云盘注册成功窗口

(3) 手机版。可以下载手机版安装包到手机，安装成功后，可以利用手机访问云盘，进行文件的上传、下载操作。

2. 文件的上传

下面以客户端为例，介绍云盘文件的上传。

(1) 可以单击图 6-29 所示页面中的“上传文件”图标，在弹出的“打开对话框”中选中所要上传文件，单击“添加到云盘”按钮，即可完成上传，如图 6-30 所示，每上传一个文件，云盘空间会增加。

图 6-30　选择文件上传

文件上传后的云盘如图 6-31 所示。

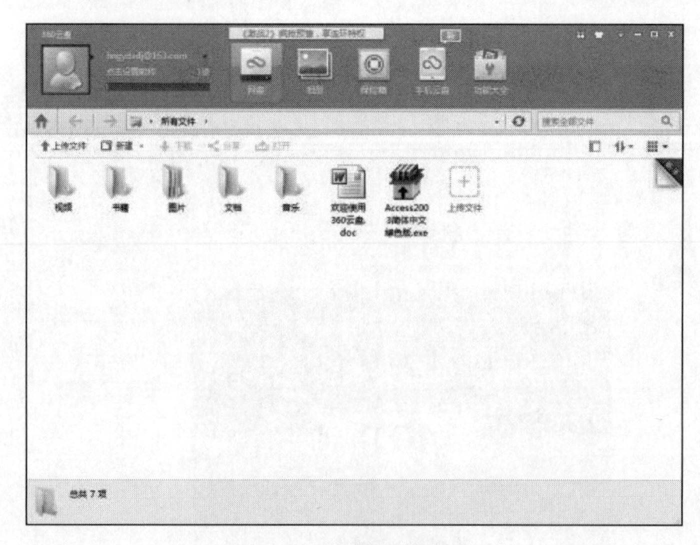

图 6-31　文件上传成功

(2) 在本地计算机里选中要上传的文件或文件夹，直接拖入云盘客户端即可。

(3) 在本地计算机里选中要上传的文件或文件夹,通过复制、粘贴操作,将文件上传到云盘。文件上传时,为方便管理,也可以建立新文件夹,将文件上传的指定的文件夹。

3. 云盘中文件的下载

(1) 选中要下载的文件,单击"下载"按钮,然后选中文件在计算机硬盘的存放位置,单击"确定"按钮,即可把文件下载到指定位置,如图 6-32 所示。

(2) 直接把拟下载的文件拖到指定文件夹。

(3) 选中拟下载的文件,通过复制、粘贴操作完成下载。

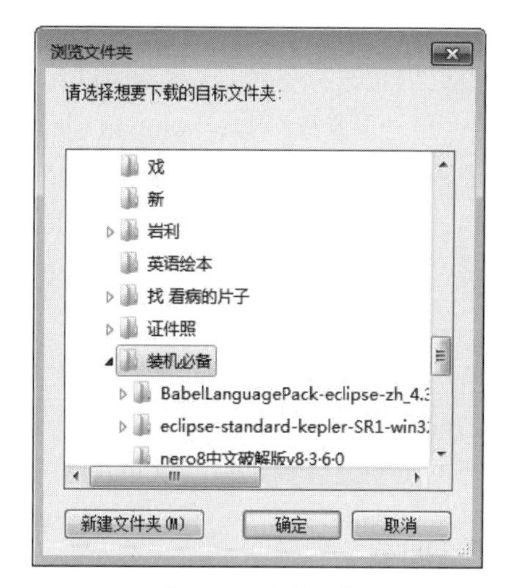

图 6-32　文件下载

6.4.9　网络在学习和生活中的应用

因特网已经完全融入了现在的社会生活,无论是购物还是学习及联络,都已离不开它。因特网彻底改变了传统的生活方式。下面从几个方面介绍一下与学习和生活有关的应用。

1. 检索学术期刊

大学生文献检索国际教育发展委员会主席埃得加·富尔说过:"未来的文盲不再是不识字的人,而是没有学会怎样学习的人。"因此,加强大学生的情报意识,提高他们文献检索知识的能力,是培养现代开拓型人才的必备条件之一。文献检索是通向人类知识宝库的重要途径,文献检索工具是打开知识宝库的钥匙,人类通过长期积累起来的大量文献资料,通过各种书目、索引、文献向人们全面地,深入系统地揭示出来,人们只有有效地利用各种检索工具,才能迅速地检索到有关的资料线索。

中国知网(www.cnki.net)是世界上全文信息量规模最大的数字图书馆,提供了期刊杂志、博士论文、硕士论文、会议论文、报纸、工具书、年鉴、专利、标准、国学、海外等多种文献资源。十分方便大学生的学习和科研工作。

2. 网络学习资源

互联网上存在着各行各业的学习资源。下面,以沪江英语提供的英语学习为例进行说明。首先登录沪江英语网站(www.hjenglish.com),单击该主页导航栏上的"听力"选项,出现新的网页后再单击"VOA 英语听力"就可以选择自己收听的课程了。进入到希望收听课程的页面后,就会发现不但可以听到原汁原味儿的英语录音,还有单词解释和中英文对照,十分适合热爱英语的同学自学。

如果翻译单词或者汉语成语,可使用百度搜索引擎页面中的"其他"选项超链和它的下一页面中"词典"翻译。它还可以提供全文翻译。

3. 网络课堂

网络公开课,是指清华大学、北京大学、耶鲁大学、哈佛大学、麻省理工学院等国内外知名高校纷纷在网上提供课堂实录的录像,面向全世界的求知者。知名大学的网络公开课程是优秀教育资源对大学生自修最好的礼物。有兴趣的同学可登录到网易公开课(open.163.com)或新浪公开课(open.sina.com.cn)进行学习。

(1) 大型开放式网络课程(Massive Open Online Courses,MOOC)。2012 年,美国的顶尖大学陆续设立网络学习平台,在网上提供免费课程,随着 Coursera、Udacity、edX 的兴起,给更多学生提供了系统学习的可能。这三大平台的课程全部针对高等教育,并且像真正的大学一样,有一套自己的学习和管理系统。这些课程都是免费的,而且基本上都会为通过考试的学习者发给证书。目前,清华大学、复旦大学、上海交通大学等国内大学也分别与这些课程提供者进行签约,学习者通过互联网可以跟着世界上顶尖学者进行学习。

(2)“爱课程”网(www.icourses.cn)是教育部、财政部“十二五”期间启动实施的“高等学校本科教学质量与教学改革工程”支持建设的高等教育课程资源共享平台。面向高校师生和社会大众,提供优质教育资源共享和个性化教学资源服务,具有资源浏览、搜索、重组、评价、课程包的导入导出、发布、互动参与和“教”“学”兼备等功能。

4. 网上读书

网上的图书资源十分丰富,有一部分图书是免费的。网上看书的一般的步骤是,登录网站、寻找“书籍类型”、再寻找书名和超链。可登录小说网站 www.readnovel.com 作为练习,选择阅读一篇古典小说。这里再推荐几个小说网站:起点中文网(www.qidian.com)、榕树下(www.rongshuxia.com)、新浪读书(book.sina.com.cn)等。

有些网上的图书无法打开阅读。需要专门的阅读器才能打开,例如 Acrobot Reader、超星图书阅览器等。读者可从网上下载这些阅读器,并安装在计算机上。

5. 网上看新闻

网上看新闻可以进 3 种网站,一种是门户网站,例如搜狐(www.sohu.com)、新浪(www.sina.com.cn)、百度(www.baldu.com)等网站。第二种是专门的新闻网站,例如中国网(www.china.com.cn)、新华网(www.xinhuanet.com),中国政协新闻网(cppcc.people.com.cn)等。第三种是专门的部门网站或行业网站,例如教育部网站(www.moe.gov.cn/)、清华大学网站(www.tsinghua.edu.cn),如果已经知道新闻的题目,可以直接采用搜索的方法也能达到快速看新闻的效果。

如果觉得只看图文仍不能满足需求,还可以观看网上视频直播或进行视频点播。例如,中央电视台的官方网站成为 CCTV 央视网(www.ccnv.com)。

6. 观看视频节目

视频网站是指在完善的技术平台支持下,让互联网用户在线流畅发布、浏览和分享视频作品。除了传统的对视频网站的理解外,近年来,无论是 P2P 直播网站、BT 下载站,还是本地视频播放软件,都将影视点播扩展作为自己的一块战略要地。影视点播已经成为各类网络视频运营商的兵家必争之地。

现在有许多专门看电视和电影的软件,可以将相应软件下载、解压后进行安装,例如使用看电视的软件可以很方便地看到多家电视台的电视节目。

7. 听音乐和歌曲

下面,以登录千千音乐(https://music.taihe.com/)为例进行讲解。先在搜索文本框中输入歌曲名字或者歌手的名字进行 MP3 搜索,搜索到歌曲之后,直接选择试听即可。

不管是视频还是音乐网站,目前还都面临的版权和知识产权的问题,这一点也应该被重视。

8. 博客

博客(Blog)是网络中一种可以很方便地表达个人思想的网络交流平台。利用它可以发表个人日记、照片、图片、诗歌、散文和感想等,有人说它是个人思想的柄息地,有人说它是个人的网页。它可以使更多的人近距离地汲取这些思想和知识。根据作用不同,博客分为基本型博客、广告型博客、亲友式博客和知识型博客等。一般大型网站都设有博客网站,读者可以申请以建立自己的博客网页,例如博客中国(www.blogchina.com)、中国教育人博客(www.blog.edu.cn)和科学网博客(blog.sciencenet.cn)

9. 微博

微博提供了这样一个平台,人们既可以作为观众,在微博上浏览感兴趣的信息;也可以作为发布者,在微博上发布内容供别人浏览。发布的内容一般较短,一般有140字的限制,微博由此得名。此外,也可以发布图片、分享视频等。微博最大的特点就是,信息的发布和传播的速度快。由于有多种终端支持(如手机和平板计算机等),微博也成为移动设备的内容发布平台。

10. 即时通信工具

即时通信(Instant Messaging,IM)是指能够即时发送和接收互联网消息等的业务。自1998年面世以来,经过近几年的迅速发展,即时通信的功能日益丰富,逐渐集成了电子邮件、博客、音乐、电视、游戏和搜索等多种功能。它不再是一个单纯的聊天工具,而是集交流、信息、娱乐、搜索、电子商务、办公协作、企业客户服务等功能于一体的综合化信息平台。目前国内比较有名的几个即时通信工具如QQ、微信、钉钉等。

11. 移动支付

移动支付是指移动客户端利用手机等电子产品进行的电子货币支付,移动支付将互联网、终端设备、金融机构有效地联合起来,形成了一个新型的支付体系,并且移动支付不仅仅能够进行货币支付,还可以缴纳话费、燃气、水电等生活费用。移动支付开创了新的支付方式,使电子货币开始普及。目前,比较常用的是支付宝和微信。

6.5 计算机网络新技术及应用

计算机网络在过去几十年的发展非常迅速,目前仍是信息科学和技术发展的热点领域。计算机正向着开放性、集成性、高性能处理信息、高智能、高安全性及一体化的方面发展,这同样也是计算机网络发展的必然趋势。

6.5.1 计算机网络技术发展方向

目前,计算机网络技术的主要发展方向在以下几个。

1. 下一代网络

下一代网络(NGN)是一个建立在IP技术基础上的新型公共电信网络,能够容纳各种形式的信息,在统一的管理平台下,实现音频、视频、数据信号的传输和管理,提供各种宽带应用和传统电信业务,是一个真正实现宽带窄带一体化、有线无线一体化、有源无源一体化、传输接入一体化的综合业务网络。

Internet是下一代网络的主体,IP技术是实现计算机互联网、传统的电话网和有线电视网进行融合的关键技术。随着 Internet 技术的发展，最终将实现计算机互联网、电话网(PSTN)和有线电视网的三网融合。

下一代网络除了能向用户提供语音、高速数据、视频信息业务外，还能向用户提供视频会议、电话会议功能，而且能像广播网一样，为有此项要求的用户提供统一的消息、时事新闻等。

2. IPv6

与 IPv4 相比，IPv6(互联网协议第 6 版)更具有革命性，它在保留了许多有用功能的同时，具有有两个新的特点。

首先，通过邻居发现实现。路由器检测、参数检测、分配自动地址、重复地址勘探、地址解析、相邻结点的连通性测试、选径、搬迁等功能都能通过邻居发现来达到目的。

其次，对 IPv6 的安全性进行分析。有身份验证等方法来防止信息报检测、IP 欺骗、连接截获等攻击方式的入侵。

3. 移动通信技术

世界电信发生了巨大的变化，移动通信特别是蜂窝小区的迅速发展，使用户彻底摆脱终端设备的束缚，实现完整的个人移动性、可靠的传输手段和接续方式。进入 21 世纪，移动通信已逐渐演变成社会发展和进步必不可少的工具。

目前已发展到第五代(5G)移动通信技术，是对现有无线接入技术(包括 2G、3G、4G 和 WiFi)的技术演进。从某种程度上讲，5G 将是一个真正意义上的融合网络。以融合和统一的标准，提供人与人、人与物以及物与物之间高速、安全和自由的联通。

4. 移动互联网

移动互联网是计算机网络技术与移动通信技术的结合。随着移动通信技术的飞速发展，以及移动终端的异军突起，传统的计算机网络技术已经难以满足人们日益增长的移动信息的需求。在这样的环境下，计算机网络技术与移动通信技术的结合产生了移动互联网。例如，智能手机将智能手机通信与计算机网络技术进行适度的融合与深化，为用户提供更为人性化、智能化的信息技术服务，而这种服务恰恰是手机用户最为需要的。

2011 年，中国工业和信息化部电信研究院在《移动互联网白皮书》中给出了移动互联网的定义："移动互联网是以移动网络作为接入网络的互联网及服务，包括 3 个要素：移动终端、移动网络和应用服务。"在 2013 年更是得出了"所有没有主动适应移动互联网发展趋势的企业都被迅速淘汰或边缘化，新的市场格局和主导力量迅速形成并不断更迭。移动互联网的发展已经深刻影响了整个信息产业的发展图景与国际竞争格局"的结论。在移动互联网中诸如"微信""余额宝""去哪儿"和"美团"等手机应用正在迅速地改变着人们的生活和工作习惯。

6.5.2 计算机网络的研究及应用热点

1. 云计算

云计算是指厂商通过建立网络服务器群，向各种不同类型的客户提供在线软件服务、硬件租借、数据存储、计算分析等不同类型的服务。在云计算模式下，用户所需的应用程序并不运行在用户的个人计算机上，而是运行在互联网上大规模的服务器集群中。云计算、云安全等新技术的面世，使未来的云技术体现在更多的网络应用上。在云环境下，新的计算结构对 CPU、服务器与终端衣各种应用软件都会有变革性的需求。未来,云计算将从扩张走向成熟,企业为争夺平台优势而开展战略性对抗,同时还会有许多新的公共云热点、私有云服务、云应用及联系公共云与私有云的服务。在国家层面,云计算是降低计算成本的大好机遇,使信息与知识能够低成本高效分享。

2. 物联网

物联网把新一代 IT 技术充分运用在各行各业之中。具体地说,就是把传感器嵌入各种物体中,然后将“物联网”与现有的互联网整合起来,实现人类社会与物理系统的整合,在这个整合的网络当中,存在能力超级强大的中心计算机群,能够对整合网络内的人员、机器、设备和基础设施实施实时的管理和控制,在此基础上,人类可以以更加精细和动态的方式管理生产和生活,达到“智慧”状态,提高资源利用率和生产力水平,改善人与自然间的关系。毫无疑问,物联网有着十分广阔的发展前景,我国的物联网建设必将取得长足的发展,成为推动国民经济的重要力量。

3. 虚拟化

虚拟化通常是指计算元件在虚拟环境而不是在真实环境中运行。虚拟技术可以扩大硬件的容量,简化软件的重新配置过程。应用虚拟化技术,可以实现同时运行多个操作系统,每个操作系统都有多个程序运行。而且,每个操作系统都运行在一个虚拟的 CPU 或者虚拟主机上。虚拟化技术正在横扫 CPU、服务器、存储、操作系统、管理软件等一切领域。因此虚拟技术将会成为增长最快的技术之一。之所以能够如此快速的增长,主要原因是虚拟化带来的全新效率。就目前的应用看,虚拟化必将有一个广阔的前景,能带来信息技术风暴和巨大的市场价值。

工具的发展总会带来人类思维的变革。作为人类最伟大的发明之一,计算机网络带给人们的也绝不仅仅是生活的便利,它还引发了人类思维的深层次的改变。网络思维属于群体思维,是一种依靠群体行动求解社会复杂问题的方法。在线社会网络的发展速度和社会影响力超过了人们的想象,广泛用于社会交往、社会搜索、社会媒体。社交网站和微博媒体等社会网络行为对当今社会的发展产生了重要的影响。计算机网络技术的发展给人们创造了 P2P 文件共享、维基百科、社会搜索、个性化推荐等群体思维的平台。这种群体思维形成了集群智能(Collective Intelligence),强调协作与协同,贯穿“人人为我,我为人人”的思想,为解决各种各样的问题提供了新的思维方式。

互联网已从 Web 1.0 的资源整合模式发展到 Web 2.0 的群体参与模式,利用移动互联网、物联网、可穿戴式计算终端、云计算和大数据智能挖掘技术的下一代互联网 Web 3.0 呼之欲出。作为时代先锋的人群更需要开拓思维,跟上人类社会在网络时代超越个人计算机时代的进步步伐,为各个行业的发展与变革注入新的思维动力。

6.6 本章小结

本章简要介绍计算机网络相关知识,包括通信基础知识,计算机网络的定义、功能、分类、系统组成、拓扑结构、协议和层次体系结构,网络信息安全,组网工程,网络的配置和共享功能,WWW 浏览器,电子邮箱的申请及邮件的收发,搜索引擎的使用,网盘的使用及网络在学习和生活中的应用。通过学习,可对计算机网络有一个比较全面的认识,在日后的工作、学习和生活中高效地使用网络，遇到问题时找到有效的解决办法。

6.7 本章实训

实训6 电子邮箱的使用

【实训目的】

(1) 掌握电子邮箱的注册。

(2) 掌握电子邮件的发送。

(3) 掌握电子邮件发送中附件的添加。

(4) 掌握电子邮件的接收。

(5) 掌握电子邮件中附件的下载。

(6) 掌握电子邮件的回复。

【实训环境】

Windows 7 系统、浏览器。

【知识准备】

(1) 利用浏览器浏览网页。

(2) 申请免费邮箱。

(3) 带附件的邮件发送。

(4) 收取新邮件。

【实训步骤】

(1) 申请一个免费邮箱。

(2) 登录邮箱。

(3) 单击"写信"标签，完成如下操作。

① "收件人"一栏填写自己的邮件地址。

② "主题"一栏填写"电子邮件练习"字样。

③ 邮件内容：自行设置一个带图片的欢迎信件。

④ 单击发送并检查自己的发件箱。

(4) 单击"收信"标签，完成如下操作。

① 查看新收邮件。

② 回复邮件，并自选一个文件作为附件添加。

③ 单击发送。

习 题 6

一、单项选择题

1. LAN 指的是(　　)。

A. 微型计算机通信网　　B. 局域网

C. 远程通信网　　D. 广域网

2. 计算机连网的主要目的是(　　)。

A. 资源共享　　B. 共用一个硬盘

C. 节省经费　　D. 提高可靠性

3. 局域网具有的几种典型的拓扑结构中,一般不含(　　)结构。

A. 星形　　B. 环形　　C. 总线　　D. 全连接

4. 计算机网络是计算机技术和(　　)相结合的产物。

A. 系统集成技术　　B. 网络技术　　C. 微电子技术　　D. 通信技术

5. 拥有计算机并以拨号方式接入网络的用户需要使用(　　)。

A. CD-ROM　　B. 鼠标　　C. 电话机　　D. Modem

6. 常用到的网页浏览器是(　　)。

A. Internet Mail　　B. Microsoft Edge

C. Microsoft Excel　　D. Windows 的网上邻居

7. HTTP 是(　　)。

A. 文件传送协议　　B. 邮件传输协议

C. 远程上机协议　　D. 超文本传送协议

8. 某用户的 E-mail 地址为 jszx@haut.edu.cn,该用户的用户名是(　　)。

A. jszx　　B. whu　　C. edu　　D. cn

9. 路由器是 OSI-RM 中(　　)。

A. 物理层的网络互连设备　　B. 数据链路层的网络互连设备

C. 网络层的网络互连设备　　D. 应用层的网络互连设备

10. 域名服务器中存放着 Internet 主机的(　　)。

A. 域名　　B. IP 地址

C. 域名和 IP 地址　　D. 域名和 IP 地址的对照表

二、判断题

1. TCP/IP 是一组分层的通信协议,构成因特网参考模型的 4 个层次是网络接口层、互联网络层、传输层和应用层。(　　)

2. 203.258.34.1 是一个合法的 IP 地址。(　　)

3. 当子网掩码为 255.255.255.128 时,IP 地址为 202.113.67.2 和 202.113.67.253 的主机在同一个子网内。(　　)

4. 实现故障诊断和隔离比较容易的一种网络拓扑是星形拓扑。(　　)

5. 完成路径选择功能是在 OSI-RM 的数据链路层。(　　)

6. Internet 的前身是 ARPANET。(　　)

7. 电子邮件是通过网络实时交互的信息传递方式。(　　)

8. 默认情况下 FTP 服务的端口为 80。(　　)

9. 从网络的覆盖区域来看,校园网属于局域网。(　　)

10. 应用层 DNS 协议主要用于实现网络硬件地址到 IP 地址的映射。(　　)

第7章 计算机信息安全与常用的系统维护

中国公安部对计算机信息安全的定义如下：计算机安全是指计算机资产安全，即计算机信息系统资源和信息资源不受自然和人为有害因素的威胁和危害。

随着计算机硬件的发展，计算机中存储的信息数量越来越大，如何保障存储在计算机中信息不被丢失，是所有使用计算机的部门首先考虑的问题。

造成计算机中存储信息丢失的原因主要是病毒侵蚀、人为窃取、计算机电磁辐射、计算机存储器硬件损坏等。

本章介绍的是计算机安全方面及常用系统维护的基本知识。

7.1 信息安全的基本概念

信息安全是指信息网络的硬件、软件及其系统中的数据受到保护，不因偶然或者恶意的原因而遭到破坏、更改、泄露，系统可连续可靠正常地运行，信息服务不中断。

信息安全是一门涉及计算机科学、网络技术、通信技术、密码技术、信息安全技术、应用数学、数论、信息论等多种学科的综合性学科。

7.1.1 信息安全与网络环境下的信息安全

作为一种资源，信息具有普遍性、共享性、增值性、可处理性和多效用性的特点，对人类具有特别重要的意义。信息安全的实质就是要保护信息系统或信息网络中的信息资源免受各种类型的威胁、干扰和破坏，即保证信息的安全性。

国际标准化组织对计算机系统安全的定义是，为数据处理系统而建立和采用的安全保护技术和管理措施，以保护计算机硬件、软件和数据不因偶然和恶意的原因而遭到破坏、更改和泄露。由此可以将计算机网络的安全理解为，通过采用各种技术和管理措施，使网络系统正常运行，从而确保网络数据的可用性、完整性和保密性。

7.1.2 信息安全的实现目标

根据国际标准化委员会对信息安全的定义可以看到，信息安全主要有以下3方面的实现目标。

(1) 机密性。机密性是指保证机密信息不被窃听或窃听者不能了解所获取信息的真实含义。反映了信息与信息系统的不可被非授权者所利用的属性。

(2) 可用性。可用性是指保证合法用户对信息和资源的使用不会被不正当地拒绝。反映了信息与信息系统可被授权者所正常使用的属性。

(3) 完整性。完整性是指保证数据的一致性，防止数据被非法用户篡改。反映了信息与信息系统的行为不被伪造、篡改、冒充的属性。

7.2 信息安全的关键技术

根据信息安全领域专家的共识，信息安全主要包括以下 4 方面的内容：信息设备安全、数据安全、内容安全和行为安全。信息系统的硬件结构和操作系统的安全是信息系统安全的基础，其中密码技术、网络安全技术等是关键。只有从信息系统的硬件和软件的底层和整体采取安全措施，才能比较有效地确保信息系统的安全。

信息安全技术分为物理安全、运行安全、数据安全和内容安全 4 个层次。而最底层的物理安全主要指的是信息系统硬件结构的安全性，是信息系统安全的基础。

7.2.1 信息系统硬件结构的安全

信息系统硬件结构的安全是指对网络与信息系统中物理装备的保护。主要涉及网络与信息系统的机密性、可用性、完整性等。下面对所涉及的主要技术进行简要介绍。

1. 加扰处理、电磁屏蔽技术

利用计算机设备的电磁波辐射窃取信息是窃取情报信息的重要途径。计算机设备包括主板、磁盘机、磁带机、终端机、打印机等所有设备。这些设备都会产生不同程度的电磁泄漏。

计算机信息的电磁泄漏，通常可通过两种途径：一种是通过辐射向外泄漏，称为辐射发射，另一种是传导泄漏，称为传导发射。针对这两种常见的泄露途径，常用的保护措施如下。

（1）采用低电磁辐射设备。

（2）采用远距离保护。

（3）添加噪声信号干扰。

（4）对计算机设备实施屏蔽。

2. 容错、容灾、冗余备份技术

为了确保数据的完整性，防范随机性故障，通常采用最多的就是冗余数据存储方案。冗余数据存储是指数据同时存放在两个或两个以上的存储设备中。与数据定时备份不同的是，它采用动态备份，以免丢失来不及备份的数据。实现数据动态冗余存储技术常用于有磁盘镜像、磁盘双工和双机热备份。

（1）磁盘镜像技术。磁盘镜像是指在同一磁盘通道中安装两个硬盘，相同的数据被同时存放在两个硬盘中以提供对数据的备份与保护。磁盘镜像的原理如图 7-1 所示，通过在同一个磁盘驱动器控制器上安装两块容量和分区一致的磁盘，使得内容同时写入两块磁盘，能够确保在其中一块磁盘损坏的情况下，另一磁盘中内容仍然保存完好。

采用了磁盘镜像技术后，由于两块磁盘上的数据高度一致，而两块磁盘同时损坏的可能性很小，从而实现了数据的动态冗余备份。当然，存在的问题也是显而易见的，即浪费了磁盘资源、降低了服务器的运行速度。

采用磁盘镜像技术的问题还在于，互为备份的磁盘共用一个磁盘驱动器控制器，磁盘驱动器控制器的故障会使两个磁盘同时失去工作能力。为克服磁盘镜像技术存在的问题，磁盘双工技术得到了发展。

（2）磁盘双工技术。磁盘双工技术也采用两块或两块以上的磁盘保存数据，但是与磁

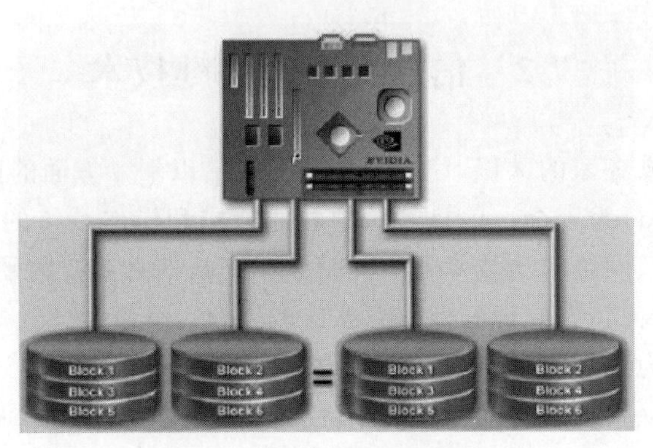

图 7-1　磁盘镜像冗余备份

盘镜像技术中两个磁盘驱动器都连接到同一个磁盘控制器不同,磁盘双工需要给每块磁盘独立的磁盘驱动控制器,操作系统在执行磁盘写操作时,同时向两个磁盘驱动器发出写命令,输出写数据,这样可以减少软件控制重复写操作的时间消耗,提高数据的存储速度。

(3) 双机热备份技术。双机热备份技术是一种软硬件结合的较高容错应用方案,由两台服务器系统和一个外接共享磁盘阵列柜及相应的双机热备份软件组成。

在这个容错方案中,操作系统和应用程序安装在两台服务器的本地系统盘上,整个网络系统的数据是通过磁盘阵列集中管理和数据备份的。数据集中管理是通过双机热备份系统将所有站点的数据直接从中央存储设备读取和存储,并由专业人员进行管理,极大地保护了数据的安全性和保密性。用户的数据存放在外接共享磁盘阵列中,在一台服务器出现故障时,备机主动替代主机工作,保证网络服务不间断。

双机热备份系统采用"心跳"方法保证主系统与备用系统的联系。所谓"心跳",指的是主从系统之间相互按照一定的时间间隔发送通信信号,表明各自系统当前的运行状态。一旦"心跳"信号表明主机系统发生故障,或者备用系统无法收到主机系统的"心跳"信号,则系统的高可用性管理软件认为主机系统发生故障,主机停止工作,并将系统资源转移到备用系统上,备用系统将替代主机发挥作用,以保证网络服务运行不间断。

双机热备份方案中,根据两台服务器的工作方式可以有双机热备模式、双机互备模式和双机双工模式 3 种,在此不再展开叙述。

7.2.2　信息系统操作系统的安全

处于物理安全层次之上的是操作系统的安全。操作系统安全隐患主要来源于两个方面:一方面是由于设计缺陷造成的,另一方面是由于使用不当导致的,下面给出部分涉及的关键技术。

1. 漏洞扫描技术

系统漏洞是指操作系统软件在逻辑设计上的缺陷或在编写时产生的错误,这个缺陷或错误可以被不法者或者计算机黑客利用,通过植入木马、病毒等方式攻击或控制整个计算机,窃取计算机中的重要资料和信息,甚至破坏系统。

系统漏洞问题是与时间紧密相关的。例如,随着用户的深入使用,微软公司的 Windows 系统中存在的漏洞也不断暴露出来。针对这些漏洞,微软公司会通过发布补丁软件进行修补或在新版系统中得以纠正。尽管如此,在新版系统纠正旧版本中的漏洞的同时,还会产生一些新的漏洞和错误。随着时间的推移,旧的系统漏洞会不断消失,但新的系统漏洞会不断出现,因此系统漏洞问题会长期存在。

微软公司一般会在每月的第二个周二发布安全公告,被称为"补丁星期二"。例如 2014 年 1 月 16 日发布的 1 月份安全公告公布了 4 个漏洞补丁,分别修复了 MS Office Word、Windows 10 内核和旧版本 Windows 内核驱动中存在的多个远程代码执行和提权漏洞。同时推送的还有 Adobe Flash Player 12 的版本更新安装包及 Adobe Reader 的安全更新。

发现操作系统漏洞的风险和危害后,就必须及时进行弥补,以使计算机处于安全状态。下面介绍几种修复系统弥补漏洞的方法。

(1) 通过 Windows Update 自动更新补丁进行修复。Windows 10 会自动通过 Windows Update 来更新补丁。但有一点要注意,必须要打开这个功能。

(2) 通过卫士类软件修补漏洞。如果计算机上安装了《QQ 电脑管家》《金山卫士》《360 安全卫士》等软件,就可以通过各自的漏洞修补功能即时修补那些严重系数非常高的漏洞。卫士类软件最人性化的功能就在于其能第一时间通知使用者对系统进行什么操作。当微软公司发布了最新的漏洞补丁时,《360 安全卫士》等软件会在第一时间弹出窗体提醒用户修补漏洞。

(3) 其他辅助类软件。《金山装机精灵》等系统辅助类软件都会有系统漏洞检查功能并且支持自动下载与安装。通过这种方式,Windows 10 漏洞可以立即修复。

2. 访问控制技术

(1) 访问控制概念。访问控制是指通过系统对用户身份预先定义的策略组,限制其使用数据资源能力的一种手段,通常用于系统管理员控制用户对服务器、目录、文件等网络资源的访问。访问控制是系统保密性、完整性、可用性和合法使用性的重要基础,是网络安全防范和资源保护的关键策略之一,也是主体依据某些控制策略或权限对客体本身或其资源进行的不同授权访问。

访问控制的目的是限制主体对客体的访问,从而保障数据资源在合法范围内得以有效使用和管理。为了达到上述目的,访问控制需要完成两个任务:识别和确认访问系统的用户,决定该用户是否可以对系统资源进行访问。

访问控制包括主体、客体和控制策略 3 个要素。

① 主体。主体是指提出访问资源的具体请求,是某一操作动作的发起者,可能是某一用户,也可以是用户启动的进程、服务和设备等。

② 客体。客体是指被访问资源的实体,所有可以被操作的信息、资源、对象都可以是客体,可以是信息、文件、记录等,也可以是网络上硬件设施、通信终端,甚至可以是另外一个客体。

③ 控制策略。控制策略是主体对客体的相关访问规则集合。

访问控制的功能包括保证合法主体的访问网络资源,防止非法的主体进入受保护的网络资源。要进行访问控制,首先就要对用户身份的合法性进行验证,同时利用控制策略进行选用和管理工作。当用户身份和访问权限验证之后,还需要对越权操作进行监控。因此,访问控制的内容包括认证、控制策略实现和安全审计。

① 认证。认证包括主体对客体的识别及客体对主体的检验确认。

② 控制策略。控制策略是通过合理地设定控制规则，确保用户对信息资源在授权范围内的合法使用，既要确保授权用户的合理使用，又要防止非法用户侵权进入系统，盗取重要的信息。同时，对于合法用户，也不能越权行使功能。

③ 安全审计。系统可以自动根据用户的访问权限，对计算机网络环境下的有关活动或行为进行系统的、独立的检查验证，并做出相应评价与审计。

(2) 在安全策略的制定和实施中，要遵循下列原则。

① 最小特权原则。最小特权原则是指主体执行操作时，按照所需权利的最小化原则将权力分配给主体。

② 最小泄漏原则。最小泄漏原则是指主体执行任务时，按照所需要知道的信息最小化原则将权力分配给主体。

③ 多级安全策略。多级安全策略是指主体和客体之间的数据流向和权限控制按照安全级别划分为绝密、秘密、机密、限制和无级别 5 级。

3. 防火墙技术

防火墙是指一个由软件和硬件设备组合而成、在内部网络和外部网络之间、专用网络与公共网络之间的界面上构造的保护屏障，是对获取安全性方法的形象说法。它通过计算机硬件和软件的结合，使 Internet 与 Intranet 之间建立起一个安全网关，从而保护内部网络免受非法用户的侵入。防火墙主要由服务访问规则、验证工具、包过滤器和应用网关 4 部分组成。

防火墙是一个位于计算机和与其相连的网络之间的软件或硬件，分软件防火墙和硬件防火墙两种。计算机流入、流出的所有信息均要经过此防火墙。

(1) 软件防火墙。软件防火墙单独使用软件系统来完成防火墙功能，一般用于单机系统，很少用于计算机网络中。它将软件部署在系统主机上，其安全性较硬件防火墙差，同时占用系统资源，在一定程度上影响系统性能。

软件防火墙有操作系统自带的防火墙，第三方开发的防火墙，例如瑞星防火墙、江民防火墙、诺顿防火墙、360 防火墙、金山防火墙和卡巴斯基防火墙等。

Windows 10 也自带了防火墙。在 Windows 10 系统桌面，右击桌面左下角的"开始"按钮，在弹出的菜单中选中"设置"选项。在打开 Windows 10 系统的"设置"窗口中选中"网络和 Internet"选项，打开网络设置窗口。在打开的网络和 Internet 设置窗口，单击左侧边栏的"以太网"选项。然后找到"Windows 防火墙"选项，选中该项就可打开"Windows 防火墙"设置窗口，如图 7-2 所示。

在"设置"窗口中，分别选择"专用网络设置"与"公用网络设置"项的"关闭 Windows 防火墙"前的单选框，最后单击"确定"按钮。这时在系统右下角会弹出"启用 Windows 防火墙"的提示信息，这时 Windows 防火墙已关闭了。相反可以进行打开的操作了。

第三方开发防火墙如图 7-3 所示。

瑞星防火墙是为解决网络上黑客攻击问题而研制的个人信息安全产品，具有完备的规则设置，能有效监控任何网络连接，保护网络不受黑客的攻击。

(2) 硬件防火墙。把软件防火墙嵌入在芯片中就是硬件防火墙，一般是把 Linux 系统与防火墙软件一同嵌入到硬件中，这是因为与 Windows 相比，Linux 操作系统更加安全。硬件防火墙是指把防火墙程序做到芯片里面，由硬件执行这些功能，能减少 CPU 的负担，

图 7-2　Windows 10 的防火墙

图 7-3　瑞星防火墙

使路由更稳定。

硬件防火墙是计算机网络中保障内部网络安全的一道重要屏障，如图 7-4 所示。它的安全和稳定直接关系到整个内部网络的安全。

4. 入侵检测技术

入侵检测是对防火墙的合理补充，可帮助系统应对网络攻击，扩展系统管理员的安全管

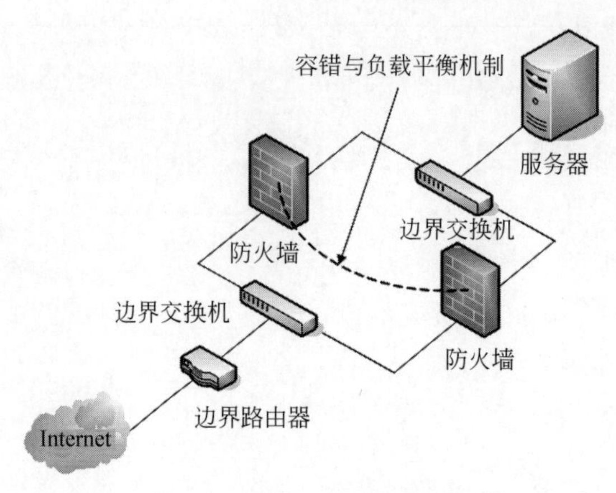

图 7-4 网络中的硬件防火墙

理能力(包括安全审计、监视、进攻识别和响应),提高信息安全基础结构的完整性。它从计算机网络系统中的若干关键结点收集信息并分析信息,判断网络中是否有违反安全策略的行为和网络是否遭到袭击。入侵检测被认为是防火墙之后的第二道安全门,能在不影响网络性能的前提下对网络进行监测,提供对内部攻击、外部攻击和误操作的实时保护。

(1) 信息收集。入侵检测的第一步是信息收集。这些信息包括系统、网络、数据及用户活动的状态和行为。这些信息需要通过计算机网络中不同的关键结点(不同网段和不同主机)收集。通过扩大检测范围,可以把一个关键结点与其他结点中信息的一致性进行比对,以判断是否存在可疑行为或入侵。

当然,入侵检测在很大程度上依赖于所收集信息的可靠性和正确性,因此很有必要利用已知的信息精准报告入侵行为。入侵者经常替换软件以混淆和移走这些信息,例如替换被程序调用的子程序、库和其他工具,以使系统功能失常但看起来正常。这就需要保证用所检测软件的完整性,特别是入侵检测系统软件本身应具有相当强的坚固性,防止收集到被篡改的错误信息。

入侵检测利用的信息一般来自以下 4 方面。

① 系统和网络日志文件。黑客经常在系统日志文件中留下他们的踪迹,因此充分利用系统和网络日志文件记录的信息是检测入侵的必要条件。日志中包含发生在系统和网络上的不寻常和不期望活动的证据,这些证据可以指出定义有人入侵了系统。通过查看日志文件,能够发现这些入侵是否成功,并很快启动相应的应急响应程序。日志文件中记录了各种行为类型,每种类型又包含不同的信息,例如记录“用户活动”类型的日志,就包含登录、用户 ID 改变、用户对文件的访问、授权和认证信息等信息。很显然地,对用户活动来讲,不正常或不期望的行为就是不断重复登录,登录到不期望的位置以及企图未经授权就访问重要的文件等。

② 目录和文件中不期望的改变。网络环境中的文件系统包含很多软件和数据文件,包含重要信息的文件和私有数据文件经常是黑客修改或破坏的目标。目录和文件中不期望的改变(包括修改、创建和删除),特别是那些正常情况下限制访问的,很可能就是一种入侵产生的指示和信号。黑客通常会替换、修改和破坏所获访问权限系统上的文件,且为了在系统中隐藏活动痕迹,都会尽力去替换系统程序或修改系统日志文件。

③ 程序执行中出现的不期望行为。网络系统上程序的执行一般包括操作系统、网络服务、用户起动的程序和特定目的的应用,例如数据库服务器。每个在系统上执行的程序都由一个或多个进程来实现。每个进程执行在具有不同权限的环境中,这种环境控制着进程可访问的系统资源、程序和数据文件等。一个进程的执行行为由它运行时执行的操作来表现,操作执行的方式不同,所利用的系统资源也就不同。这些操作包括计算、文件传输、设备和其他进程,以及与网络间其他进程的通信。

一个进程出现了不期望的行为可能是因为有人正在入侵系统。这种入侵行为可能会将程序或服务的运行分解,从而导致它失败,或者是以违背用户或管理员的意图进行操作。

④ 物理形式的入侵。物理形式的入侵包括两个方面的内容,一是未授权的网络硬件连接;二是对物理资源的未授权访问。入侵者想方设法突破网络的周边防卫,如果能够以物理形式访问内部网,就能安装他们自己的设备和软件。由此,入侵者就可以知道网络上有哪些由用户加装的不安全(未授权)设备,然后利用这些设备访问网络。例如,有些人会在家里安装 Modem 进行远程办公,若黑客此时利用自动工具识别公共线路上的 Modem,当拨号访问流量经过这些自动工具时,就会成为威胁网络安全的后门。黑客会利用这个后门,越过了内部网络原有的防护措施访问内部网,然后捕获网络中的信息,攻击其他系统,偷取敏感的私有信息。

(2) 信息分析。对上述 4 类收集到的信息,一般通过 3 种技术手段进行分析:模式匹配、统计分析和完整性分析。其中,前两种方法用于实时的入侵检测,而完整性分析则用于事后分析。

① 模式匹配。模式匹配就是将收集到的信息与已知的网络入侵和系统误用模式数据库进行比较,从而发现违背安全策略的行为。该过程可以很简单(如通过字符串匹配以寻找一个简单的条目或指令),也可以很复杂(如利用正规的数学表达式来表示安全状态的变化)。一般情况下,一种进攻模式可以用一个过程(如执行一条指令)或一个输出(如获得权限)来表示。该方法的优点就是只需收集相关的数据集合,系统负担显著减少,技术已相当成熟。与病毒防火墙采用的方法一样,模式匹配的检测准确率和效率都相当高,但是该方法需要不断升级以应对不断出现的黑客攻击手法,不能检测到从未出现过的黑客攻击手段。

② 统计分析。统计分析方法首先给用户、文件、目录和设备等系统对象创建一个统计描述,统计正常使用时的访问次数、操作失败次数和延迟等测量属性。测量属性的平均值会被用来与网络、系统的行为进行比较,当观察值超出正常值时,就认为有入侵发生。例如,统计分析可能标识一个不正常行为,因为它发现一个在晚八点至早六点从不登录的账户却在凌晨两点试图登录。统计分析的优点是可检测到未知的入侵和更为复杂的入侵;缺点是误报、漏报率高,不适应用户正常行为的突然改变。目前,基于专家系统、基于模型推理和基于神经网络的统计分析方法是研究热点并在迅速发展。

③ 完整性分析。完整性分析主要关注的是某个文件或对象是否被更改,包括文件和目录的内容及属性,它在发现被更改或被植入木马程序的应用程序方面特别有效。完整性分析所用的加密机制,称为消息摘要函数(例如 MD5),它能识别十分微小的变化。其优点是不管模式匹配方法和统计分析方法能否发现入侵,只要是成功的攻击导致了文件或其他对象的任何改变,都会被发现;缺点是一般以批处理方式实现,不能实时响应。尽管如此,完整性检测仍是网络安全产品的必要手段之一。例如,可以在每一天的某个特定时间开启完整

性分析模块，对网络系统进行全面扫描检查。

作为一种积极主动地安全防护技术，入侵检测提供了针对内部攻击、外部攻击和误操作的实时保护，在网络系统受到危害之前拦截和响应入侵。从网络安全的立体纵深、多层次防御的角度出发，入侵检测理应受到人们的高度重视，这从国外入侵检测产品市场的蓬勃发展就可以看出。在国内，随着上网的关键部门、关键业务越来越多，迫切需要具有自主版权的入侵检测产品。但现状是入侵检测仅仅停留在研究和实验样品（缺乏升级和服务）阶段，或者是防火墙中集成较为初级的入侵检测模块。可见，入侵检测产品仍具有较大的发展空间，从技术途径来讲，除了完善常规的、传统的技术（模式识别和完整性检测）外，应重点加强统计分析的相关技术研究。

7.3 计算机病毒及防治

计算机病毒是利用计算机软件与硬件的缺陷，由被感染的计算机内部发出的破坏数据并影响正常工作的一组指令集或程序代码，具有破坏性、复制性和传染性的特点。及时发现和清除计算机病毒对维护信息系统安全具有重要的意义。

7.3.1 计算机病毒的基本知识

1. 计算机病毒的定义

我国于 1994 年 2 月 18 日颁布的《中华人民共和国计算机信息系统安全保护条例》中对计算机病毒有明确定义，计算机病毒是指“编制或者在计算机程序中插入的破坏计算机功能或者破坏数据，影响计算机使用并且能够自我复制的一组计算机指令或者程序代码”。

2. 计算机病毒的特征

根据计算机病毒的定义可知，其实质就是一段指令集或者程序代码，目的是破坏其他正常程序的执行，影响计算机的正常工作。但是它又具有和正常程序或者指令的不同特征，具体介绍如下。

（1）寄生性。计算机病毒会寄生在其他程序之中，当执行这个程序时，病毒就起破坏作用，而在未启动这个程序之前，它是不易被人发觉的。

（2）传染性。传染性是计算机病毒的基本特征。计算机病毒是一段人为编制的计算机程序代码，这段程序代码一旦进入计算机并得以执行，它就会搜寻其他符合其传染条件的程序或存储介质，在确定目标后再将自身代码插入其中，达到自我繁殖的目的。只要一台计算机染毒，如不及时处理，就会在这台计算机上迅速扩散，其中大量的文件（一般是可执行文件）会被感染。是否具有传染性是判别一个程序是否为计算机病毒的最重要条件。病毒程序通过修改磁盘扇区信息或文件内容并把自身嵌入到其中的方法达到病毒的传染和扩散。被嵌入的程序通常称为宿主程序。

（3）潜伏性。一个编制精巧的计算机病毒程序在进入系统之后一般不会马上发作，可以在几周或者几个月甚至几年内隐藏在合法文件中，对其他系统进行传染，而不被人发现。潜伏性越好，其在系统中的存在时间就会越长，病毒的传染范围就会越大。潜伏性的表现有两个。

① 病毒程序不用专用检测程序是检查不出来的，因此病毒可以静静地躲在磁盘或磁带

里潜伏很长时间，一旦时机成熟，得到运行机会，就又要四处繁殖和扩散。

② 计算机病毒的内部往往有一种触发机制。在不满足触发条件时，计算机病毒除了传染外不做什么破坏。一旦触发条件得到满足，就会在屏幕上显示信息、图形或特殊标识，或者执行格式化磁盘、删除磁盘文件、对数据文件做加密、封锁键盘以及使系统死锁等。

(4) 隐蔽性。计算机病毒具有很强的隐蔽性，通常隐藏在正常程序或者系统引导扇区中，多以隐藏文件的形式存在。它们有的可以通过病毒软件检查出来，有的根本就查不出来，有的时隐时现、变化无常，处理起来通常较为困难。

(5) 破坏性。在计算机中毒后，通常会导致正常的程序无法运行，把计算机内的文件删除或受到不同程度的损坏，由于还占用了系统资源，会降低计算机系统的工作效率，严重时会导致系统资源耗尽。

(6) 可触发性。计算机病毒因某个事件或数值的出现，诱使病毒实施感染或进行攻击的特性称为可触发性。为了隐蔽自己，病毒必须潜伏，少做动作。如果完全不动，一直潜伏，则既不传染也不破坏。计算机病毒既要隐蔽又要维持杀伤力，所以必须具有可触发性。计算机病毒具有预定的触发条件，这些条件可能是时间、日期、文件类型或某些特定数据等。计算机病毒运行时，触发机制会检查预定条件是否满足，如果满足，则启动感染或破坏动作，使病毒进行感染或攻击；如果不满足，则病毒继续潜伏。

(7) 衍生性。由于计算机病毒本身是一段可执行的程序，所以这种程序反映了设计者的一种设计思想。又由于计算机病毒本身也是由安装部分、传染部分和破坏部分等部分组成的，因此这些模块很容易被病毒本身或其他模仿者修改，使之成为一种不同于原来病毒的计算机病毒，称为病毒变种，这就是计算机病毒的衍生性。变种病毒的危害性可能比原来的病毒更为严重。

需要注意的是，按照目前对计算机病毒的定义和特征进行判断，木马程序并不能算是病毒，原因如下。首先，木马并不具有传染性，木马并不会使那些正常的文件变成木马，但病毒可以感染正常文件使其成为病毒或者病毒传播的介质；其次，木马不具有隐藏性和潜伏性，木马程序都是可见的，并没有把自己隐藏起来，也不像病毒那样通过系统中断或者其他的一些什么机制来定期发作，木马只是伪装成一个你想要使用的正常程序，甚至具有正常程序的一切功能，当使用这些正常的功能的同时，木马的行为也就同时发作了。再次，木马没有破坏性，纯粹的木马旨在盗取用户资料，取得用户的信息，并不会破坏用户的系统。

3. 计算机病毒的分类

下面根据不同的划分标准，对计算机病毒加以分类。

(1) 根据破坏的严重性，计算机病毒分可分为良性病毒和恶性病毒两类。良性病毒是指其中不包含对计算机系统产生直接破坏作用的代码。这类病毒为了表现其存在，只是不停地进行扩散，并不破坏计算机内的数据。有些只是表现为恶作剧。这类病毒取得系统控制权后，会导致整个系统的运行效率降低，使系统可用内存总数减少，使某些应用程序暂时无法执行。恶性病毒是指在其代码中包含损伤和破坏计算机系统的操作，在其传染或发作时会对系统产生直接的破坏作用。这类病毒有很多，如米开朗基罗病毒。当该病毒发作时，硬盘的前 17 个扇区将被彻底破坏，使整个硬盘上的数据无法被恢复，造成的损失是无法挽回的。有的病毒甚至还会对硬盘做格式化等破坏操作。

(2) 根据存在的媒体，计算机病毒可划分为网络病毒、文件病毒和引导型病毒。网络病毒通过计算机网络传播感染网络中的可执行文件,文件病毒感染计算机中的文件(如COM、EXE、DOC等),引导型病毒感染启动扇区(Boot)和硬盘的系统引导扇区(MBR)。从危害程度来讲,引导型病毒危害性较大。引导型病毒进入系统,一定要通过启动过程。在无病毒环境下使用的软盘或硬盘,即使已感染引导区病毒,也不会进入系统并进行传染,但是只要用感染引导区病毒的磁盘引导系统,就会使病毒程序进入内存,形成病毒环境。

(3) 根据传染的方法,计算机病毒可划分为驻留型病毒和非驻留型病毒。驻留型病毒感染计算机后,把自身的内存驻留部分放在内存(RAM)中,这一部分程序挂接系统调用并合并到操作系统中,处于激活状态,一直到关机或重新启动。非驻留型病毒在得到机会激活时并不感染计算机内存,一些病毒在内存中留有小部分,但是并不通过这一部分进行传染,这类病毒也被划分为非驻留型病毒。

(4) 根据算法的不同,计算机病毒可分为伴随型病毒、蠕虫型病毒、寄生型病毒、诡秘型病毒和变型病毒。伴随型病毒并不改变文件本身,它根据算法产生EXE文件的伴随体,具有同样的名字和不同的扩展名(COM)。例如,XCOPY.EXE的伴随体是XCOPY.COM。计算机病毒把自身写入COM文件并不改变EXE文件,当DOS加载文件时,伴随体优先被执行到,再由伴随体加载执行原来的EXE文件。蠕虫型病毒通过计算机网络进行传播,它不改变文件和资料中的信息,但会利用网络从一台计算机的内存传播到其他计算机的内存,通过计算网络地址,将自身的病毒通过网络发送。寄生型病毒是指依附在系统的引导扇区或文件中,通过系统的功能进行传播的计算机病毒。诡秘型病毒一般不直接修改DOS中断和扇区数据,而是通过设备技术和文件缓冲区等DOS内部修改,不易看到资源,使用比较高级的技术。利用DOS空闲的数据区进行工作。变型病毒是一种使用一个复杂的算法,使自己每传播一份都具有不同的内容和长度的病毒。

另外,对计算机病毒的划分方式还有很多,不再赘述。

4. 计算机病毒名称的命名及常见的前缀含义

为了和计算机内正常文件做出区分,有必要了解计算机病毒的命名方式及含义。病毒名称的一般格式如下:

<病毒前缀>.<病毒名>.<病毒后缀>

其中,病毒前缀是指一个病毒的种类,用于区别病毒的种族分类;病毒名是指一个病毒的家族特征,用于区别和标识病毒家族;病毒后缀是指一个病毒的变种特征,用于区别是哪个家族病毒的哪个变种。一般都采用英文中的26个字母来表示。下面对常见的病毒前缀含义做一介绍。

(1) 系统病毒。系统病毒的前缀为Win32、PE、Win95、W32、W95等。这些病毒的一般共有的特性是可以感染Windows操作系统的EXE和DLL文件,并通过这些文件进行传播。

(2) 蠕虫病毒。蠕虫病毒的前缀是Worm。这种病毒的共有特性是通过网络或者系统漏洞进行传播,大部分的蠕虫病毒都有向外发送带毒邮件,阻塞网络的特性。例如,冲击波病毒Worm.msBlast会阻塞网络,小邮差病毒Worm.Mimail.*(其中的*用字母表示第几个变种)会发带毒邮件等。

(3) 木马病毒、黑客病毒。木马病毒其前缀是Trojan,黑客病毒前缀名一般为Hack。

木马病毒的共有特性是通过网络或者系统漏洞进入用户的系统并隐藏，然后向外界泄露用户的信息，而黑客病毒则有一个可视的界面，能对用户的计算机进行远程控制。木马、黑客病毒往往是成对出现的，即木马病毒负责侵入用户的计算机，而黑客病毒则会通过该木马病毒来进行控制。木马病毒如针对网络游戏的 Trojan.LMir.PSW.60，黑客程序如网络枭雄(Hack.Nether.Client)等。

(4) 脚本病毒。脚本病毒的前缀是 Script。脚本病毒的共有特性是使用脚本语言编写，通过网页进行的传播。如红色代码(Script.Redlof)。脚本病毒的前缀 VBS、JS 用于表明是何种脚本编写的，例如欢乐时光(VBS.Happytime)、十四日(Js.Fortnight.c.s)等。

(5) 宏病毒。宏病毒的前缀是 Macro，第二前缀是 Word、Word97、Excel、Excel97 等。宏是 Word 和 Excel 文件中的一段可执行代码，宏病毒就是伪装成 Word 或者 Excel 中的宏，当 Word 或者 Excel 文件被打开时，宏病毒就会运行，感染其他文档文件。该类病毒的共有特性是能感染 Office 系列文档，然后通过 Office 通用模板进行传播，例如著名的美丽莎(Macro.Melissa)。

(6) 后门病毒。后门病毒的前缀是 Backdoor。该类病毒的共有特性是通过网络传播，给系统开后门，给用户计算机带来安全隐患。如 IRC 后门 Backdoor.IRCBot。

(7) 病毒种植病毒。这类病毒的前缀是 Dropper。其共有特性是运行时会从体内释放出一个或几个新的病毒到系统目录下，由释放出来的新病毒产生破坏。如冰河播种者(Dropper.BingHe2.2C)、MSN 射手(Dropper.Worm.Smibag)等。

(8) 破坏性程序病毒。破坏性程序病毒的前缀是 Harm。这类病毒的共有特性是本身具有好看的图标来诱惑用户，当用户单击这类病毒时，病毒便会直接对计算机产生破坏。例如格式化 C 盘(Harm.formatC.f)、杀手命令(Harm.Command.Killer)等。

(9) 玩笑病毒。玩笑病毒也称恶作剧病毒，前缀是 Joke。这类病毒的共有特性是本身具有好看的图标来诱惑用户，当用户触发这类病毒时，病毒会做出各种破坏操作来吓唬用户，其实病毒并没有对用户计算机进行任何破坏。例如女鬼(Joke.Girl ghost)病毒。

(10) 捆绑机病毒。捆绑机病毒的前缀是 Binder。这类病毒的共有特性是使用特定的捆绑程序将病毒与一些应用程序捆绑起来，表面上看是一个正常的文件，当用户运行这些捆绑病毒时，表面会上运行这些应用程序，然后隐藏运行捆绑在一起的病毒，给用户造成危害。例如捆绑 QQ(Binder.QQPass.QQBin)、系统杀手(Binder.killsys)等。

7.3.2 计算机病毒的传播途径与防治

1. 计算机病毒的传播途径

计算机病毒的传播途径如下。

(1) 计算机内的板卡设备。通过各种板卡传播计算机病毒就是利用专用的集成电路进行传播。这种计算机病毒虽然极少，但破坏力却极强，目前尚没有较好的检测手段对付。

(2) 各种存储设备。此类设备包括优盘、CD-ROM、DVD-ROM 等。盗版光碟上软件和游戏的非法复制是目前此类计算机病毒传播主要途径。随着大容量可移动存储设备的普遍使用，这些存储介质也将成为计算机病毒寄生的场所。硬盘是现在数据的主要存储介质，因此也是计算机病毒感染的重灾区。硬盘传播计算机病毒的途径体现在硬盘向优盘上复制带毒文件，带毒情况下格式化软盘，向光盘上刻录带毒文件，硬盘之间的数据复制，以及将带毒文件发送至其他地方等。

(3) 网络。组成网络的每一台计算机都能连接到其他计算机,数据也能从一台计算机发送到其他计算机。如果发送的数据包含计算机病毒,接收方的计算机将会被感染,因此有可能在很短的时间内感染整个网络中的计算机。通过网络感染计算机病毒,主要包括通过电子邮件、BBS、网页浏览、FTP文件下载以及新闻组服务等途径。

此外,计算机病毒也可以通过点对点通信系统和无线通信系统进行传播。可以预见,随着WAP等技术的发展和无线上网的普及,通过这种途径传播的计算机病毒也将占有一定的比例。

2. 计算机中毒的症状

如果计算机中出现以下状况,就有可能是遭到了病毒的攻击:运行速度减慢,经常无故发生死机,文件长度发生变化,存储容量异常减少,系统引导速度减慢,丢失文件或文件损坏,屏幕上出现异常显示,蜂鸣器出现异常声响,磁盘卷标发生变化,不识别硬盘,对存储系统异常访问,键盘输入异常,文件的日期、时间、属性等发生变化,文件无法正确读取、复制或打开,命令执行出现错误,虚假报警,操作系统无故频繁出现错误,异常重新启动,外部设备工作异常,异常要求用户输入密码,Word或Excel提示执行"宏",不应驻留内存的程序驻留内存,等等。

3. 计算机病毒的清除

一旦出现上述计算机中毒症状,就应该采取措施及时清除计算机病毒。清除病毒一般采用人工清除病毒和自动清除病毒两种方法。

(1) 自动清除。自动清除病毒是指借助杀毒软件来清除计算机病毒的方法,用户只需按照杀毒软件的菜单或者联机帮助即可轻松完成杀毒。

(2) 人工清除。使用杀毒软件后,有的病毒仍然存在,这时就得用手工方法进行清除病毒了。手工清除要求使用者对于病毒文件有相当的了解。

7.4 常用的系统维护

计算机系统维护是指,为保证计算机系统能够正常工作而进行的定期检测、修理和优化。要从硬件和软件两方面入手。硬件维护包括计算机主要部件的保养和升级;软件维护包括计算机操作系统的更新和杀毒。

7.4.1 计算机硬件系统的维护

计算机硬件系统是指计算机系统中所有物理部件的总称。包括机箱、电源、主板、CPU、内存、硬盘、显示器、键盘鼠标以及网络设备等物理设备。它们是计算机工作的基础,是软件功能实现的物理支持。硬件系统的正常运转是计算机工作的保障。对计算机硬件系统的日常维护和简单修理是对每一个计算机使用者的要求。下面对计算机的硬件维护和简单修理进行简要介绍。

1. 计算机硬件系统的日常维护

(1) 硬件系统维护的注意事项。有些原装机和品牌机在保修期内不允许用户自己打开机箱,如擅自打开机箱可能会失去一些厂商提供的保修权利,用户应该特别注意。

各部件要轻拿轻放，尤其是硬盘、光驱等设备。

由于计算机板卡上的集成电路多采用 MOS 技术制造，在打开机箱之前，应先释放身上应释放身上的静电，例如可以设法将手接触一下墙壁或管道等。

(2) 清洁机箱内表面的积尘。家用计算机时间长了，机箱内的积尘比较多，可用拧干的湿布擦拭。

(3) 清洁插槽、插头、插座。

① 需要清洁的插槽包括各种总线(1SA、PCI、PCIE、AGP)扩展插槽、内存条插槽、各种驱动器接口插头插座等。

② 各种插槽内的灰尘一般先用油画笔清扫，然后再用吹气球或者电吹风吹扫。

③ 如槽内金属引脚有油污，可用脱脂棉球蘸取计算机专用清洁剂或无水乙醇去除。购买清洁剂时一是检查其挥发性能好的品种；二是用 PH 试纸检查其酸碱性，要求呈中性，如呈酸性则对板卡产生腐蚀。

(4) 清洁 CPU 风扇。关闭计算机所有的电源，并且要把电源插头从电源的插座上拔除，然后拆下主机，打开机箱，用吸尘器把机箱里的灰尘吸干净，把 CPU 的风扇拆下来，用小毛刷轻刷，用薄刀片把风扇上的不干胶封剥下来，打开里面的硅胶封，在轴承上滴一两滴稀质机油，封好胶封和不干胶，装回原位即可。

(5) 清洁内存条和板卡。内存条和各种板卡的除尘用油漆刷进行。如果板卡因灰尘、油污或者被氧化，均会造成接触不良。可用橡皮擦擦除金属引脚，千万不可用砂纸等坚硬、粗糙的物品擦拭，否则会损伤极薄的镀层，使板卡损伤。

(6) 显示器的日常维护。不要太频繁地开关显示器，这样会使显示器内部电路瞬间产生大电流而将显像管烧毁。清除显示器屏幕上的灰尘时，应将显示器的电源关掉，用软布从屏幕中心向外擦拭；清除显示器机壳上的灰尘，要用干布擦拭，尽量不用沾水的湿布抹擦；不要把显示器摆放在日光照射较强的地方，若无法回避，则应挂一块深色的布进行遮挡。

(7) 键盘的日常维护。使用计算机时，应保持清洁，不要将液体洒到键盘上，在按键的时候一定要注意力度，动作要轻柔，强烈的敲击会减少键盘的寿命。在玩游戏的时候按键时更应该注意，不要使劲按键，以免损坏键帽。有些早期的键盘不支持带电插拔，轻则损坏键盘，重则可能损坏计算机的其他部件，造成不应有的损失。

(8) 鼠标的日常维护。单击鼠标时不要用力过大，以免损坏弹性开关。使用时最好配备专用的鼠标垫，可减少振动，保持光电检测元件。使用光电鼠标时，要注意保持感光板的清洁使其处于更好的感光状态，避免污垢附着在发光二极管和光敏三极管上，遮挡光线接收。

在平时使用计算机的时候，多注意一下计算机的维护，不但可以延长使用寿命，最主要的是能让计算机工作在最佳状态，提高工作效果。

2. 计算机硬件系统的简单修理

计算机在使用过程中难免会产生这样那样的故障，只要了解各种配件的特性及常见故障的现象，就可以将其逐个排除。常见故障有下面几种。

(1) 接触不良的故障。接触不良一般反映在各种板卡、内存、CPU 等与主板的接触不良或电源线、数据线、音频线等的连接不良。其中，各种接口卡、内存与主板接触不良的现象较为常见，通常只要更换相应的插槽位置或用橡皮擦一擦金属引脚，就可排除故障。

(2) 未正确设置参数。CMOS参数的设置主要有硬盘、软驱、内存的类型,以及口令、机器启动顺序、病毒警告开关等。由于参数没有设置或没有正确设置,系统都会提示出错。例如病毒警告开关打开,则无法安置Windows等。

(3) 硬件本身故障。硬件出现故障,除了本身的质量问题外,也可能是负荷太大或其他原因引起的,例如电源的功率不足或CPU超额使用等,都有可能引起故障。

7.4.2 计算机软件系统的维护

计算机软件分为系统软件和应用软件两大类,大多数计算机系统软件使用的是美国微软公司的Windows操作系统。下面针对Windows系统的计算机软件维护做一介绍。

1. 操作系统的维护

在操作系统维护前,应先做好系统备份。现在常用的系统备份软件是Ghost,用Ghost做好备份以后,只要机器出现崩溃性故障,用Ghost即可恢复系统。目前有很多"一键Ghost"工具,比如《老毛桃》《大白菜》等,它们操作简单,只要点几下鼠标就可以轻松完成计算机的Ghost备份和还原工作。

还可以用系统自带的还原方法来实现。Windows自带的备份还原功能,监视操作系统和一些应用程序的更改,并且自动创建备份,这个备份就代表这个时间点系统的状态,当系统出现问题时,可以通过系统运行正常时创建的备份来将系统还原到过去的正常状态,而且还可恢复数据文件不会导致已有的数据丢失。当然也可以手工创建备份。

2. 备份重要的数据

计算机中的文件都存在丢失的可能,例如意外删除、病毒的毁坏、硬盘的损坏等。将计算机中的文件备份到别的位置是最简单的数据备份方法,这样可以保护文件不会因为病毒或计算机发生故障而被破坏。备份的设备有多种,例如CD、DVD、外部硬盘驱动器、闪存驱动器、网络驱动器等。最好将数据备份到多个位置,例如外部硬盘驱动器或联机存储站点。

3. 安装防病毒软件

现在的病毒千变万化,因此需要杀毒软件防止感染病毒。目前市场上有很多杀毒软件,如瑞星、金山、360公司的产品,选择一款安装在计算机上,而且要定期或及时升级杀毒软件。

4. 安装网络防火墙软件

现在有很多基于硬件或软件的防火墙。防火墙对于非法访问具有很好的预防作用,安装了防火墙后,还要对防火墙进行适当的配置。

5. 定期进行磁盘碎片整理

磁盘碎片是指文件碎片,因为文件被分散存放在整个磁盘的不同地方。磁盘在使用一段时间后,由于反复写入和删除文件,磁盘中的空闲扇区分散到整个磁盘中不连续的物理位置上,从而使文件保存在不连续的扇区里。这样,再读写文件时,就要到不同的地方去读写,增加磁头的来回移动,降低磁盘访问速度。

6. 清理垃圾文件

系统垃圾是操作系统中不再需要的文件的统称。像浏览过网页、安装后又卸载掉的程序这样的残留文件对系统毫无作用,只能给系统增加负担。所以称为垃圾。

对垃圾文件进行手动删除有很大的风险,所以清理系统垃圾时尽量不要采用手工处理,否则一旦系统出现问题将很难恢复。

7.5 本章小结

本章首先介绍信息安全的基本概念和关键技术，包括硬件结构的安全和操作系统的安全。操作系统的安全包括漏洞扫描、访问控制、防火墙、入侵检测等技术；随后讲述了计算机病毒及防治，计算机病毒的分类、传播途径等；最后介绍了计算机系统的维护，包括硬件系统维护和软件系统维护。

7.6 本章实训

实训7.1 杀病毒程序的使用

【实训目的】

(1) 了解病毒程序的基础知识。

(2) 掌握杀毒程序的使用方法。

(3) 熟练使用360杀毒查杀计算机病毒。

【实训环境】

Windows 10系统、360杀毒。

【知识准备】

(1) 打开浏览器，百度搜索360杀毒，进入官方网站。

(2) 在官方网站上找到“360杀毒”下载并安装。

【实训步骤】

(1) 单击右下角托盘程序，弹出360杀毒的主界面，如图7-5所示。

图7-5 360杀毒的主界面

(2) 单击“快速扫描”下拉菜单的“全盘扫描”按钮，弹出如图7-6界面，自动对计算机进行全盘查杀，并显示杀毒进程。

图 7-6　全盘杀毒

(3) 还可以进行“快速扫描”和“自定义扫描”。

实训 7.2　Windows 10 自带的备份还原功能的使用

【实训目的】

(1) 掌握 Windows 10 自带的备份功能的使用。

(2) 掌握 Windows 10 自带的还原功能的使用。

【实训环境】

Windows 10 系统。

【知识准备】

(1) 在桌面是找到“此电脑”并右击，在弹出的快捷菜单中选中“属性”选项，在页面上方单击“控制面板”，即可启动控制面板。

(2) 在控制面板的右上角有一个“查看方式”选项，选中“小图标”或大图标即可进入控制面板的“所有控制面板项”视图，其中列出了所有控制面板的选项。

【实训步骤】

1. 备份系统

(1) 在控制面板的“所有控制面板项”视图上选中“备份和还原”选项。

(2) 打开“备份或还原文件”对话框，如图 7-7 所示。

(3) 选中“设置备份”选项。

(4) 在弹出的“设置备份”对话框中选中保存备份文件的位置，如图 7-8 所示。

(5) 单击“下一步”按钮，弹出选择备份内容对话框。单击“让 Windows 选择”按钮仅备份系统盘，若单击“让我选择”按钮可备份其他盘符内容。

2. 还原系统

(1) 在控制面板上的“所有控制面板项”视图上选中“恢复”选项，打开“恢复”对话框，如图 7-9 所示。

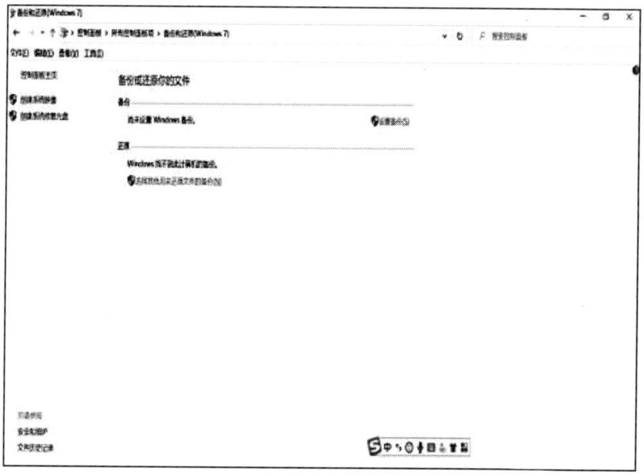

备份或还原你的文件

备份

尚未设置 Windows 备份。

还原

Windows 找不到此计算机的备份。

图 7-7　Windows 10 备份和还原对话框图

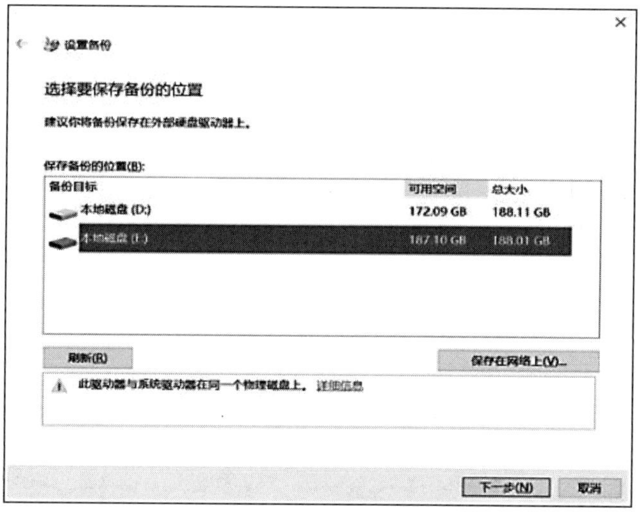

设置备份

选择要保存备份的位置

建议你将备份保存在外部硬盘驱动器上。

保存备份的位置(B):

备份目标	可用空间	总大小
本地磁盘 (D:)	172.09 GB	188.11 GB
本地磁盘 (E:)	187.10 GB	188.01 GB

刷新(R)　　保存在网络上(V)...

此驱动器与系统驱动器在同一个物理磁盘上。 详细信息

下一步(N)　　取消

图 7-8　备份位置

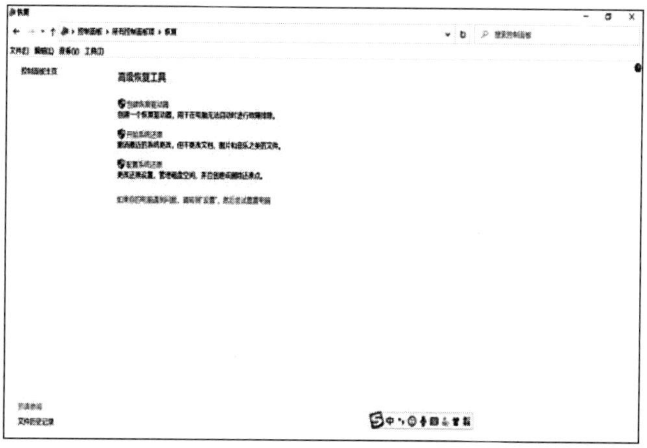

恢复

控制面板 › 所有控制面板项 › 恢复

高级恢复工具

创建恢复驱动器

创建一个恢复驱动器，用于在电脑无法启动时进行故障排除。

开始系统还原

撤消最近的系统更改，但不更改文档、图片和音乐之类的文件。

配置系统还原

更改还原设置，管理磁盘空间，并且创建或删除还原点。

图 7-9　Windows 10 的恢复对话框

(2) 单击“开始系统还原”按钮，弹出“系统还原对话框”，创建一个之前的时间点，如图 7-10 所示。

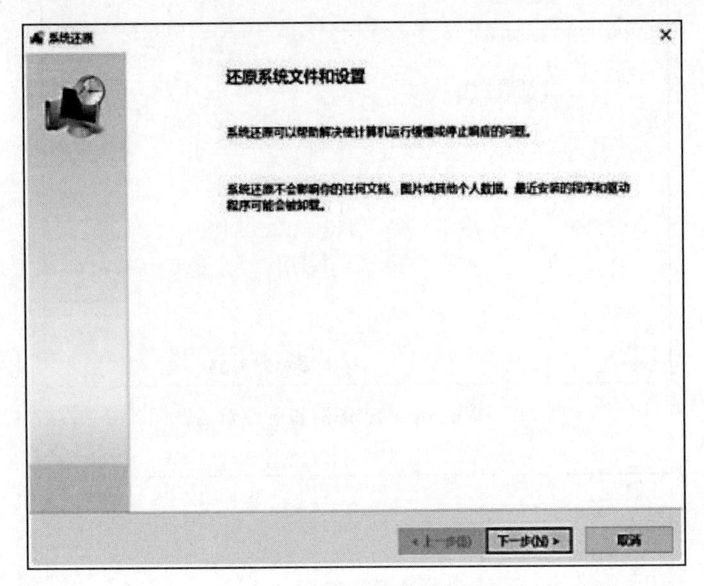

图 7-10　系统还原对话框

(3) 单击“下一步”按钮，完成备份的数据恢复，即可将系统和数据恢复到那个时间点的状态。

习　题　7

1. 信息安全实现的目标是什么？
2. 什么是系统漏洞？
3. 什么是计算机病毒？
4. 计算机软件系统维护包括哪些内容？

第 8 章　多媒体技术与数据库基础

本章主要讲述多媒体技术和数据库基础两部分，首先介绍多媒体的基本概念、关键技术以及多媒体的组成，随后介绍数据库系统的基础知识。

8.1　多媒体技术的基本概念

8.1.1　媒体

媒体(Media)是信息表示和传输的载体。媒体在计算机中有两种含义：一是指媒质，即存储信息的实体，如磁盘、光碟、磁带及半导体存储器等；二是指传输信息的载体，如数字、文字、声音、图像和图形等。

按照国际电信联盟(ITU)标准的定义，媒体可分为以下 5 种。

1. 感觉媒体

直接作用于人的感官，产生感觉(视、听、嗅、味、触觉)的媒体称为感觉媒体(Perception Medium)。例如语言、音乐、音响、图形、动画、数据、文字、文件等都是感觉媒体，也是本章主要讨论的媒体。

2. 表示媒体

为了对感觉媒体进行有效的传输，以便于进行加工和处理，而人为地构造出的一种媒体称为表示媒体(Presentation Medium)。例如语言编码、静止和活动图像编码以及文本编码等都称为表示媒体。

3. 显示媒体

显示媒体(Display Medium)是显示感觉媒体的设备。显示媒体又分为两类：一类是输入显示媒体，如传声器(俗称话筒或麦克风)，摄像机、光笔以及键盘等；另一种为输出显示媒体，如扬声器、显示器以及打印机等。

4. 传输媒体

传输媒体是指传输信号的物理载体，例如同轴电缆、双绞线、光纤以及电磁波等都是传输媒体。

5. 存储媒体

存储媒体(Transmission Medium)是用于存储表示的媒体，即用于存放感觉媒体数字化代码的媒体称为存储媒体。例如磁盘、磁带、光碟、纸张等。

通常所指的多媒体就是上述感觉媒体的组合，也就是声音、图像、图形、动画、文字、数据、文件等各种媒体的组合。

8.1.2　多媒体

多媒体是指包含两种以上的媒体元素的组合。多媒体元素是指文本、音频、图形、图像和动画等。

可以从以下几点来认识多媒体。

(1) 多媒体与众多常见的媒体(如电视、报纸、杂志等)功能是一样的,是一种用于信息交流和信息传播的媒体。

(2) 多媒体是一种人机交互媒体,是通过计算机进行信息存储、交流、传播。多媒体改变了以往人们在电视、报纸等媒体面前的被动状态,即只能“被迫”接收媒体信息,多媒体使人在媒体面前成为主动者,可以查询、访问自己感兴趣的媒体信息。

(3) 多媒体信息是以数字形式存储、交流、传播的,而以前的视频、音频信息一般以模拟方式传播。

8.1.3 多媒体技术

1. 多媒体技术的基本概念

多媒体技术就是指能够同时获取、处理、编辑、存储和显示两种以上的媒体信息(如文本、图像、音频、视频等)的技术。由于计算机具有强大的数据处理功能和人机交互功能,因此目前的多媒体技术都是基于计算机的一种技术。通常认为,多媒体技术是计算机技术和视频技术、音频技术、电子技术和通信技术相互融合的结果。多媒体技术能够提供多种文本、音频、视频信息的输入输出、传输、处理、存储,使得显示的信息图文并茂,更加形象、生动,赏心悦目。

2. 多媒体技术的应用

多媒体技术目前已经发展为一种深入影响人们的生产、生活多个领域的技术,举例如下。

(1) 教育。开展培训和教学工作。

(2) 咨询和演示。开展销售、导游、宣传活动。

(3) 娱乐。影视、音乐欣赏、游戏等。

(4) 管理信息系统(Manage Information System,MIS)。话费查询系统、列车时刻表查询系统等实用系统中的友好界面与交互。

(5) 可视电话系统。和多媒体技术和网络通信技术紧密相关。

(6) 视频会议系统。一种在多个地点的一群用户之间提供语音和运动彩色画面的双向实时传送的视听会话型电信会议业务,其关键技术是解决图像压缩、传输、同步问题。

(7) 计算机支持协同工作。与分布式计算机技术结合,利用计算机协调不同进程的工作。

(8) 视频服务系统。视频点播(Video-On Demand,VOD)系统、视频购物系统等。

3. 多媒体技术的研究内容

(1) 多媒体信息的压缩技术。多媒体中声音、影视等连续媒体的数据量很大,为解决这类媒体的存储、传输问题,就要用到数据压缩、解压缩等技术。

(2) 多媒体信息处理工具开发技术。人们为更加方便地操作与制作多媒体信息,研发了许多媒体创作和编辑工具,并不断改进。

(3) 多媒体数据的存储技术。多媒体数据一般数据量很大,特别是声音、影视数据更是海量数据,目前存储这类数据的最佳介质为光碟,具有存储容量大、价格低、易保存等优点,光碟存储技术的开发利用对多媒体的发展起到了推波助澜的作用。目前常见的光碟技术有CD技术、DVD技术等。

(4) 多媒体网络通信技术。多媒体信息网络通信要解决两个问题：一是带宽问题；二是数据同步问题。

8.1.4 多媒体的特点

与传统媒体相比，多媒体具有以下特点。

1. 集成性

多媒体技术一方面将多种性质不同的媒体有机地组合成完整的具有较高交互性能的多媒体信息；另一方面又把不同的媒体设备集成在一起形成多媒体系统。在硬件上，要有能处理多媒体信息的高速及并行的CPU系统、大容量的存储器、适合多通道的I/O、宽带网络接口，在软件上，要有集成一体化的多媒体操作系统，适合多媒体信息创作与管理的软件系统等。

2. 实时性

当用户给出操作命令时，要求相应的多媒体信息能够得到实时控制。尤其是多媒体信息中的音频、视频是与时间密切相关的，这就要求多媒体技术能进行实时处理。例如，播放视频时不应出现画面停顿现象。

3. 交互性

交互性是多媒体应用有别于传统媒体的主要特点之一。传统媒体只能单向地传播信息，人们只能被动地接受，而多媒体则可以实现人对信息的主动选择和控制。在多媒体系统中，除了可以操控自如，媒体综合处理也非常方便。这种操作要求整个软硬件系统都能实时响应。多媒体交互作用分为初级、中级、高级3个层次。例如，从数据库中检索出某人的照片、声音及文字材料，这是初级的交互；通过交互特性使用户介入信息过程，而不仅是提取信息，这是中级交互；使用户完全进入到一个与信息环境一体的虚拟空间中自由遨游，这是高级交互。

4. 数字化

多媒体中的音频、视频等连续媒体在以前是以模拟方式存储与传播的，它有其致命弱点，例如信号衰减、噪声干扰大、在复制过程中由于误差的积累，很难实现高质量的音频和视频的传输。多媒体技术将各种媒体信息全部数字化，进行存储、加工、处理、传输，克服了上述弱点，实现了高质量媒体信息的存储与传播。

5. 非线性

多媒体技术的非线性特点改变了传统的顺序读写模式。以往人们的读写都采用章、节、页的框架，循序渐进地进行，而多媒体技术借助超文本链接(Hyper Text Link)的方法，把内容以一种更灵活、更具变化的方式呈现给读者。

8.1.5 多媒体计算机

1. 多媒体计算机的概念

多媒体计算机是指能存储、传播处理多媒体数据的个人计算机，能够输入、输出和处理文字、声音、图形、图像、动画等多种媒体信息，它将计算机软硬件技术、数字化声像技术、高速通信网络技术等结合成一个整体，将多媒体信息的获取、加工、处理、传输、存储和表现集于一体。由于要处理音频、视频等连续媒体信息，多媒体微型计算机至少应配备声卡与光驱等配件。

2. 多媒体计算机系统

多媒体计算机系统是一个结合了硬软件平台，对各种媒体信号的获取、生成、存储、处理、回收和传输综合数字化所组成的一个完整的计算机系统。

多媒体计算机系统的组成以下。

(1) 多媒体硬件。多媒体硬件系统由传统的计算机硬件、处理视频信息的板卡、多媒体功能卡(音频/视频卡、图形卡、压缩/解压缩卡等)、数字视频输入设备(数字摄像机、扫描仪)、模拟视频输入设备(录像机、传真机)、模拟音频输入设备(传声器)和交互设备(鼠标、触摸屏)等组成。

(2) 多媒体软件。多媒体软件包括多媒体操作系统、多媒体应用软件和多媒体开发平台等。

① 多媒体操作系统。多媒体操作系统是指除具有一般操作系统功能外，还具有多媒体底层扩充模块，支持高层多媒体信息的采集、编辑、播放和传输等处理功能的系统，如Windows 系列操作系统。

② 多媒体应用软件。多媒体应用软件主要是一些创作工具或多媒体编辑工具，包括文字处理软件、绘图软件、图像处理软件、动画制作软件、声音编辑软件以及视频软件。

③ 多媒体开发平台。平台软件通常是一些可编程的系统，它的主要作用是把各种素材有机地组合起来，并利用可编程环境，创建人机交互功能。一些常见的平台软件有 Visual Basic、Authorware、Macromedia Director 等。

8.2 多媒体关键技术

8.2.1 多媒体关键技术的应用

多媒体技术已得到广泛应用，多媒体产品的实用化、产业化和商品化，依赖于以下关键技术的研究成果。

1. 数据压缩技术

以音频、视频等连续媒体为代表的多媒体数据量很大，这对计算机的存储和网络的传输会造成极大的负担，是制约多媒体发展和应用的最大障碍。解决的办法之一就是进行数据压缩，压缩后再进行存储和传输，到需要时再解压、还原。因此，多媒体的数据压缩问题已成为关系到多媒体技术发展必须解决的瓶颈。虽然当前计算机存储容量、运算速度不断提高，但目前的硬件技术很难为多媒体信息提供足够的存储资源与网络带宽，这使多媒体信息压缩与解压缩技术成为处理多媒体的关键技术之一。

要减少多媒体数据的时空(传输与存储)数据量，有两种最简单的方法：其一是减小媒体信息的播放窗口，如把中分辨率 640×480 像素的窗口改为 100×100 像素，可使数据量减少为原来的 1/30；另一种方法是放慢媒体信息的播放速度，如将现在 25 帧每秒或 30 帧每秒的视频播放信息减少到 10 帧每秒或 15 帧每秒，也可使数据量减少到原来数据量的 1/3。

显然这些方法都是以牺牲媒体信息的播放质量和效果而换得数据所需的时空。多媒体信息中存在着大量的冗余信息,这使数据压缩与解压缩成为可能。例如对于视频图像来说,一般存在如下冗余信息。

(1) 一帧画面相邻像素之间相关性强,因而有很大的信息冗余量,称为空域相关。

(2) 视频图像相邻画面是一个动态连续过程,相邻画面存在很大相关性,即前后两帧画面可能只有部分对象发生变化,而大部分景物是一致的,因而有很大的信息冗余量,称为时域相关。

(3) 多媒体应用中,信息的主要接收者是人,而人的视觉有“视觉掩盖效应”,对图像边缘急剧变化反应不灵敏。此外,人的眼睛对图像的亮度感觉灵敏,对色彩的分辨率能力弱;人的听觉也还有其固有的生理特性。这些人类视觉、听觉的特性也为实现压缩创造了条件,使得信息压缩了之后,感觉不到信息已经被压缩。

多媒体技术应用的关键问题是对图像的编码与解压。为此,国际标准化组织(ISO)和国际电报电话咨询委员会(CCITT)联合成立的一个工作组——JPEG(Joint Photographic Expert Group),致力于建立适用于彩色、单色、多灰度连续色调、静态图像的数字图像压缩标准。1991 年,ISO/IEC 委员会提出 10916G 标准,即多灰度静止图像数字压缩编码。1992 年,图像专家组(Moving Photographic Expert Group)提出了 MPEG-1 标准,用于数字存储多媒体运动图像,伴音速率为 1.5Mb/s 的压缩码,作为 ISO CDIII72 标准,用于实现全屏幕压缩编码及解码称为 MPEG 编码。后续的还有 MPEG-2、MPEG-4、MPEG-7 等编码。

2. 大容量 CD-ROM、DVD-ROM 光碟技术

多媒体信息虽经压缩,仍包含大量数据,假设显示器分辨率为 1024×768,每个像素用 8 位表示颜色,则存储一帧信息的容量为 768KB,如要实时播放,按 30 帧每秒计算,则每分钟视频所需存储容量为 1400MB,假设压缩比为 100∶1,则压缩后数据量仍为 14MB。CD 存储器的碟片容量约为 650MB,DVD 数字多能光碟容量可达 17GB,具有便于携带、价格便宜、便于信息交流的优点,是存储图形、动画、音频和活动影像等多媒体信息的最佳媒体。大容量 CD-ROM、DVD-ROM 光碟技术为多媒体的应用推广铺平了道路。

3. 大规模集成电路制造技术

音频和视频信息的压缩处理和还原处理要求进行大量计算,而视频图像的压缩和还原还要求实时完成,需要具有高速 CPU 的计算机才能胜任。另外,为降低成本,减少 CPU 负担,还需专门研制开发用于语音合成、多媒体数据压缩与解压的多媒体专用大规模集成电路芯片:多媒体数字信号处理器(DSP),数字信号处理器是在模拟信号变换成数字信号以后进行高速实时处理的专用处理器,其处理速度是最快 CPU 处理速度的 10～50 倍。这些都需要大规模集成电路制造技术的支持。

4. 实时多任务操作系统

多媒体技术需要同时处理图像、声音和文字,其中图像和声音还要求同步实时处理,视频要以 30 帧每秒更新画面,因此需要能对多媒体信息进行实时处理的操作系统。目前,微软公司开发的 Windows 操作系统是微型计算机上常见的可处理多媒体信息的实时多任务操作系统。

5. MMX 媒体扩展技术

MMX 指令集由 Intel 公司开发,是对 Intel 体系结构(IA)指令集的扩展。增加了 57 条新的操作指令，允许 CPU 同时对 2、4 甚至是 8 个数据进行并行处理，但不影响系统的速度。MMX 技术提高了很多应用程序的执行性能，例如活动图像、视频会议、二维图形和三维图形。为增强性能，MMX 技术为其他功能释放了额外的处理器周期。以前需要其他硬件支持的应用程序，现在仅需要软件就能运行。更小的处理器占用率给更高程度的并发技术提供了条件，在当今众多的操作系统中这些并发技术得到了利用。在基于 Intel 的分析系统中，某些功能的性能提高了 50%～400%。这种数量级的性能扩展可以在新一代处理器中得到体现。在软件内核中，速度得到更大的提高，其幅度为原有速度的 3～5 倍。MMX 技术为更好地胜任多媒体的实时操作要求创造了条件。

8.2.2 多媒体技术基础

1. 信息的数字化

声音的物理形式是声波，图像的物理形式是二维或三维空间中连续变化的光和色彩组成的。他们都属于模拟信息。这些信息是关于时间的连续函数，其函数图像如图 8-1 所示。

计算机内部只能存储和处理数字信息，以如图 8-2 所示的声音信息函数为例，这些信息具有离散的特征，不是关于时间连续的函数。

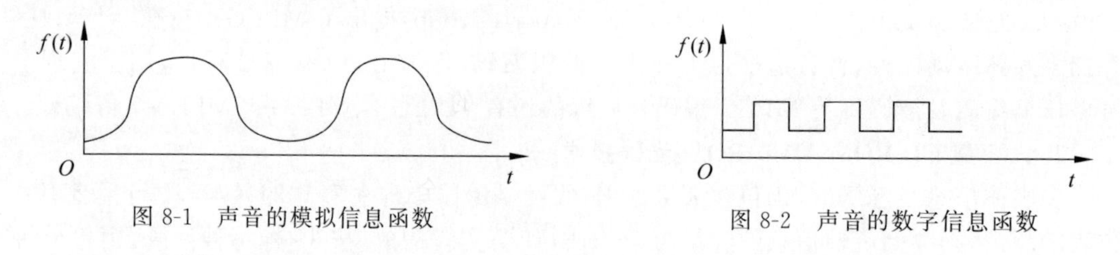

图 8-1 声音的模拟信息函数

图 8-2 声音的数字信息函数

因此多媒体信息除了文字媒体外，其他媒体例如声音、图像等这些模拟量必须转化成数字量(数字信息)，这个过程称为模数转换，其相反的过程则称为数模转换。

2. 信息压缩编码

信息编码是为了方便信息的存储、检索和使用，在进行信息处理时赋予信息元素以代码的过程。即用不同的代码与各种信息中的基本单位组成部分建立一一对应的关系。数字化后会丢失某些信息，量化的精度越高，丢失的信息就越少，但量化的精度过高，会产生较多的位数，从而占用较多的存储空间并耗费处理时间。为了达到用较小信息的数字量表示较大信息的模拟量，就需用数据压缩技术来完成。

3. 信息数字滤波

数字信号经过模数转换器之后得到的信号是阶梯形的，信号的幅度是离散的，其中有很多成分的是噪声造成的，对于这些噪声信号，需要用一定的算法过滤掉，从而重现原始的信号，这一过程称为滤波器设计。滤波器设计方法有经典滤波器和现代滤波器两种方法：经典滤波包括高通滤波器，低通滤波器，带通滤波器，带阻滤波器；现代滤波器是从含有噪声的信号估计出有用的信号和噪声信号。这种方法是把信号和噪声本身都视为随机信号，利用自相关函数、互相关函数、自功率谱、互功率谱等统计特征引导出信号的估计算法，然后利用数字设备实现。目前主要有维纳滤波、卡尔曼滤波、自适应滤波等类型的数字滤波器。

8.2.3 多媒体技术的前景展望

多媒体技术正朝两个方向发展：一是网络化，即与宽带网络通信技术等相关技术结合，使多媒体技术进入科研设计、企业管理、办公自动化、远程教育、远程医疗、检索咨询、文化娱乐、自带测控等领域；二是多媒体终端部件化、智能化、嵌入化，提高多媒体系统本身性能。

多媒体技术的发展前景如下。

(1) 媒体多样化，不断增加新的媒体。随着科技的进步，新的信息媒体不断出现。

(2) 信息传输统一化。随着网络技术的发展，已经实现用同一综合网络传输各种媒体信息，通信费用降低，方便地址管理和媒体同步。

(3) 设备控制集中化。分散的媒体设备控制不便于各种信息有机结合，而多媒体吸引人之处在于它可灵活运用各种媒体表达事物，控制的集中化为此提供了方便。

8.3 多媒体的基本元素及文件

学习多媒体的基本知识是掌握多媒体技术的基础，只有了解和熟悉多媒体信息的特点和信息格式才能运用多媒体系统更好地为科研、教学、生产和生活服务。在多媒体系统中，常见的信息是数字型的，基本的元素如下。

(1) 文本(Text)。由语言文字和符号字符组成的数据文件。如 ASCII、存储汉字的文件。

(2) 图像(Image)。它属于点位图，即由一幅图像的全部像素信息组成的数据文件。

(3) 图形(Graph)。它属于矢量图，即在使用数学方法(算法和特征描述)的基础上，利用画点线圆函数等来生成一个图形，由这些数学方法组成的数据文件称为矢量图。一般可将图形看作是图像的抽象，即图像由若干图形构成。

(4) 动画(Animation)。它是将静态的图像、图形及连环图画等按一定时间顺序显示而形成连续的动态画面。

(5) 音频(Audio)。它是一种声音信号，即相应于人类听觉可感知范围内的频率。多媒体中使用的是数字化音频。

(6) 视频(Video)。它是一种可视信号，即计算机屏幕上显示出的动态信息，如动态图形、动态图像。

上述文件中最常见的是文本文件。计算机中常见的多媒体文本数据存储格式主要分为格式化的文本文件与非格式化的文本文件，文本文件格式有 TXT、RTF，Word 文件的格式有 DOC、DOT 等，文本文件中如果只有文本信息，没有其他有关格式的信息，则称为非格式化文本文件或纯文本文件，如 TXT 文件，而带有各种文本排版信息等格式信息的文本文件，称格式化文本文件，如 DOC 文件。该文件中带有段落格式、字体格式、文章的编号、分栏、边框等格式信息，这是格式化文本文件和非格式化文本文件的区别。

8.3.1 音频文件

声波是由机械振动产生的一种压力波。当进入耳朵的声波引起鼓膜振动，带动内耳的微细感骨的振动，并将神经脉冲传向大脑，听者感觉到的这些脉冲就是声音。当声波传到传声器后,传声器就把机械振动转换成电信号。模拟音频技术通过模拟电压的幅度表示声音的强弱。模拟声音的录制是将代表声音波形的电信号转换到磁带或唱片等媒体上。播放时将记录在媒体上的信号还原成声音。

在计算机内,所有的信息均以数字(0 或 1)表示,声音信号也用一组数字表示,称为数字音频。数字音频与模拟音频的区别在于,模拟音频在时间上是连续的;而数字音频是一个数据序列,在时间上是离散的。因此,声音信息的数字化过程是每隔一个时间间隔在模拟声音波形上取一个幅度值(称为采样,采样的时间间隔称为采样周期),并把采样得到的表示声音强弱的模拟电压用数字表示(称为量化)。

采样量化位数的大小反映出各个采样点进行数字化时选用的精度,在多媒体计算机音频处理系统中,一般有 8 位和 16 位两档,其中 8 位量化位数的精度有 256 个等级,即对每个采样点的音频信号的幅度精度为最大振幅的 1/256,16 位量化位数的精度有 65536 个等级,即为音频信号的最大振幅的 1/65536。

采样和量化过程所采用的主要硬件是模数转换器;在数字音频回放时,再由数模转换器将数字音频信号转换成原始的电信号。

常见的音频文件有 WAV、MID、MP3 等。

(1) WAV 文件。WAV 文件称为波形文件,它是微软公司的音频文件的格式,在多媒体中它表示波形音频的文件格式,一般是通过对声音模拟波形采样得到的,运用不同的采样频率对声音的模拟波形进行采样,得到一系列离散的采样点,以不同的量化位数把这些采样点的值转换为二进制数,存入到磁盘,形成了声音 WAV 文件。WAV 文件还原而成的声音音质取决于采样频率的大小,采样频率越高,音质越好,但形成的 WAV 文件就越大。

波形音频一般适用于以下几种场合。

① 播放的声音是讲话语音,音乐效果对声音的质量要求不太高的场合。

② 需要从 CD-ROM 光驱同时加载声音和其他数据,声音数据的传送不独占处理时间的场合。

③ 需要在 PC、硬盘中存储的声音数据在 1min 以下以及可用存储空间足够的时候。

(2) MID 文件。MID 是 MIDI(Musical Instrument Digital Interface,音乐设备数字接口)的缩写。MIDI 文件是音乐和计算机相结合的产物,是 MIDI 协会设计的音乐文件标准。用以规定计算机音乐程序、电子合成器和其他电子设备之间交换信息与控制信号的方法。MIDI 作为一种技术规范,主要是定义了一种把乐器设备连接到计算机端口的标准以及控制 PCMIDI 设备之间信息交换的一套规则,它是数字式音乐的国际标准。把 MIDI 信息作为文件存储起来,这个文件成为 MIDI 文件,其扩展名为 MID。它与波形文件不同,记录的不是声音本身,而是将每个音符记录为一个数字,实际上就是数字形式的乐谱,因此可以节省空间,适合长时间音乐的需要。

MIDI 文件和 WAV 文件的采样方法不同,MIDI 文件没有记录任何声音信息,只是发给音频合成器一系列指令,指令说明了音高、音长、通道号等音乐信息,具体发出声音的硬件是合成器。编写 MIDI 音乐有专门的软件,播放音乐时,首先由 MIDI 合成器根据 MIDI 文件中的指令产生声音,然后将该声音信号送声卡的模拟信号混合芯片中进行混合,最后从扬声器发出声音。MIDI 文件是一种控制信息的集合体,包括对音符、定时和多达 16 个通道的乐器定义,同时还涉及键、通道号、持续时间、音量和力度等信息。MIDI 文件记录的是一些描述乐曲演奏过程中的指令，因此它占用的存储空间要比 WAV 文件小得多，一个 30min 的立体音乐，以 MIDI 文件格式存储需要 200kb，而同样音质的波形文件需 30MB 的空间，但 MIDI 标准对语音的处理能力差。

（3）MP3 文件。MP3 文件是根据 MPEG-1 视频压缩标准中，对立体声伴音进行三层压缩的方法所得到的声音文件。MP3 保持了 CD 激光唱盘的立体声高音质，压缩比高达 12∶1。MP3 音乐现在市场上和网上都非常普及。

（4）AIF 文件。AIF 文件是苹果公司计算机的音频文件格式。

（5）RMI 文件。RMI 文件是微软公司的 MIDI 文件格式。

（6）VOC 文件。VOC 文件是 Creative 公司的波形音频文件格式，也是声霸卡使用的音频文件。

8.3.2 图像文件

多媒体计算机最常用的图像有图形、静态图像和动态图像（视频），通常可采用以下方法获得 3 种图像。

（1）利用相关的工具软件，由计算机直接产生图形、静态图像和动态图像。

（2）利用彩色扫描仪，扫描输入图形和静态图像。

（3）通过视频信号数字化仪，将彩色全电视信号数字化后，输入多媒体计算机中，获得静态和动态图像。

图形和图像的区别如下。图形一般指用计算机绘制的画面，如直线、圆、圆弧、矩形、任意曲线和图表等；图像是由输入设备捕捉的实际场景画面或以数字化形式存储的任意画面。

图形文件一般来说可分为位图和矢量图两大类。这两种图形文件各有特色，也各有其优缺点。

位图是由点的像素（Pixel）排成矩阵组成的，其中每个像素都可以是任意颜色。在位图图形文件中涉及的图形元素均由像素点来表示。

位图是用像素表示图形，如显示直线，是用许多代表像素颜色的数据来替代该直线。当把这些数据所代表的像素点画出后，该直线也就相应显示出现。

矢量图形文件是用向量代表图中所表现的元素。例如直线在矢量图中，有一数据说明该元素为直线，另外有其他数据注明该直线的起始坐标及其方向、长度和终止坐标。文件中只记录生成图的算法和图上的某些特征点。它的最大优点是容易进行移动、缩放、旋转和扭曲等变换，用于表示线框型的图画、工程制图、美术字等，绝大多数 CAD 和 3D 设计软件都用矢量图作为基本图形存储格式。PC 上常用的矢量图形文件有 3DS（用于 3D 造型）、DXF（用于 CAD）、WMF（用于桌面出版）。

由于矢量图形文件只保存算法和特征点，所以存储时比位图要小得多，但在屏幕上每次显示时要重新进行计算，所以显示速度比位图慢，但在打印和放大时，图形的质量较高而位图会失真。

位图在放大时，放大的是其中每个像素的点，所以看到的是模糊的图片。而矢量图形无论如何放大都依然清晰。

数字图像的图像文件格式，格式参数说明包括以下一些方面。

（1）图像的尺寸。图像的尺即 M、N、B 这 3 个参数，$M \times N$ 表示图像中像素的个数，

B 表示每个像素所占二进制位数。

(2) 图像的编码形式。

(3) 图像的分量。彩色图像由 RGB 三分量表示。

(4) 图像数据体的排列。图像像素的空间分布。

(5) 图像彩色安排。存放彩色查找表信息，目的是指定图像的彩色变换规律。

(6) 图像的分辨率。图像的分辨率指水平、垂直方向单位距离像素的个数，并指明是什么单位。

(7) 图像文件的结构。

(8) 头部区。用来说明图像的名称、编号等表示信息。

(9) 参数区。以上各参数。它又分为固定长度的参数名称区和实际参数值区。

(10) 图像数据体。图像本身数据区。

图像文件的分类主要是分为静态图像文件和动态图像文件。

1. 静态图像文件

静态图像文件格式包括以下几种。

(1) BMP 文件和 DIB 文件。

① BMP(Bitmap，位图)文件。BMP 文件是一种与设备无关、格式最原始和最通用的静态图像文件，但其存储量极大。Windows 的"墙纸"图像，就是用的这种格式文件，是 Windows 环境中经常采用的一种文件。在 Windows 中随处可见 BMP 位图文件，它有 RLE 压缩和非压缩(作为图像资源使用)之分。BMP 支持黑白图像、16 色、256 色、RGB 真彩色图像。

② DIB 是 Windows 所使用的与设备无关的位图文件存储格式，BMP 是标准的 MS Windows 和 IBM OS/2 的基本位图格式，

(2) GIF(Graphics Interchange Format)文件。GIF 文件格式是由美国公司 CompuServe 研制开发的，适合在网上传输交换。它是压缩图像存储格式，压缩比例高，文件长度较小，支持 64K 像素的图像，256～16384 种颜色的调色板，广泛使用在不同平台上。它采用"交错法"编码，使用户在传送 GIF 文件的同时，可以提前粗略地看到图像内容，并决定是否要放弃传输，目前在网络通信中被广泛采用。

(3) JPG 文件。JPG 也可以表示为 JPEG，是一种图像压缩标准。JPEG 压缩标准是国际标准化组织(ISO)和国际电报电话咨询委员会(CCITT)联合成立的专家组——JPEG (Joint Photo graphic Experts Group)经过 5 年艰苦细致的工作，于 1991 年 3 月提出的 ISO CDIO918 号建议草案：多灰度静止图像的数字压缩编码(通常简称为 JPEG 标准)。这是一个适用于彩色和单色多灰度或连续色调静止数字图像的压缩标准。它定义了两种压缩算法：基于差分脉冲码调制的无损压缩和基于离散余弦 DCT 的有损压缩算法。采用 JPEG 算法进行图像数据压缩的特点是图像文件非常小，JPEG 在目前的静止图像格式中的压缩比是最高的，可将其压缩到 BMP 原图像大小的 1/10，而且对图像质量影响不大，还可以调整压缩比，是一种静态图像文件存储格式，广泛使用在不同的平台上和因特网上，目前网上图像文件格式许多都采用 JPEG 文件格式。

(4) TIFF 文件。TIFF(Tag Image File Format，也常简写为 TIF)是一种多变的图像文件格式标准。与其他的图像格式文件不同，TIF 文件格式不依附于某个特定的软件，而是

为形成一个便于交换的图像文件格式的超集，它的应用也较为普遍。TIF格式是工业标准格式，支持所有的图像类型，支持多种图像压缩格式，Alaus和微软公司共同研制开发了TIFF图形文件格式，文件分成压缩和非压缩两类，非压缩的TIFF是独立于软硬件的，许多图像处理软件均支持此格式。

这种类型的优点是应用广泛，与计算机的结构、操作系统和图形硬件无关，可以在x86和Macintosh体系结构之间交互使用，可以处理黑白、灰度、彩色图像。而缺点而是TIFF格式图像文件的读出程序需要编写大量的代码才能实现全面译码，因为TIFF数据有多种压缩方法。

(5) PCX文件。PCX文件的格式简单，采用游程长编码(RLE)方法进行压缩，压缩和解压的速度比较快，是PC中广泛使用的图像文件格式之一。PCX文件格式由3部分组成，文件头、位图数据和一个可达256种色调的调色板。文件头占128B存储空间，含有版本号、打印或扫描图像的分辨率(像素数每英寸)、大小(像素数)、每扫描行字节数、每像素所占位数和彩色平面数。文件还包括一个调色板以及该调色板是灰度还是彩色的一个代码。文件的核心是位图数据，它以类似于PackBits压缩法进行压缩。

(6) PCD。PCD格式是PhotoCD专用存储格式，文件中含有从专业摄影照片到普通显示用的多种分辨率的图像，所以图像存储量非常大。

(7) TGA(Targe Image Format)文件。TGA文件是Truevision公司为支持Targe和Vista图像捕捉卡而设计的文件格式，其图形文件格式比较简单，它由描述图形属性的文件头以及描述各点像素值的文件体组成

(8) PSD文件。PSD文件是Photoshop专用的文件。

除上述文件格式外，较常用的文件格式还有PCT等。

2. 动态图像文件

动态图像文件格式包括以下几种文件格式。

(1) AVI文件。AVI(Audio Video Interleaved)格式文件是由音频和视频信号混合交错地存储在一起构成的文件。AVI是由微软公司从Windows 3.1时代就开始使用的视频文件格式，这种格式的文件兼容性好，使用方便。

(2) MPG文件。MPG是MPEG(Moving Picture Experts Group，运动图像专家组)制定出来的压缩标准所确定的文件格式，用于动画和视频影像。MPEG标准包括MPEG视频、MPEG音频和MPEG系统(视频，音频同步)3个部分。这一系列家族中包括MPEG-1，MPEG-2和MPEG-4在内的多种视频格式。一般的CD(VCD)、Super VCD(SVCD)和DVD都是采用MPEG技术生产的。MPEG的基本方法，是在单位时间内采集并保存第一帧信息，然后只储存其余帧相对于第一帧发生变化的部分，从而达到压缩的目的，它主要采用两种基本压缩技术：运动补偿技术(预测编码和插补码)实现时间上的压缩，变换域(离散余弦变换DCT)压缩技术实现空间上的压缩。MPEG的平均压缩比率为50：1，最高可达200：1，压缩效率相当高，图像和声音质量也非常好，在微型计算机上有相同的标准，兼容性好。

(3) DAT文件。DAT文件是VCD专用的视频文件格式，是一种基于MPEG压缩、解压技术的视频文件格式。如果计算机配备视霸卡或解压软件，即可播放该格式文件。

(4) MOV文件。MOV文件是Quick Time for Windows视频处理软件所采用的视频

文件格式。与 AVI 文件格式相同,MOV 文件格式采用了 Intel 公司的 Indio 视频有损压缩技术,以及视频信息与音频信息混排技术,其图像画面的质量要比 AVI 文件好。

(5) ASF 文件。ASF(Advanced Streaming Format)文件是高级流格式,ASF 是微软公司为了和 Real Player 竞争而开发出的一种可以直接在网上观看视频节目的压缩格式文件。由于它使用了 MPEG-4 的压缩算法,压缩比率和图像的质量都不错。因为 ASF 是以一个可以在网上即时观赏的视频"流"格式存在的,所以它的图像质量比 VCD 略差。

8.4 多媒体套件介绍

8.4.1 光碟驱动器与光碟

CD-ROM(Compact Disc Read Only Memory,只读存储光碟)的读取设备称为 CD-ROM 驱动器(或 CD-ROM 光驱)。

1. 光碟驱动器

光碟驱动器是多媒体计算机配置中重要的外围设备。主要用来读取光碟上的信息。此外它还可以用来播放 CD、VCD。

(1) 光碟驱动器的特点。光碟驱动器是一种以光记录形式代替磁记录形式的读写设备,其特点是节省了存储空间和能源消耗,使原来需要大量磁盘存储的信息,以光记录的形式存储到光碟上,这种新技术的出现,开辟了存储方式的新纪元,加快了多媒体技术的迅速发展和普及。

(2) 光碟驱动器的分类。

① 按外形不同,可分为外置式和内置式。

② 按速度不同,可分为 1 倍速、2 倍速、4 倍速、8 倍速、16 倍速和 32 倍速机等。

③ 按接口形式不同,可分为 SCSI 接口、USB 接口和 IDE 接口。

2. 光碟

光电存储介质俗称光碟。在 CD-ROM 表面上用凹槽反映信息。当光驱中的激光束投到凹槽的边沿时,根据凹槽的深浅不同,反射的光束也不同,这样可表示不同的数据。

(1) 光碟的分类。

① 只读型光碟(CD-ROM)。此类光碟只能被读取已经记录的信息,不能修改或写入新的内容。

② 一次写入型(WORM 和 CD-R)光碟。此类光碟具有被读和写特点。光碟只能被一次性写入,多次读出,不可擦除。

③ 擦写型(Rewrite)光碟。这种光碟除具有读写信息外,还可以将记录在光碟上的信息擦去,重新写入新的信息。如磁光碟(MO)和相变型(PC)光碟。

④ 直接重写型(Overwrite)光碟。这种光碟类似于硬盘,只用一束激光,一次动作完成信息重写。在写入新信息的同时,擦除原有的信息。

(2) 光碟存储器的特点。光碟作为存储器与硬盘和软盘相比,具有以下优点。

① 存储密度高。光碟存储密度很高,因而一般光碟的容量都非常大。例如:一张直径 12cm 的光碟容量可达 600MB～1GB,而 DVD-ROM 光碟的容量则高达 17GB。另外,由于

光碟价格很低，现在很多电子出版物都使用光盘发行，许多软件发行也采用了光碟。

② 数据传输的速度很高。一般数据传输的速率可达几十兆字节每秒。

③ 采用无接触式记录方式。由于光碟的激光头在读写光碟的信息时不与盘面接触，因此可以大大提高记录激光头和光碟的寿命。

④ 光碟记录介质封在两层保护膜中，激光存取数据的过程为非接触式、无磨损、抗污染，因此寿命很长，数据保存时间也相当长。

8.4.2 声卡

声卡也称音频卡，是能将音频信号与数字信号相互转换的设备。声卡在多媒体计算机中扮演着极为重要的角色，是必备设备之一。声卡可将输入计算机的模拟音频信号转换为计算机可以存储与处理的数字信号，又可将数字音频信号转换成模拟信号，从而驱动音响设备播出声音。最有影响的声卡产品是 Creative Labs 公司的声霸卡系列 Sound Blaster，其他目前已广泛使用的声卡产品大多数和它们兼容。现在很多计算机主板厂商都将声卡集成在主板上，将声卡作为多媒体计算机的基本配置之一。

1. 声卡的插孔

声卡的外端有几个常用的与外部设备相接的插孔，以实现声音的输入和输出。

(1) 传声器的输入(MIC)插孔。该插孔用于连接传声器，用于声音输入。

(2) 线性输入(LINE IN)插孔。该插孔用于连接录音机、CD 播放机或其他音频信号用于声音录制。

(3) 线性输出(LINE OUT)插孔。该插孔用于连接一个有源扬声器或一个外接放大器，实现音频输出。

(4) 扬声器输出(SPEAKER)插孔。该插孔用于与耳机、立体声扬声器或立体声放大器连接，用于声音输出。

(5) MIDI 和操纵杆(MIDI/GAME)插孔。该插孔用于连接 MIDI 和标准 PC 操纵杆。若为增强型卡，内部则包含有 CD-ROM 接口控制器。

2. 声卡的分类及特点

(1) 8 位声卡。8 位声卡的性能较差，其最高采样频率为 22Hz，即每分钟的采样点为 2000 个，每个采样点用 8 位二进制表示，对模拟信号的分辨率为 1/256，效果较差。

(2) 16 位声卡。16 位声卡的最高采样频率为 44kHz，即每个采样点用 16 位二进制表示，对模拟信号的分辨率为 1/65536，效果较好。16 位声卡几乎都是双声道。

(3) 32 位和 64 位声卡。32 位声卡和 64 位声卡的性能较好，主要用于专业级的应用领域。

此外，根据插口的不同，声卡还可分为 ISA 声卡和 PCI 声卡。

8.4.3 视频采集卡

视频采集卡是能够将模拟的视频信号转换成计算机可以识别的数字信号设备。

视频捕获分为静态和动态两种。将电视画面中一个静止的画面采集下来，就是静态捕获，采集一段连续播放的画面则是动态捕获。

现在高质量的视频采集卡不但具有视频捕获功能，还能够对捕获的影像进行实时的

MPEG 压缩，可以用这种视频卡制作 VCD。

视频采集卡是多媒体制作的重要工具，卡上有高速的 DSP(数字信号处理器)芯片、视频存储芯片以及专门的接口电路，可将来自于电视、录像机等的模拟信号转换成一定格式的数字信号，便于对其进行编辑、修改及做各种特技处理等。

1. 特点

视频采集卡通常具有视频叠加和视频捕获能力，可以通过摄像机在显示器上实时显示视频，并可以从实时视频中捕获单帧，且以不同的格式保存起来，或者将实时视频序列保存为 AVI 格式文件。捕获的单帧图像可用 JPG、PCX、TIF、BMP、GIF 和 TGA 等文件格式存储。

2. 性能指标

(1) 图像尺寸。图像分为全屏、1/4 屏或 1/8 屏。大多数低端卡最多支持 320×240 像素大小的图像，一般只占 1/4 屏幕。一幅 320×240 像素的图像转换到一台标准的 480mm 电视机上大约只有 $190\times140mm^2$。为了以最佳效果将作品传回录像带以便于电视机上观看，需要能够捕获 640×480 像素或至少 320×480 像素的视频卡。

(2) 颜色数。对于视频采集卡最多能支持的颜色数，一般有 32768 种就足够了，因为视频输入本身常常达不到"真彩色"。

(3) 丢帧数。视频采集希望丢帧越少越好。现在大多数低端视频采集卡可以满足不同的分辨率，最多可达 30 帧每秒。

8.4.4 触摸屏

触摸屏是多媒体计算机的一种定位设备，它能够使用户直接通过带有触摸屏的监视器向计算机输入坐标信息。当用户的手指触摸监视器的显示屏面时，触摸屏就能检测到手指所触及的屏面位置，并将该位置的坐标数据通过通信接口传送到计算机，用户通过触摸屏与计算机进行交互式人机对话。

触摸屏是由触摸屏控制器和检测装置组成。触摸屏控制器上带有 Intel 301 芯片和一个固化的监控程序。其功能是从触摸检测装置上接收触点信息，并将其转换为触点坐标数据输入计算机中。同时，它还可以接收和执行主机传送的字符命令。触点检测装置直接安装在监视器屏幕的前端，用以检测触点信息，并将其信息传送到触摸控制器中。

常见的触摸屏有以下几种。

1. 电阻式触摸屏

电阻式触摸屏是用一块两层导电且高度透明的薄膜物质做成。与显示器屏幕表面配合得非常紧密，安装在显示器的玻璃屏幕上，或直接涂到玻璃屏幕上，当手指触摸到屏幕上时，接触点产生一个电接触，使该点的电阻发生改变，在屏幕的水平与垂直两个方向分别测得电阻的改变量，就能确定手指触摸位置的坐标。

2. 电容式触摸屏

电容式触摸屏是在显示器屏幕前安装一块玻璃屏。玻璃屏的表面覆盖一层薄薄的金属导电层，当用户的手指接触到这个薄层时，由于电容量的改变，使连接在一角的振荡频率发生改变。测出频率改变的大小，即可确定用户触摸屏幕位置的坐标。

3. 红外线式触摸屏

红外线触摸屏是触摸屏的第二代产品。一般它是在屏幕的一边用红外器件发射红外线,而在另一边设置红外线接收装置,用来检查光线被遮挡的情况。红外线发射器件和接收器件,在屏幕上方和左侧与屏幕平行的平面内组成一个网络。而在相对应的另外两个边(下方和右侧)排列两组红外线接收器件。当手指触摸屏幕时,就会遮挡部分光束,光电器件就会因为接收不到部分光束而使该处接收电路的电平发生改变,检测出触点的位置。

8.5 数据库系统的基础知识

1. 数据

数据是数据库中存储的基本信息。在计算机中数据的种类很多,有数字、文字、图形、图像、声音等类型。也就是说可以把描述事物的符号称为数据。这些符号有多种表现形式,都可以经过数字化后存入计算机。

2. 数据处理

数据处理是指对各种形式的数据进行收集、存储、加工和传播的一系列活动的总和。其目的之一是从大量的、原始的数据中抽取、推导出对人们有价值的信息以作为行动和决策的依据;目的之二是借助计算机技术,科学地保存和管理大量复杂的数据,使之得以方便而充分地利用。

3. 数据库

数据库(DataBase,DB)就是按照数据的结构来组织、存储和管理数据的仓库,通常以一系列信息表来表示。在进行数据库操作时,可以访问这些表,对表进行各种操作和编辑。

例如,为了与外界联系,常会使用一个通讯录将相关人的姓名、地址、电话等信息记录下来,用以查找。这个通讯录就是一个最简单的数据库,每个人的信息就是这个数据库中的数据。在使用这个数据库时可以随时添加新的信息,也可以删除没用的信息。当某个人的电话变动时还可以修改他的电话号码这个数据。也就是说,可以对数据库进行各种操作。

为了解决某个问题而建立一个数据库,应该首先收集并提取为解决这个问题所需要的数据,对这些数据进行分类和整理,并按一定的数据模型组织、描述和存储这些数据并应该具有较小的冗余度、较高的数据独立性和易扩展性,并能为各种用户共享。

数据库具有如下特性。

(1) 数据库是具有逻辑关系和确定意义的数据集合。

(2) 数据库是针对明确的应用目标而设计、建立和加载的。每个数据库都具有一组用户,并为这些用户的应用需求服务。

(3) 数据库不但反映了客观事物的某些方面,而且需要与客观事物的状态始终保持一致。

4. 数据库管理系统

数据库管理系统(DataBase Management System,DBMS)是位于用户与操作系统之间的一层数据管理软件。该软件所解决的问题是科学地组织和存储数据,高效地获取和维护数据。它的主要功能包括以下几个方面。

(1) 数据定义。数据库管理系统提供数据定义语言(Data Definition Language,DDL),用户通过这种语言可以方便地对数据库中的数据对象进行定义。例如:创建数据表的命令为 create table,建立数据库的命令为 create database。

(2) 数据操纵。数据库管理系统提供数据操纵语言(Data Manipulation Language,DML),用户可以使用 DML 操纵数据实现对数据库的基本操作,如查询、插入、删除和修改等。

(3) 数据库的运行管理。数据库在建立、运用和维护时由数据库管理系统统一管理、统一控制,以保证数据的安全性、完整性。此外,还可以实现对并发操作的控制、故障的恢复等。

(4) 数据库的建立和维护。数据库管理系统通过运行一些实用程序完成数据库初始数据的输入、转换功能,数据库的转储、恢复功能,完成数据库的重组织功能和性能监视、分析等功能。

数据库管理系统常用的软件有 Office Access、SQL Server、Oracle、DB2 等。

5. 数据库应用系统及其组成

数据库应用系统是指拥有数据库技术支持的计算机系统,它可以实现有组织地动态存储大量相关数据,提供数据处理和信息资源共享服务的功能。数据库系统的基本组成如图 8-3 所示。

6. 数据库系统

数据库系统(DataBase System,DBS)是指在计算机系统中引入数据库后的系统。一般由数据库、数据库管理系统(及其开发工具)、应用系统、数据库管理员和用户构成。如图 8-3 所示。注意,数据库、数据库管理系统、数据库应用系统和数据库系统是几个不同的概念,数据库强调的是数据;数据库管理系统是系统软件;数据库应用系统面向的是具体的应用;而数据库系统强调的是系统,它包含了前三者。

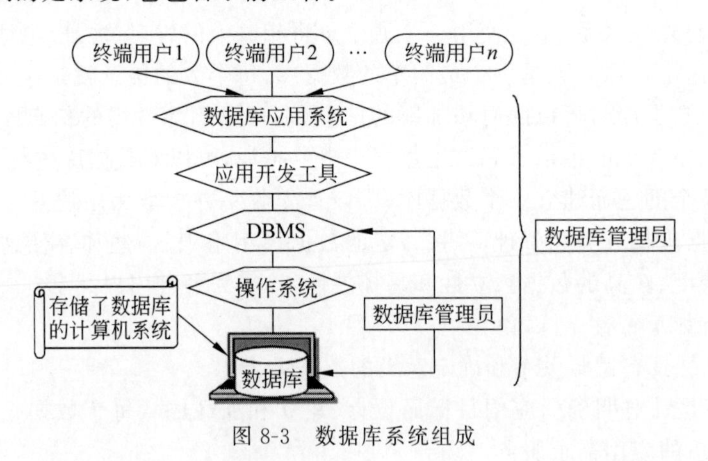

图 8-3 数据库系统组成

8.6 数据模型

数据模型是数据库系统的核心。在数据库系统中通过数据模型表示数据之间的逻辑关系,数据模型规范了数据库中数据的组织形式。当前流行的数据模型有 3 种:层次模型

(Hierarchical Model)、网状模型(Network Model)和关系模型(Relational Model)。它们的区别在于记录之间联系的表示方式不同。其中,关系模型是目前应用最为广泛的模型,市面上绝大多数数据库管理系统都是关系型。

1. 层次模型

层次模型是数据库系统中最早使用的模型,是指用树状结构组织数据,可以表示数据之间的多级层次结构,如图 8-4 所示。它的数据结构类似一颗倒置的树,每个节点表示一个记录类型,记录之间的联系是一对多的,基本特征如下。

(1) 没有双亲的节点称为根。

(2) 若一个节点下面如果没有孩子,则该节点称为叶。

(3) 若一个节点下面有一个或多个孩子,则该节点称为双亲,其下的节点称为孩子。

(4) 同一双亲的孩子之间互称兄弟。

(5) 除根外,其他任何节点有且只有一个双亲。

层次模型结构简单,容易实现,对于某些特定的应用系统效率很高,但如果需要动态访问数据(如增加或修改记录类型)时,效率并不高。另外,对于一些非层次性结构(如多对多联系),层次模型表达起来比较烦琐和不太直观。

2. 网状模型

在现实世界中,事物之间的联系更多的是非层次关系,用层次模型表示非树状结构很不观,网状模型则可以克服这一弊病。网状模型可以看作是层次模型的一种扩展,它采用网状结构表示实体及其之间的联系。网状结构中的每个结点都代表一个记录类型,记录类型可包含若干字段,其中的联系用链接指针表示,去掉了层次模型的限制。

网状模型的特征如下。

(1) 允许一个以上的节点没有双亲。

(2) 一个节点的双亲可以多于一个。

例如,图 8-5 中节点 3 有两个双亲,即节点 1 和节点 2,而节点 1 和节点 2 都没有双亲。图 8-6 中节点 3 有 3 个双亲,即节点 1,节点 2 和节点 4,但节点 1 和节点 2 都没有双亲点。

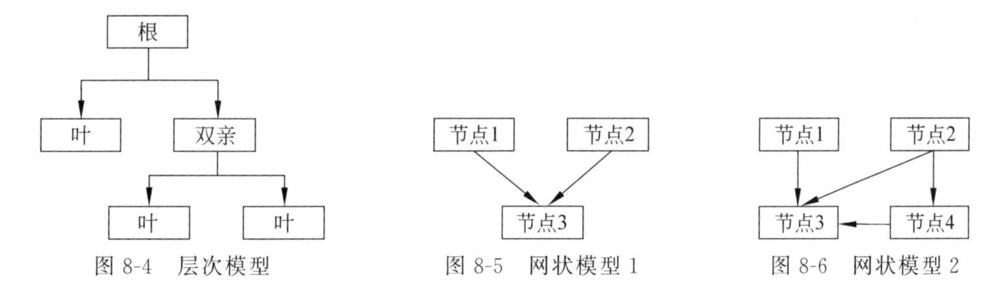

图 8-4 层次模型　　图 8-5 网状模型 1　　图 8-6 网状模型 2

网状模型可以更直接地去描述现实世界,提供了更大的灵活性,性能和效率也比较好。网状模型的缺点是结构比较复杂,而且随着应用环境的扩大,数据库的结构就变得越来越复杂,用户不易掌握,记录类型联系变动后涉及链接指针的调整,扩充和维护都比较复杂。

3. 关系模型

关系模型的数据结构是一种二维表格结构。一个二维表由行和列构成,称为关系数据表。关系数据表的每行描述一个实体的属性,每一列描述不同实体的同一属性。实体是现实世界中事物的抽象。下面,以学生信息的学生表为例,说明关系模型的基本概念,如表 8-1 所示。

表 8-1 学生表信息

姓 名	学 号	性 别	出 生 年 月	班 级 编 号
刘汉华	410050010	男	1992.8	001
宋西平	410050011	男	1993.1	002
张晓燕	410050012	女	1992.10	003
赵明明	410050013	男	1991.12	003

1) 关系模型的基本概念

(1) 关系。一个关系就是一张二维表,每个关系都有一个关系名。在计算机里,一个关系存储为一个文件。

(2) 元组。二维表中的行称为元组,每一行都是一个元组。元组对应存储文件中的一个记录,该例子的学生信息表中包括 4 个元组。

(3) 属性和属性值。二维表的列称为属性,每一列都有一个属性名,且各属性不能重名。属性值是属性的具体值。属性对应存储文件中的字段。在学生信息表中包括 5 个属性,分别是姓名、学号、性别、出生年月和班级编号,其中每一行都是属性值。

(4) 域。属性的取值范围称为域。例如,学生信息表中性别的取值范围是男和女。

(5) 关系模式。用关系名和包含属性名的集合表示关系的信息结构及语义限制的描述称为关系模式。

(6) 候选码。关系中能唯一标识元组的属性组称为候选码。

(7) 主码。若一个关系有多个候选码,必须选定其中的一个作为主码。

对关系的描述,一般表示为

关系名(属性 1,属性 2,…,属性 n)

例如,学生信息表的关系模式是

学生(姓名,学号,性别,出生年月,班级编号)

关系模型建立在关系数据理论之上,既能描述实体,又能描述实体之间的联系。

2) 关系模型的性质

(1) 同一属性的各个值来自同一个域。

(2) 不同的属性要有不同的名字,不同的属性可以来自同一个域。

(3) 任意两个元组的候选码不能相同。

(4) 关系的每个分量都具有不可分性,即不允许表中表。

(5) 关系中任意交换两行的位置不会影响数据的实际含义。

(6) 关系中任意交换两列的位置不会影响数据的实际含义。

关系模型概念清晰、结构简单易于理解。另外,关系模型的存取路径对用户是透明的,不用关心具体的存取过程,减轻了工作负担,具有较好的数据独立性和安全性。关系模型也有一些缺点,在某些实际应用中,关系模型的查询效率有时不如层次和网状模型。为了提高查询的效率,有时需要对查询进行一些特别的优化。

在使用普通文件的计算机应用系统中,数据库是从属于程序的,数据文件的设计通常是应用程序设计的一部分。在数据库系统应用中,数据由 DBMS 进行独立地管理,对程序的依赖性大为减少。而数据库的设计也逐渐形成为一项独立的开发活动。

8.7 关系数据库及应用程序设计

一般来说,关系数据库应用程序的设计可按照软件工程的思想进行,主要分为数据库设计和应用程序设计两大部分,每一部分的设计都要经历需求分析、概念设计、实现设计和物理设计 4 个阶段。

8.7.1 需求分析

需求分析是整个设计过程的基础,它的目的是分析系统的需求。需求分析过程的主要任务是收集数据库所有用户的数据需求和对数据处理的要求。需求分析的结果是归纳出系统应该包括的数据,以便进行数据库设计。

8.7.2 数据库设计

1. 概念结构设计

概念结构设计阶段的主要任务是将需求分析阶段所得到的用户需求抽象为概念模型,而描述概念模型的具体工具主要是实体-联系模型(Entity-Relation model,E-R 模型)。

实体-联系模型常用实体-联系图(E-R 图)表示,用来反映现实世界中实体之间的联系。E-R 图中包括的元素主要有实体(矩形框内写上实体名表示)、属性(用短横线连接实体,椭圆内写上属性名表示)、联系(短横线连接不同的实体,在菱形框内写上联系名)、联系的类型(联系连接不同实体的线上标示出来联系的类型),联系的类型主要有 1∶1、1∶*n*、*m*∶*n* 这 3 种,如图 8-7 所示。

1∶1 表示一对一的联系,例如,一个学校有一个校长,一个校长在一个学校里任职。

1∶*n* 表示一对多的联系,例如,一个班级有很多学生,一个学生只能属于一个班级,则班级和学生实体之间就是一对多的联系。

m∶*n* 表示多对多的联系,例如,一个学生可以学习很多课程,一门课可以被很多同学学习,则学生和课程之间就是多对多的联系。

2. 逻辑结构设计

逻辑结构设计的主要任务是把概念设计过程中形成的 E-R 图转化为关系模型中的二维数据表。在数据表中,表头的内容就是 E-R 图中的属性,又称为字段,如图 8-8 所示。

3. 物理结构设计

数据库中的表及表间的关联关系是数据库中数据的组织与结构的体现。一个数据库若不能正确地解决表与表之间的关联关系,这个数据库系统就不能正确处理表中数据所表达的信息。

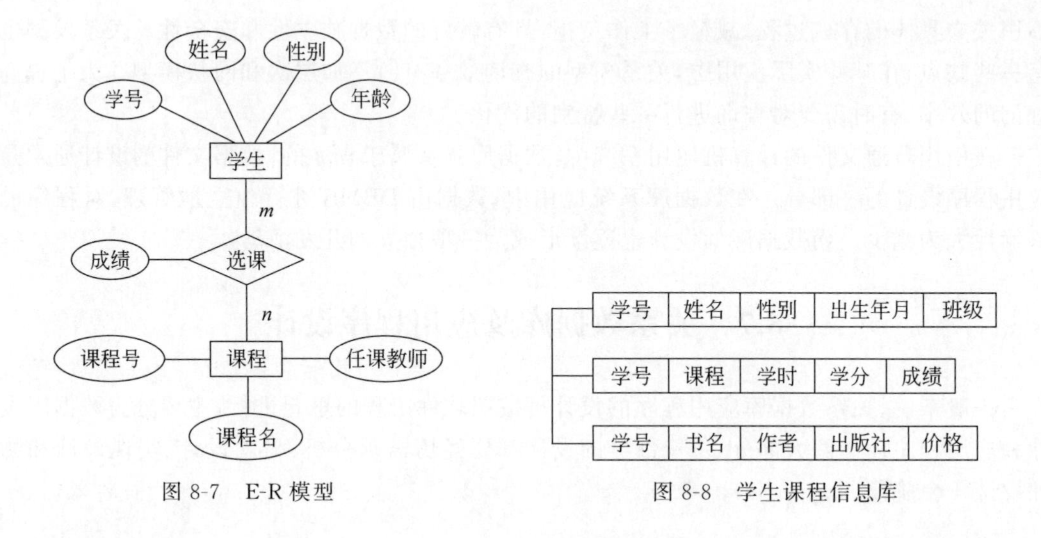

图 8-7　E-R 模型　　　　图 8-8　学生课程信息库

表间的关系有一对一、一对多、多对多 3 种。在设计表的时候，就需要检查是否漏掉了某些字段、多个表中是否有重复的字段、每个表中的主关键字设计是否合适、表中所包含的字段是否都围绕一个实体等。

由于不同的数据库产品提供的物理环境、存取方法和存储结构差别很大，所以数据库的物理结构设计随数据库产品的不同而不同，但是其主要任务就是为经过前面分析和设计而形成的关系模型选择存取方法，设计关系、索引等数据库文件的物理存储结构，进而在具体的环境下建立和使用数据库。

8.7.3　应用程序设计

程序设计是一门艺术，需要相应的理论、技术、方法和工具来支持。就程序设计方法和技术的发展而言，主要经过了结构化程序设计和面向对象的程序设计阶段。在程序设计过程中，通常采用自顶向下、逐步求精的方法，尤其是在详细设计和编码阶段。

8.8　数据库技术未来发展趋势

随着信息管理内容的不断扩展和新技术的层出不穷，数据库技术面临着前所未有的挑战。面对新的数据形式，人们提出了丰富多样的数据模型(层次模型、网状模型、关系模型、面向对象模型、半结构化模型等)，同时也提出了众多新的数据库技术(XML 数据管理、数据流管理、Web 数据集成、数据挖掘等)。在 Web 大背景下的各种数据管理问题成为人们关注的热点。下面简单介绍目前数据库研究领域中最热门的几个研究方向的发展现状、面临的问题和未来趋势。

1. 信息集成

随着 Internet 的飞速发展，网络迅速成为一种重要的信息传播和交换的手段，尤其是在 Web 上，有着极其丰富的数据来源。为了方便用户通过网络中的海量信息查询有用咨询，数据库中的信息集成技术充分发挥了作用。目前，主要的信息集成方法有数据仓库方法和 Wrapper/Mediator(包装器-中介器)方法。

在数据仓库方法中，各数据源的数据按照需要的全局模式从各数据源抽取并转换，存储在数据仓库中。用户的查询就是对数据仓库中的数据进行查询。对于数据源数目不是很多的单个企业来说，该方法十分有效。

另一种方法是 Wrapper/Mediator 方法。该方法并不将各数据源的数据集中存放，而是通过 Wrapper/Mediator 结构满足上层集成应用的需求。这种方法的核心是中介模式。信息集成系统通过中介模式将各数据源的数据集成起来，而数据仍存储在局部数据源中，通过各数据源的包装器对数据进行转换使之符合中介模式。用户的查询基于中介模式，不必知道每个数据源的特点，中介器将基于中介模式的查询转换为基于各局部数据源的模式查询，它的查询执行引擎再通过各数据源的包装器将结果抽取出来，最后由中介器将结果集成并返回给用户。Wrapper/Mediator 方法解决了数据的更新问题，从而弥补了数据仓库方法的不足。不过，这种框架结构正受到来自三方面的挑战。第 1 个挑战是如何支持异构数据源之间的互操作性。另一个挑战是如何模型化源数据内容和用户查询。第三个挑战是当数据源的查询能力受限时，如何处理查询和进行优化。

2. 物联网数据库技术

随着微电子技术的发展，传感器的应用越来越广泛。根据传感器在一定的范围内发回的数据，在一定的范围内收集有用的信息，并且将其发回到指挥中心。当有多个传感器在一定的范围内工作时，就组成了物联网络。物联网络由携带者所捆绑的传感器及接收和处理传感器发回数据的服务器所组成。物联网络中的通信方式可以是无线通信，也可以是有线通信。

物联网络越来越多地应用于对很多新应用的监测和监控。新的物联网数据库系统需要考虑大量的传感器设备的存在，以及它们的移动和分散性。因此，新的物联网数据库系统需要解决一些新的问题，主要包括传感器数据的表示和传感器查询的表示、在传感器结点上处理查询分片、分布查询分片、适应网络条件的改变、物联网数据库系统等。

3. 移动数据管理

随着越来越多的人拥有掌上型或笔记本计算机，智能手机，这些移动计算机都将装配无线连网设备，用户不再需要固定地连接在某一个网络中不变，而是可以携带移动计算机自由地移动，这样的计算环境称为移动计算。

研究移动计算环境中的数据管理技术，已成为目前分布式数据库研究的一个新的方向，即移动数据库技术。与基于固定网络的传统分布计算环境相比，移动计算环境具有以下特点：移动性、频繁断接性、带宽多样性、网络通信的非对称性、移动计算机的电源能力、可靠性要求较低和可伸缩性等。

4. 微小型数据库技术

随着移动计算时代的到来，嵌入式操作系统对微小型数据库系统的需求为数据库技术开辟了新的发展空间。微小型数据库技术目前已经从研究领域逐步走向应用领域。一般说来，微小型数据库系统可以定义为一个只需很小的内存来支持的数据库系统内核。

微小型数据库系统与操作系统和具体应用集成在一起，运行在各种智能型嵌入设备或移动设备上。微小型数据库技术目前已经从研究领域向广泛的应用领域发展，各种微小型数据库产品纷纷涌现。尤其是对移动数据处理和管理需求的不断提高，紧密结合各种智能设备的嵌入式移动数据库技术已经得到了学术界、工业界、军事领域和民用部门等各方面的重视并不断实用化。

8.9 本章实训

实训 8.1 用酷我音乐盒播放一首歌曲

【实训目的】

掌握音频播放工具的使用。

【实训环境】

Windows 10 系统。

【知识准备】

(1) 打开浏览器。搜索酷我音乐盒,进入官方网站。

(2) 下载酷我音乐盒并安装。

【实训步骤】

(1) 双击酷我音乐盒图标,打开主界面。

(2) 找到播放的音乐并播放。

实训 8.2 用暴风影音播放一段视频

【实训目的】

掌握视频播放工具的使用。

【实训环境】

Windows 10 系统。

【知识准备】

(1) 打开浏览器,搜索暴风影音并进入官方网站。

(2) 下载暴风影音并安装。

【实训步骤】

(1) 双击暴风影音图标,打开主界面。

(2) 找到需要播放的视频文件并播放。

8.10 本章小结

本章主要介绍多媒体技术的基本概念,包括多媒体的关键技术、基本元素、文件和套件等;在此之后,介绍了数据库系统的基础知识、数据模型、关系数据库、应用程序设计以及未来发展趋势。

习 题 8

一、选择题

1. 在数据库中存储的是(   )。